Growth & Sustainable Development of
Pearl River Delta Metropolitan Region, China

珠三角都市群的成长与可持续发展

周永章 王树功 等◎著

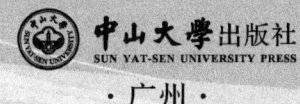
·广州·

版权所有　翻印必究

图书在版编目（CIP）数据

珠三角都市群的成长与可持续发展 / 周永章，王树功等著. --广州：中山大学出版社，2025. 2. -- ISBN 978-7-306-08346-3

Ⅰ．X321.26

中国国家版本馆 CIP 数据核字 2024NF9131 号

Zhusanjiao Dushi Qun de Chengzhang yu Kechixu Fazhan

| 出　版　人：王天琪
| 策划编辑：曾育林
| 责任编辑：曾育林
| 封面设计：曾　斌
| 责任校对：杨曼琪
| 责任技编：靳晓虹
| 出版发行：中山大学出版社
| 电　　话：编辑部　020-84113349，84110776，84111996，84111997，84110283
| 　　　　　发行部　020-84111998，84111981，84111160
| 地　　址：广州市新港西路135号
| 邮　　编：510275　　　　　　　传　真：020-84036565
| 网　　址：http://www.zsup.com.cn　　E-mail：zdcbs@mail.sysu.edu.cn
| 印　刷　者：广东虎彩云印刷有限公司
| 规　　格：787mm×1092mm　1/16　24.625印张　583千字
| 版次印次：2025年2月第1版　2025年2月第1次印刷
| 定　　价：98.00元

如发现本书因印装质量影响阅读，请与出版社发行部联系调换

内 容 介 绍

　　珠三角都市群是珠三角经济区发展的逻辑结果。进入21世纪，步入小康社会的珠三角人，城市意识空前高涨。但土地开发强度过高、能源资源保障能力较弱、环境污染等问题突出，资源环境约束凸显，传统发展模式难以持续，先行一步的珠三角都市群应该如何应对？

　　本书从资源环境视角分析珠三角的发展历程，并通过重构发展动力机制，探讨珠三角都市群可持续发展的抉择与价值取向，进而实现发展战略调整和发展模式转型。

作者简介

周永章，中山大学教授、博士生导师，俄罗斯工程院院士、俄罗斯自然科学院院士，加拿大Quebec大学博士。15岁考入中山大学，30岁获评正高职称，入选中山大学卓越人才计划（2010年）。创办中山大学地球环境与地球资源研究中心并长期负责该研究中心的工作，主要从事地球资源与环境、资源环境经济学、大数据与数学地球科学、可持续发展跨学科等方面的教研工作。兼任中山大学碳中和与绿色发展研究院研究员，国家可持续发展实验区专家委员会委员，中国可持续发展研究会理事，广东省低碳产业技术协会理事长，广东省环境经济与政策研究会副理事长，广州城市可持续发展研究会理事长，广东省人民政府决策咨询顾问委员会委员，第十届、十一届广东省政协常委。著有《绿色发展理念研究：重回人与自然和谐》《低碳生活三字经》《创新之路：广东科技发展30年》《环保共性产业园：粤港澳大湾区中山市的探索》《华南海岸生态景观演变对气候变化和人类活动的响应研究》等著作。

序

  京津冀、长三角和珠三角并列为我国最引人注目的三大都市圈，我和我在天津大学地球系统科学学院的团队建设有天津市环渤海地球关键带科学与可持续发展重点实验室，致力于研究京津冀都市圈的地球关键带科学与可持续发展问题。当看到《珠三角都市群的成长和可持续发展》完整书稿时，我顿生浓厚的兴趣。

  作者周永章教授与我是研究生同门，也是大同行。还在留学期间，他就给刘东生院士担任主编的《第四纪研究》投稿，发表论文《地下水污染及水文地质地球化学》（1992年第3期），提出"脏水是人类的杀星，是环境污染的顽症"，阐述了发达国家公众、政府、工业界对水资源质量及其脆弱性的觉醒，提出需要专门开展对地下水污染物质成分、分布和化学行为进行水文地球化学研究，以减少预测亚地表污染物质活动规律的不确定性。地下水污染问题的最后有效解决，除了加强多学科研究外，还必须有公众及政府的参与。获博士学位回国后，目睹中国经济发展出现的热潮，当时广东就是一个"大工地"，周教授亦为之激动。但思索这样长期发展下去的结果时，他意识到地处改革开放前沿的广东人，几乎还没有任何可持续发展的观念。于是，他于1993年给广东省科学技术协会提出"关于组织开展21世纪广东省可持续发展综合研究的建议"。建议报告阐述了他自己对区域可持续发展的观点以及开展这方面研究的重要性。该建议获得了"加快改革步伐，促进广东现代化建设"广东省科协献计献策1994年奖励奖，核心内容后来以"开展21世纪区域可持续发展综合研究刍议"为题，在《地球科学进展》1995年第2期发表。这是可查的广东学者在可持续发展领域的第一篇学术论文。

  出于知识分子的使命感，周永章教授一直保持对破解可持续发展问题的执着。他长期在中山大学招收和指导资源环境一体化与可持续发展、环境地球科学、资源与环境经济学方向的研究生，指导毕业博士、硕士进出近200人。这些方向在当时都是冷门学科。可喜的是，通过教学相长，他完成了可持续发展"本土化"的底层逻辑。他先后承担了《珠江河口区人口资源经济环境协调发展》《建设珠江三角洲区域和城市优质生活圈的研究》《生态产品价值实现机制研究和试点评估》《节能减排与环境保护宏观政策研究》《低碳经济发展》等系列研究，并兼任中国可持续发展研究会理事、广东省低碳产业技术协会理事长、广州城市可持续发展研究会名誉理事长和中山大学地球环境与地球资源研究中心首席科学家。周永章教授从读研时初始研究方向为古老地层沉积和元素地球化学出发，对地球系统的资源环境一体化及人地关系协调研究坚持不懈。长期的探索和积累，铸就了周永章教授及其团队显著的跨学科融合研究特质，并在资源环境一体化及可持续发展领域取得显著成就。

  现摆在我面前的《珠三角都市群的成长和可持续发展》既是广东省委宣传部、广

东省社科规划办重大社科项目"珠江三角洲地区改革发展规划纲要（2008—2020）研究"丛书编写的一部分，也是作者团队长期对珠江三角洲地区资源环境一体化与可持续发展研究成果的展现。

进入21世纪，步入小康社会的珠三角人，城市意识空前高涨。但面对资源环境约束凸显，传统发展模式难以持续，珠三角都市群需要重构自己的发展动力机制，抉择自己的价值取向，进而实现发展战略转移，实现发展模式转型。在写作过程中，周教授团队发挥多学科交叉融合研究以及长期积累珠三角都市群研究资料的优势，把握人类文明进步的方向，从资源环境一体化与可持续发展的视角，剖析国际经验，揭示广东省情；立足长远，尽量使研究具有前瞻性；立足整体，把珠三角的发展放在广东、全国乃至国际大背景下，体现"科学发展，先行先试"的精神实质。

书中有大篇幅的低碳内容。这是可持续发展的重要课题。作者研究认为，应对气候变化问题站在人类可持续发展的道德制高点上，同时具有巨大的经济价值，是未来资本市场的长期主题。珠三角能否正确地应对全球气候变化，享受低碳市场带来的红利，是考验珠三角都市群成熟度及其国际地位和国际竞争力的重要指标。他希望，经历风雨、具有国际视野的珠三角都市群，开放、进取、务实的珠三角人，能通过低碳经济这次大考，赢得世人尊重。

改革开放是中国的宏大实践，给中国发展全局带来深刻的变革。珠三角是中国改革开放的先行地，在中国先行一步遇到发展中的资源环境瓶颈问题。如何黏合经济和环境，建立相应的发展范式，需要一个清晰的思想脉络。对这方面的探讨和认识，是地球系统治理逻辑和决策的重要组成部分，是本书最大的价值所在，值得国内其他地区发展和相关学者借鉴。

《我们共同的未来》提出"既满足当代人的需要，又不损害子孙后代满足其需求能力的发展"是极其有远见的卓识。可持续发展理念伴随工业文明带来严重的生态灾难而生，是对子孙后代生存根基的深深忧虑。我希望并相信，《珠三角都市群的成长和可持续发展》的出版，对中国可持续发展理念的进一步普及、巩固和提升起促进作用，对目前中央倡导的全面高质量发展发挥应有的作用。

中国科学院院士
天津大学地球系统科学学院院长
国家自然科学基金委员会原副主任
2024年11月1日

目录

第一章 珠江三角洲都市群概述 1

珠江三角洲都市群是珠三角经济区发展的逻辑结果,世界级都市圈呼之欲出。改革开放以来,珠三角地区经济快速增长,获得"世界工厂"的称号,但由于缺乏可持续发展理念的指引,粗放发展模式受到自然强化。进入21世纪,资源环境约束逐步凸显,传统发展模式难以持续,因而先行一步的珠三角都市群面临发展模式决策的困难问题。

一、地理区位与资源环境 3
二、经济腾飞与社会发展 5
三、都市圈的崛起与呼唤 12

第二章 土地集约利用与城市化 15

"自下而上"的工业化过程,使不同的利益群体依靠手中的土地资源大量兴建各种基础设施、工业厂房,发育和形成一种城乡土地利用混杂交错、"似城非城"的半城市化地区。土地是珠三角都市群发展遭遇资源环境瓶颈的重要一环。面对严峻的土地利用形势,珠江三角洲在未来的发展中必须树立土地资源忧患意识,切实节约和集约利用土地资源,以"集中"促"集约",设置用地准入条件,盘活存量低效用地。

一、珠三角地区城市化的土地制约 17
 (一)城市化内涵、模式与规律 17
 (二)城市化进程与土地利用 19
 (三)快速城市化的珠三角及其土地制约 21
二、土地集约节约利用理念 28
 (一)城市土地的有效使用 28
 (二)棕地再利用和再开发 30

　　（三）低碳经济的土地利用理念 ·· 34
　三、土地集约节约利用行动 ·· 34
　　（一）珠三角的实践 ·· 34
　　（二）国外经验 ·· 38
　四、"三旧"改造 ·· 40
　　（一）背景和动力 ·· 40
　　（二）佛山模式的启示 ·· 42
　　（三）旧城区改造与城市现代化 ··· 44
　　（四）旧厂房改造与转型升级 ·· 47
　　（五）旧村居改造与城乡一体化 ··· 48
　五、关于珠三角土地管理的政策建议 ·· 48

第三章　低碳能源与产业支撑 ·· 51

　　　以珠三角都市群为核心的广东是全国经济大省，也是能源消费大省和二氧化碳排放量大省。在低碳经济时代，能源是一个严肃、严峻的全球性问题。面向未来，珠三角需充分借鉴国际经验，优化能源结构，调整优化产业结构，重点发展高端新型电子信息、节能环保、新材料、太阳能光伏、核电装备等战略性新兴产业，严格控制高耗能高排放行业发展，大力推动低碳、节能产品认证和低碳、能效标识管理制度的实施。

　一、能源使用的全球性问题 ·· 53
　　（一）全球气候变化及人类应对 ··· 53
　　（二）低碳能源理念：终止化石燃料发展模式 ······························ 54
　二、能源需求和温室气体排放量预测 ·· 60
　三、珠三角地区发展的支撑产业：过去、现在与未来 ······················· 62
　四、低碳产业 ··· 70
　　（一）珠三角低碳经济群 ··· 70
　　（二）他山之石 ·· 72

第四章　低碳建筑 ·· 79

　　　建造低碳建筑已成为国际建筑界的主流趋势。今后珠三角都市群需要加快建设以低碳为特征的建筑体系，从关注建设施工阶段节能减排向两端延伸，即涵盖土地获取、规划布局阶段的节能到建筑报废阶段的节能，推行低碳设计和低碳材料应用。全面推行建筑的碳排放和能效测评标识制度，新建建筑和改造项目必须满足低碳节能标准的要求，在建筑中充分利用太阳能等可再生资源。

一、"耗能老虎"：建筑能耗的现状 …… 81
（一）建筑能耗与建筑节能的含义 …… 82
（二）国内外建筑能耗总状 …… 83
（三）珠三角建筑能耗现状 …… 84
二、建筑低碳化理念 …… 85
（一）国外建筑节能的主要立法和管理制度 …… 86
（二）中国建筑节能政策法规体系 …… 93
三、新建建筑的低碳设计和低碳材料行动 …… 95
四、既有建筑的低碳化改造行动 …… 98
（一）低碳化改造 …… 98
（二）运行节能 …… 100
（三）运行用能管理 …… 102
（四）既有建筑行为节能 …… 103
（五）财政补贴和税收优惠 …… 104
（六）"深圳行动" …… 105
五、可再生能源在建筑中的应用 …… 106

第五章 低碳交通 …… 109

珠三角都市群交通量大，物流需求旺盛，居民出行也越来越依赖现代化的交通工具，信息化和智能化交通已迈出新步伐。在低碳时代，珠三角都市群亟须推进珠三角交通一体化，打造以轨道交通为骨干、以地面公交为主体、多种交通方式协调运转的低碳交通系统，打造全覆盖的集约化出行网络，建设低碳物流系统，倡导绿色货运行动，倡导主动降低二氧化碳排放量的出行方式，引导和鼓励消费者购买和使用环保型小排量汽车和新能源汽车。

一、珠三角都市群交通发展面临的资源环境挑战 …… 111
二、交通低碳化理念 …… 112
（一）适应可持续发展的交通模式 …… 112
（二）智能交通 …… 112
（三）其他国外经验 …… 114
三、珠三角都市群的交通低碳化行动 …… 115
四、提升交通低碳化水平的对策 …… 118
（一）技术和建设调整 …… 118
（二）政策调控 …… 122

第六章　固体废弃物处置及再生资源回收 …………………… 123

有效地解决固体废弃物问题是现代化水平的重要标志，是建设节约型社会和环境友好型社会的内在要求。静脉产业是实现循环经济减量化、再利用、再资源化的经济主体产业。今后珠三角都市群要进一步完善再生资源回收利用体系建设，将再生资源的回收利用、生产加工、节约与替代自然资源视为"第二矿业"，将再生资源的技术创新、深度开发、高端产品视为"第三利润源泉"，规范大众的行为，促进公众参与。

一、现代化与垃圾问题 ………………………………………………… 125
　（一）城市化进程的固体废弃物危害 ……………………………… 126
　（二）以再生资源观重新看待固体废弃物 ………………………… 127
　（三）废弃物质回收是实现清洁生产和循环经济的重要环节 …… 128
　（四）再生资源回收是建设资源节约型、环境友好型社会的要求 … 130
　（五）再生资源回收是发展低碳城市的立足点 …………………… 131

二、珠三角地区固体废弃物的类型和处置方法 ……………………… 132
　（一）珠三角地区固体废弃物的类型 ……………………………… 132
　（二）珠三角地区固体废弃物的处置方法 ………………………… 132

三、垃圾减量化与固体废弃物处理产业化 …………………………… 133
　（一）固体废弃物分类 ……………………………………………… 133
　（二）固体废弃物源减量化 ………………………………………… 134
　（三）作为产业的固体废弃物处理 ………………………………… 135

四、固体废弃物中再生资源的回收 …………………………………… 137
　（一）珠三角都市群再生资源回收利用存在强大的社会需求 …… 138
　（二）以广州为例观珠三角都市群再生资源回收行业的现状 …… 140
　（三）未来着力点 …………………………………………………… 147

五、固体废弃物物流管理 ……………………………………………… 156
　（一）固体废弃物物流系统 ………………………………………… 156
　（二）珠三角地区固体废弃物物流模式 …………………………… 157
　（三）改进珠三角地区固体废弃物物流回收体系的对策 ………… 158

第七章　土壤污染与防治 …………………………………… 165

珠三角土壤复合污染风险明显增加，亟须加强土壤污染防治。要建立健全土壤环境监测体系，建立土地使用的土壤环境质量评估与备案制度以及污染土壤风险评估和环境现场评估制度。严格控制污染物的排放量和浓度，尽量避免有毒有害物质进入环境参与循环。合理使用农药，禁止使用高毒高残留农药。强控制持久性有机污染物、重金属等对土壤的污染，对特定地区严重污染土壤进行技术修复。垃圾处置宜主要采用技术先进的焚烧模式。

一、受污染的土地 …………………………………………………………… 167
　（一）点源污染 …………………………………………………………… 168
　（二）面源污染 …………………………………………………………… 170
二、垃圾填埋：昨日的解决方法 …………………………………………… 171
　（一）垃圾填埋现状及对土壤环境的影响 ……………………………… 172
　（二）考量土壤环境的垃圾处置方式 …………………………………… 173
三、土壤污染与人口健康 …………………………………………………… 174
四、土壤污染防治理念 ……………………………………………………… 176
　（一）控制和消除污染源 ………………………………………………… 176
　（二）提高土壤的净化能力 ……………………………………………… 176
　（三）土壤污染修复技术 ………………………………………………… 176
　（四）珠三角土壤污染防治 ……………………………………………… 177
五、土壤污染预防、控制与治理行动 ……………………………………… 178

第八章　社会水循环与节水减污 …………………………………… 181

工业和生活废水是珠江三角洲水资源与水环境负荷的主要制造者。不合理的城市化和社会水循环是导致珠江三角洲水生态环境退化的主要诱因。今后珠三角在重塑社会水循环中，要切实以可持续发展观指导水资源水环境管理工作，紧紧抓住给水处理、用水和废水处理这三个城市社会水循环的核心要素，尽快实现用水零增长。建立可交易的水权和污水排放权的产权制度，大力推动由供给取向的水资源管理方式向需求取向的水资源管理方式的转型。

一、社会水循环：分析水问题的科学工具 ………………………………… 184
　（一）社会水循环概念 …………………………………………………… 184
　（二）基于社会水循环概念的"节水"内涵 …………………………… 185
　（三）基于社会水循环解析水资源管理的内涵 ………………………… 186
二、城市水系统的可持续性分析 …………………………………………… 188
　（一）评价目的 …………………………………………………………… 189
　（二）评价内容 …………………………………………………………… 189
　（三）评价指标体系 ……………………………………………………… 190
　（四）珠江三角洲城市水系统环境可持续性分析 ……………………… 191

三、珠江三角洲地区用水零增长预测 …… 192
　　（一）用水零增长现象 …… 192
　　（二）水政策调整与用水零增长 …… 192
　　（三）用水零增长实现时点推估 …… 193
四、节水减污工业结构调整对策 …… 194
　　（一）明晰工业结构调整与工业节水减污的关系 …… 194
　　（二）明确节水减污工业结构调整的目的 …… 194
　　（三）将工业结构调整与工业经济发展规划结合起来 …… 195
　　（四）调整区域分类 …… 195
　　（五）突出重点工业行业 …… 196
五、水资源管理方式的改革 …… 196
　　（一）水资源管理的复杂性 …… 196
　　（二）水资源管理方式的分类 …… 197
　　（三）水资源管理方式的效果比较 …… 198
　　（四）水资源管理方式的改革方向 …… 199
六、水环境管理政策 …… 200
　　（一）切实以可持续发展观指导水环境管理工作 …… 201
　　（二）把水环境管理融于城市规划过程 …… 201
　　（三）把水环境管理融于居民生活用水过程 …… 202
　　（四）完善水环境管理的法律法规体系 …… 202
　　（五）树立水环境管理的"大区域"概念 …… 203

第九章　大气污染与大气质量管理 …… 205

　　2010年广州亚运会空气质量保障工程为珠三角空气质量管理积累了宝贵的经验，也对珠三角空气质量提出了更高的要求。要实现环境质量达到或接近世界先进水平的目标，珠三角都市群需要执行严格的分区控制措施和总量控制措施，逐渐淘汰落后产能，大力推行清洁生产，全面推进区域大气复合污染防治。

一、问题与影响 …… 208
　　（一）珠三角区域大气环境质量现状 …… 208
　　（二）健康受损 …… 210
二、灰霾 …… 212
　　（一）灰霾的含义 …… 212

　　（二）为何空气质量为"优"却看不到蓝天 ································· 212
　　（三）灰霾成因与本质 ·· 213
　　（四）灰霾的危害 ··· 213

三、光化学烟雾污染 ·· 214
　　（一）光化学烟雾污染的形成 ··· 215
　　（二）珠江三角洲光化学烟雾污染 ·· 215
　　（三）光化学烟雾的危害 ··· 216
　　（四）光化学烟雾污染的防治 ··· 217

四、热岛效应及其对大气质量的影响 ·· 218
　　（一）热岛效应的成因 ·· 218
　　（二）珠三角热岛效应的时空分布 ·· 219
　　（三）热岛效应的危害 ·· 219
　　（四）减轻热岛效应的方法 ·· 220

五、酸雨污染 ··· 221
　　（一）珠江三角洲地区的酸雨污染状况 ·································· 221
　　（二）酸雨的危害与防治 ··· 222

六、空气质量管理策略 ··· 223
　　（一）珠三角空气污染治理历程 ··· 223
　　（二）后亚运时代空气管理策略 ··· 226

第十章　绿化及城市系统自然化 ·· 231

　　造林、再造林是清洁发展机制的一种，对减缓气候变暖具有重要的贡献。珠三角平原湿地面积大，河涌多，在泄洪、排污、调节小气候、美化景观方面发挥重要作用。面对湿地质量恶化、城市无序蔓延、生态环境破坏等严重问题，珠三角绿道网建设工程和珠江综合整治工程在万众瞩目下实施。抢救性建设红树林湿地、基塘湿地、河口湿地及各类自然保护区，建立城市系统自然化的区域联动的机制，取得初步成效，值得持之以恒。

一、森林碳汇行动：应对全球气候变化 ·· 233
　　（一）"碳汇""森林碳汇"与全球气候变化 ···························· 233
　　（二）国际森林碳汇储备 ··· 235
　　（三）珠江三角洲都市群的经济林与生态林 ···························· 241
　　（四）自然保护区 ··· 242
二、湿地恢复行动 ··· 244

三、河涌综合整治及生态修复行动 ……………………………………… 247

　　四、绿道、绿网建设行动 …………………………………………… 253

　　　　（一）绿道与绿道网 …………………………………………… 253

　　　　（二）珠三角绿道网 …………………………………………… 255

第十一章　减少人类的生态足迹与低碳生活……………………… 259

　　　　作为国际制造业基地和中国经济强度最大的地区之一，珠三角都市群长期表现为高位的生态赤字。改变人们的生产和生活方式，有利于降低生态赤字。碳足迹是连接生态足迹和低碳发展的纽带。低碳世界是一个大同的理想，需要全世界每一个政府和每一个人的智慧、责任感与实际行动，需要每一个人的生活理念与生活方式的破旧立新，而且需要人类持续不断的努力。低碳生活不仅是一种生活方式，更是一种可持续发展的生活理念。

　　一、生态足迹 ………………………………………………………… 261

　　　　（一）提出背景 ………………………………………………… 261

　　　　（二）内涵及相关概念 ………………………………………… 262

　　二、减少生态足迹 …………………………………………………… 263

　　三、低碳足迹与低碳生活 …………………………………………… 265

　　四、倡导低碳生活 …………………………………………………… 270

第十二章　资源节约与环境保护的载体建设……………………… 275

　　　　资源节约型与环境友好型社会建设是一项复杂的系统工程。环境保护模范城市、生态建设示范区、循环经济试点、可持续发展实验区、低碳城市试点等载体建设是重要的榜样力量和示范。对比《珠江三角洲地区改革发展规划纲要（2008—2020）》提出的要求，珠三角都市群仍需继续重视载体建设，加大投入，建立资源环境一体化及可持续发展的长效机制，切实缓解人口、资源和环境对经济社会发展的制约，成为资源节约型与环境友好型社会的引领者和排头兵，始终居于国内的领先地位。

　　一、环境保护模范城市 ……………………………………………… 282

　　二、生态建设示范区 ………………………………………………… 286

　　　　（一）生态示范市（区） ……………………………………… 286

　　　　（二）生态乡镇、生态村 ……………………………………… 289

　　三、循环经济试点城市 ……………………………………………… 290

　　四、可持续发展实验区 ……………………………………………… 294

　　五、低碳城市建设试点示范 299
　　六、生态文明试点城市 301
　　七、载体建设的未来行动 303

第十三章　与资源节约和环境保护有关的宏观政策 305

　　资源节约与环境保护需要全社会参与、全过程推进，需要在制度设计、政策传导机制、执行监督等不同层面展开。珠三角采取多方参与协调合作的环境善治模式具有必然性。环境善治意味着政府、市场和公民社会这三大主体为了促进环境公共利益最大化而进行合作管理，它们相互信任，相互合作，依法对环境进行有效的治理。珠三角具备绿色税收的条件，"经济发展与环境保护双赢"是最有生命力的策略。

　　一、区域功能规划 310
　　　　（一）国土主体功能区划 310
　　　　（二）环境功能区划 311
　　　　（三）城市（群）建设规划 313
　　二、经济政策 314
　　　　（一）生态服务功能价值补偿 315
　　　　（二）排污权交易 322
　　　　（三）绿色税收 324
　　　　（四）绿色信贷 327
　　三、环境资源法律法规 329
　　四、多方参与协调合作的环境善治模式 330

第十四章　珠江三角洲模式及其发展动力机制重构 335

　　破解资源环境瓶颈，实现发展模式由粗放型向集约型可持续发展的增长是唯一通途。珠江三角洲都市圈应该是一个具有国际水平的优质生活圈，宜居宜业环境品质得到更全面的提升。珠三角能否以低碳文明的方式满足其经济社会发展的需要，分享低碳发展带来的利益，是考验其成熟度及其国际地位和国际竞争力的重要指标。

　　一、先行者的探索 337
　　　　（一）遭遇资源环境瓶颈 337
　　　　（二）发展转型 339
　　　　（三）绿色广东 341

（四）幸福广东 …………………………………………………… 342
二、建设优质生活圈 …………………………………………………… 346
三、整合泛珠江流域的资源环境 ……………………………………… 350
　　（一）泛珠三角区域合作的条件和基础：自然资源禀赋分析 …… 350
　　（二）泛珠三角的水环境 …………………………………………… 351
　　（三）泛珠三角的区域生态环境 …………………………………… 353
　　（四）创新机制，整合流域资源环境 ……………………………… 354
　　（五）建设生态河口 ………………………………………………… 355
四、把握产业转移、污染转移与可持续发展 ………………………… 360
五、驾驭低碳经济 ……………………………………………………… 363
　　（一）世界级都市圈的使命和气魄 ………………………………… 363
　　（二）保障制度与公共事务善治 …………………………………… 365
　　（三）市场机制与国际地位 ………………………………………… 367

参考文献 ……………………………………………………………… 369

后记 …………………………………………………………………… 374

第一章

珠江三角洲都市群概述

第一章 珠江三角洲都市群概述

历史上,珠江三角洲(简称"珠三角")是一个富庶的农业地区。当地人民创造了"桑基鱼塘""果基鱼塘""蔗基鱼塘"等农业耕作方式,既利用了亚热带优越的自然条件,又护养了农业生态系统。改革开放以来,珠三角地区经济快速增长,其主要引擎是工业,劳动密集型产业使它获得"世界工厂"的称号。进入21世纪,步入小康社会的珠三角人,开始强调改善生活环境,改善居住条件,城市意识空前高涨。到2005年,居民家庭恩格尔系数城市为36.1%,农村为48.3%,表明总体上已进入宽裕的小康生活水平。目前,珠三角地区已整体进入工业化中后期阶段,经济社会发展呈现出显著的转型特征。

珠江三角洲都市群是珠三角经济区发展的逻辑结果。城镇结构和布局的根本性变化,使珠三角经济区(也称珠江三角洲都市群)内的广州、深圳、珠海、佛山、江门、东莞、中山、惠州和肇庆等众多城镇结成了相互联系的市场网络、交通网络和信息网络,成为一个经济联系渠道通畅、经济联系频繁的组织系统。

珠三角的资源环境瓶颈问题早在改革开放初级工业化时期就埋下了种子。那时,极度缺乏可持续发展理念的指引,对生态环境建设的重视极为不足,区域绿地面积不断减少,灰色面积不断增加。随着城镇规模不断扩大,其区域内原有自然景观改变巨大。特别是一些关键性的生态过渡带、廊道和节点没有得到应有的维护。建成区的生态林萎缩,生态脆弱。一方面,高速增长的经济对资源极其"渴求";另一方面,资源利用率低下,使资源相对不足、环境承载能力较弱的问题更加突出。这是典型的粗放发展模式,且不断强化。

一、地理区位与资源环境

靠海,海陆兼备;地势平坦,土地肥沃,水热充足,自然界充满生机;地处中国南大门,与香港、澳门毗邻,与东南亚隔海相望。这是珠江三角洲的最基本的地理特征。

珠江三角洲是组成珠江的西江、北江和东江入海时冲击沉淀而成的一个复合三角洲。珠江河口水域东西宽约150千米,南北长约100千米,30米水深以内的水域面积约7000平方千米。河网区面积大约1万平方千米,在中国居第2位,次于长江三角洲,在世界的三角洲中居第15位,在亚洲居第6位。河口区水流受径流和潮汐的共同影响,水流及物质运输随时间和空间变化差异明显。枯水期潮流界基本覆盖整个三角洲范围,形成了径潮流交汇的滨海河网平原县。根据潮汐能影响的最远地区,它的最西点定义在佛山三水,最东点定义在东莞石龙。三角洲上水道、港汊众多,交织成网。三角洲中,有160多个基岩残丘,它们原是浅海湾中的岛屿。

三角洲与珠江的入海口紧密相连。珠江分别由八个口门入海。入海口门处有两个海湾:东边的伶仃洋海湾和西边的黄茅海海湾。入海处常有残丘夹峙,形势险要,称为"门"。著名的有虎门、磨刀门、崖门等。各个口门由于分水分沙的条件不同,淤涨速度也不一致。蕉门与洪奇沥间的万顷沙平均每年外涨110米,磨刀门的灯笼沙为

80~100米，而虎门、虎跳门一带则不足10米。

珠江河口三角洲平原区被粤东的北东向山、谷地，粤西的丘陵—山地，粤北向南突出的弧形山地，南部的南海海域所围合。以珠江三角洲为基点，往源头方向存在显著的梯度推进，构成扇状的地理格局。往北过渡到粤北山地，主要有大庾岭、骑田岭、滑石山、瑶山、大东山、连山，海拔高度一般为800~1100米，最高为乳源的石坑崆，海拔1902米，为广东的最高峰。往西、往东是粤西丘陵、山地，主要有天雾山、云雾山和云开大山，最高峰分别为海拔1250米、1140米、1704米。往东是粤东丘陵、山地，主要有莲花山、罗浮山和九连山，海拔一般为800~1000米。

三角洲属于亚热带气候，终年温暖湿润。年平均气温21~23摄氏度，最冷的1月平均气温13~15摄氏度，最热的7月平均气温28摄氏度以上。6—10月，天气最热，土壤肥沃，河道纵横，对农业有利。

2002年珠江河口地区耕地面积71.7万公顷（1公顷=1万平方米），占珠江三角洲土地总面积的17.2%，比1996年减少13.3万公顷，年平均减少2.2万公顷，说明河口地区大量的耕地被开发利用。1996—2002年，深圳、东莞、佛山三市的建设用地增长超过30%。其中最高的为东莞，建设用地面积增加了46.7%；其次为佛山，建设用地面积增加了33.5%。

湿地是一种特殊的土地资源，珠江河口区湿地资源十分丰富，类型多样，是我国近海及海岸湿地类型最丰富、面积最大的地区，湿地面积约186.4万公顷，国家规定属于近海与海岸湿地的12种湿地类型在此均有分布。

珠江河口地区水资源总体而言较为丰富。根据实测降水相关资料可知，河口地区多年平均降雨量1779毫米，多年平均年径流深1042毫米，多年平均本地年径流量433.4亿立方米。珠江口西部地区的水资源总量远高于东部地区。根据珠江水利委员会的资料，河口地区人均综合用水量是全国的1.7倍，是广东省的1.3倍；珠江三角洲的人均生活用水量是全国人均生活用水量的2.9倍，是广东省人均生活用水量的1.5倍。

珠江河口三角洲地区建有较完善的蓄、引、供水工程体系。至2002年底，珠江河口地区共有小型以上蓄水工程2075座，总库容74.4亿立方米。各类引水工程约3443座，设计引水流量约1730立方米/秒。电灌提水工程5927座，设计引水流量4001立方米/秒，设计年引水量44亿立方米，有效灌溉面积372万亩。河口地区目前自来水厂设计供水能力约1860万立方米/天，设计年供水量约为64亿立方米。2002年珠江三角洲总供水量为210亿立方米（不包括对香港和澳门的供水）。依据《广东省水资源公报》的统计资料，2000年珠江河口地区用水总量为216亿立方米，其中工业用水量87亿立方米，农业用水量100亿立方米，城镇生活用水量29亿立方米。

根据2002年测算，河口地区人均污水排放量是全国人均污水排放量的5.4倍，是广东省人均污水排放量的1.9倍；河口地区各市的平均工业废水排放率是《中国环境年鉴》环境统计重点城市的平均工业废水排放率的2.2倍；其污水排放模数是全国污水排放模数的19.6倍，是广东省污水排放模数的2.2倍。珠江三角洲大部分流经城市的河段以及内河涌遭受到严重的有机污染，水中溶解氧低，不少水体发黑发臭。流经深圳、东莞和佛山中心城市的河流的溶解氧、高锰酸盐指数、生化需氧量、非离子氨和石油类等五种污染指标均超标，中山、广州、肇庆和珠海等市的城市河流均有不同的指标超标，主干河流中石油类超标较严重。水污染严重影响了珠江三角洲饮用水源的水质，使原本淡水资源较丰富的珠江三角洲的一些地区，出现了淡水资源短缺的局面，形成了突出的水质性缺水问题。

二、经济腾飞与社会发展

在相当长的历史时期中，珠江三角洲是一个富庶的农业地区。当地人民创造了"桑基渔塘""果基渔塘""蔗基渔塘"等农业耕作方式，既利用了亚热带优越的自然条件，又护养了农业生态系统。

20世纪70年代末，珠三角走上中国改革开放的最前沿，经济持续高速发展，创造力和想象力得到空前发挥。这是20世纪80年代珠三角经济区浮出水面的大背景。

1979年，中央决定在毗邻香港和澳门的深圳、珠海设立经济特区，让它们承担改革开放试验田的任务。特区经济以发展工业为主，实行工贸结合。特区建设的基本特征包括：建设资金以外资为主；经济结构以"三资"（外资、侨资、港澳资）企业为主；产品以外销为主；特区经济活动以市场调节为主，对前来投资的客商给予特殊优惠和便利。其中，早期的"三来一补"（来料加工、来样加工、来件装配和补偿贸易）企业在特区的发展中，起着十分重要的作用。特区成为中国走向世界的通道，开辟了世界了解中国改革开放政策的窗口。1984年，广州被国务院批准为全国首批对外开放的14个沿海城市之一。沿海开放城市是中国沿海地区对外开放的并在对外经济活动中实行经济特区的某些特殊政策的一系列港口城市，是经济特区的延伸。

1985年春，经国务院批准设立珠江三角洲经济开放区（小珠三角）。珠三角经济开放区除自然地理三角洲以外，还包括了其他若干县市，面积达2.27万平方千米，占广东省面积的14%。1987年，珠三角经济开放区进一步扩大，含广州、深圳、珠海、佛山、中山、江门、东莞全部地区和惠州及肇庆部分县市，面积4.42万平方千米（大珠三角）。

"珠江三角洲经济区"首次正式提出于1994年10月召开的广东省委七届人大三次全会。它的范围调整扩大为由珠江沿岸广州、深圳、佛山、珠海、东莞、中山、惠州、江门、肇庆9个城市组成的区域。1997年香港回归和1999年澳门回归，与珠三角经济和空间关系的一体化进一步发展，港澳被纳入大珠三角范围，形成了今日大珠三角的空间规模和地域格局（见表1-1）。

表1-1　珠江三角洲概念和内涵变迁

时间	1985年前	1985年	1987年	2009年
名称	自然地理三角洲	小珠江三角洲	大珠江三角洲	珠江三角洲都市群
面积	<1万平方千米	2.27万平方千米	4.42万平方千米	5.47万平方千米
人口	<800万人	1000万人	1571万人	4786万人

资料来源：根据有关珠江三角洲的资料综合而成。

改革开放30年后,珠三角经济区出现了一道十分亮丽的风景线——经济高速增长。它的经济总量由1980年的119.19亿元增长至2009年的32147亿元,增长了近270倍(见表1-2和图1-1)。年均增长率达20.51%,远超亚洲四小龙(韩国、中国台湾、中国香港、新加坡)20世纪70—80年代的增长速度。

珠三角经济社会发展的基本情况见表1-3和表1-4。2008年,广东省生产总值全国排名第一,占生产总值的11.78%;工业增加值占全国的11%;固定资产投资占全国的6.28%;外贸出口额占全国的28.28%;实际利用外商直接投资额占全国的10.5%;金融机构存款余额占全国的12.3%;社会消费品零售总额占全国的11.77%。而在上述份额中,珠三角生产总值却占广东全省的79.37%,外贸出口占全省的95.8%左右,社会商品零售总额占全省的73.3%,固定资产投资占全省的70.1%,广东省财政总收入每年有近80%来自珠三角并呈增长趋势。

表1-2　1980—2009年珠三角地区经济总量增长

年份	经济总量/亿元	年份	经济总量/亿元	年份	经济总量/亿元
1980	119.19	1990	872.18	2000	7378.58
1981	163.38	1991	1198.63	2001	8363.94
1982	207.56	1992	1559.31	2002	9386.14
1983	239.66	1993	2265.29	2003	11298.67
1984	271.75	1994	2983.59	2004	13394.02
1985	303.85	1995	3899.69	2005	18059
1986	434.49	1996	4533.85	2006	21619.01
1987	565.14	1997	5222.39	2007	25582.35
1988	698.78	1998	5833.08	2008	29945.66
1989	824.28	1999	6438.89	2009	32147

数据来源:各市统计年鉴和《广东统计年鉴2010》。

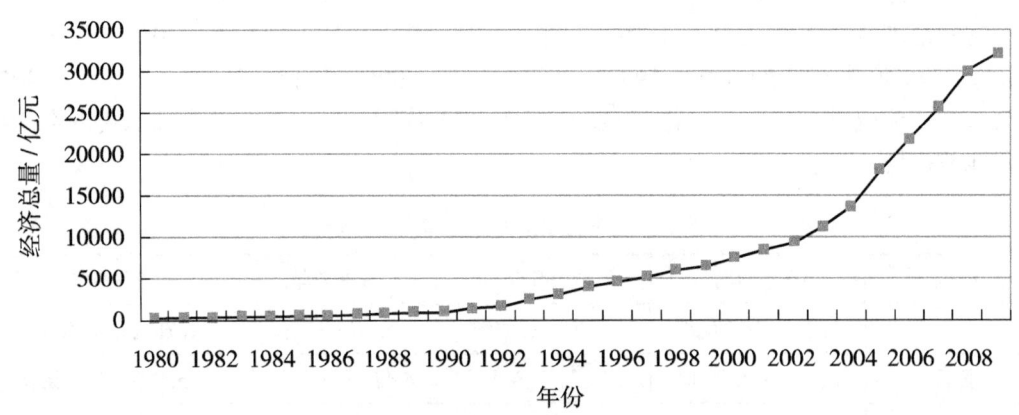

图1-1　1980—2009年珠三角地区经济总量增长

数据来源:各市统计年鉴和《广东统计年鉴2010》。

表1-3 2008年珠三角地区经济社会概况

土地面积/平方千米	54733	生产总值/亿元	32147
常住人口/万人	4786	第一产业/亿元	724
城镇人口/万人	3822	第二产业/亿元	15428
城镇化水平/%	80	第三产业/亿元	15996
人均生产总值/元	67407.00	实际利用外资/亿美元	175

数据来源：《广东统计年鉴2010》。

表1-4 2008年珠三角、广东省、全国部分指标比较

指标	珠三角	全省	珠三角占全国比例/%	全国	珠三角占全国比例/%
土地面积/万平方千米	5.48	17.98127	30.5	960	0.57
2000年普查总人口/万人	4077	8642	47.18	126583	3.22
生产总值/亿元	29745.5763	35696.46	79.37	300670	9.89
固定资产投资总额/亿元	7829.03	11165.06	70.1	172291.1	4.54
外贸出口总额/亿美元	3872.08	4041.88	95.8	14285.5	27.10
社会消费品零售总额/亿元	9366.47	12772.21	73.3	108487.7	8.63
财政收入/亿元	2248.046	3310.332	67.91	28644.9	7.84
城乡居民储蓄存款年末余额/亿元	20812.47	27417.52	75.91	221503	9.39

数据来源：《广东统计年鉴2009》《中国统计年鉴2009》。

改革开放以来，珠三角地区经济快速增长的引擎是工业及第三产业的发展。

珠三角地区工业化有两个阶段。第一阶段，从20世纪70年代末至20世纪90年代中期，特点是劳动力密集、产业低端、污染型制造业快速发展，土地高强度开发，主要产品包括电风扇、玩具、皮包、服装、家具等。第二阶段，从20世纪90年代中期至今，产业逐渐转向资本密集、技术密集、高附加值制造业，主要产品包括个人电脑、空调、相机等。

在第三产业的发展中，专业批发市场是重要的组成部分。东莞虎门的服装市场、中山古镇的灯饰市场、顺德龙江的家具市场、南海大沥的铝型材市场、增城新塘的牛仔布市场等主要以经营当地的制造业产品为基础，而顺德乐从的钢材市场等经营以本地需求为主的外来产品市场。

改革开放的过程,也是珠三角快速城市化的过程。根据广东统计年鉴,1980—2009年(见图1-2),珠三角常住人口由1821万人增长至4786万人,城镇人口由466万人增长至3822万人,城市化水平由26%上升至80%,高于全省同时期的16.3%和63.4%(全国约50%)。目前,深圳、珠海和佛山的城市化率达到100%。珠三角人口平均密度为863人/平方千米;建设用地面积8790平方千米,占珠三角土地总面积的16%。

城镇人口分布继续向珠江三角洲地区集中。在全国范围内,与其他都市群相比,城市化率增幅最大的都市群是珠江三角洲都市群,2000—2006年的7年间增长了40.88%(见表1-4)。

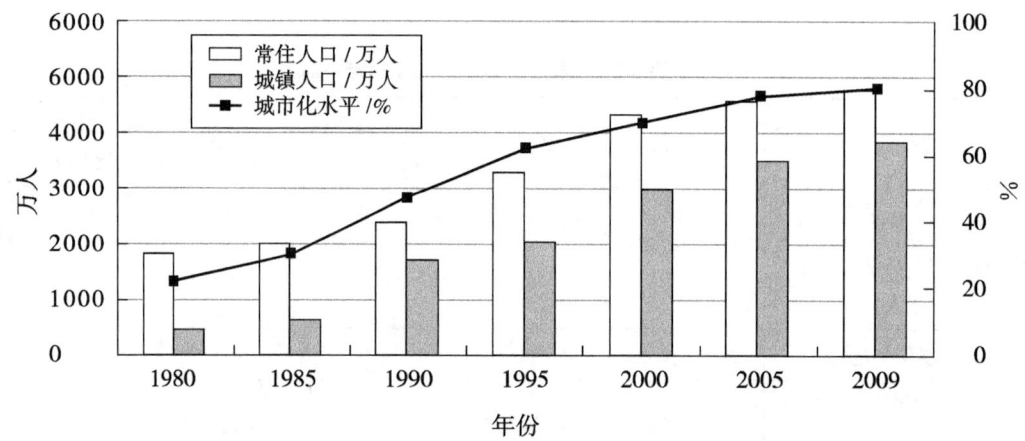

图1-2　1980—2009年珠三角城市化水平的发展过程

表1-4　2000—2006年中国"十一大都市群"的都市化率比较

都市群	2000年城市化率/%	2006年城市化率/%	增长率/%
长三角都市群	34.77	44.61	9.84
珠三角都市群	45.68	86.56	40.88
京津冀都市群	27.03	39.33	12.30
长株潭都市群	28.35	30.20	1.85
武汉"1+8"都市群	29.39	42.37	12.98
中原都市群	24.25	27.37	3.12
山东半岛都市群	35.33	46.05	10.72
海峡西岸都市群	13.90	28.79	11.01
关中都市群	30.50	32.84	2.34
川渝都市群	21.75	23.10	1.38
辽宁中部都市群	52.33	52.75	0.42

从土地利用维度来看，1996年珠江三角洲地区的建设用地为52.46万公顷，2008年建设用地的规模达178.96万公顷，平均每年增长10.54万公顷。珠江三角洲地区的建设用地扩张速度已远远高于世界平均水平。

多元化城市化发展模式是珠三角城市发展过程的重要特点，具体如下。

（1）"农村兴办乡镇企业"城市化模式。1978年国门一步步打开之后，珠江三角洲以其独特的地理区位优势率先成为外资特别是港、澳、台资金涌入的对象，以利用外资和主要从事"三来一补"的乡镇企业迅速发展。1999年末，珠江三角洲的乡镇企业发展至55.5万个，总产值高达5633亿元，企业人数为699万人，相当于珠江三角洲总人口的30.9%。珠江三角洲大量乡镇企业的兴起，直接给大量农业人口转化提供了工商企业就业机会，使他们逐步摆脱了原有落后生产和生活方式的羁绊而融入城镇生活体系之中。更为重要的是，它在体制创新和比较优势的基础上，通过产业的积聚和扩散，创造了一种自我反馈推进的城市化模式。

（2）"城市吸纳农村劳动力转移"城市化模式。与"离土不离乡"的城市化模式相比，这种模式的特点是，居住地居民离土也离乡。随着珠江三角洲地区城市数量的不断增加和城市规模的不断扩大，城市居民数量不断增加，维持城市自下而上和发展所需要的生产和生活消费总量也不断增长，并且呈现多样化趋势，这就为城市吸纳农村劳动力创造了必要条件。而且1979年以后，农村劳动生产率普遍提高，大量剩余劳动力的出现，加之限制人口流动的政策的松动，为农村劳动力进城提供了可能。因此，珠江三角洲地区理所当然成为本省和外省农民迁移的首选地。以1999年为例，广东省农村外出劳动力333.48万人，转向城市201.09万人，其中转移到珠江三角洲地区城市的超过50%。大量农民进城谋生，促进了城市规模的扩张和城市人口的剧增。这是珠江三角洲地区城市化的另一种基本模式。

（3）上述两种城市化模式的融合。由乡镇企业聚合成小城镇的城市化模式以及由城市吸纳农村劳动力转移进城的城市化模式，是珠江三角洲城市化的两种基本的空间表现形式。前者反映了在珠江三角洲特殊的区位条件和政策背景下，有着"离乡不离土"情结的农民"自我城市化"的动态过程。它把工业化浪潮"吞噬"范围内的乡村全部转化为城镇，把乡村农民转化为小城镇居民，因而呈现出在乡村腹地新建城镇、乡村地域绝对缩小、城市化水平不断提高的显著特点。后者以农业人口离开乡村进入城市为基本形式，通过"分流"部分农民，相对缩小农业人口的比重以提高城市化水平。

改革开放初期，在农村改革"先行一步"和资源短缺的经济条件下，依托乡镇企业推动城市化发展是城市化的主流模式。随着买方市场的形成以及城市规模的不断膨胀，"农民进城"城市化模式发挥着越来越大的作用。当然，这两种基本模式从一开始就是交互发挥作用，共同推动城市化进程的。一方面，建立在乡镇企业充分发展基础上的小城镇在"聚集效应"的"循环累积"作用下，进一步聚合成各类中小城市，使城市数量增加。另一方面，原有大中城市规模的扩大、城市郊区卫星城镇的大量兴起、城区的向外扩张，为吸纳更多农民进城提供了地理、人文、经济、技术等多方面的准备条件，这一进程在空间上加深了两者的融合——小城镇被纳入城市辖区，城区内的乡镇企业吸纳了更多农村劳动力。

珠江三角洲快速城市化的根本动力是工业化与第三产业的发展（见表1-5）。这种动力特征对城市化的发展过程和空间模式产生了显著的影响，突出地体现在以下几方面。

表1-5　1990—2009年珠三角生产总值及各次产业产值

单位：亿元

年份	生产总值	第一产业	第二产业	工业	第三产业
1990	1007	154	442	389	411
1995	4076	346	1983	1710	1746
2000	8422	458	4009	3618	3955
2001	9561	476	4500	4095	4585
2002	10957	497	5134	4706	5326
2003	12960	511	6264	5759	6185
2004	15488	556	7650	7081	7281
2005	18280	558	9267	8665	8455
2006	21686	562	11137	10482	9987
2007	25760	625	13016	12301	12119
2008	29946	723	14933	14124	14290
2009	32147	724	15427	14519	15996

（1）城镇（市）化以乡镇企业和小城镇为主体推动力。珠三角乡镇企业的异军突起，打破了二元结构下城乡产业发展的界限，促进了农村工业化和第二、三产业的发展。乡镇企业一方面吸收了本地农村剩余劳动力，另一方面为大量来自区外、省外的人口创造了就业机会，使得中、小城市和建制镇吸纳了相当数量的本地及周边地区的农村剩余劳动力和外来务工劳动力。乡镇企业的大量出现在促进农村地区工业化的同时，也使农村景观迅速向城市景观转变、农业用地向城镇迅速转化，一些地区甚至形成了城乡同时发展的局面。

（2）形成了沿交通干线连线扩展的网络状城镇布局形态。珠江三角洲区内有26个城市，500多个建制镇，主要密集分布在环珠江口一带，小城镇星罗棋布，平均每100平方千米就有一座城镇，城镇中心之间的平均距离不到10千米。由于交通发展的滞后，珠江三角洲相当部分城镇沿高等级干线公路一字铺开，省道、国道迅速"市街化"，城市形态呈线状发展。

（3）基本形成了城乡融合的城乡发展格局。经济力量的增强、产业的不断壮大，为小城镇的建设拓展创造了必备的条件。一些地区的建制镇之间越来越靠近，呈相连态势，如东莞的厚街—虎门—长安镇之间，寮步、大朗、黄江、樟木头及塘厦镇之间，顺德的沥洛、大良、容桂各镇之间几乎已连成一片，难以区别城乡景观差异，以四通八达的高质量交通网络为纽带，形成了城乡一体、欣欣向荣的区域发展之鲜明特点。珠江三角洲的一些乡村镇区和邻近的发展较快的村连成一片，农村的城镇化程度大大提高，已接近或大部分达到城镇水平。此外，交通、能源、电信等基础设施网络的不断完善，从时间上和空间上大大缩短了城乡之间的距离与差距，加快了乡村城镇化的进程。目前，珠江三角洲中心地区城乡融合较明显的地区，公路运输网的密度平均每平方千米土地上有1.5～2.0千米的公路，家庭电话普及率达85%以上。

（4）外来人口在城镇化过程中扮演着极其重要的角色。珠江三角洲地区是全国流动人口最密集的地区。根据第五次全国人口普查资料，广东省流动人口80%以上集中在珠江三角洲地区。大多数小城镇中的外来流动人口占总人口的50%以上，相当多的地区（特别是东岸地区）在80%以上，部分地区甚至为90%以上，并且其中从事农业的劳动力占劳动力总数都不足5%。这些外来流动人口绝大部分完成了行业和地域上的迁移，成为城镇人口构成的重要组成部分。外来人口的大幅度增长是使珠江三角洲按户籍人口计算得以保持较高城镇化水平的一个重要原因。目前，珠江三角洲很多经济较发达的城镇的外来人口总量等于甚至超过了户籍人口。例如，中山小榄镇2003年一年以上的常住流动人口数量超过了总人口的50%。

目前，珠三角地区已整体进入工业化中后期阶段，经济社会发展呈现显著的转型特征。从社会发展水平来看，2005年城镇居民人均可支配收入、农村居民人均纯收入分别达14770.00元、4690.00元。居民消费结构日益优化，食品需求由量的满足向质的提高转变。有关部门的统计表明，近年来居民在食品消费中，出现主食比重下降、副食比重上升，肉、禽、蛋、水产品等消费成倍增加的趋势；医疗保健、交通通信、娱乐教育文化等方面的消费增长加快，出现由生存型消费向享受型消费、发展型消费升级的趋势；中、高档耐用消费品普及程度提高，升级换代速度加快；居住条件不断改善。生活质量全面提高，到2005年，珠三角地区居民家庭恩格尔系数城市为36.1%，农村为48.3%，表明总体上已进入宽裕的小康生活水平。

从产业结构来看，改革开放后，三大产业的生产总值构成和劳动力构成朝着日趋合理的方向演进。三大产业占生产总值的比重由1978年的29.8：46.6：23.6变为2005年的6.3：49.5：44.2，从业人员的比重从1978年的73.7：13.7：12.6变为2003年的36.8：35.4：27.8。这两项指标说明，珠三角的产业结构已有很大变化，其经济增长方式正逐渐由粗放型向集约型转变。

逐步形成九大支柱产业。九大产业成为以珠三角为重心的广东省工业的支柱产业，其工业产出占全省70.0%以上，是工业发展的"风向标"，不断优化推动产业结构逐步由"轻"变"重"，轻、重工业的增加值比例由"九五"期末的48：52变为44：56（见表1-6）。全省第一、第二、第三产业的增加值比重由2000年的9.2：46.5：44.3发展为6.3：49.5：44.2。

表1-6 广东省九大支柱产业增加值的构成

指标	2000年		2005年	
	绝对量/亿元	比重/%	绝对量/亿元	比重/%
规模以上工业增加值	3422.60	100.0	9416.39	100.0
九大产业增加值	2402.54	70.2	6833.52	72.6
三大新兴支柱产业 1. 电子信息 2. 电器机械（含家电） 3. 石油化工	1475.02	43.1	4624.34	49.1
三大传统产业 1. 纺织服装 2. 食品饮料 3. 建筑材料	698.72	20.4	1499.57	15.9
三大潜力产业 1. 森工造纸 2. 医药 3. 汽车	228.80	6.7	709.61	7.5

资料来源：广东统计信息网（2006年6月26日）。

三、都市圈的崛起与呼唤

珠江三角洲都市群是珠三角经济区发展的逻辑结果。《珠江三角洲地区改革发展规划纲要（2008—2020年）》（简称《纲要》）提出珠三角经济区九市要与港澳共同打造亚太地区最具活力和国际竞争力的都市群。联合国人居署发布的《世界城市状况报告》认为，以广州、深圳和香港为核心的珠三角都市区已经成为世界最大的超级都会区。

进入21世纪，步入小康社会的珠三角人，开始强调改善生活环境，改善居住条件，城市意识空前高涨。到2002年，珠三角整体城镇化水平已达70%。城市个数增加到23个（包括县级市），小城镇星罗棋布，建制镇增加到386个，城镇密度达98个/万平方千米，城镇间平均距离仅9.8千米，内圈层城镇建区已连成一片。珠三角生产总值占全省总量超过70%，成为我国乃至亚太地区、全球最重要、最具发展活力、最有发展潜质的经济区域之一。由国家发展和改革委员会公布的数据可知，2005年，珠三角经济区9个地级市的生产总值为18116.74亿元人民币，约占中国内地经济总量的9.2%。

城镇结构和布局的根本性变化，使珠三角经济区内的广州、深圳、珠海、佛山、江门、东莞、中山、惠州和肇庆等众多城镇结成一个密集的市场网络、交通网络和信息网络，成为一个经济联系渠道通畅、经济联系频繁的组织系统。在这一经济网络的节点上，分布着一系列城市，发挥着流通中心、交通中心和信息中心的功能。根据联合国人居署发布的《世界城市状况报告》，以广州、深圳和香港为核心的珠三角都市区已经成为世界最大的超级都会区。

"都市群"的概念是由法国地理学家戈特曼于1957年提出的，意指"巨大的多中心城市区域"，其特征包括：以2500万的人口规模和每平方千米250人的人口密度为下限的庞大空间；以国际化大城市为核心，沿海轴线形成的枢纽；职能分工合理的多中心城市；有发达的通信网络及基础设施。从上述标准看，珠江三角洲经济区是一个完整意义的都市群。它与当今世界大都市群（大纽约都市群、大东京都市群）在许多方面具有可比性。

2008年底，国务院批准公布的《纲要》，被称为广东改革发展史上的第二个里程碑。规划范围以广东省的广州、深圳、珠海、佛山、江门、东莞、中山、惠州和肇庆为主体，辐射泛珠江三角洲区域，并将与港澳紧密合作的相关内容纳入规划。《纲要》提出，珠江三角洲地区是我国改革开放的先行地区，是我国重要的经济中心区域，是推动我国经济社会发展的强大引擎，人口和经济要素高度聚集，形成了一批富有时代气息又具岭南特色的现代化城市，成为我国三大城镇密集地区之一。《纲要》要求珠三角经济区九市创新合作机制，优化资源配置，优化珠江三角洲都市群的空间结构布局，推进城市规划一体化，与港澳共同打造亚太地区最具活力和国际竞争力的都市群。要"科学发展，先行先试"，增强区域可持续发展能力，率先建立资源节约型和环境友好型社会，走出一条生产发展、生活富裕、生态良好的文明发展道路，为全国科学发展提供示范。

推进珠三角一体化，在珠三角打造世界水准的世界级都市圈，是一个重大的战略安排。目前圈内汇集了种类齐全的产业群，形成了深港、广佛、珠澳等大城市圈，拥有世界上最大的外向型港口群、全国最密集的机场群，以及四通八达的铁路和高速公路网络，在珠三角要崛起一个具有国际竞争力与核心竞争力的世界性经济中心的方向已十分清晰。

珠三角一度以劳动密集型产业获得"世界工厂"的称号。目前的现实是，100%的煤炭、95%的木材、86%的成品油、72%的钢材、22%左右的电力等需要从省外调入或进口。人均耕地面积不及全国平均水平的三分之一，2002年人均耕地面积仅0.02公顷。珠江三角洲网河区的中小河涌水质污染现象十分普遍。9个市有8个市都是重酸雨地区。灰霾天气天数呈增加趋势，部分城市一年多达230天。一方面，高速增长的经济对资源极其"渴求"；另一方面，资源利用率低下，使资源相对不足、环境承载能力较弱的问题更加突出。

珠三角的资源环境瓶颈问题早在初级工业化时期就埋下了种子。初级工业化时期对生态环境建设的重视极为不足，区域绿地面积不断减少，灰色面积不断增加。城镇规模不断扩大，区域内原有的自然景观改变巨大。特别是一些关键性的生态过渡带、廊道和节点，没有得到应有的维护。建成区的生态林缩减，生态脆弱。城镇绿化质量差，发展不平衡。根据研究结果，珠江三角洲的植被光合作用固定净碳总量为 18.22×10^6 吨/年，而人口呼吸、土壤呼吸以及燃料燃烧释放出的净碳总量为 $36.01 \times$

10^6吨／年，两者相差一倍。生态环境局部改善而整体恶化的趋势目前还没有得到根本的遏制。从城镇建设用地规模来看，2002年珠江河口地区的城镇建设用地面积为74.84万公顷，比1996年增加11.23万公顷。从耕地来看，2002年耕地面积为85.2万公顷，比1996年减少15.65万公顷。2002年人均耕地面积仅0.02公顷。

面对土地开发强度过高、能源资源保障能力较弱、环境污染问题比较突出、资源环境约束凸显、传统发展模式难以持续等状况，先行一步的珠三角都市群应该如何实现发展战略调整，实现发展模式转型，对发展动力机制进行重构？带着这些问题，本书从资源环境视角分析珠三角的昨天和今天，并面向未来探讨珠三角都市群的可持续发展与价值取向。

第二章

土地集约利用与城市化

第二章 土地集约利用与城市化

过去30年，珠三角土地利用结构有很大转变，突出体现在城镇工业与交通设施用地面积的增加，建成区面积的迅速扩大，导致农用地尤其是耕地的锐减。总体用地结构不合理和土地利用低效是珠三角城市化中土地利用存在的突出问题。"自下而上"的工业化过程，使不同的利益群体依靠手中的土地资源大量兴建各种基础设施、工业厂房，发育和形成了一种城乡土地利用混杂交错、"似城非城"的过渡性地域类型，即半城市化地区。土地资源管理和市场配置土地资源的作用尚未充分发挥。土地利用低效、浪费严重还突出表现在，闲置土地较多，旧城、旧村、旧厂改造难度大。

土地资源问题是珠三角都市群发展遭遇资源环境瓶颈的主要体现。资源禀赋不能更改，但发展的理念和体制机制是可以转变的。面对严峻的土地利用形势，珠江三角地区在未来的发展中必须树立土地资源忧患意识，在发展过程中更注重发展的可持续性，不能盲目追求发展速度。应采取集约节约发展模式，切实集约和节约利用土地资源，从闲置地找发展空间。应加强科学规划用地，发挥土地利用总体规划的"龙头"作用，严格实施绿色空间保护战略和增长边界严控战略。应在规划和建设中坚持"城镇进圈、工业进园、民宅进区"的用地原则，优化产业布局，调整产业结构，促进产业转型升级。应坚持以经济发展方式转型升级推动集约节约用地，以提高项目准入门槛推动节约集约用地，以严格依法处置低效用地推动集约节约用地，以合理利用农村集体建设用地推动集约节约用地，以城乡建设用地增减挂钩试点工作推动节约集约用地。应通过易地开发补充耕地、市场配置土地资源、以"集中"促"集约"、设置用地准入条件、盘活存量低效用地，对"旧城镇、旧厂房、旧村居"进行改造，向"新城市、新产业、新社区"转变，破解珠三角用地的瓶颈问题。应运用价格机制抑制多占、滥占和浪费土地现象。

一、珠三角地区城市化的土地制约

珠江三角洲经济区是我国经济发达、建制镇密度高的地区。多年来该区域的各镇政府、管理区政府和村委会对本区域内局部经济效益的追逐、投资商对最大利润的追逐以及全体村民共有的农村土地集体所有制形式等多种因素的叠加作用，导致了该地区高速度、大密度、多竞争但土地资源浪费多的城镇建设格局。目前，土地资源问题已成为该地区经济发展的重要制约因素。城镇化进程中的合理土地利用是该地区乃至我国经济实现可持续发展和土地资源实现可持续利用的不能回避的重大课题。

（一）城市化内涵、模式与规律

一般认为，城市化是一种社会经济变化的地域空间过程。它包含4层含义：①人口向城市集中的过程，包括集中点的增加和每个集中点的扩大；②城市人口占全社会人口比例提高的过程；③第二、三产业向城市集中的过程；④城市对农村影响的传播过程,以及全社会接受城市文化的过程。

从新制度经济学的视角来观察,城市化进程中城市(包括市和镇)是由农村(乡村)演变而来又不同于农村的人口聚居及其活动方式的制度安排。因此城市化可以理解为一个使农业人口转化为非农业人口,农村地域转化为城市地域,农业活动转化为非农业活动,农村价值观念转化为城市价值观念,农村生活方式转化为城市生活方式的多景观、多层面的综合转换过程(吴强,2006)。

城市化模式是社会、经济结构转变过程中的城市化发展状况及动力机制特征的总和。城市化可以从不同的角度分成不同的类型,按其所处的经济体制,可以分为市场型城市化和计划型城市化。按城市化发展水平,可以分为发达型城市化和发展型城市化。从城市化与工业化发展水平的关系,可以分为以下几类。

(1)同步城市化。指城市化的进程与工业化和经济发展的水平趋于一致(呈显著的正相关关系)的城市化模式。发达国家在城市化加速时期,这种相关性表现得相当明显。据测算,发达国家在整个工业化中期,工业化与城市化的相关系数极高。1841—1931年间英国为0.985,1866—1946年间法国为0.970,1870—1940年间瑞典为0.967,发达国家整体为0.997。由于农村人口只有迁居到城市后,才能在城市就业,因此在城市化进程中,农村劳动力的地域迁移先于职业转换是一种较普遍的现象。大部分发达国家在城市化进程中农村劳动力的转移方式,如英国的圈地运动方式、美国的自由迁移方式和德国的容克买办方式等,都具有地域迁移先于职业转换的特征,但基本上都属于同步城市化模式。

(2)过度城市化。又称超前城市化,指城市化水平明显超过工业化和经济发展水平的城市化模式。过度城市化主要是依靠传统的第三产业来推动,甚至是无工业化的城市化,由于大量农村人口涌入少数大中城市,城市人口过度增长,城市建设的步伐赶不上人口城市化的速度,城市不能为居民提供就业机会和必要的生活条件,农村人口迁移之后没有实现相应的职业转换,会造成严重的"城市病"。过度城市化形成的主要原因是二元经济结构下形成的农村推力和城市拉力的不平衡(主要是推力作用大于拉力作用),而政府又没有采取必要的宏观调控措施。相当数量的发展中国家出现这种城市化模式。例如,墨西哥的工业化与经济发展水平远远不如发达国家,但1993年其城市化水平已达74%,明显高于同期瑞士的60%、奥地利的55%、芬兰的62%和意大利的67%。

(3)滞后城市化。指城市化水平落后于工业化和经济发展水平的城市化模式。滞后的原因主要是政府为了避免城乡对立和"城市病"的发生,采取种种措施来限制城市化的发展,结果不仅使城市的集聚效益和规模效益得不到很好的发挥,而且引发了诸如工业乡土化、农业副业化、离农人口"两栖化"和城镇发展无序化等"农村病"现象,违背了工业化和现代化发展规律。改革开放前的中国城市化就是这种城市化的突出代表。1980年世界城市化水平为42.2%,发达国家为70.2%,发展中国家为29.2%,而中国的城市化水平仅为19.4%。从城市化与产业结构的关系来看,我国城市化明显滞后于工业化,与第三产业呈低水平相适应。1996年我国的城市化率与工业化率(指工业增加值占生产总值的比重)之比仅为0.69,远低于该比值1.4~2.5的合理范围。这一方面说明了我国城市化的滞后，另一方面也表明了我国工业化过度地孤军深入。

（4）逆城市化。指城市市区人口尤其是大城市市区人口郊区化、大城市外围卫星城镇布局分散化的城市化模式，所谓"逆"并不是指城市人口的农村化，更不是指城市文明和生活方式的农村化，而是指城市市区人口向郊区迁移，大城市人口向卫星城迁移的倾向。造成逆城市化的原因主要有大城市城区人口过于密集、就业困难、环境恶化、地价房租昂贵、生活质量下降等，促使人口向环境优美、地价房租便宜的郊区或卫星城迁移；城市产业结构的调整和新兴产业的发展，带动了城区人口的外迁，交通、通信的现代化大大缩短了城市与郊区的时空距离等。逆城市化的倾向主要发生在20世纪50—70年代城市化水平很高的发达国家。例如，美国除洛杉矶以外的12个最大城市的城市市区人口，在1950—1971年间，从2625.3万下降到2552.4万，郊区及卫星城人口则从1463.5万增加到1714.7万。实际上，逆城市化不是城市化的反向运动，而是城市化发展的一个新阶段，是更高层次的城市化。

美国地理学家诺瑟姆（Northam，1979）分析了各国城市化的发展历程后，发现城市化的轨迹是一条稍拉平的S型曲线。它展示了城市化过程的三个阶段（何芳，2001）：第一阶段为城市化初期，即前工业化阶段，以劳动密集型家庭小生产为主，城市人口增长缓慢，城市化水平低于30%。第二阶段为城市加速期，即工业化阶段，经济活动以企业化、集团化生产为主，工业活动集中性增强，城市人口比重加速增加，到70%时趋于平缓。第三阶段为城市化后期，即后工业化阶段，城市人口比重保持平稳，在70%以上，产业结构以第三产业为主，交通网络、信息网络大力发展，城市的主要功能逐渐由产品加工向信息处理和高层次服务过渡。

（二）城市化进程与土地利用

1. 国外

（1）美国。自1920年代开始，美国的城市结构和形式发生剧烈的变化，主要源于汽车不断普及，直至成为最主要的私人交通方式。第二次世界大战（简称"二战"）后美国的郊区化发展进入加速阶段，战后巨大的住房需求推动了居住郊区化发展。鼓励新房建设和住房购置的税收政策和补贴、高速公路建设、低能源价格等进一步刺激了郊区的扩展。此外，随着"二战"后美国经济快速增长，就业机会增加，收入增长，中产阶级迅速壮大，并有能力离开嘈杂、拥挤、环境差的市区，到环境优美的郊区安家落户。

20世纪50年代，地区性大规模购物中心（shopping mall）开始在郊区出现。到20世纪70年代，一些公司开始选择在郊区发展，"办公园"（office park）———一种低密度的办公建筑组团成为新宠，郊区化进入高峰期，郊区的功能也逐渐转向专门的产业园区、低密度办公园区、低密度高档居住区和商业节点。城市扩展成了一股蔓延全美国的潮流，城市沿公路干线呈轴状带状扩展，形成了城市圈层的星状扩展空间结构形态。洛杉矶在这20年间，其占地面积的增长速度是其人口增长速度的十几倍。

加利福尼亚、德克萨斯、亚利桑那和佛罗里达等被誉为"阳光带"（sunbelt），从1970年代起城市迅速发展。它们和洛杉矶一样，具有显著的蔓延式郊区型大都市特征，并隐藏着一些环境和公共健康方面的问题。许多大城市占用土地的速度比其人口增长速度还快，它们把城市及郊区的污染问题带到了农村。

（2）英国。与美国不同，英国走的是自上而下的郊区化过程，基本的城市规划战略是控制城市和准城市向农村地区的扩展（乐建明，2005）。受霍华德"花园城市"规划理念的影响，1938年英国颁布了《绿化带法》（Green Belt Act），以控制城市扩张对绿化带的蚕食。同时，采取新开发区及卫星城建设，以疏散老城区过度拥挤的人口及经济活动。1947年英国《中华人民共和国城乡规划法》规定土地开发权归国家所有，所有开发必须得到规划的许可，避免市场功利主义式的开发。

英国的第一代新城建设运动始于20世纪40年代末期，主要目标是从拥挤和堵塞的城区疏散人口。早期开发的第一代新城是功能较为单一的"卧城"，提供的工作机会少，缺乏购物及其他的娱乐休闲设施，造成新城区与老城区之间的通勤流。第二代新城建设考虑了就业与居住需求的内部平衡，疏散了部分工业企业。20世纪60—70年代在英格兰和威尔士开发建设的第三代新城建设，不仅考虑了就业与居住方面的要求，商业、医疗、教育等城市服务设施也被考虑了进来，成为功能完整、环境优美的新城市，与中心城市形成了功能协作互补的城市体系。

与美国式的自由蔓延式扩展不同，英国有计划的新城（新区）建设活动，把城市规划与区域社会经济发展规划结合起来，提高了开发的整体社会效益，既解决了短期内空间布局的合理要求，又兼顾了长期发展的需要，节约了宝贵的土地资源。

（3）日本。"二战"后日本实施了国家重建和恢复计划，用30年左右的时间高速完成了欧美发达国家用100多年才完成的城市化过程。1955年至1973年间，日本经济实际增长了8倍，迁居到城市地区的移民大量增加。在移民的高峰时期（1960—1964年），有超过300万人来自农村、小城镇和小城市的人口迁移到东京、大阪和名古屋三大都市地区。1975年其城市化水平上升到76%。

日本主要走大城市主导型的城市化道路，表现为超高度的集中发展模式。首先是少数中心城市获得了优先的集中发展。以东京为例，东京都市圈内政治、经济、商业、金融和媒体机构大量集中，大公司总部基地都云集于此。资产超过10亿日元的公司中有51%将总部放在东京，日本超过31%的生产总值（gross national product，GNP）由东京都市圈贡献。东京是日本的金融中心，91%以上的银行和外资金融机构的雇员集中于此。东京也集中了日本的高校，大约有40%的高校学生在东京都市圈学习和生活。

高度集聚后又出现了国土的多极化分散。20世纪50年代中期以后，城市人口剧增并逐渐向外伸延，形成"圈型化"现象。20世纪70年代日本经济进入高速发展时期，城市人口急剧增加，住宅需求压力使得居住用地向郊区扩散。

1950年日本制定了《国土综合开发法》，标志着日本的地区开发计划正式铺开。1956年日本制定《首都圈管理法》，规定城市老街区受政府统一规划管理，严格控制无序膨胀。1968年制定《新城市计划法》，推行区划制度和实行开发许可证制度。区划制度将城市划分为市区化控制区域和市区化区域，防止无计划地扩大城郊现象，为科学管理、规划、开发城市土地打下了良好的基础。

2. 国内

我国的城市化从城镇体系来看可以分为小城镇城市化与城市城市化。

小城镇城市化是一个"自下而上"的过程，从资本性质及企业类型来看，以由民间资本主导的乡镇企业的发展为动力。乡镇企业的发展与大规模小城镇的兴起是我国城市化发展的主要载体之一。1978—1998年，乡镇企业吸收非农产业就业人口9710万人，占同期全国非农产业新增就业量的41.7%（石晓平、曲福田，2001）。这种以乡镇企业为主力的发展依靠廉价的劳动力资源和无偿取得的土地资源在短缺经济的条件下发展起来，布局分散，技术水平低，最终的发展是以土地资源的巨大浪费和农村生态环境的严重破坏为代价的。从土地利用的空间形态上来看，呈现沿镇外围或公路沿线扩展的圈状及带状趋势，内部布局混乱，占用了大量良田，土地利用较为粗放。

城市化是多种力量综合作用的结果。从土地扩展的空间形态来看，我国城市的土地开发主要以促进城市经济增长为目的，城市土地扩展表现出郊区带状发展及圈层扩展的空间发展形态：出口加工区、保税区、经济技术开发区等产业园区星罗棋布，高档居住区星星点点地散落在快速交通干线旁。这种土地开发模式一般是政府政策导向型的，当地政府根据经济发展的需要首先圈定区域作为城市扩展的方向，然后以招商的形式配置土地。行政长官的政绩意识明显影响着城市土地的开发利用。

城市化本可以提高土地的利用效率。从各类城市土地利用情况的横向比较来看，城市规模越大，城市人均建设用地越少，城市土地集约程度越高（曹雪琴，2001）。但在城市化、工业化快速发展的过程中，兴建了许多新兴工业，更增加了对工业用地的需求。同时，城市居民对住宅、商业区、公用事业以及基础设施用地的需求不断增加。许多地方打着"经营城市"的旗号，以地生财，盲目进行开发区、新区建设。这使我国的土地承受了不能承受之重，突出体现在城市扩展侵占耕地的现象严重。由国家资料统计可知，1986—1995年我国非农建设占用耕地197万公顷，年平均非农建设占用耕地50万公顷，10年间耕地共减少了38.44%（乐建明，2005）。

2010年我国城市化已达50%。据保守预测，2030年我国城市化将达到60%，人口达16.5亿，城镇居民总数达9.9亿。按我国城市规划部门推荐的每人100平方米的城市建设用地指标，城市建设用地需净增480万公顷。这无疑是巨大的规模。

（三）快速城市化的珠三角及其土地制约

1. 珠三角城市化模式和特征

珠三角的城市化发展模式是多元化的，主要包括"以下（乡镇以下的各类企业）促上（市级企业），遍地开花"的东莞模式，"中间（乡镇企业）突破，带动两头（市属、村办企业）"的顺德模式，"以上（市属企业）带下（乡镇以下企业），一镇一品"的中山模式，"六轮（市、镇、村、经济社、联合体、民营经济）齐转，各显神通"的南海模式等。

从珠江三角洲城市化的实践来看，在改革开放初期农村改革"先行一步"和短缺经济条件下，依托乡镇企业推动城市化发展是城市化的主流。随着买方市场的形成以

及城市规模的不断膨胀，"农民进城"城市化模式发挥着越来越大的作用。当然，这两种基本模式从一开始就是交互发挥作用、共同推动城市化进程的。一方面，建立在乡镇企业充分发展基础上的小城镇在"聚集效应"的"循环累积"作用下，进一步聚合成各类中小城市，使城市数量增加。另一方面，原有大中城市规模的扩大、城市郊区卫星城镇的大量兴起、城区的向外扩张，为吸纳更多农民进城提供了地理、人文、经济、技术等多方面的条件，这一进程在空间上加深了两者的融合——小城镇被纳入城市辖区，城区内的乡镇企业吸纳了更多农村劳动力。

工业化与第三产业的发展是珠江三角洲快速城市化的根本动力。工业化和第三产业化促进了人口增长与快速城市化。其动力特征也对城市化的发展过程和空间模式产生了显著的影响。

2. 珠三角土地利用分析

（1）土地利用结构分析。改革开放以来，受到区位优势和政策优势等利好条件的影响，珠三角地区的社会经济发展迅速，对土地资源的需求也大大提高，土地利用的结构、布局、利用方式和利用效益也有了很大变化。其土地利用的特点主要体现在农用地尤其是耕地的锐减和城镇建设用地特别是建成区面积的迅速扩大。到2007年，珠三角各城市的土地利用情况如表2-1所示。

表2-1　2007年珠三角城市的土地利用现状结构比较

行政单位	土地总面积/万亩	农用地		建设用地	
		面积/万亩	占比/%	面积/万亩	占比/%
广东省	26700.00	22348.00	83.70	2665.00	9.98
广州市	1115.16	788.00	70.66	240.00	21.52
深圳市	292.93	143.10	48.85	136.11	46.47
珠海市	240.00	133.00	55.42	75.00	31.25
佛山市	577.20	333.57	57.79	189.34	32.80
惠州市	1673.70	1448.00	86.51	173.00	10.34
东莞市	369.75	175.00	47.33	155.00	41.92
中山市	270.00	163.00	60.37	71.00	26.30
肇庆市	2223.33	2031.68	91.38	108.06	4.86
江门市	1431.15	1124.00	78.54	156.00	10.90

数据来源：江门市国土资源局编：《国土资源工作简报》，2008年5月5日第63期。

2008年耕地变化情况：广东全省年末耕地面积为42460972.1亩（1亩≈666.67平方米），减少面积334781.0亩，增加面积80866.5亩（主要来源于土地开发、复垦、整理及农业结构调整等方面）。减少的耕地中，建设占用53211.7亩，占耕地减少总量的

15.89%，与2007年建设占用耕地108651.7亩相比，减少占用55440亩。该年度佛山市占用耕地1266.7亩，占全省未批先建占用耕地的35.56%；中山市占用耕地701.2亩，占全省未批先建占用耕地的19.68%；广州市占用耕地668.9亩，占全省未批先建占用耕地的18.78%。

2008年建设用地变化情况：全省建设用地年末建设用地面积为26843607.4亩，减少面积13603.1亩，增加面积203817.1亩。新增建设用地中占用农用地面积为191204.5亩（其中，占用耕地53211.7亩，占用园地43978.5亩，占用林地43923.2亩，占用牧草地138.8亩，占用其他农用地49952.3亩）；占用未利用地12612.6亩（其中，占用未利用土地9622.4亩，占用其他土地2990.2亩）。

2008年全省新增建设用地量较2007年的366505.7亩减少了162688.6亩，主要原因如下：一是广东省积极推进建设节约集约用地试点示范省工作。认真贯彻落实《国务院关于促进节约集约用地的通知》（国发〔2008〕3号）和国土资源部（2018年改为自然资源部，下同）《关于加大闲置土地处置力度的通知》（国土资电〔2007〕36号）以及国家土地督察广州局关于盘活利用闲置土地的要求，组织全省集中开展闲置土地专项清查处置工作，取得了显著成效。同时广东省组织经济发达地区开展"三旧"（旧厂房、旧村庄、旧城镇）改造工作，进一步节约集约用地。二是广东省经济属于外向型，金融危机对经济有一定的影响。三是广东省今年大力开展查处违法用地，并进行了复耕复绿。四是省长与各地级以上市市长签订土地利用年度计划责任书，明确各地级以上市人民政府主要负责人对本行政区域内土地利用年度计划情况负总责。

（2）土地利用特征分析。改革开放以来珠江三角洲的土地利用有很大转变，主要体现在农用地尤其是耕地的锐减和城镇建设用地特别是建成区面积的迅速扩大。

土地利用结构变化特征突出体现在城镇工业和交通设施用地面积的增加。空间分布不均衡是珠三角土地利用空间变化的突出特征。耕地变动剧烈且高度集中于"广深珠"（广州—深圳—珠海）三角区域。珠江三角洲耕地面积不断减少，在空间分布上呈现不均衡特征。首先，从耕地减少总量来看，集中于佛山、广州、江门、东莞和中山等地，其余地区耕地减少面积较小。其次，从耕地减少速度来看，深圳、佛山、东莞、中山、珠海和广州的减少速度较快。最后，从耕地转换空间分布来看，城镇工业和交通设施用地主要分布于佛山，耕地主要转移为城镇工业和交通设施用地和水域用地，其中转移为城镇工业和交通设施用地的主要分布于佛山、江门、深圳和东莞等地；转换为水域用地的则主要集中于中山、三水和台山等地。总体而言，耕地变动剧烈区域集中于"广深珠"三角区域及周围地区。

城镇工业和交通设施用地急剧增加，并集中分布于"人"字形交通走廊区域。珠江三角洲城镇工业和交通设施用地变化剧烈。首先，从增长总量来看，各城市都有较大增长，变动剧烈区域主要集中于"广深珠"三角区域，广州、佛山、深圳、东莞和珠海5地的增长面积占全部增长面积的79.67%。珠江东岸的城镇工业和交通设施用地增长集中分布于广深交通走廊沿线；珠江西岸的城镇工业和交通设施用地增长则集中分布于广珠交通走廊沿线，呈现出沿着"人"字形交通走廊剧烈扩展的显著特征。其次，从增长速度来看，珠海、中山、东莞和佛山等地的增长速度较快，年均增速均在

5.0%以上；而惠州、肇庆、江门等地的增长速度较低。最后，城镇工业和交通设施用地主要来源于耕地转换，城镇工业和交通设施用地增长与耕地减少剧烈的地区在空间上基本相符。

林地整体变化不大，面积减少集中于深圳和东莞。首先，从面积变化来看，除肇庆稍有增长外，其余地区均呈下降趋势，林地减少集中于深圳和东莞两地，其减少面积占减少总量的71.84%。其次，从林地转换去向来看，林地主要转换为城镇工矿用地，其中深圳城镇工矿用地增长的46.29%来源于林地，东莞也有36.92%来源于林地。

水域面积稍有增长并集中分布于水域密集地区。一方面，水域面积减少集中分布于深圳和珠海，其中大部分转换为城镇工矿用地；另一方面，沿海地区围垦和退耕还湖工程的实施，使得一些地区的水域面积得到较大增长，主要分布于江门、佛山和广州等水域密集城市，其余地区的水域面积也有零星增长（闫小培等，2006）。

（3）土地利用效益分析。与国内许多城市地区相比，珠三角的土地产出效益是比较高的。2007年深圳市地均生产总值为3145亿元/公顷，是上海市地均生产总值的2倍（2007年上海市地均生产总值为1151亿元/公顷），但与香港相比，深圳的用地效益就很低，2007年深圳市地均生产总值只有香港的10%。如果按照单位建设用地的工业产值来计算，2007年珠江三角洲9市的单位建设用地工业产值为1012亿元/公顷，而日本的单位建设用地工业产值为1196亿元/公顷，远高于珠三角的平均水平。可见珠三角的土地集约利用程度与发达地区和国家之间存在很大差距（林锦凤，2009）。2007年珠三角各市的土地利用效益见表2-2。

表2-2 珠三角城市2007年的土地利用效益对比

行政单位	生产总值值/亿元	土地总面积/万亩	建设用地面积/万亩	单位建设用地生产总值/（万元·亩$^{-1}$）	单位土地面积生产总值/（万元·亩$^{-1}$）
广东省	30673.71	26700.00	2665.00	11.51	1.15
广州市	7050.78	1115.16	240.00	29.38	6.32
深圳市	6765.41	292.93	136.11	49.71	23.10
珠海市	886.84	240.00	75.00	11.82	3.70
佛山市	3588.50	577.20	189.34	18.95	6.22
惠州市	1085.11	1673.70	173.00	6.27	0.65
东莞市	3151.00	369.75	155.00	20.33	8.52
中山市	1210.69	270.00	71.00	17.05	4.48
肇庆市	622.50	2223.33	108.06	5.76	0.28
江门市	1095.33	1431.15	156.00	7.02	0.77

数据来源：江门市国土资源局编：《国土资源工作简报》，2008年5月5日第63期。

近年来，珠三角地区面临着产业升级、资源短缺等一系列问题，迫切需要走出原来的资源依赖型经济发展模式,而产业升级必须有相应的土地作为支撑。珠三角地区经过多年的快速发展,"摊大饼"式的城镇发展模式使土地资源消耗殆尽,不可能再走外延扩张占用耕地来获取产业升级用地的道路;而未利用土地多为滩涂、丘陵缓坡地,开发难度大、成本高,后备供地严重不足;此外,珠三角闲置土地比例大,土地利用效率普遍较低,加剧了供需矛盾。土地的瓶颈制约突出。

(4)城市地价变化情况。随着珠三角地区经济迅猛发展,土地稀缺性愈发显现,表现为土地价格水平不断提高,从2006年到2009年的短短几年间,商业用地基准地价由2876元/平方米上升至9752元/平方米,居住用地则由3158元/平方米上升为5894元/平方米,珠江三角洲地区商业、居住、工业用地三种地价之比约为1∶0.60∶0.07,显著反映了现行土地市场特征下,不同用地间的经济价值关系。各类用地价格详见表2-3。

表2-3 2006—2009年珠三角地区基准地价情况

单位:元/平方米

年度	综合	商业	居住	工业
2009	3460	9752	5894	698
2008	3161	8402	5133	669
2007	2255	3241	3587	724
2006	2276	2876	3158	611

资料来源:中国城市地价监测网。

珠江三角洲地区2009年商业地价水平是全国平均水平的2.27倍,比长江三角洲地区、环渤海地区的平均水平分别高38%和93%;居住地价水平是全国平均水平的1.54倍,比环渤海地区高34%,但比长江三角洲地区低13%;工业地价水平是全国平均水平的1.17倍,比环渤海地区高13%,但比长江三角洲地区低9%。

2009年,珠江三角洲地区成为全国地价增长最快的地区,其综合地价水平值较2008年增长9.47%。

(5)土地利用存在的问题。人多地少一直是珠江三角洲地区发展的突出问题。改革开放以来,经济高速增长,人口不断增多,城市发展用地量大,进一步使珠江三角洲地区的土地问题变得更加严峻。2002年,全区城镇建设用地的总面积为4546.4平方千米。如果延续现有的发展模式,即保持1995—2002年间8%的增长速度,2020年建设用地的规模将达到17800平方千米,占区域总面积的43%。珠三角城市化中土地利用存在的问题主要有以下方面。

一是土地规模与人口规模不相称。珠江三角洲地区的土地总面积为52447平方千米,2007年末的总人口为4492万人,人口密度为856人/平方千米。2007年中国人口密度为142人/平方千米,世界的人口密度为51人/平方千米。珠江三角洲的人口密度远远高于全国和世界的人口密度。据第五次全国人口普查资料显示,2000年珠江三角洲的外来人口数量高达1696万人,如果加上流动人口,珠江三角洲地区的人口密度将更大。

与其他国家相比，珠江三角洲的人口密度也是高的。它的人口密度是韩国的1.74倍、日本的2.46倍、法国的7.6倍、德国的3.6倍和英国的3.4倍。

珠江三角洲地区人口密度每平方千米超过1000人的城市有深圳、东莞、佛山、中山和广州。人口密度的不断上升使该地区的"人口压力"问题日渐突出。其中深圳、东莞两个城市的常住人口已逼近"临界点"状态，生态环境、能源、水资源以及土地等方面都逐步逼近人口承载的极限。

二是总体用地结构不合理。珠三角的总体用地结构不合理，工业用地急剧增加，居住用地迅猛增长，农用地大量减少。从总量上来看，珠三角中心镇区的面积为7661.78平方千米，其中工业用地502.77平方千米，居住用地826.33平方千米。按镇域户籍人口计算，人均工业用地高达118.78平方米，人均居住用地195.22平方米。考虑镇区外来人口，人均工业用地和人均居住用地仍分别高达81.19平方米和133.44平方米。

改革开放以来，珠江三角洲农用地尤其是耕地锐减，城镇建设用地特别是建成区面积迅速扩大。1980年到1993年珠江三角洲的耕地面积由104.67万公顷减少到71.33万公顷，平均每年减少2.05万公顷，年递减率达2.2%，人均耕地面积则由1980年的0.059公顷减少到1993年的0.035公顷；建成区面积由1999年的761平方千米增加到2006年的2155平方千米，在7年时间内建成区面积增加了1394平方千米，年均增长率为26.2%。

1996年珠江三角洲地区的建设用地为52.46万公顷，2005年建设用地规模达82.64万公顷，年均增长率为6.4%。尽管全世界建设用地以年均1.2%的速度递增，城市建设用地扩张已是城市化的显著特征，但是珠江三角洲地区的建设用地扩张速度严重过快，已远远高于世界平均水平。非农用地的增长速度过快，对农用地造成了极大的侵占，使耕地面积不断减少。

三是土地利用低效。2007年珠江三角洲地区的单位面积产值为709万美元/平方千米。深圳市的单位面积产值最高，为5096.5万美元/平方千米，但与发达国家和地区的差距仍十分显著。1988年，纽约的单位面积产值已经达到67734.9万美元/平方千米，是深圳的13.3倍，东京1990年的单位面积产值为119291.2万美元/平方千米，是深圳的23.4倍。

改革开放以来，在外国资本涌入、乡村工业化等多种动力的复合作用下，珠江三角洲地区区位条件、禀赋条件较好的农村地区，普遍形成了"自下而上的工业化"。这种工业化过程，使不同的利益群体利用手中的土地资源大量兴建各种基础设施、工业厂房，发育和形成了一种城乡土地利用混杂交错的"似城非城"的过渡性地域类型，即半城市化地区。这些地区的非农用地布局混乱。同时，不同用地类型混杂，形成了"村村像城镇，镇镇像农村"的用地景观，加大了改造的难度，不便于合理规划。城乡设施重复建设和低水平竞争，缺乏规划理论和政策指导，缺乏有效的统一规划管理机制，导致管理体制混乱，土地利用混乱，产业结构的稳定性差，经济活动短期行为突出，小型加工厂盲目上马，乱设经济开发区，城郊用地矛盾突出，耕地丢荒普遍，人口流动性大。

珠江三角洲地区镇、村传统工业园区数量众多，几乎每个村镇都有工业园区，如广州番禺区20个镇共有163个工业区，每个镇平均有8个工业区，中山市古镇的4000多家生产企业主要分布在20多个自然村中，工业区多分布在各自然村中，几乎村村有工业区。工业发展和土地开发极为分散，集聚程度低，难以实现工业的规模集聚。非农用地的布局过于零碎，以沙河镇1994年为例，在15个行政单位中存在争议的用地就有14处，几乎每两个相邻的行政单位之间都有用地争议。同时，土地利用极度混乱，广州市沙河镇的银河村，村庄建设用地只有三类：居住、公建和工业，分别占70.45%，9.09%和20.46%，道路、绿化公共建设用地所占比重低。各种类型非农用地如工业、商业、居住、公路、绿化、科研、行政等过于分散，布局混乱，加大了改造的难度，不便于合理规划，难以形成规模、集聚效益，土地资源难以充分利用，导致经济效益与社会效益低下（王芳等，2009）。

在相当长的时期里，许多地方政府热衷于追求生产总值增长，普遍存在不同程度的重经济、轻资源的现象，未能处理好经济发展与土地资源节约集约利用的关系。一些地方领导片面认识和理解"发展是硬道理"，只重视经济的增长，忽视土地资源的节约集约利用和管理，在不断增长的财政压力和不断高涨的政绩目标下，以地生财，用土地来招商的现象较多，把土地看作改变城市形象的"钱袋子"、招商引资的"米袋子"而大量出让，盲目扩张，热衷于铺摊子。有的为了招商引资无视土地利用规划，随意更改规划方案，甚至违法批地用地。有的急于完成招商引资的任务，对企业的要求尽量满足，出台"土地单价低于周边地区"的优惠政策，或暗地给予补贴和税收优惠，甚至出现实行"零地价"的现象，对于怎么保护耕地、盘活闲置用地，内部挖潜意识不够。

征地补偿机制和市场配置土地资源的不完善，以及地方急于发展经济的愿望，导致企业在用地时尽量多要的现象突出。宣传、培训、教育、管理工作不到位，土地资源管理法规不完善，市场配置土地资源的作用尚未充分发挥，不少群众的节约集约用地意识不强，违法用地、占地、粗放用地、闲置用地等现象较多，"一户多宅""空心村"等问题较为突出。

土地利用低效、浪费严重还突出表现在，闲置土地尚多，旧城、旧村、旧厂改造难度大。一方面，随着城镇化、工业化的发展，产业结构的升级和产业转移，城镇新城区、新厂房大量建设，旧城区、旧厂房也就越来越多，同时，大量新增建设用地未得到合理利用，使不少土地闲置。另一方面，在农村，富裕后的农民大量建设新房并搬进新房居住，而以前的旧屋旧房还保留着，无人居住的旧屋旧房造成大量土地浪费，"空心村"现象极为突出。根据2004年专项调查，全省有城镇存量建设用地3.53万公顷，其中空闲土地4712.3公顷，闲置土地27141.2公顷，批而未供土地3483.6公顷。2008年，根据省国土资源厅提供的数据，广东省还有闲置土地（供而未用）2.67万公顷（40.1万亩），另外还有10多万公顷（200多万亩）的低效用地，土地利用效率不及日本的七分之一。这些城镇存量建设用地主要集中在珠江三角洲地区，约占全省总量的88.5%。

3. 珠三角快速城市化的土地制约

改革开放后，珠三角从"三来一补"的粗放型工业发展起步，完成了工业化的

"原始积累"。其经济高速发展很大程度上依赖于增加投入、扩大投资规模、产业结构总体层次不高、技术创新能力不强、生产要素利用效率低、导致资源和环境恶化、整体经济质量不高的"粗放型增长方式",是低工资、低技术含量、低附加值、低地价、低环境门槛的高速增长。其结果是发展区域内到处充斥着"小、散、乱"的工业用地,土地资源的利用呈现"用得早、用得快、用得粗放"的状态。

随着珠三角工业化和城镇化进程的加速,土地资源告急,人多地少已经成为影响珠三角发展的最突出问题之一,土地"瓶颈"成为珠三角经济列车前行路上的一只"拦路虎"。2008年,深圳市率先提出4个"难以为继"(土地告急、资源短缺、人口超负、环境透支),若延续过去高投入、高消耗的发展模式,20年后,深圳将无地可用。深圳遭遇的"成长烦恼",也是广州、佛山、东莞等珠三角城市发展面临的压力。

一方面,土地资源稀缺;另一方面,经济建设、城市建设正如火如荼地进行,发展遭遇土地稀缺瓶颈,怎么应对该矛盾?虽然土地资源稀缺,但实际上仍有不少土地闲置,该问题如何解决?土地资源稀缺,哪些项目用地要首先保证?如何高效利用资源挖掘土地"潜力"成为焦点。

二、土地集约节约利用理念

(一)城市土地的有效使用

1. 城市土地集约利用的概念

城市土地集约节约利用理念是从农用地集约节约利用借鉴而来的,两者既有联系,又有差别,但宗旨都是提高土地产出和利用效率。而城市土地集约利用又与棕地的再利用与再开发密切相关。

李嘉图(David Ricardo,1772—1823年)等古典政治经济学家在地租理论中首先提出了土地集约经营概念。城市土地集约利用目前是指依靠科技进步和现代化管理,提高产品质量,降低物质消耗和劳动消耗,实现对生产要素的合理配置,讲究经济效益和生产效益的生产经营方式。粗放经营是集约经营的反面,是一种只追求数量,忽视质量,强调外延扩散,牺牲效率的落后经营管理方式。由粗放的经营管理模式向集约经营转化,不仅是我国企业发展的方向,还是我国土地利用的发展方向(乐建明,2005)。

城市土地集约利用的概念是从农业土地集约利用借鉴而来的,但由于城市土地利用有自身的特殊性,中外学者提出的城市土地集约利用的概念和内涵有所差异。但一般认为,城市土地集约利用是指以合理布局、优化用地结构和可持续发展的思想为依据,通过增加存量土地投入、改善经营管理等途径,不断提高土地使用效率,并取得更高的经济社会和生态环境效益的过程,是一个土地价值稳定攀升、不断挖掘城市土地使用潜能的动态过程(祝功武,2008;陶志红,2000)。一般情况下,单位面积土地的投入产出效益,能直接反映该地区的土地集约利用程度。

2. 城市土地集约利用的途径

城市土地集约利用的途径主要有以下五种。

（1）根据城市发展实际情况，合理制定城市发展战略。城市化发展的中期阶段，产业结构将由劳动密集型产业转向技术密集型和资本密集型产业，集约化经营和内涵式发展是必然的选择。由于社会对劳动力需求减少，企业分离出大量富余人员，产业结构逐步以第三产业为主。同时，部分地区工业化程度还很低，仍以劳动密集型产业为主。因此，在制定城市发展战略时，必须根据城市自身经济发展的历史阶段，讲求实际，注重实效，逐步推进，充分考虑财力、物力的情况，分清轻重缓急，重视城市发展的内涵，恰当制定项目建设标准，统筹安排各类建设项目，提高城市生态环境的质量，科学确定建设规模和发展速度，合理确定城市的发展战略，走内涵式发展道路，推动城市的可持续发展（史京文，2003）。

（2）做好城市发展长远规划，优化城市土地利用结构。城市规划是城市建设和发展的蓝图，是建设和管理城市的基本依据。城市规划直接关系着城市总体功能的有效发挥，关系着经济、社会、人口、资源、环境能否协调发展。科学的城市规划应对城市化发展的历史阶段进行分析，合理预测城市发展中各类用地的需求，优化城市土地利用结构，均衡协调各类用地发展，拓展土地发展空间，努力改善城市建设的布局，提高城市的生活质量，充分发挥城市功能。

合理的城市规划必须处理好各类用地的比例关系，安排好生态环境保护、资源开发利用和基础设施建设等用地。要依据区位理论配置城市土地资源，宜工则工，宜商则商，集中发展城市建成区，严防外延扩张。要在保护耕地、节约用地的前提下，科学合理地制定各类城镇用地的规模与标准，提高土地利用效率。要处理好城市建设与区域发展的关系，统筹安排基础设施，避免重复建设，实现基础设施区域共享和有效利用，增强和完善区域性中心城市功能，发挥中心城市对发展区域经济的辐射作用（刘伯恩，2003）。

（3）积极推进城市土地整理，充分挖掘城市存量土地。城市土地整理是指对城市建成区内零散、不规则的地块和不合理的土地利用结构进行重新整理，以达到经济效益、社会效益、环境效益的最大化。城市土地整理有利于旧城改造，有利于提高城市生活质量，防止土地闲置。

对于零散、不规则的地块，由政府或政府委托的机构、企业等单位通过征购或其他方式，从分散的土地使用者手中把土地集中起来，并由政府或政府委托的机构、企业等组织进行土地整理。在完成房屋拆迁、土地平整和基础设施配套以后，根据城市经济发展对土地的需求或政府的土地供应计划，以出让、转让等方式将土地投入市场。通过这种方式，可以改变建筑物排列零乱、道路狭窄弯曲的不利现状，提升土地价值。新增的建设用地，有利于解决住宅不足问题。

对于不合理的土地利用结构，通过地租、地价、税收等经济杠杆，促使商业、金融业等高收益用地向市中心集聚，工厂、仓库等低收益用地向郊区转移，用地方式由粗放转为集约，提高居住、绿化、交通等用地的比例，有利于优化城市土地利用结构。企业可以通过出售市中心地价高的土地，购买郊区的低价土地，取得巨大的经济收益，企业也能因此盘活土地资产（刘伯恩，2003）。

（4）依法行政，控制人为因素对土地资源的侵害。要深化土地管理体制改革，推进土地集约利用。要严格执行土地用途管制制度，对耕地实行特殊保护，严格执行"占一补一"，统一供地，从源头上控制城市发展规模，完善土地征用制度，严格执行《划拨用地目录》，尊重农民的财产权，提高占用耕地对农民的补偿标准，加大占用耕地的机会成本，完善内部会审制度，实行集体决策，不断扩大会审范围，推行窗口办文，制定规范的土地行政审批程序，建立土地管理垂直领导制度，对同级政府的行为实施有效监督，杜绝政府有法不依、违法批地用地的行为。

要做到有法必依，加大对违法用地的查处力度。现行土地处罚制度有法无刑，导致违法者"有钱不怕罚""无钱罚不怕"的状况大量发生。要改革目前土地处罚的制度，推进财产与人身并重的制裁机制。要严格执行新刑法的有关规定，对土地违法者不仅要罚款、收地，而且还要对构成犯罪的责任人量刑治罪（史京文，2003）。

（5）内涵挖潜推进农村宅基地节约集约利用。一是强化宅基地规划管理。要按照统筹安排城乡建设用地的总要求和控制增量、合理布局、集约用地、保护耕地的总原则，合理确定小城镇和农村居民点的数量、布局、范围和用地规模。村庄建设规划要以当地经济社会发展规划和土地利用总体规划为依据，以旧村庄为依托，优化村庄内部用地结构，充分利用村内各种废弃地、闲置地，合理布局公共设施用地、生产用地、道路用地和宅基地。二是立足内涵挖潜，积极推进宅基地节约集约利用。根据土地利用总体规划，结合新农村建设，以土地综合整治为平台，聚合各种支农资金和惠农政策，科学制订和实施村庄整治计划，积极稳妥地推进农村居民点整治。例如，开展闲置宅基地、空置住宅和危房的清理工作，制定消化利用的规划、计划和政策措施，加大盘活存量建设用地的力度；对"一户多宅"和空置住宅，制定激励措施，鼓励腾退；新建住宅后应退出旧宅基地的，可以采取签订合同等措施，确保按期交出旧宅基地；利用土地综合整治资金，完善村庄规划区的基础设施，引导村民按规划建房。三是规范农村宅基地审批行为，坚持按规划、按计划、按标准、按程序、按权限依法审批；简化村民建房勘察、审批程序，实行限时办结制；建立电子信息平台，用科技手段管理农村宅基地，杜绝"一户多宅"。

（二）棕地再利用和再开发

2002年美国联邦棕地法律中，棕地被描述为"不动产，它的扩张、恢复或者重新利用可能因现存的或潜在的危害物质、污染物而复杂化"（US White House，2002；谢红彬，2009）。棕地，也称褐色土地（brownfield），最初使用是在1992年由美国东北-中西部国会联盟主持的国会土地听证大会上。广义上讲，棕地是已经被利用和开发过的土地，包括工业和商业用地，是因经济发展导致工业衰落从而形成的废弃或未被完全利用的土地，可能存在事实污染和潜在污染。棕地的污染包括物理性污染、化学性污染和生物性污染，这些污染不仅会直接对人体造成伤害，而且具有未知的潜在危胁或带来放射性的伤害。在我国现阶段，棕地通常以存量建设用地、低效建设用地等名称出现。

1. 棕地再利用或再开发

棕地再利用或再开发是指对棕地的合理利用,即对棕地的开发进行长远的规划。这不仅有利于优化城市的面貌,缓解城市空间的压力,也是对未来棕地再利用的有利支持。就我国而言,棕地再利用或再开发即建设用地二次开发,也叫建设用地再开发。

棕地经过治理后,可以被开发成各种用途的用地。在经济高速发展的基础上,棕地的合理开发和利用对城市的空间发展、环境改善、经济效益和社会效益等方面都有着重大影响,是城市综合发展的重要推动力。在城市空间发展方面,它能有效地控制城市"摊大饼"式蔓延,清理城市的衰败区域,减缓城市用地的扩张;在创造经济效益方面,它能吸引投资,带动周边经济的发展,提供大量的就业岗位;在环境改善方面,它能清除环境隐患,提升城市的质量(赫清等,2010)。

同时,棕地的再利用并不是止步于一次的开发。随着经济的发展,目前的城市繁华区在未来也会成为棕地。棕地利用现在已经成为城市规划建设的重要课题,成为推进城市和区域可持续发展战略的重要因素,棕地带来的效益更是多方面的,因此棕地的再利用并不只是利在当代,也是功在千秋(张鑫,2010)。

在现阶段,通过对棕地再利用或再开发(即建设用地二次开发),可以促进发展方式的转变与保障产业的升级和结构调整。加大经济结构调整力度与提高经济发展质量和效益,都要求对区域土地利用进行调整,对具体土地利用进行控制,运用土地政策保障经济平稳较快发展和引导发展方式转变特别需要对棕地建设用地进行再开发。要增加普通商品住房用地供给,支持居民自住和改善性购房需求;要保证公共设施和基础设施用地改善,全方位提高城镇化发展水平;要保障战略性新兴产业和低碳经济产业用地,培育新的经济增长点;要严格控制土地供应,促进产业结构调整和节约集约利用土地;要进行土地生态保护和环境治理,加快建设资源节约型、环境友好型社会;要优化国土开发格局,推进基本公共服务均等化和引导产业有序转移,促进城乡统筹和区域协调发展。

此外,棕地的再利用或再开发(建设用地的再开发),对保障和促进我国的新发展具有战略意义。在我国发展的新时期,在国际金融危机的新形势下,在世界经济格局再陷重组之际,从2009年1月,国务院常务会议原则通过并由国家发展和改革委员会(以下简称为"发展改革委")发布《珠江三角洲地区改革发展规划纲要(2008—2020年)》开始,陆续获批的上升为国家战略的区域发展规划,数量超过前面4年的总和,范围从东部、南部延伸到中部、西部、东北等地区。中国沿海已经形成了"三大五小"(珠三角、长三角、京津冀与辽宁沿海、山东半岛、江苏沿海、海峡西岸、北部湾)开发格局。如果说20世纪八九十年代我国通过开放经济特区、沿海开放城市等,以"点"的形式对沿海地区进行布局,其初衷更多的是立足国内视角,"激活"国内改革开放,那么,新一轮沿海地区区域发展的战略设计,凸显出新的战略诉求——寻求并确立在未来世界经济发展格局中的战略发展坐标。这是立足全球战略层面的战略部署,标志着沿海地区新的起步。沿海发展需要土地承载,如何开发建设土地以保障与促进沿海地区的战略发展,是在前期实践的基础上,迫切需要以更深的认识、更高的境界、更宽的视野、更全面的考虑解决的重大命题。

2. 棕地再开发和再利用中面临的问题

（1）棕地大多处于城市中心地带，再开发和再利用难度大。棕地不仅有城市棕地也有非城市棕地，这些棕地不仅延缓了城市的发展，也有损市容市貌。由于珠三角大部分棕地都分布在城市的中心地带，具有地价高、开发动力薄弱、面临老区搬迁和污染处理等特点，因此也给棕地的再开发和再利用增加了难度。

（2）棕地再利用中盲目重复建设现象严重。由于缺少认识和经验，现在我国对棕地的再利用往往还停留在简单的拆除和重复建设上。棕地盲目的重复建设在珠三角是很普遍的现象，以致浪费了大量的资源，也为日后棕地的再利用造成了严重的阻碍。

（3）棕地再开发的短期利益行为明显，环保意识薄弱。受到短期经济利益的驱动，各利益主体往往无视土地污染和环境安全问题。在快速搬迁污染严重的工业企业后，工厂旧地的环境评估和污染治理问题却被忽视，导致大量在工厂旧址上建成的住宅小区等新建筑可能面临环境问题。

旧地污染问题之所以没有得到重视，一是各级政府的环保意识不足，使环境安全问题被放置到发展项目之后考虑；二是民众的知识积累不够，没有土壤污染的意识，也不能抵制住房销售。三是环境信息不对称，一些城市规划部门的工作人员对一些旧地的污染状况不十分清楚，民众就更无法知晓了（谢红彬等，2009）。

（4）相关法律保障和监督机制不健全。棕地的再利用问题，目前在大城市已经被逐步重视起来，国家环保总局（2018年改为生态环境部，下同）也十分关注，并规定：依照"谁污染谁治理"的原则，工业企业在搬迁之前，必须把被污染的土壤治理恢复好。针对一些城市土地污染事件带来的不良后果，国家环保总局在2004年发出通知，要求各地环保部门切实做好企业搬迁过程中的环境污染防治工作，一旦发现土壤污染问题，要及时报告总局并尽快制订污染控制实施方案。但该通知并非强制性的法规，也没有其他类似法律法规，因此国内绝大多数废弃工业场地的再开发并未实施环境调查和修复。一方面，在废弃工业场地再开发的环境调查和评估方面缺乏合理有效的方法和实践经验。另一方面，缺乏场地调查的污染物范围、污染物的评价标准和土壤污染的清除标准，特别是与废弃的工业污染场地再开发有关的法律法规，几乎是空白（谢红彬等，2009）。

3. 棕地再开发和再利用的应对措施

棕地再开发和再利用的应对措施主要有以下五种。

（1）针对污染严重程度和工作难度不同，因地制宜地开发和利用棕地。对于污染不太严重、清理相对容易的土地，经彻底清除后，可以改变土地利用性质，投资全新用途。该模式是把原来的工业用地改为与原先功能完全不同的场所。例如，在德国的鲁尔工业区Oberhausen工厂原址上，新建大型购物中心，还配套建有美食文化街、体育中心、游乐园、影视设施，吸引了大量旅游和购物的人群。

对于污染不严重但清除比较困难的土地，可以基本保持其原有的设施与设备，用于工业遗产旅游。例如，德国Duisburg景观公园没有拆除巨型炼钢结构，而是把它保留下来，作为一个展示熔炼过程和鼓风炉技术历史的"活"的博物馆。如果拆除这些巨大的钢铁结构，经济和生态修复费用将是巨大的。

对于污染比较严重的地方，可以通过全面治理，改造为公共游憩开敞空间。将污染土地的彻底整治纳入区域总体规划中，制订营造"绿色空间"的计划。对污染土地全面清理后，可以进行大规模的生态修复。德国Emscher运河系统被设计成水上公园，废弃的土地变成附近居民的休闲娱乐场所（谢红彬等，2009）。

（2）制定棕地再开发和再利用的环境质量标准。目前，国外和国内还没有专门针对棕地这一特殊类型土地制定的环境质量评价标准，所参考的都是与之相关的、国家制定的土壤和水的标准。棕地曾经是工业活动的场所，其土壤和水肯定受到了一定程度的污染，而且这种污染肯定要比一般的土壤污染和水污染复杂。因此，有必要针对棕地这一特殊区域制定合适的环境评价标准，为棕地的再利用保驾护航（高孝礼等，2009）。积极建立棕地开发和利用的环境质量监测与评价标准，是棕地的合理开发和利用的基础工作。

（3）完善相关法律责任，健全监督机制。相关部门应当制定和严格执行相关法律法规，使棕地的开发和利用行为受到法律约束，让管理监督和奖罚制度有法可依。

首先，需要明确责任和义务，本着"谁污染谁治理"的原则，把责任交给造成环境损害的团体。治理过程中需要分清贷款机构、政府、土地开发商、房产预期购买者的责任。其次，要建立完善的管制体系，针对各级不同情况制定相应的法律法规和条例。最后，应当建立公众监督和媒体监督机制，借助群众和社会的力量加强监督力度。

（4）加强城市规划的指导和调控作用。在目前市场体系尚不完善的情况下，受利益驱动而进行的城市棕地再利用极易走入误区，例如，对经济利益的过度追求往往造成对社会和环境利益的损害，不利于保障公益事业的建设，甚至存在盲目置换、背离规划等现象。为此，必须增强政府的宏观调控职能。一方面，需要制定完整的城市土地规划，对土地用途实行严格控制；另一方面，必须增强规划的灵活性和适应性，以更好地引导城市土地置换。应建立一套科学有效的城市土地置换规划体系，使城市规划由对市场的被动适应走向主动的干预和调节，有效地控制与管理棕地的再利用（谢红彬等，2009）。

（5）增强全社会的环境保护意识，引导公众参与。在参与棕地开发的利益相关者主体中，政府的功能和作用具有重大的导向意义，政府官员的环境价值观念增强了，就等于抓住了问题的要害。但棕地的开发和利用关系到百姓的健康福祉，必须依靠广大公民的自觉行动。问题的关键在于如何正确引导公众参与，使环境保护的基本国策和政府行为转化为公众的自觉参与和严格监督。环境保护中存在有法不依、执法不严的问题，其中一个重要的原因是公众参与的民主法制机制不足。政府部门要制定和完善相应的政策法规来保障公众参与棕地开发和利用的合法权利。非政府组织作为重要的帮助公民表达自己意愿的社团性利益集团，是一种有力的公众参与模式。他们凭借强大的组织实力、广泛的民众参与和有力的法律保障，不仅监督棕地的开发，还可能影响环境立法。因此，为保护环境，应充分发挥公众参与制度的作用，还应当积极推进非政府组织的发展与完善（谢红彬等，2009）。

（三）低碳经济的土地利用理念

近些年，科技部、国土资源部组织开展了低碳土地利用规划、低碳土地利用调控等相关研究。2008年，国土资源部设立了公益性行业科研专项项目《土地利用规划的碳减排效应与调控研究》，力图在揭示土地利用的碳排放效应机理的基础上，通过创新土地利用规划技术，形成低碳排放的土地利用结构与布局。同时，通过土地资源时空配置、结构优化、规模控制、功能提升，有效地引导发展方式转变，从而推进形成技术含量高、创新能力强、资源占用少、污染排放低、用地集约化的低碳发展方式。

"十一五"国家科技支撑计划项目以及"十二五"国家科技支撑计划项目，也将低碳经济的土地调控技术研究和循环经济的土地调控技术列入其中。低碳经济的土地调控技术主要想从理论上阐明建设用地利用与能源消耗及废弃物排放之间的内在关系，揭示土地利用结构、布局、强度、规模与能源消耗、废弃物排放之间的内在联系。循环经济的土地调控技术主要是指在土地资源利用中，吸收循环经济"减量化、再利用、再循环、再修复、再思考"的基本理念，从统筹区域发展、集约利用土地、加强生态建设、保护生态环境、调整农业结构、发展替代产业等方面创新土地利用观念，把高效利用和循环利用联系在一起，实现土地资源的可持续利用。

三、土地集约节约利用行动

人多地少，耕地资源匮乏，土地资源与社会经济发展的供需矛盾日趋尖锐。严峻的土地利用形势，迫使珠江三角洲地区在未来的发展中必须采取集约节约的发展模式，切实节约和集约利用土地资源。

（一）珠三角的实践

向闲置地要发展空间。东莞市寮步镇横坑村时富花园地块，总面积为400亩，因资金不到位等原因，该地块第三期至第五期合计约220亩用地闲置十年以上。在2009年东莞市专项处置闲置土地的行动中，时富集团除一次性缴清土地闲置费827万元外，还呈交了限期开发保证书。该地块于2006年底投入使用。通过采取限期开发等方式，东莞市至今累计处置闲置土地1238宗，面积达4.3万亩，全市用地紧张的局面得以缓解。仅2009年以来，全市共有18个闲置地商住项目加快了开发建设，总面积为3100亩，在平抑房价、促进房地产市场平稳健康发展方面发挥了积极作用。经东莞市国土资源局介绍，通过提高土地保有环节的经济成本，囤积炒卖土地现象得到遏制，土地资源利用效益得到提升。据统计，2006年东莞市单位用地生产总值产出和单位用地税收贡献均为2004年的两倍。

土地集约节约利用。广州开发区成立于1984年，是全国首批国家级经济技术开发区之一。近年来，该区把节约集约用地与调整产业结构紧密结合，坚持"扭住地根促转型"，在保障经济平稳较快增长的同时，全区节约集约用地水平不断提高。

2009年，广州开发区主要经济指标增速都在20%左右，以不到广州市0.8%的土地面积，创造了全市七分之一的地区生产总值、四分之一的工业总产值和30%的实际利用外资。2009年，广州开发区每平方米出让土地创造工业总产值11887元、生产总值3528元、财税收入831元、税收714元，实现了单位面积土地经济开发的"高产量"。广州开发区的主要做法如下。

（1）坚持以经济发展方式转型推动节约集约用地。该区将推动以经济发展方式转型作为提高集约利用土地水平的根本途径，努力实现发展模式的三个转变，即从主要由第二产业驱动向第二、第三产业协同驱动转变；从主要依靠要素驱动向主要依靠创新驱动转变；从外向型的工业园区向综合型的工业园区和经济园区转变。该区认真贯彻落实"双转移"战略，并对本区域的城市总体发展规划和产业规划进行调整，把一些原定用来发展工业的土地资源，调整用来发展现代服务业。通过双转移，腾出了发展空间，节省了土地资源。同时，还积极实施"双提升"战略，努力提升开发区制造，推动开发区创造，拓展开发区服务；积极推动已入区老企业增资扩产，实现"零地招商"，在保障经济发展的同时，节约建设用地的规模。

（2）坚持以提高项目准入门槛推动节约集约用地。该区积极转变招商引资思路，变"招商引资"为"招商选资"。在项目供地前，认真做好可行性论证和专家评审，对引进的项目层层把关，确保项目质量和土地利用效率。首先，用三个硬指标设置准入门槛，规定入区项目的投资密度，其中科学城要达到800美元/平方米，东区、永和经济区是600美元/平方米，近两年科学城入区项目的实际投资密度已经超过1000美元/平方米；规定项目投资规模（按注册资本计）达到800万美元以上才能单独供地；规定建筑密度，要求不低于35%，容积率不低于1.0，同时鼓励建设多层厂房，多层厂房容积率甚至可以达到2.5。其次，严控土地出让方式和价格，全面执行国家最低出让价格，以"招拍挂"的方式公开出让工业用地，从2007年至今，已经依法以"招拍挂"的方式公开出让工业用地136宗，面积达577.39公顷。最后，坚持分期分批供地，对用地面积较大又要分期建设的，按照每一期的用地面积签订合同，避免一次签订合同分期建设造成用地闲置和难以控制的问题。

（3）坚持以严格依法处置低效用地推动节约集约用地。该区通过推行"后评估"与动态监察，严格依法处置低效用地。"后评估"是指，在供地2年后，对照项目用地前预期的投资强度、土地产出率，对照《国有土地使用权出让合同》要求达到的建筑容积率、建筑密度，评估项目是否与用地规模相匹配。对未能达到合同要求的项目，采取核减用地规模，或者在规定限期内达到与土地供应规模相对应的建筑容积率、建筑密度、投资强度、土地产出率的办法，促进项目提高用地效率。同时，建立《国有土地使用权出让合同》信息管理系统为基础的动态巡查机制，每月对当月动工、竣工期限到期的项目用地进行现场巡查，若发现没有按期按量竣工的，按照土地出让合同的约定，采取解除合同、调减用地面积、收取履约保证金、在限期内开发竣工等方式，促进确有实力的项目加快建设投产进度，收回无开发实力土地使用者的项目用地。2007年以来，该区累计收回闲置用地、盘活低效用地2.5平方千米。

（4）坚持以合理利用农村集体建设用地推动节约集约用地。该区把城乡规划范

围内零散分布、影响城乡规划实施的农村居民点，整体搬迁到公寓式农民新村集中安置，并建设完善公共配套设施。目前，已改造完成7个自然村的整体搬迁，建成了5个安置新村，节约土地40多公顷。这种做法一举多得，既改善了广大农村居民的居住条件和生活质量，实现了城乡统筹发展，又节约了建设用地规模，增加了政府土地储备。此外，该区还将农村集体经济发展用地纳入工业园区的总体规划，并安排为二类工业用地、商业配套用地和二类居住用地。区财政设立了3000万元的扶持资金，支持村集体在经济发展用地上建设标准厂房、员工楼和仓库，并协助村集体做好物业的招商引资工作。此举不但让村集体获得了稳定长久的物业收入，而且也使得落户区内的企业得到了配套用房、员工楼，将有限的工业用地全部用在刀刃上。

（5）坚持以推进城乡建设用地增减挂钩试点工作推动节约集约用地。2006年5月，该区响应国土资源部关于开展城镇建设用地增加与农村建设用地减少相挂钩试点工作的要求，结合区内农村建设用地整理复垦潜力较大的特点，在广州市率先申请成为城乡建设用地增减挂钩试点单位并获得批准。目前，该区的试点项目包括：建新区3个共133.94公顷，拆旧区29个共135.72公顷，拆除的旧区全部整理复垦为果园、菜地。该项目实施所需要的资金全部由区财政投入，并严格按照"总量控制、封闭运行、定期考核、到期归还"的原则，确保3年内完成，到期归还挂钩建设用地规模指标。当时，已经拆除4个自然村，完成拆旧面积7公顷，正在建设禾丰安置新村。

近年来，广东省委、省政府高度重视土地资源的管理和节约集约用地工作。自2003年起，广东省在全国率先实行集体建设用地使用权流转，以提高集体建设用地的收益。2005年5月17日，时任广东省省长黄华华签署《广东省集体建设用地使用权流转管理办法》（广东省人民政府令第100号）。

广东省人民政府办公厅发布了《转发省国土资源厅关于加强我省节约集约用地工作若干意见的通知》（粤府办〔2005〕86号）。通知要求切实节约和集约利用土地资源，落实最严格的土地管理制度：要加大土地资源宏观调控力度，建立和完善土地市场体系，对工业项目用地实行公开交易，对经营性的基础设施和公共事业用地（如经营性医院、学校用地等）实行有偿使用制度；要严格执行土地使用标准，继续完善土地收购储备制度，允许储备土地使用权抵押贷款，研究探索发行土地债券的可行性，充分发挥土地资源的调控作用。

粤府办〔2005〕86号文还提出：要切实落实耕地占补平衡，从严控制占用耕地作为宅基地，严格控制将耕地尤其是耕种条件好、质量高的耕地转为建设用地；要继续开展土地开发整理补充耕地工作，积极开展建设用地整理垦复工作，对土地利用率低的工商企业用地、工矿等废弃地及"空心村"的土地要积极整理成耕地或农用地；要多渠道筹集补充耕地资金，积极引导社会资金投向土地开发整理。

此外，广东省先后颁布实施了《广东省易地开发补充耕地管理规定》《广东省工业项目建设用地控制指标》《关于加强和改进土地开发整理工作的通知》等一系列加强土地管理、促进节约集约用地的针对性文件。

珠江三角洲各市党委、政府根据上述文件精神，结合当地实际，制定了相关的土地资源管理和节约集约用地政策与措施，通过易地开发补充耕地、市场配置土地资源、以"集中"促"集约"、设置用地准入条件、盘活存量低效用地、调整产业结构等方法积极推进全省土地资源的利用与管理，取得了初步成效。

（1）通过易地开发补充耕地，用市场手段配置土地资源，在一定程度上缓解了珠江三角洲地区用地紧张形势，同时也扶持了粤西、粤北、粤东等经济欠发达但土地后备资源相对丰富地区的农业结构调整和农业产业发展。从2000年起，广东省连续7年实现了耕地占补平衡。

（2）土地利用效益逐步提高。土地产出率从1996年的384万元/平方千米，上升到2005年的1268万元/平方千米，增长了2.14倍。土地消耗方面，据统计，"九五"期间生产总值每增长一个百分点需消耗土地2754公顷，"十五"期间则下降为2482公顷；"九五"期间生产总值每增长1亿元消耗土地31.4公顷，"十五"期间则下降为14.9公顷，2006年则又比2005年的12.36公顷下降了18.8%，仅为10.04公顷。

（3）建立了有形土地交易市场和土地收购储备机制，充分发挥了市场机制配置土地资源的基础性作用，促使企业产生集约用地的自我约束机制。东莞土地交易中心从1999年9月正式成立至2006年底，成功推出地块128宗，面积1.37万余亩，总成交金额达133亿多元。东莞市一级市场地价2006年同2000年相比，平均单位地价由633.58元/平方米上升到3597.40元/平方米。深圳市自2001年起政府新出让的住宅、商业、办公等经营性项目用地，连续5年100%以"招拍挂"方式公开出让土地使用权，"要用地，找市场"的良好氛围已经形成；2005年深圳还尝试对工业用地进行市场化配置并取得了成功，并明确提出了工业用地在3年内要逐步全部以"招拍挂"方式出让的目标。

（4）珠三角与粤北山区及东西两翼联手共建产业转移工业园，实现优势互补，促进了土地的节约集约利用和产业结构升级。全省已有广州、深圳、佛山、东莞、中山5个珠三角市与韶关、梅州、河源、惠州、肇庆、湛江、茂名、阳江、云浮9个山区和东西两翼地级市在原经中央和省批准的开发区、高新区中共建产业转移工业园，签订入园投资意向项目（企业）287个，协议投资达179.8亿元。

（5）调整低效用地，盘活消化城镇存量土地取得初步成效。惠州市采取依法收回、挂账收地、异地置换和限期开发等方式，截至2006年底，共盘整消化了全市约40%的闲置土地，5年来通过盘整消化闲置土地，共获得地价收益40多亿元，先后完成了中海壳牌石化项目、大亚湾石化园区、惠州大道、江北沿江经济带、荷兰水乡等项目用地的盘整。东莞市自2006年以来，经过一年多时间的集中清理，共处置闲置土地4.1万亩，征收土地闲置费2.6亿元。佛山市禅城张槎普化工业区，通过整合"五不同"土地，将一层的低矮厂房建设成五层的标准厂房，厂房建筑面积增加近4倍。

珠三角的行动有力地推动了广东节约集约用地示范省的建设。"十一五"期间，全省亿元生产总值增长消耗新增土地用地由2005年的129亩降到56.5亩，降幅达56%；单位建设用地第二、三产业产值由1.22亿元/平方千米提高到2.37亿元/平方千米，升幅达94.3%（广东省人民政府工作报告，2010）。

尽管取得了一定的成绩，但毕竟珠三角都市群集约节约利用土地资源起步晚，仍需进一步加大力度落实严格的土地管理制度，以将建设用地增长速度控制在3%~4%，到2020年将建设用地规模控制在8000平方千米以内，占区域总面积的20%左右。这样区域核心地区的生态环境恶化趋势将得到控制，并可能逐步得到改善。面向未来，发达国家和地区的经验是十分宝贵的。

（二）国外经验

城市化快速发展过程中，不仅要求人们要有集约节约利用土地的理念，更重要的是要有集约节约利用土地的行动。国外一些先进国家的土地集约节约利用行动从土地规划、法律手段、经济措施等方面推动集约利用行动。我国一些经济发达的城市，也在不断摸索适合自己、有地方特色的土地集约节约利用模式，非常值得珠三角地区借鉴和参考。

欧美国家的城市建设和城市土地利用格局、方式及土地集约利用程度各具特点，互不相同，但城市发展水平和城市发展历程却没有多少差异，在城市土地集约利用的变化特征上也基本相同。大都市基本都经历了城市化初始阶段的高度集中到城市化成熟阶段的空城化的发展过程。"二战"后，城市人口随着经济复兴而增长集中，导致了以人口疏散为中心的城市规划调整，控制城市的高度集约利用。但自20世纪50—60年代起，又出现了城市人口减少、郊区人口增加的逆城市化现象，导致市区衰退，趋向荒凉，税收减少；而且昼夜人口差别大。大多数发达国家都面临市区就业与人口矛盾大这一问题，随着经济发展，慢慢也就将"疏散"政策再次改为吸引居民回市中心就业、定居的方针。

1. 土地规划的指引

国际上，与土地集约利用相关的规划体系主要有城市土地利用规划和生态环境保护规划。

在美国，大多数城市都设计有50年以上的总体规划，做得十分详细，花费的时间也相对较长，过程特别复杂。规划一旦确定后，很难随意更改。尽管城市规划不轻易决策，但一旦作出了决策，执行的效率则很高。

德国汉堡在居住用地的集约利用上是通过居住面积密度来控制的。日本的土地利用规划体系由国土综合开发规划、国土利用规划、土地利用基本规划和城市规划等部分构成。按层次分为全国规划，都、道、府、县规划和市、镇、村规划三级，每级规划都明确了各自区域内国土利用合理组织应采取的措施和设想。

在新加坡，由于88%的土地都属国有，因此政府对土地使用的控制相当严格。全国所有土地被划分为近千个小区，每一个小区内都有详细的土地规划。按照功能划分，土地使用分为5类：第一类是工业用地，工业用地通常以招标的形式供应；第二类是空白用地，空白用地主要指区域内居民的休闲活动空间；第三类是居住用地，居住用地通过规划将居民集中到不同区域后在区域内建立完整的配套措施，同时推行微型居住区计划，以尽量减少单一居住区规模，以控制区域内建筑的类型和密度；第四类是交通用地，交通用地优先考虑城市地下铁路系统用地；第五类是中心商业区用地，中心商业区用地优先发展金融业和商业，鼓励建筑高楼以促进土地资源的高度利用。目前新加坡工业用地的价格控制主要通过调节土地的供应时间和供应量，最关键的是新加坡政府拥有土地的定价权，因此更能通过规划促进土地的高效利用（赫清等，2010）。

2. 法律法规的约束

国外对于土地集约利用的法规体系主要有土地"棕地"调查登记制度、"棕地"开发风险评估等级制度、土壤污染治理法规和"棕地"开发管理法规。

在欧美国家，国土资源部门、环保部门需要对城市业已存在的"棕地"建立环境污染状况档案，对"棕地"区域的土壤、地下水、周边环境状况进行登记，这些都是"棕地"再开发的重要历史数据（赫清等，2010；陈成、杨玲，2008）。

由于"棕地"开发的高风险性，政府成了主要的治理者和投资者。但是面对污染土地众多，而污染土壤修复资金有限且投入资金回收状况差的实际情况，如何分配资源是一个重要课题。针对这个问题，美国率先提出了污染土地危险等级评估体系和国家优先名单的观念与制度。在保证人体健康和环境安全的前提下，经过对污染土地的调查与评估，将基金分配给污染最严重的场地，以提高基金利用效率。随后，加拿大、奥地利、丹麦、比利时等国家也采取了类似的措施。这种资金分配机制如果运行良好，可以在社会资源有限的情况下，实现经济利益和环境效益的最大化（赫清等，2010；陈成、杨玲，2008）。

对于土壤污染物的治理，欧美国家制定了系列评价标准，主要包括生态毒性数据资料、水质标准或污泥标准、特殊地区的风险评价和环境影响评价研究（Vanheusden，2007）。

加拿大政府一直把棕地的治理作为一项能有效控制城市无限蔓延的策略。由于城市的发展边界受到了控制，房地产为了获取更大的发展空间，会自觉地将目光转移到"棕地"开发中去。因而，在整个"棕地"开发过程中，主要的污染清理、资金筹措都落在了开发商的身上，开发商成为"棕地"开发的主力（赫清等，2010；Christopher and De，2003）。

在开发管理法规上，美国的《超级基金法》规定了相关责任承担和经济赔偿制度，严格约束开发商的棕地开发利用，但同时也打击了开发商的积极性，以致棕地开发和污染治理速度缓慢（US White House，2002）。20世纪90年代后，美国联邦政府采取了一系列的改进措施，有效地遏制了《超级基金法》的弊端，促进了美国"棕地"开发的全面进步。

欧盟"棕地"开发的政策只具有引导性，具体的规则及治理措施留待成员国自行处理。大多数欧盟成员国所制定的"棕地"开发政策集中在两个方面：第一，采用多种手段防止"棕地"污染再发生；第二，关注现有"棕地"问题的修复。

3. 经济措施的引导

在经济措施上，主要有土地开发资金的筹措和对污染土地修复资金所承担责任的认定等。

在欧美国家"棕地"开发的法规中，对于污染土地修复资金的筹集多趋向于"污染者付费"的方式。该原则实现了将环境的外部不经济性内部化，证明了由污染者承担环境保护责任是无可厚非的，但是存在三个疑点：第一，忽视了污染者始终以利润最大化为目的，生产企业会将其负担的污染治理费所增加的成本，间接转移到消费者身上；第二，污染者可能会通过规模效益来冲抵付出的污染费，最终会造成对环境的进一步污染；第三，由于国家的收费部门林立、内部管理混乱，从污染者那里收取的费用并不能全部用于污染治理。为此，针对该项原则的非公平性和不合理性，很多国外学者提出应用"受益者承担"原则代替"污染者付费"原则（赫清等，2010）。

"棕地"开发资金可以根据各利益相关者的职责进行分配，可概括为五类：①国际组织、中央政府、地方政府建立专门的机构（如环保署等）负责棕地重建所需资金的筹措，当出现资金短缺、无法确定污染者或污染者无力支付时，承担不足的清理资金。资金来源有：用于环境污染治理和生态建设的国家专项资金；向工业企业征收的污染物排放税；对废弃物的征税；各种类型的基金；政府津贴；向土地所有者收取土地注册交易费用；污染土地拍卖价格；"棕地"重建带来的地价上涨的级差效益等。②污染企业根据"谁污染谁治理"原则承担最主要的清理资金投入。资金来源于污染企业。③土地所有者、开发商在污染企业无法承担污染责任时，承担所有或部分的棕地重建费用。作为受益方，土地所有者、开发商及污染企业达成协议，承担全部或部分的污染治理和环境修复费用。④其他非营利性组织提供资金和技术支持。资金来源有工业基金和提供技术支持节省的科研费用。⑤个人自愿承担修复工作，并承担相应的修复费用（Philip et al., 2005）。

总体而言，这些措施构成了"棕地"开发的前期政策和经济基础，具体的实践还需要通过生态修复、景观改造等手段加以实现。欧美国家"棕地"开发策略对于我国的城市发展有着重大的借鉴意义。首先，在中国城市的建设过程中，由于不合理的规划遗留下大片的工业废弃地，这些土地必然会成为未来城市发展的潜在动力。其次，中国现阶段对"棕地"的改造只停留在对一些工业遗产进行保护的阶段，而欧美国家的"棕地"开发策略已相当成熟，可以指导我国"棕地"开发少走弯路。最后，"棕地"开发中所强调的政府宏观调控、企业市场运作的原则，与我国现阶段的国情比较相符，更增加了"棕地"开发的策略在我国实践的可行性。

四、"三旧"改造

（一）背景和动力

"三旧改造"是广东探索集约节约用地的一项创举，在解决珠三角城市发展的土地瓶颈问题中具有重要的现实意义。它是指对"旧城镇、旧厂房、旧村居"进行改造，向"新城市、新产业、新社区"转变，被认为是节约集约用地最有潜力、最直接、最有效的途径，是推动经济发展方式转变的重要手段之一。它的实质就是向存量要增量，破解用地瓶颈特别是解决建设用地不足的问题。

今天，"三旧改造"已经上升为广东全省的发展战略。时任中央政治局委员、广东省委书记汪洋在广东省委全会上发出动员令：到2012年，"三旧改造"将增加1000多亿元投资和超过2000公顷建设用地。各地都要积极行动起来，不仅政府要投入，还要创新开发模式和运营方式，引导社会资金进入，掀起共建共享美好宜居城乡的热潮，确保一年见成效、三年大改观，努力走出一条有广东特色的"三旧"改造新路子，为全国"三旧"改造提供新鲜经验。

"三旧改造"一词来源于广东。2008年7月，刚刚来广东主政的汪洋给佛山出了一道考题：产业转型、城市转型和环境再造，争当探索科学发展模式的排头兵。领命出征的佛山祭出了"三旧改造"的大旗，并探索出全省、全国瞩目和赞誉的"三旧改造佛山模式"。祖庙东华里片区岭南文化气场的初现、1506创意城的惊艳亮相、禅城石头村的变迁等工程，都是"三旧改造"的样板。事实上，早在2006年，佛山禅城区出台了《关于加快物业发展提高现代化中心城区建设水平的决定》及实施方案。2007年，根据禅城区旧物业改造的经验，佛山市制定《佛山市人民政府关于加快推进旧城镇旧厂房旧村居改造的决定》，正式出现"三旧改造"的概念。

"三旧改造"得到国土资源部的认可。2008年12月20日，《国土资源部、广东省人民政府共同建设节约集约用地试点示范省合作协议》在广州签订。以旧城镇、旧厂房、旧村屋为对象的"三旧"改造是其中的重要内容之一。佛山、东莞被确定为第一批"三旧"改造的试点市。广州、深圳等市迅速跟上。仅仅一年时间，就完成了"三旧"改造面积4万亩。

2009年11月23日，广东省人民政府办公厅转发了《省国土资源厅关于"三旧"改造工作实施意见（试行）的通知》（粤府办〔2009〕122号）。省国土资源厅关于"三旧"改造工作实施意见明确提出，"三旧"改造要遵循"政府引导、市场运作、节约集约、统筹规划、明晰产权、尊重历史"的原则，力争"三旧"改造工作两年内取得突破性进展，走出一条具有广东特色的"三旧"改造新路子，为全国的"三旧"改造提供新鲜经验。对纳入"三旧"改造规划的旧村庄集体建设用地，有关农村集体经济组织可向所在地县级以上国土资源管理部门申请转变为国有建设用地。纳入"三旧"改造规划的旧村庄集体建设用地必须是该集体建设用地在土地利用总体规划确定的城市建设用地规模范围内且符合城乡规划，土地权属清楚、无争议，并经本集体经济组织（或村民代表大会）三分之二以上人员同意，且已纳入"三旧"改造年度实施计划。

2009年11月26日，广东省"三旧"改造工作现场会在佛山召开，总结交流"三旧"改造工作先行先试经验，部署全面推进全省"三旧"改造工作。时任省长黄华华，时任国土资源部副部长、国家土地副总督察鹿心社出席会议。与会代表现场参观了佛山的"三旧"改造工作情况。黄华华在会上指出，以旧城镇、旧厂房、旧村庄改造为主要内容的"三旧"改造，是省委、省政府顺应国土资源管理和城乡建设新形势，着眼于促进经济社会又好又快发展作出的战略决策，也是省部合作建设节约集约用地试点示范省的重要内容；"三旧"改造是广东在新的发展阶段践行科学发展观、转变发展方式、推动城市和产业转型升级的重大举措和积极探索，是国土资源、城乡建设、环境资源的重新整合和优化。推进"三旧"改造，有利于促进产业结构调整，有利于建设宜居城市、推动城乡统筹发展，有利于提升土地利用效率、破解土地供需矛盾。

"三旧"改造的初衷和目标是破解珠三角用地瓶颈问题，走出一条耕地保护严、建设占地少、用地效率高的科学发展新路子。因此，得到珠三角各地市的热烈响应。

2006年末，针对老城区的提升发展，广州市政府提出了"调优、调高、调强、调活"的"中调战略"。但这一思路在过去几年推进受阻，主要原因在于老城区根本腾不出空间支撑规划项目的落地，一些项目的设想十多年前已经提出，至今还看不到启动的迹象。"三旧"改造的刚性启动让停滞数年的"中调"有了兑现的可能。因此，广州鲜明地提出，日渐式微的广州旧城区，一定要抓住可能是最后一次的翻身机会。

2010年广东首次把"三旧"改造写入政府工作报告。根据国土部门估算，"三旧"改造，可以给广东省增加超过2000公顷的建设用地。其中，仅广州市纳入"三旧"改造的土地规模就达到370平方千米。在盘点过自有的土地资源后，广州各区陆续提出新的规划思路。广州老城区最集中的越秀也抛出了两份规划方案，建设北部的核心产业功能提升区以及南部的广府文化商贸旅游区。

三旧（旧城镇、旧村庄、旧厂房）用地产生的动力机制是多方面的。它源于市场经济不断发展、第三产业的兴起、产业结构升级要求、土地有偿使用、国家政策以及区域发展战略调整等因素的驱动。对三旧用地进行改造，一方面可以优化土地利用结构和功能布局，另一方面可以有效促进各驱动因素向好的方向发展。

（1）严格的土地管理政策。我国实行最严格的土地管理制度，以保护和利用好每一寸土地。这就要求我们必须正确处理保障经济社会发展与保护土地资源的关系，严格控制建设用地增量，努力盘活存量土地，强化节约利用土地。佛山市推出的"三旧改造"也是在最严厉的土地管理政策下进行的盘活存量土地、集约有效利用土地的举措。

（2）产业转移的大趋势。当前，借助国际产业大转移和国际大市场，珠三角城镇群积极参与国际竞争，成为世界城镇体系中的重要节点，促进了珠三角产业结构升级和产业转移，主要出现两种趋势：一种是高端产业由珠三角核心城市向外围城市转移。另外一种是中低端产业由珠三角地区向其他地区转移。产业转移有利于珠三角的产业升级和调整，为珠三角实现经济的跨越式发展提供了良好的契机。"三旧改造"将为此次发展契机做好充足的准备。

（3）城市不断自我完善。一般来说，城市的发展是不断地进行自我完善、"新陈代谢"的过程。"三旧改造"是城市发展过程中出现的主动提升和完善城市的更新形式。目前，随着城市化发展，城市聚集效益提高，产生更大的吸引力和辐射作用；城市居民的社会生活质量提高，社会活动日趋多样化和多元化，追求宽敞的住宅、优美的环境、充足的公共设施及多样化的公共场所；提升城市竞争力的需要增加。城市逐渐成为经济社会发展的焦点，城市竞争力作为城市综合发展能力的体现，不仅决定着一个城市在发展过程中获得资源的能力，也决定着为市民提供就业机会和发展优势产业的能力。

（二）佛山模式的启示

珠三角各市在三旧改造实践中，进行了类型多样的探索。广州对位于老城区的旧厂根据"退二进三"的原则，由政府部门出面进行规划和引导，为搬离老城区的企业寻找新的地方集中重建，同时通过政府贴息等方式，鼓励企业搬迁并进行技术改造和产品升级换代。东莞则探索实行旧村旧厂改造与推进产业开发和产业升级相结合的发展道路，全面实施"五整治一工程"并大力推进居民公寓建设，加速城市化进程。

佛山禅城张槎普化工业区，通过整合"五不同"（产权不同、面积不同、形状不同、方位不同、使用权性质不同）土地，将一层的低矮厂房建设成五层的标准厂房，厂房建筑面积增加近4倍。

禅城区祖庙东华里片区改造、1506创意城、禅城石头村变迁生动地刻录了三旧改造佛山模式。这些案例生动地展示了三旧改造可以有力地促进产业结构优化升级。通过对低效"三旧"用地进行改造，淘汰规模小、效益差、能耗大的企业，实施土地整合，腾出土地引进优质大项目、高新技术产业、文化创意产业等，促进产业结构向低能耗、低污染、高附加值的方向转变，推动产业集聚高效发展。在佛山市改造项目中，205个项目是调整产业结构，由二产转三产，其中12个项目是发展高科技产业，21个项目是发展文化创意产业。同时，结合节能减排，实现产业转移的项目有240多个，引进了44家世界500强企业共投资84个项目，投资额约34.7亿美元，引进87家国内500强企业共投资149个项目。

三旧改造有力促进了土地节约集约利用。据统计，佛山市已完成和正在改造的730个项目，改造前占地约3万亩，建筑面积为1600万平方米，平均容积率约0.8，平均建筑密度约60%。改造后建筑面积将达到2399万平方米，平均容积率提高到约2.0，平均建筑密度降低到约35%。全市每平方千米建设用地产出生产总值从2007年的2.84亿元提高到2009年的3.76亿元，增长了32.3%。与2007年相比，2009年每亿元生产总值耗地减少8.6公顷，减少了24.4%。通过对零散的低效用地进行统一规划和整合，大大提高了土地利用效率，缓解了用地紧张矛盾。

三旧改造有力促进了城乡面貌的改善。在佛山已完成的改造项目中，49个项目是改善生活环境，预计建设居民住宅608万平方米，新增公共设施用地和城市绿地139万平方米，完善了城乡基础设施建设，改善了城乡面貌和人居环境，推动了城乡一体化建设。禅城区祖庙东华里片区改造项目，在对大片的危旧、低矮、残破的平房进行拆除改造的同时，重点保护20多处历史文化建筑与一些有历史价值和传统风貌的建筑和街巷，该项目建成后呈现了既有现代化大城市气派又有浓郁岭南历史文化气息的街区风貌。

通过"三旧"改造，改善了城乡环境，带动了第三产业发展，提升了土地和物业的市场价值。改造后村集体收入和就业人数平均增加了200%，促进了城乡居民增加收入，使广大人民群众得到了实实在在的效益。南海区夏西村"紫金城"项目，每年租金收入360万元，5年后递增20%，村集体收入因此增加20%左右。佛山国际家居博览城项目，村集体经济每年获得的土地租金超4000万元，相较改造前提高了5倍，而配套的酒店、旅游、商贸、会展、娱乐、餐饮等上下游产业集聚将会给村集体和村民带来丰厚的经济收益。

"三旧"改造扩大了土地对产业的承载容量，给社会提供了更多的就业机会。南海区天安数码城项目可容纳科技型中小企业500家，提供就业岗位2万个。天富来工业

城新建厂房可容纳23家中型企业或700家小型企业,为8万人提供就业机会。禅城区兴建的澜石不锈钢交易中心,提供了1万多个就业岗位。据初步统计,"三旧"改造后,可以增加就业岗位20多万个。

佛山是经济强市,是我国著名的陶瓷等传统工业品的生产之乡。由于历史原因,低效用地较多,产业发展涉及多方面深层次的矛盾。佛山当地发改、工信、国土等部门普遍认为:商场如战场,如果产业低水平徘徊、用地粗放、资源浪费严重、产品竞争力不强,必然摆脱不了行业低效益的局面。据佛山国土资源局局长潘念礼的介绍,国土部门面临"三严"(政策严、监管严、问责严)、"三难"(新增建设用地指标难、调整规划修改难、违法用地查处难)、"一多"(供求矛盾多)的局面。为了抢占未来经济的制高点,佛山市委市政府克服诸多困难,在对新增建设用地指标进行安排时,有保有压,在保证重点项目、公益性及民生项目的同时,优先保证先进制造业和新兴产业。2010年重点产业使用的农用地转用指标占上级下达的全年总指标的36.7%。在保证有限指标用在"刀刃"上的同时,积极进行"三旧"改造,缓解新增建设用地指标的压力。

目前,佛山很多陶瓷企业已经顺利转型。引进国外先进技术的佛山陶瓷企业,其生产的LED陶瓷灯座小巧玲珑,阻电绝缘、稳定性能好,超过了国内外市场同类产品质量。前不久从工信部传出喜讯,国家新型工业化产业示范基地中,佛山榜上有名,佛山光电显示产业由此将享受"国家队"的待遇。工信部表示,在产业规划布局、技术改造,重大专项、公共服务平台建设及有关资金安排等方面将对这些基地予以重点指导和帮助,而授牌基地的发展,也将纳入工业和信息化经济运行的监测体系。

据佛山市有关部门介绍,目前佛山区域内的光电显示产业发展迅速,初步形成了以液晶产业为主线、OLED显示产业为亮点的光显示产业、光伏(新能源)、光照明(新光源)全产业链异军突起的"三光"产业立体发展格局,其中已形成了包括奇美、广东海信、国星光电等核心企业在内的液晶电视产业链。由广东中显科技投资的AMOLED显示屏生产线和彩虹集团投资的彩虹(佛山)OLED、LED两个在建项目,有望在"十二五"期间产生超百亿元产值。佛山提出,到2012年,将基地打造成在"三光"产业领域拥有一定数量的自主知识产权,具有较强创新能力,国内最大、全球重要的"三光"产业基地。目前,佛山以OLED产品为主的物流市场已初具规模。

(三)旧城区改造与城市现代化

在珠三角,旧城区改造也叫旧城更新(城市更新),是指对位于旧城范围内的旧村、旧厂和旧民居进行改造。其中,旧城区内的旧村是指集体所有的非农建设用地;旧工厂是指位于旧城区内原企业用地范围;旧民居是指旧城区内相对连片的危破建筑集中区域。2010年,广州市专门出台《广州市旧城更新改造规划纲要》。

旧城改造的目的是:调整提升旧城区功能;优化旧城空间格局,完善空间结构;调控人口规模与开发容量,改善人居环境;优化道路交通系统,构建宜居宜业的现代交通服务体系;按照"双向匹配"原则,调整公共服务设施;增加绿地开敞空间,创造宜人的公共环境;完善市政公用设施,提高城市综合服务能力;加强历史文化街区整体保护，传承旧城历史文脉。

旧村改造是旧城更新的重点。城中村是中国在20世纪90年代中后期快速城市化进程中所产生的特有现象，在珠三角发达地区尤其突出。城市蔓延和郊区化进程加速，边远地区大量土地被征用，城市政府或开发主体为了规避极高的经济成本和社会成本，导致被绕开的村落成为"城中村"，在土地利用、建设、景观、规划管理、行政体制方面表现出明显的城乡二元制（周新宏，2007）。

与其他地域散见的低密度、低容积率、较少违法建设、较少集体资产的城中村不同，珠江三角洲地区星罗棋布的是高密集、大规模、高容积率的（如有的城中村建筑密度达到70%以上，甚至达到90%，容积率在3.0以上），绝大多数属违章建筑，鳞次栉比的"石屎森林"且集体资产殷实的"超级城中村"，因而，珠三角高密集城中村的治理与改造显得更为困难与复杂。

"城中村"对城市的发展有积极和消极的作用。一方面，城中村的存在为低薪阶层、外来务工人员等提供了在市区工作的生活配套，在很大程度上满足了低端住房的市场需求，而且部分城中村还保留着宝贵的城市文化风俗。另一方面，由于大量缺乏统一规划和严格管理的"城中村"的存在，给城市规划、建设和管理带来许多环境和社会问题，对市容市貌、居住环境、社区治安、流动人员管理、消防安全等方面带来负面影响，出现"一线天""握手楼""贴面楼""食利阶层"等特殊现象，其土地利用粗放，严重影响城市现代化发展和土地集约利用。

对城中村的改造，是城市化向更高层次发展的必然要求，有助于城市功能的升级、人居环境的改善、市容市貌的改善、土地资源的优化配置以及土地集约节约利用的实现。

进入21世纪以来，珠三角各城市从来没有停止过改造城中村的探索实践，并逐步形成了颇具特色的珠三角城中村改造模式。

广州市从2001年起，启动对139个城中村进行改制和改造工程，先后制定了《广州市村镇建设管理规定》《广州市城中村改造管理暂行条例》等相关指导性地方性法规条例，并根据农用地拥有量和城市重点建设区域，将城中村划分为三类以制订不同的改造方案。2006年底，时任广州市委书记朱小丹把广州的城市发展战略在"南拓、北优、东进、西联"的基础上，增加了"中调"战略，其中老城区的城中村改造是"中调"必须解决的问题。

广州城中村改造分为改制和改造两个阶段。在改制前期，广州主要以行政命令方式执行，改造方面实行"政府主导、市场化运作"的基本模式。日前出台的《关于广州市推进"城中村"（旧村）整治改造的实施意见》显示，全面改造项目已经演变为以市场运作为基础，除村集体经济组织自行改造外，还通过土地公开出让招商融资等方式进行改造（魏成等，2007）。

深圳市从2001年起，相继出台了"两规"（2001年）、"梳理行动"（2003年）、《深圳市城中村（旧村）改造暂行规定》（2004年）、《深圳市城中村（旧村）改造总体规划纲要》（2005年）等规章条例，更将2005年作为深圳城中村改造的示范年。

深圳城中村改造主要有"自改模式"和"市场改造模式"。政府制定引导性和宏观性的政策和规划,并制定优惠政策,吸引鼓励社会各阶层力量参与到改造工作中,但政府不直接参与投资商业性开发。其改造工作首先是房屋产权确权和违章建筑的查处,并成立村股份合作公司和设立城中村改造基金;其改造内容主要包括建筑物的拆旧建新和以改善居住环境为主的综合治理改造。

珠海市是珠三角首个对城中村进行改造的城市,随着2000年香洲区城中村项目的启动,珠海市城中村的改造工作拉开了序幕。珠海的城中村改造坚持引入竞争机制,由村自主公开招标选择开发商,由中标的开发商负责改造,并对村民住宅建筑给予适当补偿。此外,为保证开发商投资城中村的回报、吸引开发商投资,珠海市决定三年内在香洲区不再新批房地产开发用地。"珠海模式"产生了广泛影响,现时珠海的城中村改造工程仍在进行中。

城中村改造是一项复杂的系统工程,目前珠三角城中村改造还有许多值得改进的地方。

首先,虽然改造主体有多元化的趋势,但对外来与短期租赁人口考量不足。目前,珠三角城中村治理改造主要围绕于针对"政府、开发商以及村民"三方面的利益,进行自上而下的政策制定与供给,还没有给居住在高密集城中村的主体——外来与短期租赁人口发表对治理改造的态度和意见的机会,如在居住条件与租金方面。狭隘的"城市主义"与狭隘的"社区(城中村)主义"的治理改造,忽视了对低收入人群与弱势群体基本生活权利的关注,一味地改造与"杀死"城中村,可能使城中村问题以新的形式呈现,如密集的"房中房""床上床""新七十二家房客"的群租现象。

其次,虽然有相关法规,但对违法建设预期不足,导致对城中村建设控制不力。随着违法建筑的屡禁不止,以及部分城市改造城中村的迫切与冲动,由于对相关村民的应对预期估计不足,导致出台的部分制度供给或者说公共干预准备不甚充分,从而在一定程度上加剧了违法建筑的强度与速度。

目前政府的执行理念是,村集体资产的股份制改造是城中村最终都市化的大势所趋。但"一股就灵"过于简单与线性。从表面上看,股份制公司改革似乎可以解决城中村城市化面临的一系列问题,但股份制改革后,一方面,村民可以获得的量化股、风险股在大多数地区仍不具备完整的产权,只能在社区内部有限度地流转;另一方面,受制于政府财政约束,改制公司承担了大量社区事务,居委会(村)干部往往兼任公司董事长,"三驾马车,一套人马"(股份合作经济组织、农村社区党委与居委会)的传统村社管理模式往往为村庄精英的牟利行为创造了机会。这种制度化安排的怀柔方案,对于村办企业的市场不成熟性和村庄治理结构中的社区主义与家族性等问题存在极大的风险(城中村村民常是家族聚居),必然会衍生新的问题和矛盾,并成为影响城中村进一步融入城市化与现代化的障碍。

珠三角未来城中村的改造需要更加周密的考量。城中村改造须有资源环境和可持续发展的综合考虑。

"城中村"改造及综合开发涉及近期与长远利益的平衡,土地资源利用的经济利益与社会效率的平衡，环境再造与不同群体利益诉求的平衡等。"城中村"改造应该理性做好人居环境的优化工作，重视市政设施建设和功能优化，不能盲目改造。在改造过程中，要从布局上确定好城市功能、设施布局、生态布局，尽量避免因城市建设布局不当而造成功能不全、品位低下等问题。

同时，要切实解决外来人口特别是"夹心层"人群的居住问题。当城中村的出租屋被陆续改造拆除，原本住在城中村的外来低收入人口如何疏导和安置，将是城市管理者需要着重考虑的问题。

（四）旧厂房改造与转型升级

根据2007年国家发展改革委提出的国家层面主体功能区规划建议方案，珠三角地区属于优化开发区，这是符合珠三角实际的。这类区域往往是我国参与经济全球化的主体区域，其国土开发密度已经较高，环境承载能力开始减弱。作为区域乃至全国的区域经济发展龙头，珠三角在继续保持带动全国经济社会发展的龙头地位的同时，必须进行产业结构优化升级和经济增长方式转变，改变过往只注重经济增长、忽视生态环境保护和人们生活环境优化的传统模式，发展环境友好型经济。

旧厂房改造是产业升级的重要契机。因此，在旧厂房改造和产业升级过程中，要严格遵守原则，把握优化方向，要充分考虑集约利用程度、土地利用率和综合效益，以及在市场经济中土地资源配置是否合理。当前城市旧工业区土地利用的特点归根结底就是单位面积投资收益低，即没有实现土地集约利用，是城市土地资源紧缺、资金紧张和城市土地利用粗放的结果，集中表现为城市基础设施差，对城市的地上、地下空间利用不足。它们制约了土地的高效利用和经济潜力的挖掘。

产业转移加速了珠三角的旧厂房改造步伐。2005年3月，广东省人民政府制定出台了《关于广东省山区及东西两翼与珠江三角洲联手推进产业转移的意见（试行）》（粤府〔2005〕22号），提出要加大力度支持省内产业转移工业园建设。到2010年，经省政府批准，共有广州、深圳、佛山、东莞、中山5个珠三角城市与韶关、梅州、河源、惠州、肇庆、湛江、茂名、阳江、云浮9个山区和东西两翼地级市共建省级产业转移工业园34个。随着珠三角高速公路网络快速延伸和综合投资环境的迅速改善，以广州、深圳、佛山等为核心的珠三角产业呈现出加速向周边"扇状转移"的趋势。紧邻珠三角核心经济区的清远、河源、云浮等市县已经迅速成为承接珠三角产业转移的热土。这样的辐射，使得珠三角产业升级的同时也带动了东西两翼的粤北山区的发展。

以旧换新是旧厂房改造基点。旧厂房之所以"旧"，一方面是因为其建筑质量、环境景观、交通和市政设施差，另一方面是因为工业区本身的功能和性质已经不适应工业区所处地段土地价值的变化。旧工业区改造的动因往往是由于工业区内的企业生产成本急剧上升和投资收益下降，土地价值没有充分体现出来，面临着产业结构和土地利用结构调整的巨大压力。更新的目的是提升工业区的竞争力，适应土地价值变化的趋势和整个城市的整体发展要求，改善旧工业区的产业投资和生活环境。通过科学的旧厂房改造，可以减少土地浪费，提高土地利用效率，通过软硬设施的完善建设，可以进一步推动珠三角的产业结构优化和升级。在旧厂房的改造上，应当注重质变，不仅要优化硬件环境，还应当改善软件环境，以实现产业升级。

旧厂房的改造应当体现经济、环境和社会三方的综合利益目标，而土地利用结构更新是旧厂房用地调整的重要手段，无论是经济目标，还是环境持续目标与生活舒适目标，乃至文化保护与发展目标，都必须直接或间接地通过土地利用更新的渠道得以实现。因此，必须针对旧工业区城市更新的目标体系，综合考虑改造主体的收益和分配、利益补偿和制度保障等问题，基于城市用地区位的合理配置，构建有利于产业升级的旧厂房改造体系。

（五）旧村居改造与城乡一体化

旧村改造是推进郊区城市化的一项重要内容。在珠三角地区，旧村改造的主要工作内容包括村庄规划编制、居民点改造建设、基础设施改造提升以及产业结构提升等内容；主要通过对农村居民点建设用地低效无序利用的改进来提高用地效率，改善村居环境，腾退建设用地，并将腾退出的土地用于村集体经济发展和产业提升。

旧村改造涉及农村集体土地所有权制度变革，农村集体经济发展形式和其他一系列房地产制度变革。对城镇化、工业化发展较快的城乡接合部及工业园区来说，其建设现状影响城市功能的完善和产业结构的提升，影响市容市貌，配套设施亟须完善的旧村，应以符合规划为前提，按照政府确定、旧村自愿的原则，试点开展改造。旧村改造原则上以村内旧场用地、生产留用地及生活留用地的用地范围为基础，以整体拆除重建为主实行连片整体改造。

五、关于珠三角土地管理的政策建议

土地是珠三角都市群发展遭遇资源环境瓶颈的重要体现。它关系到区域经济社会的可持续发展和社会稳定，关系到子孙后代的生存利益。资源禀赋不能更改，但发展的理念和体制机制是可以转变的。珠三角都市群加强土地利用管理，促进节约集约用地刻不容缓。

（1）树立土地资源忧患意识，在发展的过程中更注重发展的可持续性，不盲目追求发展速度，减少耕地占用，加强科学规划用地。珠三角各市要进一步认识到，保护耕地、节约集约利用是关系现代化建设全局和可持续发展的长期战略任务，要严格落实土地管理和耕地保护责任制，严格保护耕地，实行占补平衡，盘活存量建设用地和低效用地，提高土地的节约集约利用效率，为子孙后代留下可持续发展的空间。同时，要以科学发展观和可持续发展理论为指导，编制好近、中、远期土地利用总体规划和国土空间规划，发挥土地利用总体规划的"龙头"作用。要在规划和建设中坚持"城镇进圈、工业进园、民宅进区"的用地原则，优化产业布局，调整产业结构，促进产业的升级换代和经济增长方式的转变。要严格控制土地利用总体规划的修改，城市总体规划、村庄和集镇规划也不得擅自修改，严格控制新增建设用地总量，严格保护土地资源特别是永久基本农田，落实耕地占补平衡，保护生态环境，促进土地的节约集约利用和经济社会的协调持续发展。

（2）完善土地资源的市场化配置，强化地价和补偿政策措施。经营性基础设施用地要逐步实行有偿使用，运用价格机制抑制多占、滥占或浪费土地现象。各类商业用地要实行招标、拍卖、挂牌出让，要按照"产业集聚、布局集中、用地集约"的原则且必须符合土地利用总体规划的要求，将工业项目用地集中安排在工业园区。要严格控制投资指标，实行供地量与投资额、产出效益相挂钩，规定投资总额和密度必须达到一定的标准，才能供应土地。珠三角地区与粤北山区及东西两翼联手共建产业转移工业园，实现优势互补，促进了土地的节约集约利用和产业结构升级。

（3）在集约化过程中调整产业结构，着力抓好"三旧"（旧城、旧村、旧厂）改造，盘活闲置用地，加强管理。对"三旧"的改造，要按照居住向城镇集中、工业向园区集中的原则，制定激励政策和有效措施，坚持"规划先行"，引入市场运作方式，在"多方多赢"的条件下进行改造。对旧村改造要分别对待、分类指导、分层实施和推进。对第一类即"城中村"的改造工作应统一纳入城市（镇）建设的范畴。第二类即"城郊村"位于城市规划区内，土地升值潜力大，村集体积极性较高，村民改善居住条件的愿望比较强烈，地方乡镇党委、政府也想推动改造以加快城市化步伐，但缺乏资金。对这一类村应制定规划，引入市场机制，以多途径筹集资金，通过建农民公寓等方式改善居住条件，提高土地节约、集约利用，积极推进改造工作。第三类即"郊外村"，因这类村生产仍以农业为主，生活方式不同于城市，而且地价普遍较低，不在城市（镇）建设范围以内，还不具备大规模开展旧村改造的条件。对于这类旧村的改造，应按照新农村建设的要求，先做好规划，再进行局部的整理改造，逐步改善村容村貌。

第三章

低碳能源与产业支撑

以珠三角都市群为经济核心的广东是全国经济大省，也是能源消费大省和二氧化碳排放量大省。在全国占有重要地位的支柱产业包括装备制造、汽车、钢铁、石化、船舶制造、高新技术产业等，以及家用电器、纺织服装、轻工食品、建材等传统产业。工业能源消费比例高，节能任务重。

在低碳经济时代，能源是一个严肃、严峻的全球性问题。面向未来，珠三角要充分借鉴国际经验，大力推进能源节约和能效提高。要优化能源结构，增加低碳能源比重。要调整优化产业结构，建设、完善以高新技术为依托的新能源及能源设备制造业，以绿色农业、创意产业、低碳服务业、低碳旅游业等为主导的低碳产业支撑体系。要重点发展高端新型电子信息、节能环保、新材料、太阳能光伏、核电装备等战略性新兴产业。要对家电、陶瓷建材、纺织服装、造纸、食品与包装等优势传统产业进行低碳化改造。要严格控制高耗能行业发展，加快淘汰能耗高、效率低、污染大的工艺、技术和设备。

要规模化发展核电。要因地制宜发展农村新能源，大力推进煤炭清洁高效利用。要加强智能型能源输送管网建设，提高能源配置能力。要促进能源开发和利用全过程的节能减排，着力推进重点领域节能。要加强能源需求管理，推行合同能源管理，促进节能服务产业化。要大力推动低碳、节能产品认证和低碳、能效标识管理制度的实施。

一、能源使用的全球性问题

能源历来是各国重视的重大问题，在今天这个亟须应对全球气候变化和发展低碳经济的时代，更是一个严肃、严峻的全球性问题。

（一）全球气候变化及人类应对

地球科学家的研究显示，从始于200多万年以前的第四纪开始，全球气候出现了明显的冰期和间冰期交替的模式。最后一次冰川作用始于70000年前，距今18000年左右达到最盛期，约止于10000年前。冰期的气候要比现在低3～7摄氏度，冰川最强盛时，全球32%的陆地面积被冰川覆盖，海平面比现在低130米。最近一万年，人类居住的背景是第四纪大冰期背景下的间冰期，平均气温缓慢上升是自然现象。这是地质学家的传统认识。

但最近的科学研究，特别政府间气候变化专业委员会（Intergovernmental Panel on Climate Change，IPCC）组织全球气候变化的科学评估表明，高强度的人类活动——工业文明排放温室气体，才是全球气候变暖的主要原因。从1988年成立开始，IPCC组织全世界数千名科学家开展全球气候变化的科学评估活动，并分别于1990年、1995年、2001年、2007年发表了全球气候变化科学评估报告。IPCC评估报告指出，过去100年（1906—2005年）全球地表平均温度升高0.74摄氏度；20世纪后半叶可能是过去

1300年中最暖的50年；20世纪全球海平面上升约0.17米，1961—2003年平均上升速率约为1.8毫米，1993—2003年平均上升速率为3.1毫米；2005年全球大气二氧化碳浓度达到了379mg/L，为65万年以来最高值，而工业革命前全球大气二氧化碳浓度仅为280mg/L。IPCC评估报告预测，与1980—1999年相比，2100年全球平均地表温度可能会升高1.1~6.4摄氏度；21世纪，高温、热浪以及强降水频率可能会增加，台风强度可能会加强。这些都源于温室气体排放。人为排放的二氧化碳等温室气体，加剧了全球气候变暖的趋势，进而可能会影响人类自身的生存和发展。降低碳排放强度应该成为保护人类生存环境的客观需要。

IPCC的评估报告对联合国的决策产生了直接的影响。1992年，在巴西里约热内卢举行的联合国环境与发展大会通过了《联合国气候变化框架公约》。它被称为人类应对全球气候变化的第一个里程碑事件，是世界上第一个为全面控制二氧化碳等温室气体排放，应对全球气候变暖给人类经济和社会带来不利影响的国际公约，也是国际社会在应对全球气候变化问题上进行国际合作的一个基本框架。《联合国气候变化框架公约》的最终目标是将大气中温室气体的浓度稳定在不对气候系统造成危害的水平。

1997年12月，《联合国气候变化框架公约》第三次缔约方大会通过了《京都议定书》，被誉为是第二个里程碑事件。《京都议定书》规定了发达国家2008—2012年量化的减排义务，同时建立了旨在减排温室气体的三个灵活合作机制——排放贸易（emissions trading）、联合履行（joint implementation）和清洁发展机制（clean development mechanism）。以清洁发展机制为例，它允许工业化国家的投资者从其在发展中国家实施的有利于发展中国家可持续发展的减排项目中获取"经证明的减少排放量"。

全球气候变化是人类发展的主要挑战之一，这已成为当今国际社会的主流共识。应对气候变化是当前乃至今后相当长时期内实现全球可持续发展的最大任务。2005年1月26日，达沃斯世界经济论坛召开，约700名世界经济界领导人通过投票，在40多项世界级议程中选出6项优先议题，气候变化入选其中。2007年6月7日，里约集团（G8）峰会在德国海滨城市海利根达姆举行，全球气候问题被认为是该次会议最受关注的议题。这些都说明气候变化已成为一个世界级难题，需要全世界每一个政府和每一个人的智慧、责任感与实际行动，需要各国以各种方式进行有效的合作，需要能源科学与技术的革新与革命，需要国际、国内管理理念和体制的改造与创新，需要每一个人的生活理念与生活方式的破旧立新，而且需要人类几百年乃至更长时间持续不断的努力。

（二）低碳能源理念：终止化石燃料发展模式

2003年英国能源白皮书《我们能源的未来：创建低碳经济》第一次提出"低碳经济"（low-carbon economy，LCE）概念。低碳经济概念一经提出，就受到广泛关注并获得积极响应，它被认为是应对全球气候变化、保障能源安全的基本途径和战略选择。

低碳经济与应对全球变化的目标是一致的：减少温室气体排放，主要途径是提高生产效率尤其是提高能源效率，削减化石燃料消费，寻找替代化石燃料的能源，发展温室气体吸收、焚烧、分解技术。随着社会科学及各种社会力量的介入，全球气候变化已经跨越了自然科学问题，演变成为发展问题和政治问题。目前基本的全球政治共识是，在未来一定时段内，将大气二氧化碳浓度控制在适当的水平。在全球层面，国际社会正在推动温室气体减排和向低碳经济转型的全球性行动。

化石能源耗竭的可能性是低碳经济迅速兴起的另一主要原因。据世界银行统计，20世纪的100年当中，人类共消耗煤炭2650亿吨，消耗石油1420亿吨，消耗钢铁380亿吨，消耗铝7.6亿吨，消耗铜4.8亿吨。据预测，2050年的世界经济规模要比现在高出3～4倍，而目前的全球能源消费结构中，碳基能源（煤炭、石油、天然气）在总能源中所占的比重高达87%，这影响着人类对高碳模式前途的信心。

人类使用化石能源的经济成本越来越高，技术要求越来越强。出于对能源资源可持续利用的考虑，发达国家积极探讨节能、开发利用可再生能源、电动汽车等领域的技术开发，加大对第三代核电技术、节能技术、太阳能和风能等可再生能源的开发利用技术，以及氢能技术、电动汽车技术等研发的投入。近年来，特别是国际金融危机以来，美国和欧盟等国家和地区大多将新能源和可再生能源作为扶持重点，相应的产业成为快速增长的产业。

低碳经济是一种新的发展理念和能源理念，是对化石燃料发展模式的终结。有人认为它是21世纪人类最大规模的经济、社会和环境革命，甚至有人认为它比以往的工业革命意义更为重大，影响更为深远。它将创造新的游戏规则，碳排放是新的价值衡量标准，从国家到企业将在新的标准下重新洗牌。低碳经济将创造新的龙头产业，蕴藏着巨大的商业机遇。低碳经济还将创造新的金融市场，基于能源量和低碳企业的新的金融市场正呼之欲出。许多国家把气候变化作为世界级优先议题的同时，更把它看作自己的发展机会，甚至很多企业嗅到其中的巨大商机。因此，气候变化领域的国际谈判，实际上已成为各主要国家的利益集团在政治、经济、科技、环境和外交等领域的综合较量。关于二氧化碳减排、减缓气候变暖的谈判实际上也是在分配全球的环境资源，在许多人眼里，这就像地球的土地资源一样，可以进行划分和占有。

自低碳经济概念被提出以后，尤其是发达国家迅速跟进。根据联合国环境规划署的报告表明，与利用煤炭和石油发电的1100亿美元投资相比，2008年全球绿色能源（太阳能、风能、生物能源等）发电的投资首次超过传统能源，达到1400亿美元。2008年是全球低碳经济发展进入重要分水岭的一年，低碳经济已开始对各国经济结构、投资和生产生活产生重要影响。油价持续走高，应对气候变化的呼声日益增高，尤其是国际金融危机爆发，成为促进低碳经济发展的催化剂。这与几年前，以绿色能源为主的低碳经济发展还不被人们看好，被认为成本过高、技术不成熟、难以迅速开展，全球对石油依赖日益加深、积重难返的情况形成鲜明的对比。

（1）时任美国总统奥巴马的"绿色能源新政"。开发绿色能源是美国政府经济刺激计划的重要内容之一，目标是为美国经济的长期发展提供动力，继续占据世界经济发展的制高点。

"绿色能源新政"在能源政策方面采取了一系列措施。第一是以减少温室气体排放为重要目标，宣布从2012年起将对美国的排污、排放收费，到2050年将二氧化碳排放减少83%，这是奥巴马能源新政的核心。第二是要建设横跨4个时区、以超导电网和智能电网为主的全国统一电网，可以接入包括风能、太阳能等在内的各种可再生能源，并能进行智能化管理，使整个动力系统发生变革。第三是计划在未来五年投入1500亿元，用于能源新技术方面的大规模投资建设，这是继信息技术（information technology，IT）革命之后，美国技术储备的又一个主要方向。第四是以每台补贴7000美元的刺激政策，鼓励混合动力汽车的大规模使用。同时，实施每加仑生物燃料补贴2美元的政策。

"绿色能源新政"要求：在2015年前将新能源汽车的使用量提高到100万辆；今后10年内，美国每年将投资150亿美元，创造500万个新能源、节能和清洁生产就业岗位，将美国传统的制造中心转变为绿色技术发展和应用中心。奥巴马能源新政组合拳的实施，不仅将对美国新能源供给、传输与使用产生极大的推动，使美国能源消耗结构发生根本改变，解决美国的石油依赖问题，而且必将影响全球的下一轮发展。

（2）英国低碳经济先行。自21世纪以来，英国成为全球低碳经济的积极倡导者和先行者。其主要做法是，政府把发展低碳经济置于国家战略的高度，推出了一系列具有开创性的政策法规和配套措施。"低碳经济"最早见诸英国政府文件是在2003年的英国能源白皮书《我们能源的未来：创建低碳经济》。该白皮书提出了英国将实现以低碳经济作为英国能源战略的首要目标，具体包括：①到2050年将英国的二氧化碳排放量削减60%，并于2020年取得实质性的进展（在2007年3月发布的《气候变化法案》中，2020年的目标被确定为26%~32%）；②保持能源供应的稳定性和可靠性；③促进国内外竞争性市场的形成，协助提高可持续的经济增长率并提高劳动生产率；④确保每个家庭以合理的价格获得充分的能源服务。

继2003年发布能源白皮书之后，英国政府于2006年10月发布了《气候变化的经济学：斯特恩报告》（简称《斯特恩报告》），对全球变暖的经济影响做了定量评估。《斯特恩报告》认为，气候变化的经济代价堪比一场世界大战的经济损失。应对这场挑战，目前技术上是可行的，在经济负担上也比较合理。而且行动越及时，花费越少。如果现在全球每年投入生产总值的1%，即可避免将来每年生产总值5%~20%的损失。《斯特恩报告》呼吁全球向低碳经济转型。主要措施有：提高能源效率；对电力等能源部门"去碳"；建立强有力的价格机制，如对碳排放征税和进行碳排放交易；全球联合对去碳高新技术进行研发和部署等。

2008年，英国颁布实施《气候变化法案》，使其成为世界上第一个为温室气体减排目标立法的国家。英国还成立了相应的能源和气候变化部。按照该法律，英国政府必须致力于发展低碳经济，到2050年达到减排80%的目标。

2009年7月15日，英国能源和气候变化部发布了一份长达220页的《英国低碳转换计划》《英国可再生能源战略》国家战略白皮书，标志着英国成为世界上第一个在政府预算框架内特别设立碳排放管理规划的国家。白皮书提出到2020年和2050年英国的碳排放量将在1990年的基础上分别减少34%和80%，其实现途径包括大力提高能源效率和发展可再生能源、核能、碳捕捉和储存等清洁能源技术。按照英国政府的计划，到2020年可再生能源在能源供应中要占15%的份额，其中40%的电力来自绿色能源领域，这既包括对依赖煤炭的火电站进行"绿色改造",更要发展风电等绿色能源。在住房方面,英国政府拨款32亿英镑用于住房的节能改造,对那些主动在房屋中安装清洁能源设备的家庭进行补偿。在交通方面,新生产汽车的二氧化碳排放标准要在2007年的基础上平均降低40%。同时,英国政府还积极支持绿色制造业,研发新的绿色技术,从政策和资金方面向低碳产业倾斜,确保英国在碳捕获、清洁煤等新技术领域处于领先地位。

在许多国家因受国际金融危机影响纷纷转移精力、削减投入甚至放松减排要求的情况下,英国却宣布启动了一项"绿色振兴计划",试图以低碳经济模式从衰退中复苏。英国还公布了世界上第一个"碳预算",首次将减排目标纳入法律框架,并应用于经济社会各个方面。英国还推行"政府投资、企业运作"的模式,促进商用技术的研发推广,以占领低碳产业的技术制高点。同时,运用多种手段引导人们向低碳生活方式转变。

目前,英国已初步形成了以市场为基础,以政府为主导,以全体企业、公共部门和居民为主体的互动体系,从低碳技术研发推广、政策制定到国民认知等诸多方面,都处在了世界领先位置。从某种程度上讲,英国已经突破了发展低碳经济的最初瓶颈,走出了一条崭新的可持续发展之路。

(3)德国低碳行动。1977年以来,德国联邦政府先后出台了五期能源研究计划。其中,最新一期计划从2005年开始实施,以能源效率和可再生能源为重点,通过德国"高技术战略"提供资金支持。

2007年,德国联邦教育与研究部在"高技术战略"框架下,制定了气候保护高技术战略。根据这项战略,联邦教研部将在之后的10年内额外投入10亿欧元用于研发气候保护技术,德国工业界也相应投入一倍的资金用于开发气候保护技术。该战略确定了四个重点研究领域,即气候预测和气候保护的基础研究、气候变化后果、适应气候变化的方法和与气候保护措施相适应的政策机制研究。根据这项战略,德国科技界和经济界针对有机光伏材料、能源存储技术、新型电动汽车和二氧化碳分离与存储技术四个重点研究方向建立了创新联盟。

德国低碳行动包括以下四个方向。

一是提高能源使用效率,促进节约。具体包括:第一,征收生态税;第二,鼓励企业实行现代化能源管理;第三,推广"热电联产"技术;第四,实行建筑节能改造。

二是大力发展可再生能源。政府通过《中华人民共和国可再生能源法》保证可再生能源的地位,对可再生能源发电进行补贴,平衡了可再生能源生产成本高的劣势,使可再生能源得到快速发展。目前,德国可再生能源的发电比例近13%,可再生能源使用占初级能源使用的4.7%,这两项指标已经超过了德国制定的2010年的目标水平。在广泛发展各种可再生能源的同时,德国还确定了若干个重点领域:促进现有风力设备的更新换代、发展海上风力园;促进可再生能源的使用,德国计划到2020年将沼气使用占天然气使用的比例提高到6%,到2030年提高到10%;德国还制定了《可再生能源供暖法》,促进可再生能源用于供暖,计划到2020年,将可再生能源供暖的比例提高到14%（2006年为6%）。

三是减少二氧化碳排放。第一，发展低碳发电站。德国政府计划制定关于应用清洁煤技术（carbon capture and storage，CCS）的法律框架，具体措施包括：向欧盟递交建议书，促进在欧盟层面上制定CCS法律框架；在德国国内，以德国环境法规来保障发展CCS技术的措施；根据2007年11月公布的欧盟指令，制定德国关于二氧化碳分离、运输和埋藏的法律框架；建设示范低碳发电站等。第二，降低各种交通工具的二氧化碳排放。针对机动车，德国目前新售出汽车的平均二氧化碳排量约为164克/千米，而根据欧盟的规定，到2012年新车的二氧化碳排量应减少到130克/千米。德国政府计划通过修改机动车税规定、要求新车要标注能源效率信息来推动这一目标的实现。第三，排放权交易。德国于2002年开始着手排放权交易的准备工作，当时联邦环保局设立了专门的排放交易处，并起草相关法律，目前已形成了比较完善的法律体系和管理制度。

四是开展国际合作。近年来，德国积极主张将美国纳入应对气候变化的行动中，并将此作为跨大西洋对话的重点之一。德国担任欧盟主席国期间，发起了欧盟与美国间的"跨大西洋气候和技术行动"，重点是统一标准、制订共同的研究计划等，并在2007年4月召开的欧盟与美国首脑会议上确定了该项行动的具体措施。德国政府认识到德国在国际清洁发展机制中所占的比例很低（仅3%），决定今后将加大在该项目的投入。

（4）法国低碳能源行动。法国低碳能源行动最突出的表现是，通过法国国家原子能署和其他法国机构共同投入欧洲能源策略计划（Strategic Energy Technology Plan，SET Plan）。法国原子能署代表法国参与众多国际机构与协议组织，包括国际能源总署（International Energy Agency，IEA）、国际氢能与燃料电池伙伴计划（International Partnership for Hydrogen and Fuel Cells in the Economy，IPHE）、碳隔离领袖论坛（Carbon Sequestration Leadership Forum，CSLF）、经济合作开发组织（Organisation for Economic Cooperation and Development，OECD）与八大工业国领袖高峰会（G8）。法国原子能署还是国际能源总署推动氢能、燃料电池及光电技术协议的顾问。欧盟为加强协调各研发机构在该领域的活动，正发起组织一个新联盟，法国原子能署亦参与其中。

法国原子能署当前的最主要研究领域之一是开发具竞争力、安全且干净的新能源，特别是开发不会排放温室气体的替代技术，具体如下。

利用太阳能。目前太阳能的使用方法主要有：①将太阳辐射直接转成热能的太阳热能（solar thermal power）；②将太阳热能集中在热传流体内再转换成电力的集光型太阳能（concentrated solar power，CSP）；③直接将太阳辐射转换成电力的光电技术（photovoltaic technology）等。法国原子能署在20世纪80年代持续关注太阳热能的研究，现今则通过国家太阳能研究院（Institut National de I'Energie Solaire，INES）将研究重心放在光电技术上，改善光能转换的效率、降低制造太阳能电池的成本；减少能量储存的成本与电池尺寸；让住宅能源管理最佳化，以落实住宅自给自足的目标。

氢能技术。法国原子能署已经成功研发包括生产、储存、运输和分配等层面的全方位氢能技术。在氢气生产方面，原子能署正在研究不会排放温室气体的氢气生产方式，主要是利用来自地热源的热能、集中太阳能或核反应方式来进行水分解过程，专注于高温电解水（high temperature electrolysis of water）和热化学过程（thermochemical processes）两个领域。在氢气储存方面，原子能署研究的主要氢气储存方式包括高压气态储存、低压固态储存两种技术。

使燃料电池系统更加完善。原子能署将研究重点放在质子交换膜燃料电池（Proton Exchange Membrance Fuel Cell，PEMFC）与固体氧化物燃料电池（Solid Oxide Fuel Cell，SOFC）这两个最有发展前景的燃料电池技术上。

第二代生质燃料。原子能署和法国石油研究所（Institut Français du Pétrole，IFP），正着手研究第二代生质燃料的计划，寻求利用热化学过程从木材、农业副产品及残渣如麦秆等物质生产生质燃料的可行性。原子能署正在研究第三代生产方式，即使用藻类生产生物油以及通过发酵（fermentation）、光发酵（photofermentation）或直接光合作用与水分解的方式来生产生物氢气。包括一些仿生组件在内的光电化学系统也正在开发当中。

迈向永续核能。核能是未来能源计划中不可或缺的部分。欧洲能源策略计划的技术挑战包括：维持分裂技术的竞争力，寻求长期的废料管理办法；完成提高新一代（第四代）分裂反应炉持续性的示范准备。

（5）日本"福田蓝图"。2008年6月，时任日本首相福田康夫以政府的名义提出"福田蓝图"。这是日本在防止全球气候变暖方面新的对策，是日本低碳战略形成的正式标志。它包括应对低碳发展的技术创新、制度变革及生活方式的转变。它提出了日本温室气体减排的长期目标：日本要在2020年前实现二氧化碳捕捉及封存技术的实际应用，并且将太阳能发电量提高到目前的10倍（到2030年提高到40倍）；同时，力争在2020—2030年间将燃料电池系统的价格降至目前的约十分之一；到2050年日本的温室气体排放量要比目前减少60%～80%。

2008年7月，日本内阁会议通过了"实现低碳社会行动计划"，一场影响深远的低碳革命拉开帷幕。日本构建低碳社会的主要措施及其进展如下。

一是政府主导。第一，日本政府负责制定规划与目标。2008年7月26日通过的"实现低碳社会行动计划"，进一步将构建低碳社会这一国家战略细化，提出了具体的目标和措施。2009年4月，日本公布了名为《绿色经济与社会变革》的政策草案，目的是通过实行削减温室气体排放等措施，强化日本的"低碳经济"。这一政策使日本环境领域的市场规模从2006年的70万亿日元（1美元约合86.8日元）增加到2020年的120万亿日元，相关就业岗位数量也大大增加。第二，政府负责监督管理。日本建立了多层次的节能监督管理体系，国家节能领导小组——以经济产业省及地方经济产业局为主干的节能领导机关——节能专业机构，如日本节能中心和新能源产业技术开发机构（New Energy and Industrial Technology Development Organization，NEDO）等。第三，政府利用财税政策加以引导。为促进节能减排政策的落实，日本政府出台了特别折旧制度、补助金制度、特别会计制度等多项财税优惠措施，鼓励企业开发节能技术、使用节能设备。

二是发展创新科技。按照"实现低碳社会行动计划"的要求，日本政府已经设计出一套低碳技术的路线图：在强调政府在基础研究中的作用和责任的同时，鼓励私有

资本对科技研发的投入，保证技术创新的资金投入。内阁综合科技会议制定了每年的资源分配政策，环境省等政府机构依此进行资金的分配。在这一框架下，之后5年将在低碳技术创新方面投入300亿美元，开发快中子增殖反应堆循环技术、生物质能应用技术、低化石燃料消耗直升机、高效能船只、气温变化监测与影响评估技术、智能运输系统等。此外，还建立官、产、学密切合作的国家研发体系，以充分发挥各个科研机构的能力，集中管理，提高技术研发水平和效率。

三是实行制度革新。第一，试行碳排放权交易制度。该制度规定，日本国内企业可以按照自愿制定减排目标的原则，自行设定排放总量。如果企业减排至排放上限以下，可将剩余部分作为排放权出售，而对于没有达到减排目标的企业，可以从其他企业那里购买排放权进行弥补。第二，实行"领跑者"（top runner）制度。所谓节能产品领跑者制度，是指将同类产品中耗能最低的产品作为领跑者，然后以此产品为规范树立参考标准，并要求所有同类产品在指定的时期内必须达到该水准。目前，日本已在汽车、空调、冰箱、热水器等21种产品中实行了节能产品领跑者制度。第三，推行节能标识制度，即按能耗级别在产品上加贴标识，以给消费者提供能源消耗信息。

四是重视示范试点。日本十分重视环保理念的宣传示范工作，在推行"碳足迹"、碳排放权交易等政策措施的过程中，都进行了相应的示范试点，以求稳步推进。2008年，为在全国宣传减排理念，改变城市与交通、能源、生活、商务模式等社会结构，日本政府决定在国内挑选10座"环境示范城市"。按照规定，入选城市的居民主要消费当地生产食品，并且推广"碳足迹"（carbon footprint）制度。国家将对执行结果进行评估，效果突出的城市将作为全国范例。

五是加强国际合作。加强与国际社会的密切合作，是日本推进低碳社会计划的又一战略措施。第一，充分利用国际能源署、亚太清洁发展与气候新伙伴计划等国际与区域组织平台，通过承办G8环境峰会、全球交通运输环境与能源部长级会议以及东京—非洲发展国际会议等国际会议，开展多边与双边的磋商与合作，促进与相关国家的技术合作和经验分享。第二，推出"清洁亚洲""清凉地球伙伴计划"等环保合作倡议，把合作范围从亚洲国家扩展到非洲等国家。第三，加大环境保护资金国际援助力度。一方面，增加政府开发援助贷款中用于应对环境与气候变化贷款的比例，通过ODA的战略扩展，实现政府开发援助的转型。另一方面，倡导建立多边基金、促进节能减排。2008年，在日本、美国等国家的倡导下，世界银行已经批准创立投资额可达50亿美元的两个气候投资基金，即清洁技术基金和气候策略基金，用于为发展中国家提供启动资金。

二、能源需求和温室气体排放量预测

以珠三角都市群为经济核心的广东是全国经济大省，也是能源消费大省和二氧化碳排放量大省。

据统计和测算，2008年广东全省一次能源消费量为1.77亿吨标准煤，其中原煤、原油、电力、天然气的比重分别为50.8∶24.6∶20.5∶4.1。

2007年全省二氧化碳排放量约为4.45亿吨，甲烷约为203.79万吨，氧化亚氮约为6.56万吨；温室气体排放总量约为5.08亿吨二氧化碳当量，二氧化碳、甲烷和氧化亚氮的排放当量分别占87.6%、8.4%和4.0%。扣除土地吸收和林业碳汇约827万吨二氧化碳，2007年广东省温室气体净排放量约为5亿吨二氧化碳当量。能源生产消耗是温室气体的主要来源，2007年广东能源生产消耗产生的二氧化碳排放量约为3.98亿吨、甲烷为10.88万吨、氧化亚氮为1.01万吨，折合二氧化碳当量为4.03亿吨，约占全省温室气体排放总量的79.5%，水泥、钢铁等工业生产过程中的二氧化碳排放量占9.2%。

未来的能源需求与碳排放总量，取决于经济社会发展与节能减排措施的合力。根据相关研究结果，2020年广东全省常住人口总量控制在9420万人以内，其中户籍人口控制在8800万人以内。在2036年左右，广东全省人口将达到峰值，此时全省常住人口总量不超过9900万人，其中户籍人口控制在9200万人左右，之后全省人口将开始平稳下降。2020年，规划广东人均生产总值超过7000美元，其中珠三角地区达到1.8万美元，接近发达国家水平。要实现此发展目标，预计全省生产总值年均增长速度应达到9%左右。其中2001—2010年年均增长为9.8%左右，2011—2020年年均增长为8.3%左右，2020—2030年年均增权为6.6%左右。

以不同的排放政策条件为基础，设想广东未来3种可能的能源消耗与排放情景（见表3-1）：第一种是基准情景，即广东未来将按照目前的经济模式持续发展，除了一些已经确定的政策，不进行重大调整，不采用更多的节能减排措施；第二种是政策情景，即在针对现状做出较大调整与努力（政策、投资、能源支出等）、经济结构得到优化、目前已有的节能技术明显普及的条件下，能够实现的节能、可再生能源开发以及相应的低碳排放效果；第三种是低碳情景，即在政策情景的基础上做出进一步努力，以充分释放低碳排放的潜力。

根据上面3种不同的排放前景，再综合考虑经济社会发展当中的诸因素，利用IPAC-AIM模型就可以从中勾勒出从现在到2030年广东的能源消耗和二氧化碳排放的大致情景。

气候组织和国家发展改革委能源所对广东省的能源和碳排放进行了专门研究。以2005年为基准年，考虑广东省人均经济水平于2030年左右率先步入目前国际中等发达国家行列，采用IPAC-AIM／技术模型（能源系统模型）对广东省2010年、2020年和2030年进行情景分析。

表3-1　广东发展的3种经济社会发展情景

情景	主要说明
基准情景	在目前的经济发展模式情况下，持续发展。除了一些已经确定的政策，不考虑更多的节能减排措施

续表

情景		主要说明
政策情景	分析在进行较大努力（政策、投资、能源支出等）的情况下，能够实现的节能、可再生能源以及相应的低碳排放效果。主要考虑方面包括经济结构优化，重工业中的高耗能行业增加值比重下降，目前已有的节能技术明显普及	工业：到2020年，主要高耗能工业能源效率达到先进国家水平，或者更加先进；总体上工业基本实现高效、清洁生产
		建筑：新建建筑普遍达到节能标准；大众消费以低能耗为主（购买商品、使用电器、利用可再生能源、生活方式）
		可再生能源：充分利用风能、太阳能、光伏电池、生物质能发电、液化天然气、小水电、垃圾发电等
		一定程度上会考虑一些其他的碳减排技术
低碳情景	采取帮助广东实现进一步降低温室气体排放的各种政策和技术，以分析广东省率先试点低碳发展并尽早实现排放达到峰值的潜力	政策情景中的技术进步进一步强化，重大技术成本下降得更快，发达国家的政策在广东逐渐得到实施
		可再生能源和核电发展进一步加强
		在一些领域的技术开发方面成为世界领先，如清洁煤技术和CCS，使得CCS在广东得到较大规模应用

情景分析结果显示：（1）如果沿袭当前的经济发展模式，而不采取更多额外的政策措施并加大技术进步及研发应用的力度，广东省的能源需求量和相应的二氧化碳排放量都将继续快速甚至加速增加，不仅难以完成国家的节能和减排的目标，而且也不利于区域实现产业结构和生产消费模式的转型，难以实现可持续发展。

（2）基于国家"十一五"节能目标和可再生能源发展目标，继续鼓励和促进相关技术的效率提高，并且对其进一步进行普遍应用，那么广东省的能源需求量和相应的二氧化碳排放量将能够更为缓慢地增长。相关政策的应用和技术的创新，推进了先进技术的成本沿着学习曲线逐渐降低，对于先进低碳技术的投入处于可以接受的范围，而相应的节能减排效果有可能使能源工业的投资得以下降，最终实现减碳增益。

（3）广东省实现大跨度的低碳发展在技术上是可行的，需要在长时期和广泛的领域内实施技术创新和政策机制的创新，并转变发展理念和生活生产消费行为模式。对于技术创新，主要包括在发电、工业节能、节能型消费品、交通运输和建筑节能领域实施和推广应用高科技、新材料、先进的工艺流程、节能和低碳消费品等。另外，要注重推广应用更先进的工业锅炉、窑炉以及保温等增量技术。对于政策机制的创新主要包括制定适应低碳发展的产业政策，制定更加严格的能源效率标准、低碳商品标准，征收碳税，制定鼓励建立低碳与能效市场的相关政策等。

三、珠三角地区发展的支撑产业：过去、现在与未来

目前，珠三角拥有电子信息、电器机械（机械、家电）、石油化工、纺织服装、

食品饮料、建材、造纸、医药、汽车九大产业共10个行业。其中，支撑20世纪80年代经济高速发展的主要产业是食品饮料、纺织服装等轻工业；支撑20世纪90年代初经济高速发展的主要产业是家用电器、建筑材料等工业；支撑20世纪90年代中期以来经济高速发展的产业主要是电子信息、房地产等。当前，汽车、装备工业是重点。综观广东的产业发展和工业化过程，走的是一条从轻型工业到重化工业再到高加工度工业的"追赶型"经济增长路子。

新中国成立以来，广东省产业发展经历了改革开放前后两个不同时期共五个阶段。在第一阶段（新中国成立初期至1978年），广东工业化程度总体上处于全国中下水平。

改革开放以后，广东工业化进程进入第二阶段（1979年至1991年）。这一阶段是以日用消费品为主导的轻工业快速发展的阶段。珠江三角洲地区充分发挥地缘、人缘和体制等优势，大量引进了香港等地转移出来的加工业，乡镇企业异军突起，以短缺生活必需品为主的轻工业生产快速发展。其间，规模以上轻工业产值年均增长19.5%，高出重工业4.4%，重工业比重由1978年的43.4%下降到1991年的36.1%。1991年，产值居前四位的工业行业是纺织服装、食品饮料、电子及通信制造业、石油及化学，洗衣机、电冰箱、彩电产量分别占全国的25.2%、24.3%、26.8%，成为全国重要的家用电器生产基地，出现了"珠江啤酒""健力宝""万宝""美的"等全国知名品牌和企业。产业规模迅速扩大，工业化水平明显提高。1989年全省生产总值从1978年居全国第六位跃居第一位。1991年，全省生产总值占全国的8.2%；全省三大产业比例从1978年的29.8∶46.6∶23.6调整为1991年的22.0∶41.3∶36.7；与全国相比，第一产业比重低2.5%，第三产业比重高3.3%；到20世纪80年代末，七成以上的工业企业均进行了不同程度的技术改革。这个阶段，三大产业比重此消彼长、特征明显，农业和工业比重逐步降低，服务业比重迅速提高，从总体上来看，广东工业化发展跨入全国先进行列。

第三阶段（1992年至2002年）是以电子信息制造业为龙头的新兴工业产业快速发展的阶段。深圳、东莞、广州大量承接中国香港、中国台湾以及日本等地的电子信息产业转移，有力地推进了电子信息业发展。自1998年广东省委、省政府发布《关于依靠科技进步推动产业结构优化升级的决定》以来，广东省大力发展电子信息、电器机械、石油化工三大新兴支柱产业，利用高新技术改造提升食品饮料、纺织服装、建筑材料三大传统支柱产业，着力培育和发展森工造纸、医药、汽车三大有潜力产业，提高了工业产业的竞争力。2001年，省政府颁布了《广东省工业产业结构调整实施方案》，大力推进产业结构调整。

1992年至2002年，广东电子信息制造业的产值年均增长35.3%，比同期工业高13.9%，2002年产值达到4164.42亿元，占全省工业总产值的25.4%，比1991年提高了15%，程控交换机、微型计算机、半导体集成电路的产量分别占全国的32.0%、28.4%、23.4%。电子信息、电气机械及专用设备、石油及化学三大新兴产业基本形成。2002年，三大新兴产业产值达7794.13亿元，占工业产值的35.8%；纺织服装业退居第四位，占8.4%。重工业发展加快，比重提高。1992年至2002年规模以上重工业产值年均增长25.8%，比轻工业高7.7%。2002年重工业产值比重首次超过轻工业，达50.2%。产业区域的分工趋于明显。深圳、东莞等珠三角东部地区逐步形成了以电子及通信设备制造为主的"电子信息走廊"，广州、佛山等中部地区形成了以汽车、机械、纺织、建材等为主的产业带，珠海、中山、江门等偏西部地区形成了以家用电器、非耐用消费品、五金制品等为主的产业带，中山、顺德等地的专业镇发展令人注目，产业集聚效应明显。2002年，全省生产总值达到13502.42亿元，人均生产总值超过15000元（按当时汇率，折合1858美元），基本达到中等收入国家和地区的人均收入水平；三大产业比例由1991年的22.0∶41.3∶36.7调整为2002年的7.5∶45.5∶47.0。这个阶段，农业比重迅速下降；服务业继续保持上个阶段快速发展的势头，比重迅速提高；工业从总体上看，保持平稳发展，工业化水平达到全国领先地位。

第四阶段（2003年至2007年）是重化工业加快发展的阶段。重工业继续快速发展，汽车、石化等一大批工业重点项目建设取得突破性进展。汽车工业当时提出，要在国家汽车工业政策的引导下，积极推动汽车工业结构调整和重组，重点扶持轿车、摩托车企业做大做强，大力支持客车、载货车、专用车和零部件企业联盟整合、做专做强。还提出依托广州本田、广州丰田和东风乘用车公司，大力发展轿车生产，形成广州经济开发区、花都和南沙等轿车生产基地，构建以广州为中心的珠江三角洲轿车产业集群，同时加快建设客车、载货车和专用车生产基地，积极推进汽车零部件产业基地的建设，促进摩托车三大生产基地的形成。石化工业当时提出2005—2010年规划投资1800亿元，重点新建、扩建5个炼油项目、5个乙烯项目和5个石化基地，使广东省石化工业在总量规模、技术装备水平、产品质量和可持续发展方面迈上新台阶，使广东省成为亚洲主要的石化基地之一，建设了广州、惠州等石油化工基地，广州橡胶加工基地，以广州、佛山、江门为主的基础化工基地，以及中山、深圳等精细化工基地。

重化工业的长足发展有力地推动了广东重工业的发展。2003年至2007年，规模以上重工业产值年均增长约27%，比轻工业高约6%；2007年重工业产值占比达61.6%。广州成为全国重要的轿车生产基地，沿海石化产业带初步形成。这一阶段，产业规模再上新台阶，工业比重保持上升趋势。2007年，全省生产总值达3.11万亿元，三大产业比例由2002年的7.5∶45.5∶47.0调整为5.4∶51.3∶43.3。从三大产业结构来看，已达到韩国20世纪90年代中期的水平。第二产业比重自2005年起超过50%。2004年第二产业就业人数首次超过第一产业，成为就业人数最多的产业部门。几年来，广东工业化发展在全国继续保持领先地位。

第五阶段（自2008年以来）是重点加快建设现代产业体系阶段。2008年7月，广东省委、省政府出台了《关于加快建设现代产业体系的决定》；同年底，国务院批复广东省实施《珠江三角洲地区改革发展规划纲要（2008—2020年）》。两份文件都把建设现代产业体系放到突出位置。《关于加快建设现代产业体系的决定》指出，现代产业体系是以高科技含量、高附加值、低能耗、低污染、自主创新能力强的有机产业群为核心，以技术、人才、资本、信息等高效运转的产业辅助系统为支撑，以环境优美、基础设施完备、社会保障有力、市场秩序良好的产业发展环境为依托，并具有创新性、开放性、融合性、集聚性和可持续性特征的新型产业体系，包括以现代服务业和先进制造业为核心的六大产业以及高新技术产业和战略性新兴产业，优势传统产业，现代农业，以能源、交通、水利等为支撑的基础产业。目前，广东省新十项工程成为推动广东省经济平稳较快发展的新"引擎"；服务业充分发挥了经济发展的"稳定器"作用，保持快速发展；"双转移"工作取得积极进展，一批示范性产业转移园加快建设；粤港澳在金融、加工贸易转型升级等方面的合作取得新突破；珠三角经济一体化进程加快。全省重点产业布局调整升级，建设现代产业体系呈现良好势头。

从广东产业发展的历程来看，工业是核心支撑。与此相对应，工业能源消费绝对比重大，2006年达66.8%。全省能源消费总量排在前5位的依次是：非金属矿物制品业、电力蒸汽热水生产供应业、石油加工及炼焦业、纺织业、黑色金属冶炼及压延加工业。这五大行业占工业能源消费总量的比重接近50%。广东省能源消耗在高耗能行业中的分布也非常不合理，在广东省高耗能行业中，10%的产出消耗了高耗能行业能源消耗总量的60%左右，40%的产出消耗了高耗能行业能源消耗总量的90%。

令人担忧的是，在世纪之交，广东能源消费弹性系数呈明显的上升态势，且从2003年起，能源消费弹性系数开始大于1，能源消费的增长速度大于生产总值的增长速度。

能源的利用效率低同样使能源紧缺的广东担忧。尽管从国家到地方政府加大对节能的投入，节能技术得到了大力的推广，能源的使用效率得到了一定的提升，广东的单位生产总值综合能耗从2004年的0.99吨标准煤下降到2006年的0.77吨标准煤（2005年为0.79吨标准煤，当年全国最低水平），下降了28.6%，相当于全国单位能耗平均水平的60%。但与发达国家相比仍有很大的差距，广东的单位生产总值能耗为日本的6.2倍、美国的2.2倍、英国的3.1倍、德国的4.3倍、法国的3.7倍和世界平均水平的1.9倍，而且目前广东的能源效率只有34%，比发达国家低10%左右。

受迫于资源环境压力，一场以循环经济和节能减排为主要任务的行动在"十一五"期间打响。按国家要求，广东省在"十一五"期间，单位生产总值能源消耗指标必须下降16%。然而，结构性调整并非一蹴而就，而且广东经济仍处于工业化、城市化的加速发展阶段，能源需求仍在快速增长，这使得"十一五"节能任务非常艰巨。

2004年，广东省邀请国内知名专家对广东省九大产业的竞争力进行调查研究，形成了《广东省工业产业竞争力研究报告》，编制了《广东省工业九大产业发展规划（2005—2010年）》。此外，还出台了《关于建设节约型社会发展循环经济的若干意见》等政策意见，制定了农业、服务业、海洋经济、文化产业等一系列"十一五"发展重大专项规划。

2007年，制定了《关于促进广东省产业结构调整的实施意见》和《广东省产业结构调整指导目录（2007年本）》，以及珠三角提高环保、质量安全、能耗等方面产业准入标准的有关政策。国务院办公厅下达《关于限制生产销售使用塑料购物袋的通知》（国办发〔2007〕72号）以后，广东加快淘汰超薄型塑料购物袋，及时在目录中将其列入淘汰类，并制定了广东省限制生产销售使用塑料购物袋的实施意见。

"十一五"以来，广东大力调整产业结构、大规模压缩淘汰落后产能，为现代产业体系建设拓展腹地。主要工作包括狠抓淘汰落后钢铁、水泥产能工作，出台实施了差别电价政策、财政补贴等一系列政策措施。

仅2009年，全省推动了十大重点节能工程，成立节能专项资金项目277项，其中112项节能技术改造项目可实现节能41万吨标准煤。同时，推广节能技术产品，2009年完成800万只高效照明产品推广，实现年节电约3.8亿千瓦时。建立起公共机构节能工作体系，编制出台《广东省公共机构节能"十一五"后两年计划》。全省还大力推行循环经济，完善循环经济法体系，推进13家中国国家循环经济试点单位相关重大项目建设，完成84家第一批循环经济试点单位的评估考核工作。2009年广东制定出台了新的节能考核指标体系，各地级以上市千家企业的考核结果总体优于上年。广东省节能指标的完成情况位居全国前列。与此同时，广东省人民政府重视推行节能监察，积极开展公共机构节能、淘汰落后和能耗限额等专项监察工作。

上述行动使广东的节能减排工作取得了积极进展。至2009年底，全省单位生产总值能耗累计下降13.7%，化学需氧量排放总量累计下降13.9%，二氧化硫排放总量累计下降17.3%。

近年来，广东产业结构的转变，出现了转变经济发展方式的良好势头。2009年，三大产业的增加值比例由上一年的5.5∶51.6∶42.9发展为2009年的5.1∶49.3∶45.6。具体表现包括以下五点。

一是现代服务业加快发展。2009年，全省服务业实现增加值17805.09亿元，比上年增长11.2%，占生产总值的比重达45.6%，比上年提高2.7%，对生产总值贡献率为49.1%。目前，全省服务业发展形成了以广州、深圳为龙头，以珠三角地区为核心的产业发展格局。初步形成了以广州、深圳为核心的珠三角高端服务业集聚区和空港海港经济圈。

二是先进制造业实现新突破。2009年，全省先进制造业（包括装备制造、汽车、钢铁、石化、船舶制造5个行业）实现增加值7221.71亿元，比上年增长约10%，占生产总值的比重达20.23%。

三是高新技术产业优化发展。2009年，全省高技术制造业实现工业增加值3455.82亿元，增长10.0%，占生产总值的比重达9.67%。医药制造业、软件业、通信设备制造业逆势加快发展，成为金融危机中高技术产业发展的亮点。其中，医药制造业的增加值增长20.0%；医疗设备及器械制造业增长30.0%；电子及通信设备制造业增长20.5%。产业创新公共服务体系进一步完善。2009年，全省重新认定高新技术企业3366家，拥有国家工程实验室6家，拥有国家级工程研究中心19家，珠海航空产业国家高技术产业基地获国家批准，2009年全年广东省共有69个项目列入国家高技术产业发展项目计划，重大技术装备研制项目有105项。高新技术产业结构更加优化，产业创新能力进一步增强。

四是优势传统产业依靠品牌带动加快改造提升。2009年，全省优势传统产业实现增加值4418.73亿元，比上年增长约11%，占生产总值的比重达12.38%。其中，纺织服装、食品饮料、建筑材料分别增长12.7%、16.1%和11.0%。2009年，广东省家电、建材、食品饮料、纺织服装等产业分别拥有国家级名牌产品称号54个、61个、62个、39个，拥有中国家电产品世界名牌1个，传统产业改造提升效果明显。

五是现代农业稳步发展。2009年，全省农业实现增加值2006.02亿元，比上年增长4.9%，占生产总值的比重达5.1%。2009年，主要园艺作物占种植业作物种植面积比重达到40%左右，畜牧水产等占农业总产值比重超过53%，省级以上重点农业龙头企业达191家。农业结构进一步优化，综合实力稳步提高。

"十一五"期间，广东全省累计淘汰落后钢铁产能1275万吨，淘汰落后水泥产能约5782万吨。加快关停小火电机组，通过"上大压小"关停小火电，"十一五"期间累计关停小火电1221万千瓦，为全国第一，超额完成国家下达的广东省"十一五"期间关停小火电900万千瓦的任务。初步估计，广东省关停的小火电机组全部由大机组等量替代后，每年可节省约240万吨标准煤。

尽管如此，存在的问题仍很明显。一是粗放式发展模式尚未得到根本转变，在经济快速发展和工业化、城市化的进程中，资源消耗量巨大，环境污染和生态环境破坏严重。二是产业结构亟待调整优化，服务业比重偏低，先进制造业、现代服务业、战略性新兴产业的发展水平需要进一步提升。三是能源安全存在隐患，能源消费量大、增长快、供需矛盾突出、供应自给率低，易受到国际市场和各种不稳定因素的影响。

2010年广东省委十届六次全会和省政府工作报告进一步强调把转变经济发展方式、务实发展低碳经济作为工作重点。在制定的《广东省应对气候变化行动方案》中，广东省明确提出一系列重点行动，具体如下。

一是加快转变经济发展方式。①优先发展金融、物流、商务会展、文化创意、科技服务等现代服务业；改造提升家电、陶瓷建材、纺织服装、造纸、食品与包装等优势传统产业；积极发展现代农业；重点发展高端新型电子信息、半导体照明、电动汽车、太阳能光伏、核电装备、风电、生物医药、新材料、节能环保、航空航天、海洋等战略性新兴产业。②加快淘汰落后生产能力。对列入国家和省产业结构调整指导目录淘汰类的产能，综合运用土地、市场准入等多种手段，促其加快退出。对电力、钢铁、水泥等行业积极实施"上大压小"等政策，完善财政补贴和差别电价政策。完善市场准入标准、强制性能效标准和环保标准，强化用地审查、节能评估审查、环境影响评价，从严控制高耗能、高排放行业的盲目扩张。

二是推进能源节约和能效提高：①加强节能制度创新和机制建设。建立健全节能目标责任和评价考核制度，完善节能信息发布制度，推动地方政府和企业加强节能工作。推行合同能源管理，落实扶持政策，促进节能服务产业化，为企业实施节能改造提供诊断、设计、融资、改造、运行、管理一条龙服务。②继续做好节能发电调度试点。大力推动节能产品认证和能效标识管理制度的实施，运用市场机制，鼓励和引导用户和消费者购买节能型产品。③着力推进重点领域节能。在工业领域，实施重点耗能企业"双千节能行动"，落实企业节能目标责任，突出抓好冶金、建材、石油石化、制浆和造纸等重点耗能行业和企业的节能工作。在建筑业领域，继续推广节能省地环保型建筑，强化新建建筑执行能耗限额标准全过程监督管理，大力发展和使用新型节能环保墙体材料，推进节能技术和产品在建筑中的广泛应用。在交通运输领域，

优先发展城市公共交通,加快推进内河联运、珠江三角洲地区城际轨道交通网建设,继续鼓励推广节能环保型汽车和新能源汽车。继续实施十大节能重点工程,着重发挥政府机构在节能中的表率作用。

三是优化能源供给结构:(1)规模化发展核电。加快推进岭澳核电二期工程(2×100万千瓦)、阳江核电(6×108万千瓦)、台山核电一期工程(2×175万千瓦)建设进度,确保2010—2011年建成投产岭澳核电二期工程,2017年前建成阳江核电、台山核电一期工程。积极推进陆丰核电、韶关核电、岭澳核电三期项目建设工作,争取在"十二五"开工建设。有序推进惠来乌屿核电、西江核电、台山核电二期等项目的前期准备工作,根据经济社会发展和电力需求情况,适时开工建设。到2015年,全省核电装机容量达1000万千瓦。

(2)大力发展风电。按照"先陆地、后近海"的原则,积极开发陆上风电资源,逐步开发近海风电资源。近期重点发展沿海陆上风电,"十二五"期间基本完成省内陆上风能资源丰富地区的风电开发;加快推进海上风电开发建设,重点开发近海20米水深内的海上风能资源。积极开发利用太阳能。加快推广光伏发电应用。实施太阳能屋顶计划,在条件较好的大中城市推进太阳能屋顶、光伏幕墙等光电建筑一体化工程,重点在学校、医院、体育场馆、政府机关等公共建筑建设光电并网发电项目。在农村及偏远地区逐步推广光伏、风光互补、水光互补发电。扩大太阳能热水器在医院、学校、宾馆、工厂宿舍等城镇集体用户的应用比例,提高农村地区太阳能热水器的普及率。逐步推广太阳能光热系统在工业、农业等生产领域的应用。

(3)适度发展生物质能。结合畜禽养殖场、城市污水处理和工业有机废水处理,建设沼气利用工程,合理布局建设一批高环保标准的垃圾发电项目,在具备条件的大中型垃圾填埋场建设沼气回收和发电装置。在生物质燃料比较丰富的粤西、粤北地区,建设规模适度的生物质发电项目。在湛江、肇庆建设以当地木薯、甘蔗等资源为原料的生物燃料乙醇试点项目。在部分具备条件的粤东西北地区村镇建设小型生物质气化发电示范工程。

(4)因地制宜发展农村新能源。加强农村新能源建设,积极发展沼气、生物质发电、小水电、风能、太阳能等可再生能源,完善农村新能源技术服务体系,推进农村能源清洁化和现代化。在粤东西北地区建设"猪—沼—果(菜)"模式的户用沼气利用工程。在珠江三角洲、主要江河流域和人口密集地区加快发展大中型沼气工程。在广大农村推广使用太阳能热水器、太阳灶、生物质能炉具等清洁能源设施。扶持山区种植生物质能源作物,培育生物柴油原料基地,以"公司+基地+农户"的模式推进广东省生物质液体燃料加工产业化发展。在具备条件的地区,开展绿色能源县、绿色能源乡建设。

(5)有序推进煤炭清洁利用。推进整体煤气化联合循环发电(Integrated Gasification Combined Cycle,IGCC)、煤气化和碳捕捉与封存,建设IGCC示范电站,逐步扩大单机规模并提高在省内火电装机中的比重;建设若干煤气化示范工程;开展燃煤电厂碳捕捉与封存及新一代IGCC"零碳排放"电站试点。

(6)培育发展其他新兴能源。因地制宜,合理推广地源热泵技术,研究开发利用浅层地热资源供热、制冷,在地热资源条件较好的地区建设小型中低温地热发电站试验工程。推进海洋能开发利用,建设潮汐能发电站和小型波浪能发电试验电站。加强对广东省周边海域天然气水合物的资源勘查,推进深海天然气水合物利用关键技术的研究开发,力争早日实现规模化开采和商业利用。推进氢能开发利用研究。

(7)优化发展火电。继续实施"上大压小"政策,加快促使小火电全面淘汰,规划新建燃煤火电厂原则上采用大容量、高参数、低能耗发电机组,鼓励使用燃气蒸汽联合循环、热电联产、热电冷联产、热电煤气多联供等高效、洁净的发电技术。

面向"十二五",国家能源局发展规划司认为,能源需求将处于快速增长阶段,能源发展应该突出七个重点。

一是要优化发展化石能源。化石能源是我国能源供应的基础,要稳步推进煤矿升级改造,加大油气资源开发,优化火电开发。要合理控制煤炭产量,努力保持国内原油产量的基本稳定,提高天然气供应能力。同时,要积极优化资源利用方式,大力推进煤炭清洁高效利用,扩大电力、天然气在终端消费中的比重。

二是要加快推进非化石能源发展。"十二五"期间,要加快推进水电、核电设施建设,积极有序做好风电、太阳能、生物质能等可再生能源的转化利用,确保到2015年非化石能源消费占一次能源消费的比重在11%以上,为实现2020年非化石能源消费比重占一次能源消费比重达15%和单位生产总值二氧化碳排放比2005年下降40%~45%的目标奠定了坚实的基础。

三是要加强能源输送管网建设,提高能源配置能力。要加强连贯东西、中通南北的骨干管网建设,形成布局合理、衔接通畅、安全可靠的体系。

四是要加快能源科技装备创新。要根据我国能源装备科技发展的实际需要,进一步明确重点,加强攻关,提高能源装备的自主化发展水平,初步形成基础建设、应用开发、重大装备和工程示范"四位一体"的能源科技装备体系。

五是要加强节能减排。这是科学发展能源的要求,也是推进能源结构调整的重要途径。要进一步加大力度,强化措施,促进能源开发和利用全过程的节能减排,通过集约开发能源资源,加强能源需求管理,推进重点领域节能,减少污染物排放,实现平衡发展。

六是要加强国际能源合作。要统揽国内国外两个大局,坚持互利共赢、协同保障的原则,加强海外开发;要深化和拓展国内外能源对外开放,进一步扩大能源贸易;要利用双边和多边能源合作机制,积极开展国际能源合作交流,努力建设能源国际合作新秩序,保障能源安全。

七是要推进能源体制改革。要通过推进体制改革,健全市场运行机制,完善能源投资管理,加强能源税收财政政策指导,加强立法建设和行业管理等方式,推动能源行业的科学发展面向珠三角都市群的未来发展,上述政策、意见是有重要指导价值的。人们期望,广东省应对气候变化的重点行动将使广东的能源节约迈上新台阶。

四、低碳产业

（一）珠三角低碳经济群

珠三角有建设低碳都市群的强大驱动力。作为全省乃至全国经济发展的领跑者，珠三角都市群面临着未来经济发展格局如何定位的重大问题。

国际经济形势的变化与资源环境压力，要求中国经济进行转型，对经济严重依赖出口与资源极度匮乏的珠三角来说，更应如此。作为改革开放的先行者和典范，珠三角在新形势下更应该成为落实科学发展观、倡导可持续发展的先行者和典范，在中国经济的低碳化转型中，扮演重要角色。

珠三角能源消费呈现以下主要特点：第一，常规能源资源匮乏，对外依存度高；第二，能源消费以煤炭、石油为主；第三，工业能源消费比例高，节能任务重。由于以上原因，在珠三角能源消费中，一次能源供应主要依赖外省输入，二次能源供应中10%的电力也靠外省输入。工业化、城镇化的粗放发展方式造成生产、生活能耗需求高涨，甚至导致部分地区出现电力、燃油、煤炭等能源供应紧张的局面。能源的实际消费量超过计划的需求量。

珠三角能源利用效率与国外的差距显示出巨大的节能潜力。按1990年不变价计算，以珠三角为重心的广东万元生产总值能耗从1990年的2.61吨标准煤下降到2005年的1.49吨标准煤（低于2.90吨标准煤的全国平均水平），年均节能率为3.67%。但从国际来看，与发达国家和地区还有不小的差距。在单位产品能耗方面，电力、钢铁、有色金属、石化、建材、化工、造纸、纺织8个行业的主要产品单位能耗均比国际先进水平高10%以上，其中，火电供电煤耗高11%，吨钢综合能耗高13%，平板玻璃综合能耗高43%，乙烯综合能耗高13%，水泥综合能耗高31%，棉纱综合耗电高15%。广东全省单位建筑面积制冷能耗相当于气候条件相近发达国家的2.3倍。

与国际先进水平的单位产品能耗和终端用能设备能耗相比较，目前广东省的节能潜力约为3000万吨标准煤。据专家分析，广东公共建筑和居住建筑全面执行节能50%的标准是现实可行的；与发达国家相比，即使在达到了节能50%的目标以后仍有约50%的节能潜力。

在新能源开发利用领域，珠三角的表现相对较好。在政府的积极推动下，风电设备制造取得了明显进展。例如，中山明阳电器有限公司等企业在这一领域取得了很大的突破。在太阳能利用方面，珠江三角洲已成为我国重要的太阳能炉具、太阳能热水器、太阳能光伏组件和太阳能电池单片生产基地，太阳能热水器保有量已达300万平方米，太阳能光伏发电装机容量达到1.5兆瓦。在核能方面，核电装机容量达400万千瓦，超过全国总装机容量的一半。近年来，广东全省积极推进节能工作，取得了明显成效，2005年单位生产总值能耗处于全国最低水平。

对发展低碳经济，广东省的态度是十分积极且明确的。2009年以来，广东在国家发展改革委的统一安排下，在国内率先编制《低碳经济发展试点方案》。2010年，国家发展改革委明确将广东列入国家低碳试点省之一。

编制完成的《广东省应对气候变化行动方案》和《广东省建设国家低碳试点省实施方案》明确提出，要把广东建设成为全国低碳发展的示范省份，实现单位地区生产总值能耗和二氧化碳排放量、化石能源占一次能源消费比重显著下降，完成国家下达的广东在"十二五"期间的温室气体减排任务。到2015年，力争单位地区生产总值温室气体排放比2005年下降35%左右，单位地区生产总值能耗比2010年下降15%，非化石能源占一次能源消费比重达到20%。到2020年，努力实现全省单位地区生产总值温室气体排放比2005年下降40%～45%，单位地区生产总值能耗比2015年下降10%，非化石能源占一次能源消费比重为25%。

主要任务包括以下三个方面。

一是推进能源节约，提高能源利用效率。加强节能制度创新和机制建设。建立健全节能目标责任和评价考核制度，完善节能信息发布制度，推动地方政府和企业加强节能工作。推行合同能源管理，落实扶持政策，促进节能服务产业化。大力推动节能产品认证和能效标识管理制度的实施，运用市场机制，鼓励和引导用户和消费者购买节能型产品。着力推进工业、建筑、交通运输等重点领域节能，继续实施十大节能重点工程，着重发挥政府机构在节能方面的表率作用。

二是优化能源结构，增加低碳能源比重。保障能源安全，实现能源供应多元化。规模化发展核电，大力发展风电，积极开发利用太阳能，适度发展生物质能，因地制宜发展农村新能源，有序推进煤炭清洁利用。充分利用我国西南部丰富的水电资源，积极推进西电东送。优化发展火电，鼓励使用燃气蒸汽联合循环、热电联产、热电冷联产、热电煤气多联供等高效、洁净的发电技术。

三是调整优化产业结构，减少高碳产业碳排放。对家电、陶瓷建材、纺织服装、造纸、食品与包装等优势传统产业进行低碳化改造。严格控制高耗能行业发展，加快淘汰能耗高、效率低、污染大的工艺、技术和设备，对电力、钢铁、水泥等重点耗能行业严格实行"上大压小"政策。优先发展金融、物流、商务会展、文化创意、科技服务等现代服务业。重点发展高端新型电子信息、半导体照明、电动汽车、太阳能光伏、核电装备、风电、生物医药、新材料、节能环保、航空航天、海洋等战略性新兴产业。大力发展循环经济，推动资源节约与综合利用。

此外，珠三角都市群各市纷纷提出实施低碳发展计划。

广州，提出建设"低碳型城市"，重视低碳技术的研究开发和技术储备，积极发展低碳经济，加快建设以低碳排放为特征的产业体系和消费模式。广州市拟在南沙开发区建设"南沙低碳城"。还由市建委牵头，对市区10万多盏路灯进行节能改造。同时，积极申报国家节能与新能源汽车示范推广试点城市，大力推广使用新能源汽车。国家环保部（2018年改为"生态环境部"）宣教中心在广州启动了2009年全民低碳行动试点项目广东地区"低碳生活进万家"活动。

珠海，早在2008年就开始热议建立低碳经济区。在2009年3月珠海两会上，时任政协委员陈利浩提出在珠海建设"低碳经济示范特区"。把珠海建设成为国家低碳示范区，得到了珠海市政协、珠海远广软件、珠海圣通电气等众多企业的大力支持和响应，该提案被列入重点提案。2009年4月底，接受市政协委托进行低碳专题调研后，陈利浩赴京到社会科学院学习低碳城市发展相关经验,并邀请专家到珠海了解情况。

江门,先后与中山大学、清华大学等智库单位签订了关于开展低碳经济领域战略合作的协议。2009年11月,委托中山大学编制发展低碳城市战略规划,全方位探索低碳城市发展之路。在通过专家评审的《江门市发展低碳城市战略规划》(2010—2020年)中,明确提出江门发展低碳城市的指导思想:以科学发展观、可持续发展理论以及《珠江三角洲经济社会发展规划纲要》为指导,抓住低碳经济发展的机遇,依托江门市实际和江门市建设广东省第一批循环经济建设试点城市的成果,以理念创新为先导,以低碳产品、低碳技术、建筑节能、工业节能、循环经济、资源回收、环保设备和节能材料为支撑,以制度创新为保障,以转变发展方式、确立"低能耗、低排放、低污染、追求绿色生产总值"的低碳产业发展模式为主要过程,以降低二氧化碳排放为目标,以"壮大低碳产业,严格低碳管理,推进低碳生活方式"为基本发展思路,贯彻"调结构、降能耗、优能源、促循环、增碳汇"的低碳产业发展路线图,以低碳文明的方式满足江门市经济社会发展的需要,探索一条经济以低碳产业为主导、市民以低碳生活为行为特征、社会以低碳社会为建设蓝图,以"环境与经济"双赢为特色的低碳发展道路,建设低碳经济、低碳建筑、低碳环境、低碳生活等多位一体的低碳城市空间格局,使江门成为资源节约型、环境友好型的低碳城市。

总体目标是,江门发展低碳城市的产业优势和特色得到较充分体现,"低能耗、低排放、低污染、追求绿色生产总值"的低碳产业发展模式得到完全确立,"调结构、降能耗、优能源、促循环、增碳汇"的低碳产业发展路线图得到有效贯彻。全市在低碳产业、低碳建筑、低碳环境、低碳生活等重点领域取得重大成果,对全球温室气体减排做出显著贡献,逐步形成以低碳为核心的经济体系、价值体系和文化体系,使江门成为资源节约型、环境友好型的低碳城市,并纳入国家低碳城市建设的示范城市和世界自然基金会低碳社区建设试点城市。

江门市推进低碳城市发展的基本思路包括:第一,壮大低碳产业。建设、完善以依托于高新技术的新能源及能源设备制造业、绿色农业、创意产业、低碳服务业、低碳旅游业等为主导的低碳产业支撑体系。建成以节能减排、资源综合利用为主导的循环经济框架,全面推广低碳技术和低碳产品。第二,严格低碳化管理。形成低碳城市建设与管理模式。全面实施符合低碳理念的城市规划,不断提高城市功能分区合理布局以及城市运行效率。全面实施以建筑节能、低碳化社区建设、低碳化交通出行等为重点的低碳化城市管理。第三,推进低碳生活方式。全面开展低碳宣传教育,在全社会确立低碳理念,深化低碳化生产、生活方式和消费模式。广泛应用以可再生能源为主导的清洁能源。

(二)他山之石

在低碳产业方面,国际经验对珠三角都市群的发展是不可或缺的。

1. 美国

近年来,美国应对气候变化的国家战略有所转型。2006年美国中期选举,民主党一举夺得国会参众两院的控制权,不断推出与能源和气候变化相关的法案,也促使布什政府更加积极地应对气候变化，召开了多次"主要经济体能源安全和气候变化会议"。美国第110届国会在2年内引入了10多部涉及气候变化的法案，其中《美国气候安全法案》（America's Climate Security Act）还成为美国首部在议会委员会层面通过的温室气体总量控制和排放交易法案。而且2007年7月11日参议院提出的《低碳经济法案》更是以低碳经济为名，明确了促进低碳和零碳能源技术的开发与应用，并且通过制度安排为其提供经济激励机制。

奥巴马政府上台之后，美国应对气候变化的国内政治达到新的高度，在金融危机的背景之下于2009年2月签署经济刺激方案。美国计划在未来10年内斥资1500亿元建立"清洁能源研发基金"，大举发展太阳能、风能和生物能源等，并提供500万个绿色就业岗位。美国希望在危机时刻攫取发展绿色经济的机遇，通过实施"绿色经济复兴计划"构建美国的低碳经济领袖地位。2009年6月美国众议院通过了《清洁能源和安全法案》（American Clean Energy and Security Act），成为美国推进低碳发展的新的战略性文件。美国政府在改善能源效率、调整能源结构、推动技术进步、加快政策体制创新等低碳经济核心领域采取了大量措施，具体如下。

第一，实施能源多元化战略，并大力推进技术创新。美国力图通过不同能源品种之间的替代，实现能源品种的多元化，以实现保障能源安全和调整能源结构的目标。美国打破20多年未新建核电站的历史，重新重视先进核反应堆的建设并大力研发第四代核电技术。同时，还制订了氢能经济的研究计划，旨在提高煤电效率的FutureGen计划，重返国际热核聚变堆的合作研究以及关注天然气水合物的研究等。美国政府还从2000年正式开展二氧化碳捕集和封存（Carbon Capture and Storage，CCS）项目的研发，并已经成为美国气候变化技术项目战略框架下的优先领域，奥巴马政府拟通过公私合营建立5个利用CCS技术的清洁燃煤电厂。

第二，大力研发和推广清洁能源。美国积极发展可再生能源，《清洁能源和安全法案》要求电力公司到2020年，可再生能源发电和提高能源效率的发电比例达到20%，并且其中四分之三要通过可再生能源发电来实现；同时，提出碳捕集与埋存国家战略，要求2020年后新建的所有燃煤电厂必须采用CCS技术；在交通领域，则要求制定低碳燃料标准、大力建设插电式汽车的基础设施、大型交通工具电气化计划等措施；此外，在政策创新方面，还将推出州能源环境发展基金支持清洁能源和能效项目，联邦政府对可再生能源电力签署长达30年的电力购买合同等。

第三，注重节约能源、提高能源效率。能源效率是《清洁能源和安全法案》中单独列出的一大重要篇章，法案要求：新建建筑能效标准提高30%，并大力开展既有建筑节能改造和实施建筑能效标识的计划；照明和家用电器领域将制定新的能效标准，并制定最节能家电的应用项目；交通领域将在全国实施和加州同样严格的机动车排放标准，实施智能道路交通能效项目；同时，制定电力和天然气零售商能效项目，要求2020年前电力零售商累计节能15%、天然气零售商节能10%；在工业领域制定一系列新的工业能效标准，并通过奖励措施鼓励企业回收利用电力余热；美国还将通过实施合同能源管理来改善能效，并且大力推进公共部门实施节能措施。

第四，控制温室气体排放。《清洁能源和安全法案》提出建立温室气体的总量

控制和排放交易体系,并制定关于可再生能源和能源效率的补充性减排措施,实现到2020年比2005年排放水平减少28%~33%、到2050年减排超过80%的目标;同时,通过采用每年不超过20亿吨的排放抵消额度来降低减排成本,并在碳价上涨超过3年平均价格水平的160%时启用部分储备配额、拍卖投向市场;在排放配额分配上,初始分配多为免费并逐渐提高拍卖比例,主要考虑对消费者的保护、支持清洁能源和能效项目的投资、保护易受贸易影响的行业等因素。

2. 欧盟

欧盟国家发展现代低碳产业始于20世纪70年代的"石油危机"。作为世界第一大经济体系和第二大能源消费体系,同时也是全球最大的石油和天然气进口者,欧盟本身的能源匮乏问题始终是其经济社会发展的重大障碍之一。与此同时,20世纪80年代以来人类对气候变化问题的科学研究日益深入,气候变化对欧洲大陆的潜在影响也使其面临重大的非常规安全隐患。随着国际气候制度的逐渐发展,应对气候变化成为世界经济和国际政治的重大挑战,并且逐渐成为当前欧盟及其成员国的关注重点。为了保障整个欧盟体系的能源安全和气候稳定,欧盟各国大力推动节约能源和提高能效,积极发展石油替代能源以及更加清洁、安全的可再生能源,成为全世界低碳产业的领跑者。

欧盟在应对气候变化方面引领着全球,不仅为全球气温上升幅度控制在2摄氏度以下制订行动方案,而且自身也承诺大幅减少温室气体的排放。欧盟各国元首一致同意使2020年的温室气体排放量比1990年至少减排20%,并且如果其他发达国家也做出可比减排承诺,将进一步提升减排幅度至30%,推动把欧盟打造成一个高能效且低碳排放的经济体系。欧盟制定的2020年三大能源目标是其低碳发展战略中的核心,具体包括:通过改善能源效率减少20%的能源消耗量;将可再生能源的比重从当前的约9%提高到20%;各成员国交通领域的生物燃油和其他可再生能源燃料的比重超过10%。

2008年1月,欧盟委员会发布了能源和应对气候变化的一揽子方案,以此引领全球进入"后工业革命"时代。该方案是目前世界上规定最全面、要求最严格的温室气体减排计划和低碳经济发展规划,并得到欧盟各国元首和欧洲议会的通过,于2009年4月成为欧盟法律。欧盟方案中涉及大量的投资项目,将能在近期和中期推动欧盟经济的增长与繁荣,在促进技术创新的同时创造大量的低碳相关的就业岗位,为欧盟长期更为可持续且低碳的经济发展打下坚实的基础。

(1)打造更强大的排放交易体系(EUETS第三阶段,2013年至2020年)。欧盟能源和应对气候变化一揽子方案对始于2005年的排放交易体系进行强化和扩展,从而实现温室气体减排的经济可行性,在2020年前能够实现欧盟减排目标的三分之二。欧盟将会把各成员国各自制定的减排目标整合成整个欧盟减排目标和配额分配,自2013年起线性递减交易体系下排放总量控制的上限,排放配额的数量到2020年比2005年减少21%。目前,排放交易体系涵盖电力行业和众多能源密集型制造业等10个领域,并且将从2012年起纳入航空业,化工和铝业等排放大户随后也可能被纳入该体系,氧化亚氮和全氟化碳等非二氧化碳温室气体也可能被纳入管控。此外,欧盟还有可能根据国际制度的发展形势制定更严格的排放控制目标。

欧盟第三阶段的排放交易体系将在整个欧盟层次上分配排放配额，并且原来向企业免费派发的配额许可将加速转向以拍卖方式分配。第二阶段排放交易体系总体上仅有3%以拍卖方式分配，2013年拍卖的比例将超过50%，并于2027年实现完全拍卖。其中，英国和大部分欧盟国家的电力部门将从2013年开始全部进行拍卖；其他大部分工业部门自2013年起拍卖20%的配额，2020年提高到70%，最终拟在2027年实现完全拍卖；此外，如果国际气候制度进度不佳并且相关产业能够积极采用最佳技术，那么面临碳排放量高和竞争力问题的能源密集型产业能够获得豁免。

对欧盟中期排放配额的限制及控制将更广泛和严格，使得企业决策获得更明确的投资信号，从而有利于大规模开发和应用温室气体减排技术和低碳解决方案。与此同时，拍卖还将为政府新增巨额的收入，其中超过半数的资金将会用于国际国内应对气候变化和发展低碳经济的行动。欧盟对于排放交易体系的强化将有助于同其他发达国家目前正在开展的减排行动相衔接，尤其是与各国正在筹建的总量控制和排放交易体系相整合，从而促进构建全球碳市场并实现全球低成本减少温室气体排放。

（2）积极发展可再生能源。欧盟能源和应对气候变化一揽子方案将可再生能源产业提高到更加重要的战略地位，从而实现欧盟保障能源安全和应对气候变化的双重目标。为实现可再生能源比重达20%的目标，欧盟各成员国将在可再生能源领域进行重大投资，此举也将使油气价格上涨和排放配额指标趋紧带来的压力有所缓解。然而，与此同时，欧盟也考虑到各成员国发展可再生能源的差异，以现实和潜力为基础公平地向各国分配发展指标，新增目标的分配一半由各国均摊，而另一半根据各国人均生产总值得出。

欧盟各成员国根据各自国情选择可再生能源发展的路线图，然而都需要制订国家行动计划来明确其实现可再生能源发展目标的行动方案，从而明确各国的发展重点并且为投资者提供明确的信号。与此同时，各成员国之间可以开展合作，一国能够以技术和资金支持的形式换取在另一国内低成本实现可再生能源发展目标，从而促进在欧盟整体层面上最有效率地发展可再生能源。此外，欧盟还将对能源管理机制进行调整并打造有利于可再生能源发展的政策体制环境，取消不必要的管制以及行政和规划方面不合时宜的障碍。

在灵活制定可再生能源发展目标之外，欧盟也制定了汽车燃油中可再生能源最低比例达到10%的要求，同时欧盟还对生物多样性进行了相关规定，并且禁止某些类型的土地利用方式改变，从而确保发展生物燃油带来的环境效益超过其产生的环境影响。此外，欧盟也承诺通过各种政策措施大力发展第二代生物燃料，同时对市场发展及其对粮食和能源的影响进行评估并采取适当行动。

（3）大力提高各领域能源效率。提高能源效率是实现到2020年减少20%能耗目标的核心途径，此举将为欧盟节省1000亿欧元的开支，并且每年减少8亿吨温室气体排放量。欧盟认为交通、建筑、电力的生产、输送和配送领域都存在改善能效的重大机遇，并且将会在不增加消费者负担的基础上，通过立法措施和信息渠道优化来促进提高能源效率。欧盟将会为更为广泛的终端用能设备制定更为严格的能效标准，产品将涵盖电视机、乘用车、采暖器、道路照明设施等。而信息渠道的强化则是针对应用能效标识的产品，使得市场上75%的能效标识产品能够达到A级能效水平。欧盟在政府、企业和公众层面就落实这些政策措施达成了共识，并且将会促进投资相关技术以及创造就业机会。

3. 英国

英国是世界上应对气候变化最积极的倡导者、实践者和先行者之一。《京都议定书》为欧盟规定的目标是到2012年温室气体排放量比1990年减少8%，而英国根据欧盟内部"减排量分担协议"承担了更多的责任，将减排目标提高到12.5%。在2003年3月发布的《能源白皮书》中，英国提出到2010年使二氧化碳排放量减少20%，到2050年减少60%，实现低碳经济。而于2008年11月26日正式生效的英国2008年《气候变化法》，将2020年二氧化碳减排的国内目标进一步提高到减少26%，并要求到2050年温室气体排放总量比1990年减少80%。

英国是全球主要发达经济体中减排力度最大的国家之一。截至2008年，英国的温室气体排放量已经比1990年的水平减少了21%，超出其承诺近两倍。过去30年内虽然英国生产总值增加了一倍，然而工业能耗几乎没有增长。英国较好的能源消耗和温室气体减排表现，一方面得益于产业结构调整所实现的能源强度轻型化，另一方面源于碳强度相对较低的油气资源和可再生能源对于能源结构的优化，更是因为英国制定了一系列气候政策来提高能源利用效率、降低温室气体排放量。其中，一系列政策工具的组合和碳信托公司的成立是两项重要的气候政策和行动。

三类主要政策工具的组合。为了在鼓励减排温室气体的同时寻求最为经济的解决方案，英国政府引入一系列政策工具，主要包括气候变化税（climate change levy，CCL）、气候变化协议（climate change agreements，CCAs）和碳排放交易体系（emission trading scheme，ETS）。

（1）气候变化税。自2001年4月起，英国率先在全球开始征收气候变化税，旨在鼓励能源用户提高使用效率并减少温室气体排放，是政府应对气候变化的总体方案中非常重要的组成部分。英国的气候变化税是针对工业、商业、农业、服务业和公共部门的一种能源使用税，但是并不对居民用户、交通部门和慈善机构进行征税，也不对生产二次能源的一次能源和非能源用途的能源资源进行征税。征税的能源品种包括天然气、电力、石油及其液化气、煤炭、褐煤和焦炭，车用燃油由于已经征收能源消费税，因此不再征收气候变化税，同时供热、蒸汽以及可再生能源也免于征税。英国的气候变化税针对特定能源向终端消费者供应时一次性从量计征，税收采取中性原则，通过降低国民保险雇主缴纳率0.3%、资助碳信托公司开展减排项目并减免节能减排相关项目的税收等方式进行返还。

（2）气候变化协议。考虑到能源密集型企业的能源消耗状况及其在国际市场上的竞争优势等问题，英国政府还推出了气候变化协议。政府通过与能源密集型行业协商签订自愿性的气候变化协议，要求其制定并实施减少能源消耗或降低碳排放量的目标，并为其提供高达80%的气候变化税减免。在商讨协议制定的过程中，政府和行业将开展大量工作、确定基准情景和趋势，从而有效地测量行业协议目标的严格程度，为行业制定清晰的中期目标和最终目标，同时协议中还就监督实施进行了详细的规定，对不合规的企业做出惩罚性的规定。

（3）碳排放交易体系。英国政府还建立了温室气体的排放交易体系，并于2002年开始运行，此后于2005年正式并入欧盟的碳排放交易体系。英国的碳排放交易体系最初针对未加入气候变化协议的企业，是其自愿性参与的温室气体排放总量控制和排放交易体系，通过可交易排放权的买卖以及为减排企业提供奖励资金，激励参与方制定有力的减排目标。此后该体系很快铺开到已纳入气候变化协议的企业，使其能够以确定基准情况并获取减排信用额度的形式参与，而这些企业也可以通过购买排放配额来完成其在气候变化协议之下的目标。通过边干边学并且逐渐将伦敦打造成为全球温室气体排放交易中心，英国不仅体现出其在全球气候变化问题上的领导力，而且也为相关产业获取经验和竞争力争取了先发优势。

4. 日本

2007年5月，日本前首相安培晋三正式提出了作为国家应对气候变化战略的"2050清凉地球计划"（Cool Earth 50），并在倡议全球长期减排目标的基础上，提出开发应用创新性的技术，并以此打造一个"低碳社会"。2008年，时任日本前首相福田康夫秉承了打造"低碳社会"的战略构想，进一步指出日本将制定《能源环境技术革新方案》，向全球推广其在能源和环境领域最尖端的技术，加速研发节能和高能效技术，推广生物燃料的生产技术，加快燃料电池的商业化运用，并且长期探索划时代的温室气体零排放技术。

日本所倡导的低碳社会，目标是在较高的生活质量下实现二氧化碳排放量的降低。因此，日本强调通过国际合作开发应用低碳技术，使经济增长和温室气体减排能够同时实现。同时，日本还强调通过改革来构建人与自然和谐的生活方式，并且通过打造高效率的交通体系和紧凑型城市发展模式，实现社会体系的转型。各国发展低碳经济将采取不同路径，日本也提出了低碳社会的三大原则。

工业生产：鼓励企业通过技术研发、改进生产工艺、资源循环利用、员工培训等实现产业的低碳化，尤其是基于物尽其用的思想推广高能效的终端用能技术和可再生能源技术；大力开发和推广高效的零排放热电技术、先进的核电技术、可再生能源发电技术以及高效的输配电技术等，实现电力部门的低碳化；与此相关的，日本还将为低碳技术的大规模应用建立相应的支撑系统。

林业和农业：林业和农业作为特定的产业，提供的产品和服务有利于在日本构建低碳社会。日本将通过更有效的管理农、林业生产来保障粮食和木材需求的自给，并且保护作为自然碳汇的林业；此外，还将利用休耕地来开发能源，如种植能源作物、建设太阳能发电站和风电场等；还将推动研发和大范围应用以秸秆和薄木片等纤维素制生物乙醇的技术。

30年以来，广东充分利用先行改革开放的优势，把握国际产业转移的重大机遇，按照产业演变的基本规律，结合自身产业和技术特点，坚持以结构调整为主线，产业发展取得了显著成就。装备制造、汽车、钢铁、石化、船舶制造、高新技术产业等新兴产业，以及家用电器、纺织服装、轻工食品等传统产业的蓬勃发展，在全国占有重要地位，奠定了广东制造业大省的地位。服务业规模不断扩大，物流、金融、信息、会展、旅游等现代服务业发展迅速，服务业总量多年位居全国第一。

面向未来，珠三角都市群在低碳时代任重道远。未来20年，珠三角要充分借鉴国际经验，大力推进能源节约和能效提高，建立健全节能目标责任和评价考核制度，完善节能信息发布制度。推行合同能源管理，促进节能服务产业化，为企业实施节能改造提供诊断、设计、融资、改造、运行、管理一条龙服务。大力推动节能产品认证和能效标识管理制度的实施。着力推进重点领域节能。在工业领域，实施重点耗能企业"双千节能行动"，突出抓好冶金、建材、石油石化、制浆和造纸等重点耗能行业和企业的节能工作。

需要优化能源供给结构，构建清洁、安全、可靠的能源保障体系。规模化发展核电，大力发展风电，积极开发利用太阳能等新兴能源产业技术创新体系。适度发展生物质能，有序推进煤炭清洁利用，优化发展火电，鼓励使用燃气蒸汽联合循环、热电联产、热电冷联产、热电煤气多联供等高效、洁净的发电技术。

需要大力推动产业转型升级，实现产业低碳化发展。加快实施广东"科学发展，先行先试"的政策，把珠三角产业转型升级摆在十分突出的战略地位，着力构建现代产业体系，加快发展方式转变，率先建立资源节约型和环境友好型的低碳社会。

第四章

低 碳 建 筑

建筑是一耗能老虎，建筑产品的整个寿命周期，始终伴随着大量的能源消耗和环境污染。珠三角建筑能源消耗大、能源效率低、环境污染严重是普遍现象。现有建筑绝大部分没有达到节能标准。造成能耗高的主要原因是房屋围护结构的保温隔热性能差，供热制冷系统效率低。如果对广东全部既有建筑进行节能改造，新建建筑严格执行节能标准，一年可节约100亿千瓦时以上的用电量，减少1500万吨以上的二氧化碳排放量。与建筑能耗密切相关的建材业是珠三角的传统支柱产业之一，生产陶瓷、水泥、玻璃、建筑材料、装修材料等多个大类产品，建材产品的市场占有率多年居全国首位，其规模居全国之首。建材工业每年消耗海量一次性能源，并排出大量二氧化碳等废气及废渣、废水。

发展低碳建筑已成为国际建筑界的主流趋势。珠三角都市群需要加快建设以低碳为特征的建筑体系，从关注建设施工阶段的节能向两端延伸，即涵盖土地获取、规划布局阶段的节能到建筑报废阶段的节能，推行低碳设计和低碳材料应用。要进一步强化建筑低碳节能的制度建设，制定建筑低碳节能的强制性最低能效标准和自愿性能效标准，全面推行建筑的碳排放和能效测评标识制度，建筑物在出售或出租时，要求具备碳排放和能效证书，内容包括室内设计温度和推荐值、能耗计算值与标准值。新建建筑和改造项目必须满足低碳节能标准。要加强对政府机关办公建筑和大型公共建筑的节能监管。要建立政府机构年度能耗状况报告制度。要在建筑中充分利用太阳能等可再生资源。建材工业要以节能、节土、利废、环保、改善建筑装饰功能为中心，大力发展应用新型墙体材料以及多功能、绿色、安全、环保的新型建筑装饰装修材料。

一、"耗能老虎"：建筑能耗的现状

建筑活动是人类改造自然的基本行为，建筑工业是国民经济的重要组成部分和社会发展的重要基础产业。建筑的设计、建设和使用过程涉及众多行业，建筑业的发展也带动着相关行业共同向前发展。在广东省，建材工业是三大传统支柱产业之一。

首先，建筑产品的生产和使用需要消耗大量资源。建筑产品体积庞大且无法移动，从投产施工到拆除报废，一直占据大面积的土地资源。据美国环保机构预测，建筑业将消耗全球大约六分之一的净水、25%的木材以及40%的粗石、碎石和沙等材料。其次，建筑产品能耗总量较高。由于建筑产品施工工艺复杂、使用寿命较长，为保证正常的生产和运行需要消耗大量的电力、煤炭、石油、天然气等能源，包括建材生产能耗、建材运输能耗、建筑施工能耗和建筑使用能耗等在内的建筑总能耗，在社会商品总能耗中的比重较高，已成为世界各国普遍关注的问题。最后，建筑产品加剧了对环境的污染和对人体健康的损害。建筑的开发建设和报废拆除阶段会对周围环境带来粉尘、噪声、污水、固体废弃物等方面的污染；而在建筑的运行使用和维护保养阶段，化石燃料（煤炭、石油、天然气）的燃烧和空调、冰箱、灭火器等日常设施的使用会向室外排放二氧化碳、甲烷、氮氧化合物和氟氯烃等气体，加剧全球气候变暖和臭氧层稀薄。

IPCC的研究报告显示，全球约有30%的二氧化碳是建筑物排放的，其中19%来自民用建筑，11%来自公共建筑。因而，低碳建筑在低碳经济时代的重要性不言而喻，降低建筑能耗是人类减少温室气体排放的重要方面。

（一）建筑能耗与建筑节能的含义

建筑能耗，广义上是指建筑产品在其生命周期内所消耗的全部能源，包括建造拆除过程的能耗和运行使用过程的能耗两个方面。其中，建筑运行使用过程中的能耗是指建筑中采暖、空调、电气、照明、炊事、热水供应等设备所消耗的能源。日常使用能耗占整体建筑能耗的80%～90%。根据国际惯例，建筑能耗多只指建筑使用能耗。建筑围护结构散失的能量和供暖制冷系统的能耗在整个建筑能耗中占的比例最大，因此，提高建筑物围护结构的保温隔热性能和提高供热制冷系统效率成为世界各国建筑节能工作的两个重要方面。

1973年爆发世界性的石油危机以来，建筑节能大致经历了三个发展阶段（毛义华、蔡临申，2007）：最初人们强调"在建筑使用中节约能源"（energy saving in buildings）；但不久即改为"在建筑中保持能源"（energy conservation in buildings），意思是减少建筑中能源的散失；近来则普遍称"提高建筑中的能源利用效率"（energy efficiency in buildings），也就是说，并不是消极意义上的节省，而是从积极意义上提高利用效率。

目前，我国通常称"建筑节能"，其完整含义是指在建筑物的设计、建造和使用过程中，执行建筑节能的标准和政策，使用节能型的建材、器具和产品，提高建筑物的保温隔热性能和气密性能，提高暖通、空调系统的运行效率，以减少能源的消耗（涂逢祥、韩爱兴，1999）。

在低碳时代，建筑节能的含义得到进一步提升，被称为低碳建筑。它指在建筑材料与设备制造、施工建造和建筑物使用的整个生命周期内，通过减少化石能源的使用，不断提高能效，减少二氧化碳排放量（张健，2010）。低碳建筑节能效果主要取决于建筑材料和设备设施两部分要素。建筑材料的生产制造位于建筑形成的上游，是形成建筑的物质基础，建筑的不可持续性很大程度上是因为建筑材料在原材料获取、生产制造、拆除报废阶段中的高能耗、严重的资源消耗和环境污染。但就建筑材料的碳排放而言，由于燃烧煤、油、燃气消耗了大量的化石能源，钢筋、水泥、墙地砖等大宗建筑材料的生产过程中，均排放了大量的二氧化碳。据统计分析（汪澜，2008），每生产1吨水泥会产生约0.8吨二氧化碳，建筑材料的二氧化碳排放主要集中于生产阶段。此外，在建筑拆除报废阶段，废旧建材的回收利用工作若不到位，亦会给社会环境带来压力，增加二氧化碳排放。同时，设备设施的选用对建筑的能源消耗也具有重要意义，建筑物中给排水、供暖、电梯、空调等系统设备的能源消耗主要体现在建筑的运营维护阶段。据估计（中国建筑材料科学研究院，2003），全球一次性能源有高达三分之一用于建筑物的使用和维护。在我国建筑使用中，仅占全国人口14%

的采暖人口每年用于采暖的能源高达1.3亿吨标准煤，占全国能源生产的15%。

（二）国内外建筑能耗总状

国际上，建筑能耗属于民生能耗，与工业、农业、交通运输能耗并列，建筑业因此成为实现节能和减排的重要领域（Christine Loh，Anna Beech，Andrew Lawson，2010）。建筑能耗在国家能源总消费量中占的比例很大，无论是发达国家还是发展中国家，一般占全国总能耗的30%～40%，而其中大部分用于供暖。住宅与公共建筑的采暖、空调、照明和家用电器等设施消耗了全球约三分之一的能源，且主要是不可再生的化石能源（涂逢祥，2001）。

城市在碳减排中发挥极其重要的作用。地球表面积中只有不到1%的部分是城市，但是城市却产生了全球75%的碳排放。我国正处于城市化和工业化快速发展时期，能源的消耗快速增加，包括非商品能源在内的建筑总能耗约占全国总能耗的三分之一（涂逢祥等，2010）。据国家建设部公布的数据，截至2005年底，我国城镇各类房屋建筑面积164.5亿平方米（其中住宅面积107.69亿平方米），再加上农村250亿平方米以上的房屋，全社会既有房屋建筑总面积近420亿平方米，每年城乡新建房屋建筑面积近20亿平方米，接近全球年建筑总量的一半，其中80%以上为高能耗建筑。据统计数据，当前，中国每建成1平方米的房屋约释放出0.8吨碳，每燃烧1千克汽油排放2.2千克二氧化碳，单位建筑面积能耗更是发达国家的两到三倍。根据《中华人民共和国年国民经济和社会发展统计公报》，2008年全年能源消费总量达28.5亿吨标准煤。2003年，我国建筑使用过程中消耗能源共计4.6亿吨标准煤，占当年全社会终端能耗的比重为27.47%，到2007年建筑使用过程中消耗能源共计约8.0亿吨标准煤，占当年全社会终端能耗的30%（赖明，2008）。另外，在房地产的开发过程中，建筑采暖、空调、通风、照明等方面也会产生能源消耗，碳排放量也很大（张健，2010）。

清华大学建筑节能研究中心（2010年）根据中国建筑能耗模型（china building energy model，CBEM）对我国建筑能耗现状和逐年发展过程的研究显示，1996年至2008年，我国总的建筑商品能耗从2.59亿吨标准煤增长到6.55亿吨标准煤，增加了1.5倍。其中，2008年的建筑能耗为6.55亿吨标准煤（不含生物质能），2007年的建筑能耗为6.07亿吨标准煤（不含生物质能），约占当年总能耗的23%。

在我国建筑节能领域，能源消耗大、能源效率低、环境污染严重是普遍现状。一些城市大拆大建，人为降低了建筑的使用年限，居住建筑的平均使用周期仅约30年。现有建筑95%达不到节能标准，新建建筑仅不足20%达到节能标准（王维波，2005）。建筑建造中普遍使用低性能钢材，新型和可再生建筑材料使用率低，循环利用率低。2003年，夏季用电高峰空调用电占40%。造成能耗高的主要原因是房屋围护结构热工性能差，国内建筑行业已经有成熟的外保温技术，但价格相对较贵，许多开发商不愿意用。

现阶段，我国的建筑能耗具有如下特点（韩丽红，2008）：一是建筑总量巨大。20世纪90年代中期以来，我国的建筑能耗总量一直在3亿吨标准煤以上，占全社会终端能源消费总量的比例一直保持在27%左右，如果再将建材制造、建筑施工等过程中的能耗计算进去，建筑能耗（广义）将占全社会终端能源消费的一半以上。二是建筑耗能增势迅猛。20世纪90年代中后期,我国的建筑能耗总量在一段时间内保持了比较平稳的态势,稳定在3.3亿～3.5亿吨标准煤之间。2000年后开始出现较大幅度的增长。2006年建筑耗能已经达到了6.4亿吨标准煤,与2000年的3.5亿吨标准煤相比,增加了2.9亿吨标准煤,年均增幅达到10.58%。根据《中国统计年鉴(2007年)》相关数据显示,人均生活用能源耗量2000年为126.4千克标准煤,到2006年已经增加到194.7千克标准煤,平均每年增加11.4千克标准煤。三是建筑用能效率低。我国的建筑用能效率低下,存在着严重的浪费。目前我国单位建筑面积能耗比世界头号能耗大国——美国2004年的平均水平高30%。四是污染严重。我国建筑用能主要以煤炭为主,供暖和制冷设备的大规模使用,导致大量二氧化碳、二氧化硫、烟尘等温室气体直接或间接排放,带来严重的环境污染。

正处于城镇化加速发展时期的我国,大规模的城市建设促进了建筑业和建材业的迅猛发展,由此而产生的能源消耗,包括建筑材料生产、运输用能、房屋建造、维修和拆除过程中的能耗(不包括运行能耗)已占我国总商品能耗的20%～30%,而建筑运行能耗已占社会终端能耗的27%左右。随着国民经济的快速发展、新建建筑的不断增加以及人民生活水平的迅速提高,建筑总能耗在未来还将继续增长。随着居民消费结构升级,对用能的需求将日益加大。

近年来,建设部(2008年改为"住房和城乡建设部",下同)设定了两个阶段的目标:第一阶段,到2010年,全国新建建筑争取三分之一以上能够达到绿色建筑和节能建筑标准,同时全国城镇建筑的总能耗要实现节能50%;第二阶段,到2020年,要通过进一步推广绿色建筑和节能建筑,使全社会建筑的总能耗能够达到节能65%的总目标。

(三)珠三角建筑能耗现状

广东是中国的人口大省、经济大省,同时也是能源消耗大省。2005年全省的能源消耗达17769.37万吨标准煤,能源调入量为13244.4万吨标准煤,调入比例已经占到了总消耗的74.54%。

自改革开放以来,全省大城市建筑的模式趋向以高密度、高楼层建筑为主流。公共建筑特别是大型公共建筑发展极为迅速,建筑能耗快速增长。根据全省电力数据显示,全省建筑能耗占总用电量约20%,广州已达到34%左右,深圳则约为27%,其中,公共建筑在全省建筑能耗中占突出地位。广东省建筑科学研究院开展的《广东省建筑节能现状调查》显示,空调公共建筑的建筑能耗通常在60～110千瓦时/平方米,大型公共建筑能耗在150千瓦时/平方米以上。公共建筑的围护结构主要还是沿用过去的做法,热工性较差,外墙80%以上为红砖或灰砂砖,铝合金普通玻璃窗,大部分房屋只采用简单的隔热方法,其隔热状况差,空调能耗高,能源浪费严重,室内热舒适状况不良。近年来,全玻璃幕墙的公共建筑更是越来越多,公共建筑的耗电量大增。

2007年,广东省建设厅对全省既有建筑和新建建筑进行了抽样调查。结果显示,目前广东的建筑能耗约占总用电量的20%。如果将广东全部既有建筑进行节能改造,新建建筑严格执行节能标准,按2005年广东全年总用电量2207.3亿千瓦时来计算,一年可以节约132.4亿千瓦时的用电量,折合标准煤358.4万吨,约相当于大亚湾核电站的年

发电量，或目前亚洲最大的火力发电厂——台山火力发电厂年发电量的一半。此外，还可以每年减少向大气中排放污染物二氧化硫11.92万吨、二氧化碳1456.83万吨、氮类化合物5.83万吨。

广东省建设厅负责人表示，广东既有建筑的节能改造潜力很大，特别是为数众多的外墙全部或大部分为玻璃幕墙的办公建筑，其节能潜力远高于全省建筑的平均水平。广东计划到2010年，大、中、小城市既有建筑分别完成改造25%、15%、10%以上，全省改造建筑面积1000万平方米以上，节约20万吨标准煤。

在珠三角都市群，与建筑能耗密切相关的是建材业的发展。从20世纪90年代开始，建材工业是广东省的三大传统支柱产业之一，20多年来广东省建材产品市场占有率居全国首位、规模居全国之首。据统计，2003年全省建材工业总产值、销售收入分别占全国同行业的15%和13%，总量居全国同行业第一。全省建材企业生产陶瓷、水泥、玻璃、建筑材料、装修材料五大类，数千个品种和规格的建筑材料。全省新型墙材生产能力折标准砖约120亿块。加工玻璃生产能力约占全国生产能力的三分之一，水泥制品管桩占全国产量的57%，石板材产量占全国的20%；PVC-U排水管年产25万吨，占全国的20%；建筑涂料产量占全国总产量的40%以上；聚硅氧烷密封胶占全产量的70%，均位居全国榜首；铝塑复合板年产3000多万平方米，占全国产量的三分之一。各种新型装饰装修材料品种多、门类齐，从传统的陶瓷、石材到新兴的深加工玻璃制品、新型建筑涂料、各种品种花色的复合板材等应有尽有。

佛山建筑陶瓷、开平水口水暖卫浴、顺德（建筑）涂料、南海大沥（建筑）铝型材等都是珠三角在国内外有重要影响的建材产业聚集区。其中，佛山陶瓷产区，其建筑陶瓷占全国建筑陶瓷总量的50%左右。

根据2003年的测算，广东建材工业每年消耗各类一次性能源折标准煤2000万吨以上。水泥、砖瓦等行业每年排出大量二氧化碳、二氧化硫、氮氧化物等废气及废渣、废水。

二、建筑低碳化理念

建筑产业是能源使用的大户，相较许多其他行业有更大的潜力减少温室气体排放和使用高效的节能技术。建筑的使用阶段是其生命周期中最应该集中使用节能措施的时期，也是可以最大限度实现减排的时期。其中，针对现有建筑的节能减排措施将是作用最大的。减少温室气体排放的5项最为有效的方法中的4项与建筑业相关：使用更好的隔热系统、空调系统、照明系统和水暖系统（另外一项是提高机动车的能源使用效率）。

低碳建筑已逐渐成为国际建筑界的主流趋势，是当前"绿色建筑"理念的前沿体现。它是指在建筑材料与设备制造、施工建造和建筑物使用的整个生命周期内，减少化石能源的使用，提高能效，减少二氧化碳排放量。根据统计显示，建筑的二氧化碳排放量在总量中的比例很高，其重要性完全不亚于运输和工业领域。在发展低碳城市道路上，建筑的"节能"和"低碳"是必须面对的课题。

（一）国外建筑节能的主要立法和管理制度

西方发达国家较早认识到节约能源的重要性，并把建筑节能纳入节能工作的重点。特别是自20世纪70年代初爆发全球范围的石油危机后，各国政府纷纷通过立法和颁布针对行业、部门的最低能效标准和排放标准，推动低碳建筑的发展。其中，德国和美国的立法和管理制度较具代表性。

德国是高度发达的工业国家，其经济实力居欧洲首位，长期位列世界第三大经济强国。但其资源匮乏，在第一次世界大战后的版图内，除了煤炭以外，德国需要进口几乎100%的石油、80%的天然气、80%的铁矿、70%的铜、90%的锡、95%的镍、98%~99%的钨和锑，以及20%的粮食和其他各种农产品（葛振华，2000）。1973年的全球性石油危机推动了德国能源政策的改变和建筑节能工作的启动。

1976年，德国通过了第一部建筑节能法规"EnEG"（*Energy Conservation Law*）。联邦政府被授权制定建筑物保温、供暖制冷、照明、室内通风设备和热水制备设备所应达到的标准等。由于纬度较高，德国冬季较长，建筑供暖耗能成为德国政府着力解决的一个关键领域。多年来，德国政府通过制定和改进建筑保温技术规范等措施，不断挖掘建筑保温节能的潜力。

1977年，《建筑保温规范》"WSchVO"（*Thermal Insulation Ordinance*，又叫《热保护条例》）开始实施，对建筑的外围护结构的热损失量进行限制（见表4-1）。1982年和1995年又对《建筑保温规范》分别进行了两次修正：1982年，德国政府将建筑节能标准在以前的基础上提高了20%；1995年，公布了新的建筑节能法规"WSVO95"，在1982年的基础上再次提高了30%，并限制每平方米的建筑能耗。

表4-1 德国《建筑保温规范》"WSchVO"中对建筑的外围护结构的要求

年份	新建建筑	既有建筑
1977年	限制热传递过程中的平均热损失。 对建筑元素提出要求：热绝缘的最小值；双层玻璃窗；气密性	无
1982年	标准提高了20%	无
1995年	标准提高了30%； 限制年限供暖耗能	接受昂贵的改造以达到和新建建筑一样的能耗标准

资料来源：Christina Sager（2006）。

1978年，德国出台《供暖设备条例》后，分别于1982年、1989年、1994年和1998年进行了修正。1981年，出台《供暖成本条例》后，分别于1984年和1989年进行了修正。每次修正，都进一步提高有关标准。

2002年，德国《能源节约法》"EnEV"生效。它实行新的建筑节能规范"EnEV2002"，取代了原有的《建筑保温规范》和《供暖设备条例》，制定了建筑材料的能耗新标准，规范了锅炉等供暖设备的节能技术指标和建筑材料的保暖性能，建筑允许能耗比2002年前的能耗水平下降30%左右。2004年进行了第一次修改，2005年强制规定了政府辅助执行的义务——给现有建筑、照明和空调设备发放特别能源证书。2006年全面修正"EnEV"，删除一次性检查供暖设备之外的全部附加要求；规定新建建筑必须出具采暖需要能量、建筑能耗核心值和建筑热损失计算结果；德国的消费者在购买住宅时，建筑开发商必须出具一份"能源消耗证明"（energy documents of identification），清楚列出该住宅每年的能耗。房屋所有者可以优惠享受节能咨询服务，而大部分咨询费由政府承担。对既有建筑改造也提出了进一步的要求，业主也有义务在一定范围内对既有建筑进行更新改造。

在全球低碳发展的大背景下，德国政府于2007年6月27日通过了最新的建筑节能规范"EnEV2007"（见表4-2）。"EnEV2007"规定了住宅建筑的标准，确定新建住宅建筑年度用于供暖、制冷降温、通风以及专门用于热能传递的损失的能耗最大值；非住宅建筑的标准，规定新建的非住房建筑用于供暖、热水、通风、制冷降温和照明的年度基本能源需求不能超过同等体积和地表面积的同类建筑，新建的非住房建筑热能传递中的外围护结构的热能损失的最高值等。其节能指导思想转变为更科学的方式，即控制建筑真正的能耗外部输入值（一次性能源消耗量）。这是指通过整体节能设计措施和一系列计算得出建筑所需能耗值，然后根据此数值和不同能源形式的能量转化系数（指考虑到能源加工传输中的损耗），反推算出一次性能源消耗量，要求建筑在使用中能耗不能超出此值——最高能耗标准。也就是说，衡量建筑能耗是按照原始能量的市值来计算的。在能源使用的过程中，原始能源的输入值到中端能源有一个转化，有一部分能源损失，最后到使用时能源又有一次损失。应该以推算出的总原始能源输入值来判断能耗的大小。因此说，这套体系能够更准确地描述、控制建筑的实际能耗，更有利于从行业整体及宏观能源战略上，对不同种类的能源生产、使用进行有效的控制和规划（王磊，2008）。

表4-2 德国建筑节能立法的全部内容

德国建筑节能法规	新建建筑	较低室内温度	特殊热传递损失、热损失证书
		普通室内温度	一次能源需求、特殊热传递损失、夏天隔热防护、能源证书
		小型建筑（不大于100立方米）	建筑结构的要求
	既有建筑	"有条件的需求"	—
		禁止差化改动	—
		自愿声明消费	—
		强制能源升级更新	—
	供暖、热水等设备	热水器运转	—
		管道隔热保温	—
		控制热能生产和损失	—
		维护和保养	—

资料来源：Hans-Peter Lawrenz（2007）。

德国建筑节能的主要制度主要包含以下五个方面（王磊，2008）。

一是制定建筑节能标准。德国在制定建筑节能标准和节能技术时，主要考虑到规定建筑外围护结构各部位的热工指标、温室气体的排放量指标和建筑材料的生产耗能。

二是建立建筑能耗标识制度——"建筑能耗证书"体系。1976年出台第一部建筑节能法"EnEG"后，2003年欧盟出台了关于"建筑整体能效"的指令，要求欧盟成员国采取综合措施大量减少建筑物的能源消耗，意在推介"建筑能耗证书"体系；2007年的"EnEV2007"提出了强制性要求：从2008年7月1日起，1965年之前建造的住宅建筑在出租、出售时必须出示专业机构出具的建筑能源证书，新建住宅建筑从2009年1月1日起在出租、出售时必须出具该证书，新建非住宅建筑从2009年7月1日起在出租、出售时必须出具该证书。

建筑能耗证书的内容主要包括：建筑的基本信息，编制机构负责人签字；建筑外围护结构导热系数的综合值、计算方式；采暖、热水、通风、空调设备的能效系数；建筑全年一次性能源需求量；建筑对全年不同种类能源的能量需求数值（不同种类能源包括电、煤、重油等）。建筑能耗证书具体地诊断分析了每栋建筑在节能上的薄弱环节，有利于进行针对性的改变。同时，建筑能耗证书对具体建筑的节能潜力进行了清晰的量化，明确了可节能的空间，由此可以明确能够改善建筑能耗的不同方式，以供选择，对控制建筑能耗是一项非常有效的手段。此外，建筑能耗证书还以简洁的方式为公众提供了建筑节能的量化衡量指标，方便公众的参考执行与监督；还提供了具体完整的操作方案，为建筑节能的市场化推广提供了核心推进力量（卢求，2007）。

2000年，德国成立了能源局（Deutsche Energie-Agentur，DENA），向租房者、建筑所有者、专业技术人员和其他市场参与者提供全面的关于"建筑能耗证书"体系的信息。能源局与交通部门、建设部门、城市发展部门等合作，进行全国性的宣传、推广，使普通大众了解建筑能耗证书，显示建筑能耗证书的优越性。

三是实施既有建筑改造制度。"EnEV"鼓励企业和个人对老建筑进行现代化的节能技术改造，设定了清晰的衡量标准，并实行强制报废措施（王素霞，2006）。"EnEV2007"不但对既有建筑改造列出标准，还对这些既有建筑提出了强制性的改造义务，包括：到2006年12月31日以前，所有外露的暖气管道和热水管道必须进行保温，减少传输过程中的热量损失。德国居住建筑中一般在建筑上方设计阁楼，可放置物品，不住人的阁楼地面也要进行保温处理，减少建筑能量损失；到2008年12月31日以前，凡于1978年12月31日前投入使用的非节能采暖炉设备，必须淘汰，停止使用；到2006年底前，在1978年10月1日前安装的约200万个采暖锅炉必须报废，由新型节能锅炉取代等。具体行动上，德国每年投入大量资金用于住宅改造，改造内容包括增加建筑外保温设施，更换高效门窗，替换高能耗的采暖设施，通过这些维护更新方法，德国的旧房每平方米住宅面积每年减少的二氧化碳排放量达到40千克（中国工程建设信息网，2005）。德国政府还设立了专门的基金，如KfW基金，用于推动旧房改造工程，以实现提高建筑舒适度、降低建筑能耗、减少环境污染三大目标。

四是研发和推广绿色建筑。德国的建筑节能经历了一个循序渐进的过程，

"WschVo1995"规定建筑供热能耗为100千瓦时/（平方米·年），"EnEV2002"规定供热能耗为75千瓦时/（平方米·年），现在德国正在积极发展低能耗和超低能耗的绿色建筑，如供热能耗为15千瓦时/（平方米·年）的太阳能被动式房屋，以零能耗、零排放建筑为未来的目标。例如，被动房屋的研究与推广。在德国，被动房屋的发展已进行了十几年。目前，德国已有4000～6000套单元房为被动房屋，主体为木质结构，每平方米供热能耗仅为15千瓦时/年。这类房屋建筑成本仅比普通房屋高7‰，运行成本非常低，利用太阳能供热，供电可自给自足，2004年全年一户的供暖、供水、供电仅为114欧元，房屋增量成本回收期为10～12年（《中国建设报》，2007）。德国的被动房屋研究所一直致力于发展"被动房屋"（passive house）（是指房屋基本不需要主动供应能量，每年单位面积供热能耗仅为15度电）的研究和设计，提供技术支持，为德国被动房屋颁发证书，并建立了德国被动房屋数据库网站。为使房屋达到低能耗，被动房屋应从保温性能、三层玻璃、通风系统的热回收率、围护结构的气密性、防止热桥效应五个方面进行控制。通过以上几个方面，达到被动房屋最终的基本衡量指标（刘民，2007）。

五是采取经济激励措施。德国政府除了法律的强制规定、节能信息传播和宣传、技术研究及发展之外，采取了大量经济激励措施和税收政策，推动建筑节能。为了减少室内采暖能耗，还修改了租金条例，规定按照投资金额确定以一定的百分比来提高年租金，使房主能从节能方面的投资中得到足够的补偿（Paul H.Suding，2002）。国家银行系统提供低息贷款，资助节能技术的应用，如：UFW银行支持的"十万住宅太阳能发电项目"，特别对于低收入社会群体给予较大资助；DTA银行支持环保节能措施的项目；各州政府的支持计划；建筑师优惠向老建筑提供节能措施的咨询；私人企业支持科研和节能应用；还有Wuestenrot、Schader、Betelsmann等基金会。

1998年，德国社民党和绿党组成联合政府，开始探索制定更具体的环保方针政策。1999年，德国开始实行生态环保税收改革，鼓励新电源技术的研发。政府适当提高了汽油和建筑采暖用油的税率。环境税收改革从逐步降低雇主和雇员的养老保险金——完全退还给纳税人开始进行。生态税的制定减轻了企业和个人的税收负担，而增加了能源消耗的税收。实行这样一套复杂且巧妙的税收政策，大大提高了能源的价格，提高了社会各界节约能源的积极性，促进了各种节能技术的研发和应用，同时不会增加广大民众的负担。

美国在世界舞台中占据中心地位，是世界上最大的能源消费国，其能源消耗占世界总能耗的四分之一。因此，能源一直是美国政府工作的重点领域之一。

建筑业是美国经济的支柱之一，建筑能耗在美国能源消耗中占重要比例。据统计，近年来美国建筑每年消耗能源约占全国总能耗的30%，约2000亿美元。

20世纪70年代的能源危机，引发了美国经济的大衰退。美国国会为此通过了能源政策的立法。美国政府进行建筑节能的手段主要有制定行业和产品标准、推荐能源新技术、制定建筑和设备节能的激励政策等。美国能源部发布了建筑使用的国家强制性节能标准和非强制性的国家建筑节能示范性标准，城市发展部提供了便于独户住宅翻新或装修节省能源的高能源效率房屋贷款等。

1975年，美国首次制定了《能源政策和节约法》（Energy Policy and Servation Act of 1975）。它要求联邦政府实施有效的节能计划，要求公用事业单位对住宅进行能源审计，为低收入家庭住房提供每年2亿美元隔热保温补贴和低息节能贷款30亿美元，资助老人和中等收入家庭；给公共建筑和医院节能拨款9亿美元等。同年，颁布了ASHRAE（American Society of Heating, Refrigerating and Air-Conditioning Engineers, Inc.，美国采暖，制冷与空调工程师学会）标准90-75《新建建筑物设计节能》。1977年7月，总统下达《总统行政命令12003》，要求降低建筑物、车辆和设备的能耗。1977年12月官方正式颁布了《新建建筑物结构中的节能法规》，在45个州推广并取得明显的节能效果。

1978年，美国出台了《国家节能政策》（National Energy servation Policy Act of 1978），具体要求政府、联邦相关部门、公共事业单位等通过能源调查、节约效益合同、财政补助和拨款等措施来降低能耗。

1992年出台的《能源政策法》（Energy Policy Act of 1992）提出了具体的建筑降低能耗目标：到2000年在1985年的基础上降低建筑能耗的20%；建立"联邦节能基金"（federal energy efficiency fund）。

1995年3月发布的《总统行政命令12902》涉及节能节水，提出到2005年在1985年的基础上降低建筑能耗30%；实施全面综合的能源审查，加强对太阳能等可再生能源的利用，进行"能源示范建筑"（"energy showcase" buildings）的认证，鼓励生产节能产品。

2005年7月29日国会通过的《能源政策法》（Energy Policy Act of 2005）鼓励节能产品的税收激励措施和贷款政策。

2007年发布的《能源独立和安全法》（Energy Independence and Security Act of 2007），又称为《清洁能源法》（CLEAN Energy Act of 2007），推动了美国的能源独立与安全，促进了清洁、可再生能源的发展，保护了消费者，提高了产品、建筑物和车辆的能源利用率，推动了关于削减温室气体的研究，促进了联邦政府的节能工作。

美国在建筑节能方面的主要制度体现在以下五个方面。

一是制定建筑节能标准。美国的建筑节能标准分为强制性最低能效标准和自愿性能效标准、联邦能效标准和各州能效标准。美国的最低能效标准一般采用政府组织、由相关第三方中介机构完成的方法，在标准的制定过程中主要采取工程测算法，制定比较严格的标准，并且一般都以强制性法律、法规的形式颁布执行。此外，一些全国性组织，如国际节能规范IEEC和美国暖通空调和制冷工程师协会，制定了"示范性"建筑标准。但这些标准的采用和实施由各州或各城市自行决定，进入各州市场销售的相关产品必须满足该州的最低能耗标准，而在各州新建的建筑也必须达到相关的建筑节能标准。作为加利福尼亚州最主要的节能管理的政府机构——加利福尼亚能源委员会（California Engery Commission，CEC），制定和实施了美国最严格的建筑物和家电的节能标准和标识体系。加利福尼亚州政府还通过制定颁布住宅能量效率评级系统标准，推行节能建筑抵押贷款，以及用电量低于建筑节能标准规定的指标由电力公司给予用户奖励等多项举措，有效推动了建筑节能工作的开展。随着技术进步，能效标准越来越严格，美国每隔一段时间就会修订一次能效标准，如每5年对ASHRAE标准进行一次修订，加利福尼亚州每3年会对已有标准进行更新。

二是制定建筑能耗认证制度——"能源之星建筑标识"。美国的建筑能效标识制度最为典型的是美国环保署（Environment Protection Agency，EPA）和美国能源部（Department of Energy，DOE）联合推动的"能源之星"项目。"能源之星"是一个自愿性能耗认证的节能型产品，获得"能源之星"标识的产品一般都超过该类产品相应的强制最低能源效率标准，而且"能源之星"并不只针对建筑产品，它覆盖了31类耗能产品，包括家用耗能器具、照明器具、办公设备、建筑物及门窗等，共13000多种产品，"能源之星建筑标识"只是其中一种。

为达到"能源之星"建筑要求，采取的措施主要有：绿色照明，改善围护结构隔热保温性能，改进采暖、通风、空调系统，购置高效耗能器具。实施这些措施可以节能30%。为促进自愿性能耗标识产品的推广应用，美国的政府部门采取多种激励措施并积极发挥示范作用，美国采购法以及几个总统令都规定政府必须采购"能源之星"认证产品，政府办公楼也都在符合建筑节能标准的基础上采用更先进的建筑节能技术等。例如，在加利福尼亚州政府——萨克拉门托市政府的办公建筑中，就采用了节能型建筑外墙、节能型窗户、高效节能灯、高效节能中央空调系统（分散式、变流量的空调控制方法）。这对某些产品来说，意味着大批的市场份额，给参与"能源之星"项目的产品和设备制造商提供了极大的经济动力（赵行姝，2006）。

三是协助低收入家庭进行旧房改造。政府为低收入家庭免费进行节能改造，每个家庭有一定的限额，主要的计划包括美国能源部（DOE）的保暖协助计划、健康部的低收入家庭能源协助计划等。美国这种类似援助计划性质的旧房节能改造措施与德国的法定强制节能改造在性质上、对象上有所不同。

低收入家庭节能计划的经济效益十分显著。美国能源部的保暖协助计划2001年帮助51000个低收入家庭进行了节能改造，平均每个低收入家庭的节能改造费用为2568美元，但节约了低收入家庭13%～34%的能源开支，投资收益率达到130%，除了经济效益，低收入家庭的节能计划还能带来很多的环境效益。根据调查显示，投资低收入家庭住宅节能计划1美元，就能获得1.88美元的环境效益（五口国际项目管理与策划部，2006）。

四是研发和推广绿色建筑。美国政府颁布了绿色建筑标准，同时成立了绿色建筑协会，来推动和鼓励绿色建筑的研究和大规模应用。"领先性能源与环境设计评估体系"（Leadership in Energy and Environmental Design，LEED）是美国绿色建筑委员会（U. S. Green Building Council，USGBC）推出的第一部绿色建筑评估标准。该标准为绿色建筑发展提供了一部可度量、具体化的市场解决方案。被认为是设计、建造和认证界最绿色、最好建筑的前沿性评价体系（马恒生、宋燕、魏太兵）。在绿色建筑标准中，强调建筑物节能的同时，综合考虑了生态、环境、资源循环利用等因素。

美国能源部下属的劳伦斯伯克利研究所重点研究住宅节能技术，并和一些州政府合作建设"节能样板房"。例如，能源部和佛罗里达州合作建设的"零能耗住宅""太阳能住宅"等，通过利用佛罗里达地区充足的太阳能和建筑节能措施，让住宅不再需要使用外部能源。

美国能源部提出"建筑技术计划",从每个细节出发,详细解释了如何才能做到节能,并推荐使用符合"能源之星"节能标准的建筑材料,考虑了对房屋建筑的供暖、供冷热源以及输送渠道和实现方式。以建设一幢住宅为例,节能涉及墙体的隔热层、门窗玻璃、屋顶与地下室的隔热性、通风空调管道的气密性和隔热性,以及热水器和热水管道的保温效率等。

五是采取经济激励措施。美国的建筑节能在法律强制性方面较弱,而将市场引导放在更为重要的位置,大量采用经济激励措施。在美国,建筑节能是一个非常市场化的指标,虽然政府的标准起了相当大的作用,但并非强制。在美国,普通住宅的交付是不需要政府验收的,房屋承建商的自检验收很重要,住户验收签字更重要,房屋质量主要依靠房屋承建商对信誉的高度负责和重视来保障(启明,2005)。因为电力、煤气、燃油等能源是家庭日常开销的主要部分,"节能"关系到家庭的支出,因此建筑节能是一个非常市场化的指标,依赖于每个家庭根据能源价格、自身收入和生活水平等因素来选择。

美国对新建节能建筑实施大量的减税政策。2001年1月1日至2003年12月31日期间建成的住宅,比IECC标准节能30%以上的,每幢减免税收1000美元;2001年1月1日至2005年12月31日期间建成的住宅,比IECC标准节能50%的,每幢减免税收2000美元。节能建筑设备也可以获得税收减免的优惠。各种节能型设备根据所判定的能效指标不同,减税额度分别为10%或20%。例如,节能型洗衣机、热水器减免50~200美元;地热采暖、太阳能热水和采暖系统最多可减免1500美元(建筑节能省地型住宅的国外经验,2008)。

美国各州政府还根据当地的实际情况,分别制定了地方节能产品税收减免政策。一些贷款机构还提供"能源之星"抵押贷款服务,居民在购买经"能源之星"认证的建筑时,均可向这些银行申请抵押贷款。此外,这些贷款机构还采取诸如返还现金、低利息等措施,刺激居民购买经"能源之星"认证的住宅,并申请节能住宅抵押贷款。美国住房和城市发展部也提供了便于独户住宅翻新或装修时节省能源的高能源效率房屋抵押贷款。

美国各级政府和公用事业组织投入了大量财政补贴经费。1992年的能源政策法鼓励并授权公用事业组织实施激励性节能项目。加利福尼亚等州用于补贴的资金来自系统效益收费。补贴对象包括:购买高效耗能器具的用户、新建节能住宅的开发商、设计者和业主、新建节能商用建筑的设计者。

在美国,不但政府职能部门对节能政策的推行不遗余力地宣传,而且有关企业也加入了宣传节能的行列。"美国太平洋能源中心"是一个专门从事建筑节能宣传的机构,其主要职能是给社会公众提供节能政策咨询、进行节能知识宣传和相关培训,以及进行节能技术、产品的展示,并投入大量的资金进行建筑节能方面的实际尝试,用大量的节能模型、实际工程应用实例进行宣传,使节能工作有的放矢。同时,在媒体宣传、产品展览等公益方面也做了大量的工作,而且这些面向公众的项目均为免费。多方参与节能政策的宣传指导,大大提高了人们的节能意识和对节能知识、技术的认识、把握能力,从而使节能政策得到了有力的贯彻实施(王磊,2008)。

除德国和美国外，其他国家也积极开展建筑政策和管理制度建设。英国政府出台了可持续住房标准，分6个等级限定能源效率和水效率的最小消费标准，对所有租赁和出售的建筑物实行能源绩效证书管理制度，并自2008年起，要求所有家用照明灯都必须是低能耗种类。法国巴黎市政府规定市内所有新建筑必须遵守每年在暖气和热水消费方面不超过每平方米50千瓦时的标准，需要整修的旧房的标准为每平方米80千瓦时（任奔、凌芳，2009）。

（二）中国建筑节能政策法规体系

中国的建筑节能工作起步于20世纪80年代中期。此后20多年，建筑节能实践主要沿以下3条主线展开。

1. 制定并颁布建筑节能相关政策法规

1986年1月12日，国务院下发了《关于发布〈节约能源管理暂行条例〉的通知》，在"城乡生活用能管理"一章中明确提出，"建筑物设计在保证室内合理生活环境的前提下，应当采取妥善确定建筑体形和朝向、改进围护结构、选择低耗能设施以及充分利用自然光源等综合措施，减少照明、采暖和制冷的能耗；凡新建采暖住宅以及公共建筑，应当统一规划，采用集中供热"。同年8月1日颁布了第一部建筑节能技术标准《民用建筑节能设计标准（采暖居住建筑部分）》。

1988年1月，我国颁布了《城市建设节约能源管理实施细则》，对城市热能、热力供应、给水工程、污水处理、城市道路照明等领域做出了节能规定。国家建设部相继于1995年和2002年制订发布了建筑节能"九五"和"十五"计划，提出了建筑节能的阶段目标。

1997年11月，我国颁布了《中华人民共和国节约能源法》，并于2007年10月进行了修订。该法作为中国建筑节能工作的法律依据，对建筑节能工作具有重大的指导意义。2000年2月建设部以部长令的形式发布《民用建筑节能管理规定》，鼓励发展节能墙体、节能门窗、集中供热、热电联产、太阳能和地热能利用技术、建筑照明节能技术和空调制冷节能技术等新型建筑节能技术，在新建居住建筑中推行温度调节和户用热量计量装置，实行供热计量收费，由国家组织开展建筑节能产品认证和淘汰制度，对建设项目有关建筑节能的审批、设计、施工、工程质量监督及运营管理各个环节都做了明确的规定，其中不按节能标准设计建造、达不到节能要求或违反规定的，将给予相应的经济处罚，必要时责令停业整顿、降低其资质。这是一个较为完整集中的建筑节能法规。

2007年最新修订的《中华人民共和国节约能源法》的第三章，把建筑节能和工业节能、交通运输节能、公共机构节能和重点用能单位节能并列作为节能工作的重点方面，从立法上改变了以往重视工业、交通节能而较忽视建筑节能的状态。《中华人民共和国节约能源法》规定县级以上地方各级人民政府建设主管部门会同同级管理节能工作的部门编制本行政区域内的，包括既有建筑节能改造计划的建筑节能规划，并且对于建筑工程的建设、设计、施工和监理应遵守的建筑节能标准，房地产开发企业向购买人提供房屋节能信息的义务，公共建筑室内温度控制制度，供热收费体制改革，建筑节能改造，节约用电，鼓励使用节能技术材料和可再生能源等方面做出了相关规定。

在实施上述法律法规和管理制度的同时，国家还出台了一系列相关政策和管理措施，以促进建筑节能。比较典型的政策措施如下。

1992年，国家计委和国家税务局颁布了《固定资产投资方向调节税条例》，其中规定符合节能设计标准的北方节能住宅，其投资方向调节税税率为零，这项规定免除了税率为5%的新建住宅投资方向调节税，对北方住宅的节能工作起到了促进作用（但该规定目前已经取消）。1992年，原国家计委等部门联合制定了《关于基本建设和技术改造工程项目可行性研究报告增列"节能篇（章）"的暂行规定》，并明确规定：从固定资产投资项目的提出、论证和立项审批阶段，就要对节能进行专题论证、设计和审批。1997年12月又对上述暂行规定进行了修订，明确了节能的要求和评估的标准。

1994年，建设部发布了《城市区域锅炉供热管理办法》，对于发展城市集中供热提出了相关要求。2002年9月，财政部和国家经济贸易委员会（2003年改为"商务部"，下同）颁布《新型墙体材料专项资金征收和使用管理办法》。按此管理办法，未使用新型墙体材料的建筑工程，要按照建筑面积的一定比例缴纳新型墙体材料专项基金。2004年3月，建设部颁布了《关于发布〈建设部推广应用和限制禁止使用技术〉的公告》，明确提出要推广应用外墙保温技术、采暖节能技术和太阳能利用等技术。

2006年8月国务院印发了《国务院关于加强节能工作的决定》（国发〔2006〕28号），将建筑节能列入我国十大节能重点工程当中，对建筑节能提出了明确的要求。2007年2月，国家发展和改革委员会、科技部联合发布《中国节能技术政策大纲》，明确了建筑节能中国家鼓励采用和限制采用的节能技术。

2. 出台并实施建筑节能相关技术标准

1986年，建设部发布实施了我国第一个建筑节能设计标准——《民用建筑节能设计标准（采暖居住建筑部分）》，这标志着我国建筑节能标准化工作的启动。1992年，《旅游旅馆建筑热工与空气调节节能设计标准》的发布实施，又进一步对公共建筑推行节能技术进行了新的尝试。

1998年，《中华人民共和国节约能源法》实施后，建筑节能工作成为重要议程。建设部以居住建筑节能为重点，加大了建筑节能技术标准研究力度，于2001年、2003年、2005年，相继发布实施了《夏热冬冷地区居住建筑节能设计标准》（JGJ134—2001，该标准已于2010年8月1日废止）、《夏热冬暖地区居住建筑节能设计标准》（JGJ75—2003，该标准已于2013年4月1日废止）和《公共建筑节能设计标准》（GB50189—2005，该标准已于2015年10月1日废止）。针对既有建筑，2000年建设部发布实施了《既有采暖居住建筑 节能改造技术规程》（JGJ129—2000），基本形成了我国建筑节能设计标准体系。针对检验环节，2001年颁布实施了《采暖居住建筑节能检验标准》（JGJ132—2001，该标准已于2010年7月1日废止）。除此之外，还针对内外墙保温、照明、热工等方面，颁布实施了相关技术标准20余项。

3. 开展建筑节能试点和示范工程

20世纪90年代初，建设部开始组织建筑节能试点示范工程，特别是20世纪90年代后期以来，试点示范的范围逐步扩大，北京、上海、贵州、内蒙古、浙江、湖北以及东北三省等许多省市相继建起了一批节能试点小区。2004年，建设部进一步发布了《建筑节能试点示范工程（小区）管理办法》，对试点示范工作进行规范（韩丽红，2008）。

目前，我国正在加快建设以低碳为特征的建筑体系。该体系主要从关注单体建筑节能向关注整个城市的建筑节能转变，从关注建设施工阶段节能向两端延伸，即涵盖土地获取、规划布局阶段的节能以及建筑报废阶段的节能。目前，住房和城乡建设部正从以下五个方面推进这项工作。

一是继续抓好新建建筑节能。强化对新建建筑执行节能标准的监管力度，全面推行建筑能效测评标识制度，加快建立完善我国绿色建筑评价标识制度等。二是加大北方采暖地区既有居住建筑供热计量及节能改造力度，力争在"十二五"期间完成改造的面积再上一个台阶。三是加强对国家机关办公建筑和大型公共建筑的节能监管。进一步扩大能耗动态监测平台的试点范围，指导24个示范省市加快研究制定本地区国家机关办公建筑和大型公共建筑的能耗定额和超定额加价制度，抓好第一批12所高校建设"节约型高等学校"等。四是抓好可再生能源在建筑中一体化成规模应用。加强已启动的371个示范项目的管理，完善相关应用技术标准，继续扩大可再生能源建筑应用示范规模。五是加大力度推动建筑节能新型材料的推广应用。促进新型墙体材料的推广应用及监管，确保建筑节能材料质量，并带动相关产业的发展。加快建设以低碳为特征的建筑体系，还需要完善和严格执行现有的节能法律法规和标准规范，指导各地加强建筑节能的立法工作，完善配套措施，落实经济激励政策，提高政府监管能力等。

环境保护部正在积极开展环境标志产品认证，促进绿色消费市场形成。大力推行建筑节能，发展绿色建筑，推广节能省地环保型建筑，建立并完善大型公共建筑节能运行监管体系，倡导环境友好的消费方式，使用绿色节能的环保产品，这是实现建筑业节能减排的重要措施，也是建筑业实践可持续发展理念的必然要求。

三、新建建筑的低碳设计和低碳材料行动

建筑低碳化理念迅速产生了强大的影响力，尤其是在新建建筑的低碳设计和低碳材料应用方面。

发达国家的建筑节能设计标准是从1973年世界性能源危机以后开始制定的，并经过了多次修订。在低碳时代，进一步朝着按照不同建筑类型控制整个建筑物的能耗及其单位面积耗能，以控制二氧化碳排放量的方向前进。

欧盟提出，在考虑室外气候、室内环境要求和经济性的基础上，降低建筑的整体能耗。一是制定通用的计算方法，算出建筑的整体能耗；二是新建建筑和改造项目必须满足节能标准的要求；三是为建筑颁发能效证书；四是对锅炉和空调系统进行定期检查。欧盟要求，除了特殊的历史建筑、宗教建筑和临时建筑，对于超过1000平方米

的新建建筑、超过25%原有价值的改建项目，以及政府建筑，在出售或出租时，都要出具能效证书，并在建筑的显著位置张贴。能效证书的有效期不能超过10年，建筑的能效证书应包括气候条件、室内设计温度和推荐值、能耗计算值与标准值，以便消费者能够对比评估建筑能耗；还应包括节能措施建议（涂逢祥等，2010）。

2008年12月，欧盟通过能源技术战略计划，将采取一系列发展能源技术的措施，以实现其承诺的到2020年实现3个20%的目标，即到2020年将温室气体排放量在1990年的基础上至少减少20%；将可再生清洁能源占总能源消耗的比例提高到20%；将煤、石油、天然气等一次性能源消耗量减少20%。欧盟委员会2009年10月7日建议欧盟在未来10年内增加500亿欧元发展低碳技术，以应对气候变化和能源供应安全方面的挑战，保持欧盟的经济竞争力。

在全世界温室气体减排的巨大洪流中，中国确定到2020年比2005年单位生产总值减排二氧化碳为40%～45%，并将其作为约束性指标纳入国民经济和社会发展中长期规划。这是一项十分艰巨的任务。未来建筑节能设计标准必将进一步提高对节能的要求。改用单位建筑面积能耗量（并换算出其二氧化碳排放量）控制的办法，是一个巨大的跨越，也是对世界节能减排事业做出的新贡献。

在当前形势下，控制新增建筑用能需求是一个难度大但效果显著的行动。奢侈建筑、大型公共建筑和短期建筑被列为控制新增建筑用能需求的重点。

奢侈建筑，包括所谓标志性建筑，是属于高投资、高能耗、高碳排放、高资源消耗、高运营费用的建筑。目前，奢侈建筑已经泛滥。公共场所碳排放计算包含酒店、办公及商业等公共空间的空调及采暖。使用中央空调的大型公共建筑的能耗是普通建筑能耗的2～3倍。据统计，国内住宅平均寿命只有30年，短期建筑是能源和资源的最大浪费。

从发展趋势来看，建筑节能工作将贯彻于建设的全过程，从可行性研究、规划和初步设计开始，设计者就应对建筑物和建筑能源系统的节能进行全面考虑。

在国际和国内大背景下，以珠江三角洲地区为重心的广东开展了一系列新建建筑设计和节能材料开发利用的行动。

2005年5月，广东省住房和城乡建设厅发布了《广东省居住建筑节能设计实施细则》，对《夏热冬暖地区居住建筑节能设计标准》（JGJ75—2003，该标准已于2013年4月1日废止）进行细化，补充了具体的规定，并对一些条文增加了相关的要求，给出了常用的参考数据表等。此外，新增了"建筑节能的设计审查"和"建筑节能的工程监理、验收规定"2个章节等。

2006年，深圳市第四届人民代表大会常务委员会通过了《深圳经济特区建筑节能条例》，并于2006年11月1日起正式实施。作为《循环经济促进条例》的首部配套法规，它明确了政府在建筑节能工作中的职责；明确了有关利益方的职责，全过程控制建筑节能标准的有效实施；明确规定了实行建筑物能效标识制度，鼓励相关行业协会、中介服务机构开展建筑节能咨询、监测、评估等专业服务，支持建筑节能公共技术平台建设；规定了深圳市主管部门应当根据建筑节能需要发布推广、限制或者禁止使用的技术、工业、设备和产品目录。

2007年，广东省住房和城乡建设厅发布了《广东省公共建筑节能设计标准》（GDBJ15-51—2007）。2009年3月，广东省住房和城乡建设厅发布了广东省标准《建筑门窗幕墙玻璃贴膜节能技术规程》（DBJ/T15-66—2009）。

2009年8月1日，珠海市正式实施《珠海市建筑节能办法》。它明确规定了建设与节能改造、可再生能源应用以及法律责任，要求发改、规划、建设等部门应在相关审批环节把好建筑节能审查关，明确了建设、设计、施工图审查、施工、监理等主体的义务，以保证建筑节能强制性标准得到严格执行。此外，逐步推行对既有建筑的节能改造、推行能源效率标识等新制度，以及鼓励、推广太阳能、风能、浅层地能等可再生能源在建筑中的应用。

2009年9月27日，广东省住房和城乡建设厅发布了广东省标准《建筑节能材料评价及检测技术规程》（粤建公告〔2009〕52号）。2010年9月10日，广东省住房和城乡建设厅发布了广东省标准《广东省建筑反射隔热涂料应用技术规程》（DBJ15-75—2010），自2011年2月1日起实施。

2009年10月1日，深圳市正式实施《深圳市建筑废弃物减排与利用条例》，这是全国首次出台有关建筑废弃物减排与利用的地方性法规。它规定在新建、改建、扩建和拆除各类建筑物、构筑物、管网以及装修房屋等施工活动中产生的废弃砖瓦、混凝土块、建筑余土以及其他废弃物应当遵循减量化、再利用、资源化的原则，实行分类管理、集中处置。要求建设单位编制的项目可行性研究报告或项目申请报告，包含建筑废弃物减排与回收利用的内容，并将产生的费用列入投资估算。建设工程设计单位应当优化建筑设计，提高建筑物的耐久性，减少建筑材料的消耗和建筑废弃物的产生。要优先选用建筑废弃物再生产品以及可以回收利用的建筑材料。建设工程设计文件应明确要求建设工程采用预拌混凝土、预拌砂浆以及新型墙体材料；在保证结构安全以及使用功能的前提下，采用高强高性能混凝土、高强钢筋等工艺或者产品。实行建筑废弃物再生产品标识制度，并列入绿色产品目录和政府绿色采购目录。有关主管部门应当编制并发布建筑废弃物及其再生产品的使用技术规范或者指引，引导企业利用建筑废弃物以及生产再生产品。有关主管部门将根据建筑废弃物减排与回收利用的需要，另行编制发布强制淘汰的施工技术、工艺、设备、材料和产品目录。施工单位不得采用列入强制淘汰目录的施工技术、工艺、设备、材料和产品。规划部门应当编制建筑废弃物受纳和回收利用场所的规划，划出专门区域用于存放建筑余土，并按标准建设、配备相应设施，防止二次污染。此外，还特别要求，道路工程的建设、施工单位应当优先选用建筑废弃物作为路基垫层。深圳市政府鼓励建筑废弃物减排与回收利用新技术、新工艺、新材料、新设备的研究、开发和使用，对建筑废弃物回收利用企业将给予政策优惠或资金补贴，在每年的财政预算中安排一定资金，用于支持建筑废弃物的减排与回收利用活动，鼓励投资兴办建筑废弃物回收利用企业。

2010年，广东省人大常委会审议通过了《广东省民用建筑节能条例》。该条例规定：县级以上人民政府建设主管部门负责本行政区域内民用建筑节能的监督管理工作；省人民政府建设主管部门应当制定本省地方民用建筑节能标准，会同有关部门发布推广使用民用建筑节能的新技术、新工艺、新设备、新材料、新产品的目录和限制或者禁止使用能源消耗高的技术、工艺、设备、材料、产品的目录；县级以上人民政府建设主管部门组织建筑节能新技术、新工艺、新设备、新产品、新材料的研发和论证推广。

上述文件为珠江三角洲地区开展低碳建筑设计提供了基础性标准。广东要求，新建大型公共建筑要贯彻落实《中华人民共和国节约能源法》，把节能标准作为建设大型公共建筑项目核准和备案的强制性门槛，遏制高能耗建筑的发展趋势。新建大型公共建筑必须严格执行《公共建筑节能设计标准》和有关的建筑节能强制性标准，建设单位要按照相应的建筑节能标准委托工程项目的规划设计，项目建成后应经建筑能效专项测评。全国性的或地方性的具有标志意义的重要建筑的方案的能耗指标必须符合节能标准的规定，其方案必须经过人大或地方人大专门委员会及权威专家委员会的公开审议，听取各方面群众代表参加的听证会的意见，并经人大投票通过，否则一律不得兴建。

在低碳材料领域，由广东省发展改革委牵头制定的《广东省建材工业2005—2010年发展规划》是一项十分有代表性的重要行动。

根据《广东省建材工业2005—2010年发展规划》，广东建材业要加快结构调整和产业升级，以质量、效益、节能、节约资源、保护环境为重点，坚持走高效低耗优质生产道路，实现建材工业的可持续发展。建筑卫生陶瓷、优质平板玻璃及相关制品、建筑涂料等新型建材要保持国内领先并达到国际先进水平，部分产品的质量和生产技术要达到国际领先水平。新型建筑卫生陶瓷、优质平板玻璃、高性能工程玻璃、新型干法水泥、高性能商品混凝土、新型建筑涂料、新型墙体材料等成为本产业各个行业的主导产品。鼓励企业生产高效低耗节能高质量产品，到2010年，全行业万元产值能耗和原材料消耗均比2003年降低20%。

《广东省建材工业2005—2010年发展规划》提出，要以节能、节土、利废、环保、改善建筑装饰功能为中心，以墙体材料革新为突破口，大力发展应用新型墙体材料。以珠江三角洲为中心地带大力发展多功能、绿色、安全、环保的新型建筑装饰装修材料和高档产品。广州、深圳等大中城市、珠江三角洲及周边地区应当建设若干个技术水平高、具有规模效益的新型建筑材料企业，以满足城市建设和装饰装修业发展的需要。要重点发展超薄墙地砖、多功能建筑卫生陶瓷等技术含量高、节约能源和资源的新产品，以及新型装饰技术、低品质原材料（如红页岩等）的开发利用等新技术项目。同时，要实施"建筑业、房地产业和建材业三业联动"的战略。要鼓励建材企业综合利用粉煤灰、煤矸石、尾矿、城市生活垃圾、废燃料、建筑垃圾等废弃物，变废为宝，减少环境负荷，鼓励企业开展技术创新和技术改造，提高资源利用率和效能产出率。

四、既有建筑的低碳化改造行动

（一）低碳化改造

自20世纪70年代以来，许多发达国家开始大规模实施对既有建筑的节能改造。为了应对经济危机，奥巴马政府还把既有建筑节能改造作为经济复兴的重点工作之一，要对200万所住宅和75%的联邦建筑物进行节能改造。

我国拥有数以百亿平方米的高能耗既有建筑。过去几年，曾在一些地区设立高能耗改造试点或进行成片改造。目前改造力度正在快速提高，逐步改造这些高能耗既有建筑。从实践来看，能耗高、节能潜力较大的大型公共建筑是较好的切入点。机关办公楼和学校、医院等建筑的能耗特征与住宅比较类似，但实际能耗却比住宅高很多，而且节能改造资金渠道明确，组织较为容易，目前成为既有建筑节能改造启动阶段的重点对象。

国家和省市政府在调查研究的基础上开展了政府办公楼节能改造示范工程。节能改造经费由中央和地方的财政资金支持，并利用改造后节约的能源及回收的资金，完成核定的节能指标任务。在建筑节能改造中，最基本的一点是认真执行国家建筑节能标准。在一些地方，已经初步建立了政府机构年度能耗状况报告制度，作为考核各地政府工作的一项评价指标。

宾馆饭店、写字楼、商场等大型公共建筑多采用空调机组采暖制冷，能源消耗多，节能潜力大，产权关系明晰，是改造工作的重点之一。国家和地方的节能法令提出要严格规定高能耗的大型公共建筑完成改造的期限，要求如期达到核定的能源消耗指标，并将其纳入能源消耗指标考核体系，进行检查。还制定了大型公共建筑能耗定额和能耗累进加价制度，以提高大型公共建筑业主节能改造的自觉性。

尽管"十一五"期间在建筑节能改造方面做出了很大努力，但从全国来看，已改造的既有建筑还只是很少一部分，绝大部分既有公共建筑还有待改造，而且既有居住建筑的改造也只是开了一个头，改造建筑所占全部建筑的比例仍相当小。可以想象，"十二五""十三五""十四五"期间建筑节能改造的任务仍将十分艰巨。

从已有的改造实践来看，改造既有建筑必须充分做好前期准备工作。首先，应对所在地区既有建筑的状况进行深入调查分析，对建筑类型、结构耐久程度、面积规模、建成年限、供热供冷方式、产权状况和能耗数量了解清楚，并加以分类。要按轻重缓急排序，越是能耗高的建筑，越宜及早安排改造。要对既有建筑进行抗震、结构、防火安全评估，对不能保证继续安全使用20年以上的建筑，同步开展安全和节能改造。对既有建筑节能改造前应进行节能诊断，了解围护结构的热工性能、采暖空调照明系统的能耗及运行控制情况、室内热环境状况等，通过设计验算和全年能耗分析，对拟改造建筑的能耗状况及节能潜力做出评价并出具报告，作为节能改造的依据。有条件的地方，宜根据当地气候、建筑和技术条件编制地方的既有建筑节能改造标准，以更有针对性地实施改造。要通过制订改造规划和实施方案，突出重点，明确目标，分阶段实施。可以按国家机关办公建筑、大型公共建筑、普通公共建筑、居住建筑楼房、旧区平房、单独锅炉房、区域锅炉房等类型，逐级分解改造任务，分部门安排落实。

已开展的改造实践还显示，改造既有建筑需要对一些共性问题进行攻关研究。在现代建筑中，玻璃幕墙建筑占有特殊地位。它能耗高，碳排放量大，舒适性差。一些具有历史意义的公共建筑，其风格造型反映了其建造年代的政治经济文化特点，在节

能改造时不宜轻易改变其外立面。在执行节能设计标准以前建造的许多非节能住宅是历史遗留产物，其热工性能远低于现行节能设计标准的要求，建筑保温效果差，部分墙体裸露发霉，夏天又异常炎热。在进行围护结构、采暖系统和新风系统改造的过程中，这些共性问题需要很好地进行攻关研究。

（二）运行节能

能耗与运行关系很大。一般大型公共建筑单位面积的运行电耗达一般住宅的10～20倍。不少公共建筑室内温度冬天过高、夏天过低，能源浪费惊人。但只要下力气抓好运行能耗的节约，既有建筑节能往往能收到立竿见影的效果。

公共建筑的运行应兼顾节能与室内环境品质，既不要不惜代价地提高室内空气品质，也不应以牺牲环境为代价节约能源。依靠牺牲环境、牺牲服务质量来节约能源的做法（如关闭新风、少开设备等）是不妥当的，应该进行整改。此外，室内其他电器的节能、家用热水的节能都要统一协调。

（1）空调系统运行节能。要提高空调设备系统的运行效率。为做好空调系统的运行节能，需要根据本地（本气候区）空调负荷变化规律，制定相应的运行策略，使机组所提供的制冷能力与用户所需要的冷量相适应，以获得较高的平均运行效率。目前，可以采用的方法有：根据空调负荷变化规律，合理调配冷水机组运行台数；根据需求情况，因地制宜地采用水蓄冷系统，利用水蓄冷系统的特点，最大限度地消除负荷变化对冷水机组的影响，为冷水机组在高能效比区运行创造条件，并平衡电网峰谷差，提高发电厂效率；对于使用功能复杂的系统，必要时可增设调峰冷水机组；对于有特殊要求的房间，增设独立冷源。

规模较大、系统较复杂的空调系统通常采用二级泵系统，一级泵提供冷源所需要的压头，二级泵提供网络及用户系统需要的压头。此时，要合理制订调节方案，将二级泵的台数调节改为变速调节，有利于降低系统的输送电耗。

间歇运行的冷源设备，应根据实际需要选择合理的运行时间，宜在供冷前0.5～2小时开启，在供冷结束前0.5～1小时关闭。对于需满足全天舒适性的建筑，电驱动制冷机在夜间宜根据负荷变化启停，避免低负荷运行。在满足空调负荷需求的情况下，当有2台或2台以上冷热源设备可以选择时，应优先选择效率高、经济效益好的设备。多台冷热源设备并联运行时，应根据负荷变化实行合理的群控措施，使每台冷热源设备均在合理的负载率下运行。冷热源设备宜根据室外气候下建筑的使用情况，及时调节供水温度，实行变水量调节。

一般家庭常用分体式空调，尽管选用的是符合国家标准能效值的空调器。但此能效值是在额定工况条件下的能效值，如果分体式空调器的室外机的安装条件不适当，如受到遮掩、不利于散热，其工作条件就会恶化，耗能将大大增加。

要合理设置空调温度。《中华人民共和国节约能源法》规定：使用空调采暖、制冷的公共建筑应实行室内温度控制制度。多年来，我国公共建筑的空调管理比较粗放，空调温度不尽合理。部分宾馆、写字楼、机场等公共建筑，在使用空调采暖、制冷时，夏季室温偏低，冬季室温过高，造成能源的极大浪费，也影响室内舒适度。要

合理设置空调温度,科学管理空调的运行,既能提供比较健康、舒适的室内环境,满足正常工作、学习和生活的需要,又能节约能源,保护环境。

2007年6月1日国务院办公厅印发了《关于严格执行公共建筑空调温度控制标准的通知》(简称《通知》)。《通知》要求:除医院等特殊单位以及经批准的用户以外,夏季室内温度设置不得低于26摄氏度,冬季室内温度设置不得高于20摄氏度。这个规定,对温度控制的要求明确具体,对于抑制已经严重泛滥的空调能源浪费起到关键作用。

采用空调的目的是改善室内舒适度,而影响人体舒适度的主要因素包括:人体活动的代谢率、服装的热阻值、空气温度、辐射温度、风速和湿度。也就是说,空气温度是影响人体舒适感的一个主要因素,也是影响空调能耗的主要因素,但是,除了空气温度,还有其他重要因素,如空气湿度。相同的室内干球温度,不同的相对湿度,空调能耗是不同的。对集中空调系统进行全面经济分析的结果表明,室内相对湿度对空调能耗的影响十分明显,例如,当室内温度是26摄氏度、相对湿度为60%时,其能耗竟然比温度为25摄氏度、相对湿度为40%时高出16%。因此,此时与其提高室内的干球温度,不如降低房间的相对湿度,在节能的同时,可以获得更好的人体舒适感和室内空气质量。

因此,有条件的单位,在空调系统运行状态下对室内环境参数进行控制时,不必完全拘泥于26摄氏度的规定,要同时考虑到温度、湿度和新风量。对于一般房间,较好的舒适度应设定值:夏季温度≤26摄氏度,相对湿度40%～70%;冬季温度≥20摄氏度,相对湿度30%～60%;新风量20～30立方米/(每小时·每人)。对于特定房间,设定值可适当放宽,大堂、过厅夏季温度可取26～28摄氏度,冬季温度16～18摄氏度。许多自然通风系统,室温设定值可取28摄氏度。对于允许提高室内空气流速的场所,在夏季空调运行时,可适当提高空气流速以提高温度设定值。

(2)照明系统节能。照明节能首先是尽量利用自然光。电光源照明节能的主要技术措施是推广使用光效高、寿命长、显色性好、安全和性能稳定的光源,如稀土高效荧光灯产品。白炽灯价格较低,但寿命短,发光效率很差,应逐步减少普通白炽灯的使用比例,并规定淘汰期限。荧光灯的光效比普通白炽灯高6～8倍,寿命长5～10倍。近几十年来,荧光灯技术不断进步,先后发展了紧凑型荧光灯以及高性能T8直管形荧光灯。还可将T12荧光灯更换成与原灯座兼容的高效T8或T5荧光灯。紧凑型荧光灯由于外形、装饰性的限制,多用于替代中小功率白炽灯作局部照明,而配用电子镇流器的直管形荧光灯能适应工作环境的温度变化,还可以用于室外照明。其中,T8荧光灯将在传统的荧光灯市场上逐步扩大市场份额,而T5荧光灯则将在新建建筑室内照明中更广泛地使用。还要推广设计科学的灯具及节能型电感镇流器或电子镇流器。

城市宽大场所使用的光源一般应采用高强度气体放电灯。金属卤化物灯和高压钠灯,都是利用弧光放电点灯。金属卤化物灯具有高显色性、高效率、长寿命和低光衰性能,功率选择范围大(18瓦～10千瓦),可广泛用于户外及室内。而高压钠灯发光效率高、耗电少、寿命长、光色呈金白色,透雾能力强,适用于道路及广场照明。LED是电致发光的固体半导体光源,是高亮度点光源,可辐射各种色光和白光,寿命

长，耐冲击和振动，越来越多地用于城市景观照明、交通信号、出入口指示灯、汽车尾灯等处。

应合理设计照度。有些公共建筑盲目追求过高的照度，不但存在眩光、炽热等问题，破坏舒适环境，引起心理不适，还会使照明和空调负荷增大，造成能源浪费。

有时需要更换照明灯具。更换照明设备前应对区域或房间的照度水平和照明需求进行调查和测量，以确保改造后的照明系统可以提供必需但又不过量的照度。对于高密度放电照明系统（汞灯、金属卤化物灯和高压钠灯），在进行评价之后更换成效率更高的灯具。对可视化要求较高的任务照明的照度进行评估，以确保窗户和工作照明器的照度控制合理，可以保证工作区域有足够的照明。

对照明系统的控制，应尽量采用自动开关，可用室内高亮度传感器、定时器或定时开关等自动控制装置（应急照明系统除外）。为了充分利用自然光，可以通过传感器将日照及环境数据输入系统进行分析与管理，使照明空间与日照及周边环境做最佳搭配，动态地调整室内照度；可以采用光电池开关或自动调节明暗度的装置等自动控制器取代原来的手动开关，以便日光充足时自动关掉部分照明灯。可以按照该建筑的作息规律，将照明系统的开关时间在系统内设置好，使照明系统可定时开关；与此同时，还可以根据不同预测的需求进行机动调整。通过照明系统的分线控制，还可以少开一些不必要的灯。居民楼的走廊、过道灯应采用声控开关，人离开后不久即自动熄灯。

应注意保持照明灯具的清洁。当由于灯罩、散流器或防护装置等原因使得照明输出功率降低20%或以上时，应清洗这些装置，使灯的照明输出功率在95%以上，否则应进行更换（涂逢祥等，2010）。

（三）运行用能管理

良好的建筑应做好采暖、空调、照明用能运行管理。首先是必须保证供能系统正常运行，达到供暖、制冷、照明质量，满足用户需要；与此同时，还应该做到节约能源和降低运行成本。即使经过高能效设计的建筑，只有通过实际的建筑运行与最佳的能效管理，才能实现其节能成效（涂逢祥等，2010）。

建筑用能管理的核心，是科学定量地控制能源消耗，按需供给，经济运行。其关键是对运行负责人进行能耗指标考核，以调动运行管理人员的积极性和责任心。为此，对于供暖系统，必须配备应有的用能计量表，如燃气流量表、水表、电表、热量表等，对用煤也应有计量措施。在供暖期到来前还要做好多方面的准备，如将采暖室内手动放气阀更换为自动放气阀，避免系统的跑、冒、滴、漏等失水问题，在管网系统加装气候补偿器、流量调节阀等节能设备。

为达到节能指标要求，要改变管理的粗放状态，做到精细化管理，控制在不同气温条件下供暖、制冷质量以及各个单位时间内所消耗的能源。例如，锅炉房应根据冬季运行初寒期、严寒期、末寒期不同的气温情况，向管网输送不同的热量。应按月、按旬分别规定能耗指标，定期检查。应根据实际气温情况及时调整锅炉的负荷值，以确定锅炉的启、停，避免完全由司炉工凭经验手动控制，致使锅炉实际供热量与用户实际需热量不匹配，造成能源的浪费和舒适度的降低。供暖结束后应按供暖质量和能耗指标的完成情况对有关人员进行奖罚。应采用锅炉房计算机集中控制系统，可以有效地加强锅炉供暖的运行管理。锅炉房计算机集中控制系统，是将锅炉房内的锅炉运行状态（启停、温度、压力、流量、燃烧火大小、故障报警等）、循环水泵运行状态（启停、运行功率）、各热交换站运行状态（温度、压力、流量、报警、阀门开度等），以及管网运行状态、用户温度等多参数、多系统集中监测管理的控制系统。通过这个系统，管理人员能够掌握供热系统的全面运行状况，并根据实际情况调整运行策略，按照系统的热负荷率，自动、定期切换运行中的锅炉，实现按需供热。

公共建筑的照明系统应能进行适时调节控制，根据需要及时启闭各处灯具。用能量大的单位应设能源管理经理。能源管理经理作为建筑能源系统运行和维护的主要负责人，应十分了解建筑内的能源使用情况，随时掌握用能系统运行、能源消耗和能源费用的动态，定期采集建筑用水、用电和燃料消耗与费用的数据，建立能耗台账系统并进行定期更新，要对用能系统进行维护和不断监测，及时处理发生的各种问题，做到系统和设备的性能保持完好、运行正常，还应采用合理的技术和管理措施促使该建筑的能源利用效率逐步提高。

（四）既有建筑行为节能

要充分利用自然界的能量。我们国家有流传久远的建筑顺应自然的历史传统，就是根据当时当地的自然条件，采取一定的建筑手段，尽可能采用人工调节的办法，争取生活舒适和身体健康。在今天科技十分发达的条件下，众多的建筑也不应该走完全依靠机械和能源来与自然抗争的路子，不宜广泛提倡建筑恒温、恒湿，不宜全部采用人工照明和机械通过。要适应自然，要倡导低碳生活。这是节能减排的需要，是缓解全球气候变化的需要，也是中华民族健康繁衍的需要。

人们的舒适环境不是限定于某一点的，而是有相当宽的范围，在这个范围内，都是舒适或者比较舒适的环境，即使与舒适环境有一些偏离，人们也完全可以接受，还可以通过采取不同的衣着和自然通风等方法进行调整，争取达到比较舒适的条件，不一定非得采用机械和能源。人体的代谢系统对于自然界适度的气候变化已经有了很强的调节和适应能力，可以根据自己所处的不同状态，在相当宽的范围内实现与周围环境的热平衡，这是人体健康的表现。在现实的范围内，周围环境的温度、湿度、风速和光照等条件发生一定的变化，通过人体感官的机能去不断适应这种变化，这是很正常的、经常发生的现象，对于人体健康是有益的。反之，如果人体长期处于封闭与固定不变的恒温恒湿的人工环境条件下，尽管当时会觉得很舒适，但时间一长，人体各个调节器官难免会逐渐退化，健康水平会日益下降。当周围环境有较大变化，长期封闭的人们的身体就难以适应，容易生出各种疾病。可见不宜提倡恒温恒湿，不宜提倡什么都依靠设备、什么都靠电力驱动，不宜提倡封闭式建筑。利用好建筑本体的保温蓄热遮阳功能，可以做到舒适、健康和节能兼而得之。

应使环境控制设备只在一段时间和部分空间内运行。建筑中控制环境的设备一般应该在一段时间、一部分空间内运行，人不在时要关闭一切控制环境的设备。室内有可控空调末端装置的,夏天宜将室温设定为26摄氏度或以上。办公室人员下班后或暂时离开1小时以上时应关闭房间空调末端装置,无人办公场所应将灯光关闭。有新风机组运行的空调系统的房间,不应开启外窗;室外气温适宜时,则不运行空调制冷系统,应开启外窗调节室温。阳光直射时应把遮阳设施关闭以减少空调负荷,冬季晚间也应关上遮阳设施以减少采暖负荷。

(五)财政补贴和税收优惠

在既有建筑节能改造的过程中,财政补贴政策和税收优惠政策都能发挥激励投资者参与既有建筑节能改造的作用,但这两种激励政策发挥作用的性质、方式和市场环境等不同,会产生不同的激励效果。根据前面的政策分析可知,在建筑节能市场起步阶段,政府要更多地运用财政补贴政策,以便启动既有建筑节能改造;在建筑节能市场成熟阶段,政府要更多地运用税收优惠政策,最大化地调动投资者参与既有建筑节能改造的积极性(刘玉明、刘长滨,2010)。

启动节能改造工作,要做好调查研究、改造规划和实施方案。近期既有建筑节能改造的重点,是政府机构建筑和公共建筑,首先是能耗很高的大型公共建筑以及城市采暖居住建筑。应以一个热源或热力站所覆盖区域为单元,对其进行统一规划和设计,同步实施供热管网、室内采暖系统以及建筑围护结构的节能改造。没有条件成区域同步实施改造的,也应尽量对成片的建筑同步实施建筑围护结构和室内采暖系统的改造,并对该片建筑的供热管网增加调控功能。大城市尤其是特大城市应该在建筑节能改造工作中起表率作用。

建筑节能改造的主要难点,在于改造资金数额巨大且由谁出资改造并不明确。既有公共建筑节能改造的资金原则上应由该建筑业主自筹解决。既有居住建筑节能改造资金的来源,一般以国家补贴与地方补助为主,由住户负担一小部分,关键在于国家和地方财政要下决心支持既有建筑节能改造,设立专项资金,其数额应能满足建筑节能改造规划的需要(涂逢祥等,2010)。

建筑节能改造应尽可能按节能标准一步改造到位,也可选取节能改造效益大、便于实施的部位先进行,但该改造的部位应该达到节能标准的要求。经过局部改造的建筑,在随后进行装修或维修时,应结合进行有关部位的节能改造。住宅建筑节能改造中住户的支持与配合是改造顺利进行的保证,改造中做好群众工作特别重要。

供热系统节能改造可用高效锅炉更新落后锅炉,锅炉房可加设气候补偿器、集中自动控制、烟气冷凝热能回收、分时供热装置,并安设必要的平衡阀和楼前热量表。

供热系统节能包括:将热源分为主热源和调峰热源,二者依据最佳调峰系数进行容量匹配,根据室外温度的变化调整供热量,以提高热源运行效率;加强管网保温,减少管网补水损失,消除管网的失调问题,以提高管网输送效率;合理设置水力平衡设备或采取新的平衡技术,以保证供热系统管网平衡;采用气候补充技术,按需供热,以提高供热系统调节能力。

空调系统的运行节能包括:根据空调负荷变化规律,调配冷水机组运行,使其在高能效区工作;因地制宜地采用冰蓄冷系统,削减电网高峰用电量。照明系统的节能首先是尽量利用好自然光；电光源照明节能，主要是推广使用光效高、寿命长、显色性好、安全和性能稳定的光源，逐步减少普通白炽灯的使用比例，并规定淘汰期限；尽量采用自动开关控制照明系统；保持照明灯具的清洁。

要建立完善既有大型公共建筑的运行节能监管体系，设立能源管理经理作为建筑运行和维护的主要负责人。国外的建筑能效基准评级体系值得借鉴。

要重视建筑行为节能，为争取身体健康和生活舒适，应尽可能采用人工调节室内小气候，而不要完全依靠机械和能源。

（六）"深圳行动"

在珠三角既有建筑的低碳化改造行动中，深圳的做法最具有代表性和示范性。市墙改基金投入110万元开展建筑能耗统计工作，完成约1.8万栋建筑2007年和2008年上半年的能耗统计工作。市建设局完成50栋国家机关办公建筑和大型公共建筑节能监管的实时监测设备安装，完成360栋建筑能源的审计工作。

2009年，深圳市出台《深圳市既有建筑节能改造实施方案》（深府办〔2009〕88号）（简称《方案》）。《方案》提出，要选择能耗高、改造效益好的国家机关办公建筑、大型公共建筑、中小型公共建筑和部分居住建筑开展建筑节能改造示范，政府对示范项目采取全额投资或补贴、奖励等方式予以支持。政府投资建立国家机关办公建筑和大型公共建筑节能监管体系，开展建筑能耗统计、审计、公示，建立用电分类计量和实时动态监测系统，对能耗超过定额标准50%的实行强制改造。

要建立深圳市既有建筑节能改造项目库。将市和区两级党委、人大、政府、政协及法院、检察院等国家机关的办公建筑和能耗排前5名的大型公共建筑，列入节能改造项目库，率先实施节能改造。2009年列入建筑节能改造示范项目的包括3类：一是市政府确定的36个大运会体育场馆维修改造项目，在原维修改造的基础上增加建筑节能改造内容；二是从国家机关办公建筑、政府保障性住房、学生宿舍、医疗卫生建筑中确定建筑节能改造的具体项目，首批改造项目包括市民中心、市委办公楼、市府二办、市中级人民法院、市公安局指挥中心、市少年宫和水源大厦；三是结合福田区城中村环境综合整治工程增加建筑节能改造内容，对4万平方米既有居住建筑进行节能改造。预计2010年底完成国家机关办公建筑和大型公共建筑100万平方米的改造任务后，可以实现节电20%，每年实现平均耗电量降低20度/平方米，节电2000万度，折合6200吨标准煤。

与《深圳市既有建筑节能改造实施方案》相配套，深圳市在建筑物能效标识制度方面，发布了《深圳市民用建筑能效标识技术规程》《深圳市建筑能效标识管理办法》《深圳市建筑物屋顶实施绿化管理规定》《深圳市民用建筑用电超定额征收用电附加费管理规定》。

在用电超定额征收用电附加费制度方面，市墙改基金已投入110万元开展建筑能耗统计工作，已完成约1.8万栋建筑2007年和2008年上半年的能耗统计工作。市建设局已完成50栋国家机关办公建筑和大型公共建筑节能监管的实用监测设备安装，已完成360栋建筑的能源审计工作。市政府正加快建筑能耗审计、能源审计和监测工作的进

度，为制定用电定额提供技术支持。

另外，深圳市建设部门着手按照《深圳市专项资金管理办法》规定申请设立建筑节能发展专项资金，市财政将为建筑节能发展专项资金的设立提供绿色通道，初步确定首批资金为3000万元。

五、可再生能源在建筑中的应用

在建筑中利用好太阳能等可再生资源，减少常规能源的使用，是节约化石能源、保证能源供应、缓解气候变化的需要。我国的太阳能资源丰富。太阳能光热转换效率较高，目前，太阳能利用的主要途径是热利用，其中以利用太阳能供热水和采暖最为经济、简便。

太阳能热水器是直接利用太阳能的有效途径。在各种可再生能源技术中，太阳能热水器在我国市场化程度最高、应用最广、发展最快。国产太阳能热水器的性能和质量已达到国际先进水平。目前以生产真空管式热水器为主，中国生产的全真空管式热水器占全球市场的主导地位。低层建筑和农村建筑、城市多层住宅，宜积极推广应用太阳能热水器。近年来，太阳能热水器与建筑一体化工作取得进展，还需要把住宅太阳能热水系统的整合设计工作进一步做好。

最经济合理地利用太阳能的建筑，是不需要使用机械设备和动力的被动式太阳房，其应用也最为广泛。被动式太阳房的围护结构要加强保温隔热，窗户要设保温和密闭性能良好的窗帘或窗板，室内要有足够的重质材料蓄存热量。被动式太阳房有直接受益式、集热蓄热墙式、附加阳光间式、屋顶蓄热式等类型。在太阳能丰富的农村牧区应大力推广。

主动式太阳房需要电作为辅助能源，可以用热水集热式地板辐射采暖兼构建生活热水供应系统、热风集热式供热系统、太阳能空调系统等，可在经济较为发达的地区建造。

太阳能光伏发电是通过利用光生伏打效应原理制成的太阳能电池将太阳辐射能直接转换为电能的发电系统，有良好的发展前景。光伏发电是解决我国边远地区居民用电问题的重要途径。由于光伏发电成本过于高昂，当前不适宜在建筑密度很高的城市建筑中大力推广以取代常规能源。为发展光伏发电事业，财政资助应集中在科学研究和技术创新突破上，争取尽早大幅提高光伏发电的转换率，延长其寿命，降低其成本，为其大规模推广应用创造条件。

浅层地热能储量巨大、分布广泛且四季温度适中。浅层地热的采集主要有打井抽取地下水和地埋管等方式。采用地源热泵技术，可以将地层内的低位热，经过电力做功，输出可被人们利用的高品位热能，在冬季向建筑供热，在夏季则向建筑供冷。现在地源热泵发展势头很好，为了做到经济合理，要事先做好周密的勘察和设计，做好技术经济分析。采用打井抽取地下水方式时，要确保地下水得到回灌并不被污染，还要充分考虑地下的冷热量平衡，保证系统能够长期正常使用。在大、中城市中大规模

第四章 低碳建筑

开发利用地热资源要注意从规划的角度做好与地下空间利用的协调。

当今世界，已处在从化石能源时代向可再生能源时代转变的转折点，发达国家和一些发展中国家已把发展可再生能源作为占领未来能源领域制高点的重要战略措施。在建筑中利用好太阳能等可再生能源，减少常规能源的使用，既是节能减排、缓解气候变化的需要，也是保证能源供应、实现国家能源战略的一个重要环节。可再生能源在我国建筑中的应用正在快速发展，并有极为广阔的前景。

可再生能源是指可以重复产生的自然能源。可再生能源的特性有：可供人类永续利用而不枯竭；属于绿色能源，环境影响小，大部分技术容易为公众所接受；资源丰富，分布广泛，可就地开发利用；能源密度低，大都是周期性供应，开发利用需要较大空间；初投资较高，但运行成本低，对常规能源价格变动的反应比较敏感；分散的小型设备经济可行，可采用组合式结构，建设周期短；劳动密集程度较高，有利于扩大内需，提供就业机会。这些特性使可再生能源在建筑中得到广泛应用。用于我国建筑中的可再生能源种类有：太阳热水器、太阳房、太阳灶、光伏发电、地热采暖、地源热泵、温泉洗浴、小水电和微水电、生物质能直接燃烧（秸秆和薪柴）、户用沼气池和大中型沼气工程、秸秆气化、生物质成型燃料、用户风力机等。

2010年10月，广东省人大常委会审议通过了《广东省民用建筑节能条例》，对珠三角在建筑中应用可再生能源起到了积极的引导和推动作用。该条例鼓励在民用建筑中使用可再生能源，政府投资的新建项目应带头利用太阳能及其他可再生能源。条例还明确有关政府应合理安排民用建筑节能资金，用于支持可再生能源的应用，并引导金融机构对可再生能源应用等项目提供支持。

在可再生能源在建筑中的应用方面，珠三角以可再生能源产业和绿色社区建设最为有特色。在可再生能源产业方面，江门市利用沿海岛屿丰富的风能资源，重点建设了台山市上、下川岛风电场，开发、利用风能、潮汐能等清洁能源；扩大发展了以地热能源、太阳能等能源为主的建筑节能产品，重点发展潜水式地源热泵冷暖空调系统、太阳能热水系统、新型节能墙体和屋面的保温、隔热技术与材料，加大了太阳能、风能等可再生能源应用技术的研发和推广力度；利用江门市以半导体照明、荧光节能灯为代表的新兴绿色光源产业的现有基础，构建了半导体绿色照明产业链，形成下游封装和应用企业的集聚效应；在江门市高新技术开发区规划、建设绿色（半导体）产业基地核心园区，重点发展以太阳能电池为核心技术的光伏发电产业，把LED产业建设成江门市的龙头产业之一，使江门市成为国内重要的LED产业研发、检测、生产基地。

在新能源和可再生能源应用方面，2009年7月1日，广州市政府常务会议讨论并原则性通过了《广州市新能源和可再生能源发展规划（2008—2020）》。根据该规划，广州市将重点发展太阳能、热泵技术、水电与风电、生物质能、交通可替代能源、对外投资新能源发展项目、新能源装备制造业七大重点领域，并推进核电装备、新能源汽车和固体废弃物焚烧发电、生物质燃料、风力发电、太阳能利用设备制造业的发展，同时全力打造绿色亚运城工程、新能源社区建设工程、新能源商务区改造工程、新能源公交工程、新能源装备产业培育工程、循环经济示范城市创建工程等十项利用新能源与可再生能源的重点工程，力争到2020年，广州市新能源开发和利用量达到每年1200万吨标准煤左右，在全市能源消费总量的比重达到15%左右，届时新能源总产值有望可达到4000亿元，在新能源开发利用、设备制造、技术研发和相关配套及服务等方面为社会提供50万个就业岗位。

在太阳能实际应用市场方面，主要分为家用和工程两大类。珠三角地区家用太阳能产品的普及率较全国平均水平低，而工程市场的应用情况则是全国最高的，且在工程设计、施工、配套完善程度等方面均处于国内领先、国际先进水平，较国内平均水平领先至少5年。造成珠三角太阳能光热利用与全国差异较大的因素主要有气候、生活习惯、经济发展特点、消费理念、规模效益等。从行业来讲，工程类太阳能中央热水系统主要为学校、医院、工厂集体宿舍、部队营房、酒店、宾馆、桑拿、沐足等行业的提供生活热水，也包括游泳池、水疗馆循环水恒温以及工业企业生产用热水、工业产品、农副产品干燥用热，过去10年间太阳能光热产品在热水供应方面为相关用户创造了良好的经济及社会效益，太阳能生产安装企业也积累了丰富的设计安装等经验。

在光热应用方面，要实现太阳能光热产品达到类似建筑构件的作用并与建筑有效结合，同时能为建筑提供所需热水。近几年，珠三角地区万科地产、雅居乐、深圳公务员小区、东莞建设局节能示范工程等项目都进行了太阳能与建筑结合方面的工程实践，除深圳在建筑设计阶段就考虑相应配套设计外（也因产品选择不成熟，没达到预期效果），其他项目基本按照以往将太阳能设备安装在天面或屋顶的方式实施，距离真正意义上太阳能与建筑结合还有不小的差距，太阳能与建筑结合，要求太阳能系统设计与建筑设计同步进行，需要综合考虑，使太阳能成为建筑的一部分，为建筑增添色彩，这方面对太阳能行业、建筑业都是一个新的挑战。

在推动建筑生态化和生态小区建设方面，珠三角各市纷纷对现有街区和建筑进行生态化改造，最大限度地利用太阳能、风能。

第五章

低碳交通

第五章 低碳交通

> 交通运输业的发展面临着能源紧缺和大气污染问题的双重挑战。低碳交通旨在通过结构调整、技术改进、制度创新、新能源开发等多种手段，充分提高交通运输效率，实现交通运输领域全行业各环节的低碳发展。珠三角都市群在交通低碳化方面存在的问题突出体现在：交通量大，但综合运输体系协调性差；物流需求旺盛，但物流系统水平亟待提升；信息化和智能化运输管理已迈出新步伐，但整体仍然较为薄弱；居民生活水平显著提高，出行也越来越依赖现代化的交通工具。
>
> 在低碳时代，珠三角都市群亟须增强交通统筹发展的理念，大幅提升智能交通系统的建设水平，加强车辆、道路、使用者三者之间的智能化联系。要推进珠三角交通一体化，打造以轨道交通为骨干、以地面公交为主体、多种交通方式协调运转的低碳交通系统，实现多种交通方式的"无缝对接"和"零换乘"，打造全覆盖的集约化出行网络。要推行公交先行战略，重视提供充足、优质的公共交通。要优化供应链模式、创新供应链成本管理，建设低碳物流系统。要倡导在出行中主动采用能降低二氧化碳排放量的交通方式。要引导和鼓励消费者购买和使用环保型小排量汽车和新能源汽车。要推广节能与新能源汽车。要倡导绿色货运行动。要在基础设施建设项目中推广节能技术和产品。

交通运输业是国民经济的重要基础产业部门，同时也是节能减排的重点行业。《珠江三角洲地区改革发展规划纲要（2008—2020年）》提出，珠江三角洲地区要大力推进交通基础设施建设，形成网络完善、布局合理、运行高效、与港澳及环珠江三角洲地区紧密相连的一体化综合交通运输体系，使珠江三角洲地区成为亚太地区最开放、最便捷、最高效、最安全的客流和物流中心。因此，发展以高能效、低能耗、低污染、低排放为特征的低碳交通，成为珠江三角洲地区落实科学发展观，建设资源节约型、环境友好型社会的重要方面。

一、珠三角都市群交通发展面临的资源环境挑战

交通运输业是社会经济活动中人流和物流的纽带。随着经济和科技的发展，各种运输方式承担的客货运输量均迅猛增长。中国交通能耗约占社会总能耗的20%，并且正在逐年上升。如果不能有效控制，未来中国交通能耗比重将进一步提升，或如发达国家一样，交通能耗占全社会能源消耗的三分之一左右。面对国际能源地缘政治格局和世界石油市场的重大变化，我国石油资源的竞争压力将大大增加。

珠江三角洲地区是我国重要的中心经济区域，交通运输业能否支撑未来高速增长的经济成为社会各界共同关心的课题。

珠三角都市群的交通除消耗大量的化石能源外，还排放出海量的废气，造成大气环境污染。相关计算显示，即使取最低的排放因子计算，珠三角都市群2008年二氧化

碳、二氧化硫和氮氧化合物的总排放量仍然已经高达3466.19万吨、0.24万吨、11.31万吨，并且这些气体的排放量还在逐年上升。

二、交通低碳化理念

（一）适应可持续发展的交通模式

控制温室气体排放，减缓全球气候变化，特别是低碳经济的概念提出后，人们把减碳的目光投向交通的低碳化。作为人类生存和社会经济发展重要工具和载体的交通运输业，同时也是温室气体的重要排放源（Shladover，1993；熊焰，2010）。它是仅次于电力行业的全球第二大碳排放行业（宿凤鸣，2010）。

低碳交通属于一个需要不断追求并逐步接近的终极目标，其实现过程成为人类动态追求社会经济发展与交通低碳化平衡点的过程，它也因此被认为是人类低碳发展方向下交通领域体现出的一种新发展理念。

尽管低碳交通具有低能耗、低污染和低排放的特点，但人们对低碳交通仍未形成统一的概念。特别是发展阶段的差异等因素导致了各国对低碳交通的评价存在不同的衡量标准。在前人的研究基础上，本书认为，低碳交通是指在实现社会经济的可持续发展和保护人类生存环境的理念指导下，根据各种交通运输方式的技术特性和社会经济特征，通过结构调整、技术改进、制度创新、新能源开发等多种手段，实现交通运输效率充分提高、交通运输结构优化调整、交通运输组织管理科学有序、交通运输需求合理发展的目标，尽可能地减少交通运输领域的高碳能源消耗，减少温室气体排放，最终实现交通运输领域全行业各环节的低碳发展。上述理解与绿色交通存在很多相似之处，但低碳交通的目标较绿色交通更明晰。低碳交通更加注重减少温室气体（greenhouse gas，GHG）的排放，重在强调采取各种措施减少交通运输产生的二氧化碳排放量。

可见，低碳交通是人类追求人与自然和谐发展而体现在交通运输领域的最终目标，是一种适应社会可持续发展的交通模式。在推行"低碳经济"的背景下，控制规模和提高效率无疑是实现交通运输业低碳化的两个重要方面。以高能效、低能耗、低污染、低排放为特征的"低碳交通"发展成为实现"低碳经济"的重要方面。

（二）智能交通

交通供给达到一定水平后，出现了交通拥堵这一社会问题。供、需也就成为交通领域存在的重要社会矛盾。于是，人们试图从供、需这一交通矛盾的两个方面着手解决问题，通过减少城市中小汽车的数量、提高泊车收费、发展高承载率的公共交通等来实现对交通需求的控制。这也有助于减少交通二氧化碳排放，因而在低碳时代，被认为是实现低碳交通的重要途径之一。

智能运输系统（intelligent transportation systems，ITS）于1990年由日本人提出。

1994年开始全世界统称为ITS（García-Ortiz et al.，1995；徐中明和贺岩松，2001）。它的前身可以追溯到20世纪60年代末美国提出的"智能车—路系统（intelligent vehicle highway systems，IVHS）"。

智能运输系统是人们探索提高交通运输效率的成果，代表着一种全新的理论和思维方式，因此很快便得到各国的赞同并迅速被推广采用。为了发展智能交通管理系统，许多国家非常重视先期的规划和标准制定工作，通过制定科学的发展规划确定ITS的发展方向、内容和目标等。到20世纪末，美国（ITS America，美国智能交通协会）、欧洲（ERTICO，欧洲智能交通协会）、日本（ITS Japan，日本智能交通协会）已成为世界ITS研究的三大基地。其中，美国注重ITS安全设施的建设，日本注重ITS诱导设施的建设，欧洲注重ITS基础平台的构建。其他一些国家和地区的ITS注重示范工程的建设（李峰，1999；朱玲，2002）。进入21世纪后，澳大利亚、韩国、新加坡等国对ITS的研究也已经初具规模，以"保障安全、提高效率、改善环境、节约能源"为目标的ITS概念逐步在全球形成。

可以认为，目前的智能交通系统是一个多学科和多技术的大型综合化系统工程，它将先进的信息技术、计算机网络技术、人工智能技术、定位导航技术、数据通信技术、电子传感器技术、图像处理技术、自动控制技术、运筹管理学等有效地综合运用于交通运输管理体系，加强了车辆、道路、使用者三者之间的联系，从而实现交通运输服务和管理的智能化。据此，智能交通系统实现了大范围、全方位、实时、准确、高效的综合交通运输管理（陆化普、史其信，1997；张侠，2007）。它又可以被进一步细分为先进的交通管理系统ATMS、先进的旅行信息系统ATIS、先进的车辆控制系统AVCS、商业车辆运作系统CVOS和先进的公共运输系统APTS五大功能模块（李文举，2005）。

ITS有两个含义，一个是智能技术，另一个是交通技术，其核心是智能技术，智能技术的基石是电子、通信、计算机、人工智能、数据库、运筹规划等先进的技术手段。借助这些技术手段，可以得到和提供道路交通的全方位信息，从而进行科学的管理，实现高效合理地利用道路交通资源，及时测报和防范交通隐患，促进交通管理和城市安全的现代化。

总体来看，智能交通系统是现代科技手段在交通领域的具体表现，是以缓和道路堵塞、减少交通事故、提高道路使用者的舒适度为目的，利用高科技信息通信技术创新的交通系统的总称。它是一个多输入、多输出、多干扰、多变量的复杂巨系统（陆化普和朱茵，2003），其在一个简单的物理集成基础上更多地通过有效的方法或手段，实现高效的有机集成，直至实现人们所期望的真正的信息融合。因而智能交通具有复杂巨系统的特征：规模庞大的系统由大量的处于多重宏微观不同运动形态层次和不同特征的元件、部件或子系统组成；结构复杂，其各元部件或子系统之间存在动态的耦合作用和非线性关联关系，且往往还由于有人的参与而包含人—物、物—物、物—人等多种复杂关系；功能综合目标多样化，且其中某些目标之间还可能存在矛盾冲突或相互克制；因素众多系统所处的内外环境十分复杂、时空分布变化明显，所受的干扰和影响较多；信息分布范围广阔，信息空间巨大。随着科学技术的发展，ITS本身也在迅猛地发展，未来的ITS无疑是一个动态的不断发展的系统。事实表明，单纯依靠交通基础设施建设解决交通问题，不但不能完全满足交通需求，还占用和消耗了大量的土地燃油等资源，并造成汽车尾气排放量剧增，给环境带来了恶劣的影响。

自1994年巴黎第一届智能交通系统世界大会以来，各国政府和有关组织从不同角度对ITS的评估表明，ITS为人类社会创造了显著的社会经济效益。总结起来，ITS产生的社会及经济效益除提高交通安全性外，还突出体现在提高交通运输能力（廖永和，2010；王笑京等，2004；张迎春、黄志红，2009），即增加交通的机动性，提高运营效率，提高道路网的通行能力，提高设施效率，调控交通需求。ITS的应用极大缓解了交通拥挤，节约了交通使用者的出行时间。ITS通过提供各种有选择的信息服务，可大大减少行车延误，实现道路资源的高效率使用。此外，ITS可以大幅改善交通环境，减轻堵塞，降低了汽车运输对环境的影响。

（三）其他国外经验

以美国环保局始于2004年的SmartWay计划为代表的低碳化绿色货运已经取得了很好的示范效果。该计划由美国环保局与运输物流领域企业合作并最终由非盈利机构来运作，通过SmartWay认证的方式，鼓励企业购买通过认证的货车及其他配件，从而达到保护环境、减少燃油消耗、改善空气质量、减少温室气体排放的效果。自开展以来，该项目仅2008年就实现了二氧化碳减排600万吨。

欧洲、澳大利亚、日本等地纷纷出现了SmartWay的姐妹篇，如澳大利亚的SmartWay，法国的Objectif CO_2，加拿大的Fleet Smart，墨西哥的Transporte Limpio等。这些项目均在不同程度上降低了所在国家或地区货运行业的碳排放。

在智能交通方面，美国、日本和欧洲等发达国家已经相当成熟。

美国是世界上最早研究智能交通的国家（Chen and Ervin，1990；Zito et al.，1995），在智能交通管理领域独树一帜。美国联邦公路署计划投入专项资金，结合国家地理信息系统（geographic information system，GIS）的开发应用，重点研究运用GIS和GPS实现公路运营的智能化管理技术。目前，全国已经建立起相对完善的车队管理、公交出行信息、电子收费和交通需求管理四大系统及多个子系统和技术规范标准。其中发展较快的分别是：车辆安全系统（占51%）、电子收费系统（占37%）、公路及车辆管理系统（占28%）、实时自动定位系统（占20%）、商业车辆管理系统（占14%）。

日本十分注重ITS诱导设施的建设。日本建设省组织了以丰田公司为首的25家公司联合研究开发自动公路系统（automated highway system，AHS）。近几年，日本还投入15亿日元开发了全国公路电子地图系统，打开了车辆电子导航市场，已经有近400万套车内导航系统在市场上应用。针对人多地少、城市道路狭窄、两侧高楼林立形成的城市峡谷对GPS信号的遮挡，日本采用了信标作为信息发布的重要手段，并开发了双向信标设备，这在世界上独树一帜，处于先进水平。目前，日本的ITS建设主要集中在交通信息提供、电子收费、公共交通、商业车辆管理以及紧急车辆优先等方面。

欧洲国家注重ITS基础平台的构建，目前正在进行Telematic的全面应用开发工作，计划在全欧洲范围内建立专门的交通（以道路交通为主）无线数据通信网。ITS的主要功能如交通管理、导航和电子收费等都围绕Telematic和全欧无线数据通信网来实现，开发了先进的旅行信息系统（advanced traveler information system，ATIS）、车辆控制系统（advanced vehicle control system，AVCS）、商业车辆运行系统（advanced commercial vehicle operations，ACVO）、电子收费系统等方面。

韩国耗资100亿韩元，在光州市开展了ITS示范工程建设。该项目选取了交通感动态线路引导系统、自动化管理系统、即时播报系统、电子收费系统、停车预报系统、动态测重系统、ITS中心等9项内容，并以此验证ITS在韩国的适用性。目前已基本普及车辆位置跟踪系统（automatic vehicle location system，AVLS），物流、宅送和货运（chief visionary officer，CVO）管理信息系统。这些系统能够通过电子地图的控制中心和车辆通过数据通信掌握车辆的位置、货物负载情况、移动路径等有关信息，提高车辆的运营效率和减少运营的费用。

新加坡的ITS建设集中在先进的城市交通管理系统方面。该系统除了具有传统功能，如信号控制、交通检测、交通诱导外，还可以用电子计费卡控制车流量。在高峰时段和拥挤路段，ITS还可以自动提高通行费，实现合理控制道路使用效率。

上述发达国家积累的经验具有重要的参考价值。

三、珠三角都市群的交通低碳化行动

近年来，珠三角都市群针对高能耗、高排放的状况，在交通运输领域积极探索资源节约、环境友好社会的建设途径，采取了一系列交通低碳化行动。珠三角都市群实施的低碳交通实践主要包括以下七方面。

一是打造珠三角交通一体化。针对珠三角地区交通建设和运输明显存在不同运输方式和不同行政区域各自为政、资源分散的问题，由省统筹打破行业条块分割和行政区划限制，打造珠三角交通一体化。具体行动包括：规划一体化、交通运输一体化、交通基础设施建设一体化、城乡交通一体化、交通管理一体化。近年来，先后建设了莲花山大桥和深圳至中山过江通道，增加了珠三角东西两岸连接通道；推进了珠三角交通一卡通，整合了珠三角跨区域公交运输资源。此外，认真研究区域内公路客运班线集约化、公交化经营改造政策，注重城际客运与城内客运、城市交通与农村客运之间的无缝衔接；在珠三角区域内建设了高速公路网、轨道交通网、高等级航道网"三大网络"和集装箱运输、能源运输、航空运输"三大系统"，构筑了网络完善、布局合理、与港澳紧密相连、适度超前的交通基础设施一体化体系。

二是推行公交先行战略。一方面，政府在充分利用公共交通基础设施资源的同时高度重视公道配置和公共交通配套设施建设等。另一方面，政府在鼓励市民采取绿色交通方式出行的同时高度重视提供充足、优质的公共交通及实行低票价政策（使用超过一定次数后即可享受优惠）。

三是推动快速公交系统（bus rapid transit，BRT）建设。BRT是一种介于快速轨道交通（rapid rail transit，RRT）与常规公交（normal bus transit，NBT）之间的新型公共客运系统，是一种大运量交通方式。相关经验表明，快速公交系统是一种高品质、高效率、低能耗、低污染、低成本的公共交通形式，它采用专用路权、智能化的运营管理系统、面向乘客需求的线路组织、先进的交通车辆和高品质的服务设施和专用道路空间来实现快捷、准时、舒适和安全的服务。在广州市，目前已完成建设广州中山大道BRT线，该系统是一个独特的城市客运系统，在利用现代化公交技术的基础上配合了智能交通和运营管理，通过开辟公交专用道路和建造新式公交车站实现了轨道交通运营服务达到轻轨服务水准。与地铁相比，广州的BRT每公里造价为3157万元，建设投入平均为地铁的十分之一，建设周期为地铁的三分之一至四分之一。

四是建设城市轨道交通。广州城市轨道交通的地铁一号线于1993年底破土动工，尽管它相对国内其他拥有运营轨道交通的几大城市起步都较晚，但"十五"以来的地铁发展速度不断加快。自1999年地铁一号线全线开通试运营以来，2003—2005年间又先后开通了地铁二号线、三号线、四号线大学城专线和二号线延长线。至2010年，广州市的轨道交通总里程达200多公里。广州市新一轮的轨道交通规划在加强城市外围与中心城区联系的同时，着力提升中心城区轨道交通的服务水平，加密中心城区线网，同时支撑中心城区与萝岗、番禺、南沙、花都、增城、从化的互联互达。与此同时，为贯彻《珠江三角洲地区改革发展规划纲要（2008—2020年）》，广州市预留了与城际轨道交通及周边城市轨道交通的对接条件，增强了线网的开放性。规划在2010年线网基础上，2020年线网总里程达到677公里。深圳、佛山等市近年来也加快了城市轨道交通的建设，广州和佛山的城市轨道交通还实现了无缝对接。

五是发展城际轨道交通。珠三角都市群规划建设以广州、深圳、珠海为主枢纽，覆盖区内主要城镇，与城市轨道交通"零距离换乘"的"三环八射"城际轨道交通网络架构。2008年12月，穗莞深城际轨道交通项目正式开工，起点为广州地铁5号线鱼珠站，在广州境内经庙头、开发区；在东莞境内经麻涌、洪梅、沙田、厚街、虎门、长安等镇；在深圳境内经松岗、沙井、福永、机场北，终点为深圳机场（预留至福田中心区条件），线路全长86.62公里，总投资196.9亿元。穗莞深城际轨道是沟通广州、东莞、深圳三市的快速交通通道，对珠三角地区乃至全国探索城际轨道交通建设将起到重要的示范作用。开发了西江黄金航道的水运。素有"黄金水道"之称的西江航运干线是指南宁至广州航道，它和长江干线并列为我国高等级航道体系的"两横"。在西江沿岸，广州、深圳、珠海、佛山、江门、东莞、中山的经济发展位居广东前列，而梧州、贵港、南宁的经济发展居于广西前列。因此，西江黄金航道对于构建现代综合运输体系，调整优化沿江沿河地区产业布局，促进节能减排和区域经济协调发展具有重要意义。泛珠江三角洲经济区启动以来，广东省人民政府加大力度实施西江航运干线扩能工程，推进珠江三角洲高等级航道网建设，使珠三角都市群成为我国内河水运最发达的地区。利用建设西江黄金航道的契机，佛山、肇庆和江门等地均加强了的水运建设力度，发展沿江经济产业带。地处西江下游的江门市依托资源优势，大力发展临港经济，建立了依托潭江、西江、崖门出海航道形成的银洲湖经济区，数十家世界500强企业和大型跨国公司在此投资，一个以钢铁、石化、食品、纺织、造纸为主的新型临港制造业基地和现代物流基础正在形成。

六是完善高速公路路网建设。近年来，广东省加快高速公路建设，完善珠三角高速公路路网，打造珠三角一小时都市生活圈。目前，大珠三角、泛珠三角的高速公路骨架网已经初步成型，并不断完善。广东省人民政府批准的《广东省高速公路建设规划方案》提出，再经过30年左右的时间，广东省要建成规模适当、布局合理、具有较高通达性和较高服务水平的高速公路网络，达到并有部分指标超过发达国家目前的水平。全省高速公路网规划布局方案是：以"九纵五横两环"为主骨架，以加密线和联络线为补充，形成以珠江三角洲为核心，以沿海为扇面，以沿海港口（城市）为龙头向山区和内陆省区辐射的路网布局。全省高速公路网总规模将达到8800公里，其中珠江三角洲约3500公里，高速公路网布局总体上呈网格状，在珠江三角洲、东西两翼和区域中心城市周围以环线和放射线形式加密。

七是倡导绿色货运行动。广东省以及珠三角都市群各市近几年来，积极推行顺应低碳交通的节能减排措施。2009年以来，广东省在世界银行、亚洲城市清洁空气行动中心（CAI-Asian）、美国SmartWay的帮助下，首先在广州进行了绿色货车技术的试点。在此基础上，根据广东省绿色货运发展思路，通过与世界银行及CAI-Asian有关专家研讨，确立广东省绿色货运项目的组成及内涵，即广东省绿色货运项目由"三个示范、两个支持、三项措施"组成，即开展绿色货车技术示范、甩挂运输组织示范、物流交易信息平台示范；提供广东省道路货运公共信息平台、绿色货运政策研究支持；落实培训政府官员和企业经理、宣传和推介绿色货运概念和项目成果、跟踪监测和评估项目成果三项措施。

尽管珠三角都市群在交通低碳化方面付诸不少行动，但在实践过程遇到不少政策、经济、技术等方面的问题和缺陷，突出体现在如下方面，亟待今后改进。

一是综合运输体系有待协调发展。2010年，广东全省的高速公路通车里程约5000公里，其中珠江三角洲达到3000公里，出省通道总数约20条。珠三角拥有众多的公路、桥梁、港口和航道，广州、深圳、珠海等地交通枢纽建设取得显著成效，珠江航道、沿岸港口及内陆河流的航运设施得到进一步加强，港口的各种配套设施不断完善，但综合运输体系仍然十分薄弱，有待进一步协调发展。公路与船舶、铁路、民航之间的协调运输远不能满足珠三角都市群日益增长的运输需求。对珠三角都市群而言，由于综合运输体系发展不到位，经常出现为了完成一定的货运工作需要从异地调派运输工具，从而造成车辆空载引发的能耗、排放和交通压力。实践表明，各种运输方式的统筹规划，多元化货物间的配送协调，可以大幅减少返程空载和载货不满等情况，对节能减排和减小交通压力都有重要意义。综合运输体系的构建需要强化和完善区域协调机制，统筹区域内公路、铁路、航道、港口、机场、城际轨道交通等重大基础设施布局规划。

二是现代物流业有待提升。珠三角都市群的物流需求及增长一直非常旺盛，它需要港口、车站结点的支撑，需要交通运输在供应链中提供延伸服务和增值服务。目前，城市中心区已经建立相对较好的物流体系，但它们并不能满足现在城市的扩张和经济发展的速度。应加强统筹规划，完善物流网络布局，合理科学规划货运站场和物流中心，在珠三角都市群乃至全省范围内形成布局合理、衔接顺畅的物流网点；强化现代物流技术的研发和应用，推动物流信息公用平台、物流在线服务平台等建设，促

进物流资源的整合，都是十分重要的。

三是信息化和智能化运输管理是薄弱环节。目前珠三角都市群的公路、铁路、航道运输中的信息化和智能化程度都比较低，特别是由于社会诚信缺失，信息配载成功率较低，企业建立的以盈利为目的货运信息交易平台无法充分发挥应有作用。应加强以高速公路客运为骨干的现代客运信息系统、客运公共信息服务平台、货运信息服务网和物流管理信息系统建设，促进客货运输市场的电子化、网络化，实现客货信息共享，是提高运输效率、降低能源消耗的重要方面。

四是节能技术和产品的使用和研发存在明显不足。珠三角都市群的交通基础设施规模大，交通运载系统多，但没有形成规模化应用各种节能技术和产品的优势。节能路灯、太阳能技术等产品和技术的引入程度不高，LED灯具照明、太阳能、风能在交通机电工程及隧道安全设施中的应用稀少。节能减排的研发力度不足也是重要的方面。目前在组织实施符合资源节约、环境友好理念的交通运输科技投入明显不足，包括在公路节能减排与材料循环利用技术、城市公共汽车节能技术、水运环保与节能减排应用技术等重点领域的科技攻关，以及交通运输行业的节能减排统计、监测和考核体系研究，推广港口"油改电"技术、生态环保、太阳能及风能应用技术项目等。

五是推行低碳政策的力度不足。公路运输行业的政策推行主要涉及相关法规政策的建立和监督两个方面。法规政策的建立对行业的规范有重要的意义，它对后期的监管工作有着非常重要的导向和保障作用。实践表明，尽管公交先行的策略、BRT建设、轨道交通、高速公路网、绿色货运等措施已经推行，但这些都急需政府的支持和补贴，否则很难运行下去。加强相关政策的建立和执行，对引导交通运输行业向节能减排和低碳方向发展，对推动交通运输行业向"资源节约、环境友好"型发展模式转变的意义非常重大。

最近，在广泛借鉴发达地区发展经验、总结珠三角地区实践的基础上，珠三角各市纷纷制定绿色发展、低碳发展总体规划。例如，广州市编制了《广州市绿色经济发展规划纲要（2010—2020年）》，江门市编制了《江门市发展低碳城市战略规划（2010—2020年）》。这些规划都把绿色、低碳交通列为重点内容。《广州市绿色经济发展规划纲要（2010—2020年）》提出，要构建以轨道交通为骨干、以地面公交为主体、多种交通方式协调运转的绿色交通系统，实现多种交通方式的"无缝对接"和"零换乘"。应引导和鼓励消费者购买和使用环保型小排量汽车和新能源汽车。《江门市发展低碳城市战略规划（2010—2020年）》提出，要打造全覆盖的集约化出行网络，建设低碳物流系统。应按低碳要求，优化供应链模式、创新供应链成本管理、创建高效和谐的供应链伙伴关系，建成高效的弹性供应链体系。

四、提升交通低碳化水平的对策

（一）技术和建设调整

综合相关研究可知，珠三角都市群的交通低碳发展主要有如下途径。

1. 优化交通基础设施

（1）优化基础设施。面对日益上升的货运需求，亟须新一轮大发展和资源节约型、环境友好型社会建设，珠三角都市群要在低碳交通理念的指引下，加快以高速公路为重点的交通基础设施建设投入。对珠三角而言，高速公路和港口项目的建设亟须强化，高速公路的建设既可以通过提速以实现降低能耗，也可以通过缩短行程以实现降低能耗。环珠江三角洲地区的高速公路、中山至深圳跨珠江口通道、港珠澳大桥、深港东部通道、广深港高速铁路、沿海铁路、贵州至广州铁路、南宁至广州铁路，以及广州、深圳、佛山、东莞城市轨道交通等重大项目均需要加强建设投入。

（2）协调构建综合运输体系。应着力强化和完善区域协调机制，统筹区域内公路、铁路、航道、港口、机场和城际轨道交通之间的协调发展。应增强交通统筹发展的理念，充分发挥各种运输方式的比较优势，为运输需求者提供更加合理的选择机会，形成"宜路则路、宜水则水、宜铁则铁、宜空则空"的局面，从而有效降低综合物流成本，优化资源配置，提升区域竞争力。应着力构建便捷、安全、高效的综合运输体系，促进综合运输枢纽的合理布局和各种运输方式的优势互补，逐步实现各种运输方式"无缝衔接"。在交通设施硬件建设的过程中，要推进综合运输管理和公共信息服务平台建设，逐步实现信息资源共享，提高管理效能和服务水平，更好地服务经济发展，满足社会经济发展的需求。

2. 推广节能减排技术

（1）注重节能技术和产品的推广。对珠三角都市群而言，公路、桥梁等的建设是交通发展的重要表现和组成部分，在基础设施建设项目中推广节能技术和产品无疑具有重要的意义。在新建公路项目方面，研究并推广LED灯具照明、太阳能、风能在交通机电工程及隧道安全设施中的应用，将降低道路照明、隧道通风与照明，以及附属房建项目的能源消耗，并将其作为设计招标的重要内容，其中风光互补供电系统的LED照明灯在公路建设上得到了较好的应用；在设计方案审查中，应注重合理利用技术指标，尽可能少占耕地，减少高填深挖，综合利用征地范围内的可耕种表土；在高速公路规范化施工管理中，从施工机械、临时工程等相关方面加强节能减排措施的指导。

（2）重视科技的投入。珠三角都市群严峻的能耗、排放及交通压力亟须加大对新产品、新技术的研发和推广力度。应以减少能源消耗与环境污染为目标，通过加大投资力度来鼓励引导科技投入，以实现积极培育交通节能技术和产品。应通过加强交通运输的节能减排科研力度，大力推进科技成果的转化与应用。应组织实施一批符合资源节约、环境友好理念的交通运输科技项目研究，加快在公路节能减排与材料循环利用技术、推广新能源汽车（如深圳的比亚迪出租车）、城市公共汽车节能技术、水运环保与节能减排应用技术等重点领域开展科技攻关，同时开展广东省交通运输行业节能减排统计、监测和建立考核体系的研究，推广港口"油改电"技术、生态环保、太阳能及风能应用技术等项目。

3. 改进道路运输组织管理

（1）推广甩挂运输。珠三角都市群作为全球家电、玩具、电子产品、汽车等产品的制造基地，"三来一补"企业众多，外贸进出口量巨大。面对巨大的货运量，珠三角都市群可以通过甩挂运输的方式减少大宗货物运输中必要的运输次数。沿海城市的货运物流企业要根据市场需要，展开以港口、物流仓储基地等物流集散地为依托的短距离甩挂运输，以有效降低企业经营成本。广东省具有集装箱运输经营范围的企业有2763家，仅占经营业户总数的0.5%，牵引车和挂车数量的比例仅为1:1.1，与欧美发达国家1:3以上、新加坡1:7的比例差距明显。因此，要想办法克服物流企业普遍规模较小、服务网点分布狭窄、信息化程度不高等困难，找出更适应本地区货源特点的甩挂运输方案。

（2）提升发展现代物流业。对运输业而言，旅客和货物运输节点主要包括港口（水运港口）、机场（航空港口）、火车站（场）、汽车站（场），它们是现代物流业的重要基地，承担着现代物流业中的货物拼配及与车辆的联系。运输节点具有公益性和公用性两个方面的特征。应充分发挥珠三角都市群的车站在公路物流中的节点作用，扩展交通运输在供应链中的服务功能，提供延伸服务和增值服务，从而较好地解决小宗货物的运输及货车返空等问题。应引导运输企业拓展业务范围，鼓励运输企业按照市场机制整合资源，提升运输专业化、社会化服务水平。应加强统筹规划，完善物流网络布局，合理科学规划货运站场和物流中心，在全省范围内形成布局合理、衔接顺畅的物流网点。应强化现代物流技术的研发和应用，推动物流信息公用平台、物流在线服务平台等的建设，促进物流资源的整合。

（3）推进运输中的信息化和智能化。信息技术和交通智能化的发展程度是交通运输中的2个重要指标，它们是未来货运企业竞争和发展的重要方向，它们可以较好地提供多元化货运、往返货运以及车辆工作运营信息。目前珠三角都市群大多数货运物流企业仍采用传统的运输组织模式，即以普通的单体货运为主，普遍存在单程实载率较高、车辆工作率偏低、装卸等待时间较长、长途货车回程空载等现象。据统计，2009年广东省营运货车的工作率为79.2%，里程利用率为68.6%，实载率为74.1%。大力提升和发展交通运输中的信息技术和智能化仍有非常大的空间。

（4）提高汽车驾驶员的节能素质。对运输过程而言，驾驶员的不正确操作不仅会增加能耗和排放，而且会严重影响道路交通。珠三角都市群的客货运输车辆数目巨大，必须提高汽车驾驶员的节能素质，具体措施有：强化节能驾驶培训管理，制定汽车节能驾驶技术标准规范，编制培训教材和操作指南，积极推广模拟驾驶，强化公路运输企业节能驾驶的培训力度，推广典型企业的驾驶员节油操作经验和大力节油操作规范等。应全面提升汽车驾驶员的节能意识与素质，这对珠三角都市群节能减排和交通压力的降低都有着重要的意义。

4. 发展船舶运输

（1）推进船型标准化。应积极开展船型标准化研究，制定船型标准化系列，特别是节能、环保、经济合理的专用集装箱系列船型，并制定相应的扶持政策，鼓励更新、淘汰老旧船舶和应用标准化船舶。应建立和完善现代化船舶交通管理系统，保障船舶交通安全。应推进内河船型标准化、大型化和运输组织优化工作。应按照船型标准化要求，积极调整船舶运力结构，整体推进珠江干线内河船型标准化工作，开展适合本地区各种船型的研发及淘汰落后船型的工作。

（2）重视节能船型的研发推广。应通过建立健全船舶节能设计规范、评价体系和技术标准，大力发展船舶节能新技术，积极开发和采用节能新船型和先进动力系统，鼓励采用新技术、新材料、新工艺和新结构提高船舶设计制造水平，积极优化新船型及其主尺度线型，优化设计以减轻船舶自重量，优选先进推进器、低转速大直径螺旋桨，并采用节能型柴油机，提高燃油效率。应加大双尾船型等节能新船型推广力度，研发推广新一代节能型运输船舶，提高节能船型的比重。

（3）加强船舶节油经验和技术的推广。应举办经验交流会，推广多种船舶操作节油法，包括船舶降速进港借力航行节油法、空挡滑行节油法、低速航行节油法、单机航行节油法、平稳变速节油法等。应推进内河船型标准化、大型化和运输组织优化工作。应按照船型标准化要求，积极调整船舶运力结构。

（4）提升船舶运输的组织管理。应加强货物集散地规划及建设，完善航运物流系统，优化航运发展规划与组织管理。应充分运用信息化、网络化技术，合理组织货源，保持货流平衡，提高船舶载重量利用率。

（5）提高船员队伍的节能素质。应强化船舶营运的节能管理，加强对船员的节能教育培训。应积极应用信息化、智能化等现代管理技术，综合运用船队规划、航线优化、气象导航、最佳纵倾、机舱自动化控制操作等管理技术，提升船舶营运管理的节能水平和船员队伍的节能素质。应加强船舶经济航速的航行管理，推广应用节油最佳航速显示器，在不影响船期的情况下推行经济航速。

5. 重视港口生产节能

（1）整合珠江口的港口资源。应有效整合珠江口的港口资源，提高珠江三角洲高等级内河航道网的现代化水平。应进一步完善广州、深圳、珠海港的现代化功能，形成与香港港口分工明确、优势互补、共同发展的珠江三角洲港口群体。

（2）加强内河港口的建设和改造。应进一步加强内河港口的建设和改造，提高港口装卸的机械化水平。应适应经济发展和集装箱运输发展的需要，加强主要内河港口的建设，完善码头布局，调整港口功能结构，逐步建设珠江三角洲集装箱运输系统，进一步发展内河集装箱运输。应以应用实用技术和先进设备为突破口，逐步实现港口装卸作业的机械化，形成港口规模效益，推进部分重要港口逐步向区域物流中心方向发展。应加强肇庆、佛山等内河港口的建设，改善港口的集疏运条件。

（3）重视节能技术在港口生产中的推广。应优化新建港口的装卸工艺和设备选型设计，选用低能耗、高效率的装卸设备，优先选用以电能为动力源的装卸设备。应改进各类码头的装卸工艺系统，使系统各环节能力匹配，提高装卸效率并降低能耗。应加快将现有集装箱码头以柴油发电机为动力源的轮胎式集装箱门式起重机，改造为由港区电网供电，推进"油改电"技术改造工作。应在全省交流推广广州港、深圳盐田港等港口"油改电"的实施经验，促进技术改造工作的开展。应积极推广绿色照明工程，科学、合理地控制照明照度。对于油气码头及码头加油站点，应鼓励采用先进的油气回收技术和装置，收集油码头、码头加油站点储运过程中蒸发的油气，消除油气挥发造成的安全隐患，减少大气污染。

（4）优化港口生产运营管理。应优化港口生产运营管理，全面降低港口生产单位能耗。针对重点物资及大宗货物，加强港口生产组织、协调，做好与包括铁路运输在内的其他运输方式的衔接工作，提高车船直取的比例，提高港口物流效率。应充分利用GPS等定位技术，优化运输工具和货物的组织调度，加强货场管理和港区内运输组织管理，加强设备管理和生产工艺流程管理，使机械设备合理负载，提高货物的集疏运效率、装卸设备利用率和港口生产作业效率，提升港口的生产运营管理水平，降低港口的生产单位能耗。

（二）政策调控

公交先行策略、BRT建设、轨道交通、高速公路网、绿色货运等措施的推行，需要政府相应的政策调控措施。

1. 公交优先

发达的公共交通是减少私人车辆的前提，也是许多发达国家降低汽车总体能耗、减少汽车尾气排放、减缓交通压力的重要措施。具体实践中，政府可以从以下方面着手：①高度重视公道配置和公共交通配套设施建设及相关资金配套；②政府在鼓励市民采取绿色交通方式出行的同时高度重视提供充足、优质的公共交通及实行低票价政策；③制定相关法规限制私人车辆的运行；④为公共交通提供一定的补贴以弥补其运营亏损。

2. 道路运输车辆准入

道路运输车辆准入是实现交通低碳化的重要措施。交通运输部2007年下发了《关于进一步加强交通行业节能减排工作的通知》（交体法发〔2007〕242号），明确提出提高营运车辆装备技术水平、制定发展甩挂拖挂运输组织技术、提高车辆利用效率的意见，还明确提出达不到排放标准的车辆不得从事营业性道路运输等，为今后几年交通行业的节能减排工作奠定了政策基础。继2007年提出"达不到排放标准的车辆不得从事营业性道路运输"的政策后，2008年9月，交通运输部颁布了行业标准《营运货车燃料消耗量限制及测量方法》（JT 719—2008，该标准已于2017年4月1日废止），规定了营运货车的燃料消耗测量方法、车型分类和权重系数等内容；2009年底，交通运输部又颁布了《道路运输车辆燃料消耗量检测和监督管理办法》（交通运输部令2009年第11号），从而为开展对营运车辆燃料消耗的监测管理和监督建立了完整的政策法规和技术标准与操作规范。

3. 低碳出行

"低碳出行"以低能耗、低污染为基础，倡导在出行中主动采用能降低二氧化碳排放量的交通方式。对拥有巨大人口的珠三角都市群来说，有必要建立相关的政策法规引导人们的出行，例如，增加建设人行绿道，鼓励人们徒步或尽可能地选择自行车及其他低二氧化碳排放的交通工具；政府与旅行机构推出低碳出行线路；个人出行中携带环保行李、住环保旅馆；旅游风景区可以考虑禁止机动车进入等。对广大出行者来说，实现低碳出行相对容易，例如，短距离的情况下尽可能走路或骑自行车，既有利于低碳又有利于健康，并且是一种低成本的出行方式；长距离出行者则多采用公共交通工具或者采取多人一同拼车的方式自驾外出。

第六章

固体废弃物处置及再生资源回收

第六章　固体废弃物处置及再生资源回收

无论是"白色污染"废塑料，"黑色污染"废轮胎、废金属，还是"废电池""电子废弃物"等废弃产品，当前都表现出排放量庞大的特点。在享受现代化成果喜悦的同时，珠三角都市群无法回避严重的固体垃圾问题。有效地解决固体废弃物问题是提升现代化水平的重要标志，是建设资源节约型社会和环境友好型社会的内在要求。以固体废弃物处置和再生资源回收利用为主的静脉产业，承担着将废弃物进行收集运输、分解分类及再资源化和无害化处置的重任，是实现循环经济减量化、再利用、再资源化的经济主体产业，为低碳城市循环经济系统的有序进化注入了负熵流。

珠三角再生资源的回收利用存在的主要问题有：现在废弃物已进入报废的高峰时期，废旧电器的绿色回收处理仍不能实现盈利化操作，同时回收网点无序发展，法治化和标准化程度低，技术落后，行业发展缓慢，逆向物流的发展才刚刚起步。今后珠三角都市群要进一步完善再生资源回收利用体系建设，建设一个切实有效的、高水平的再生资源回收利用体系。要完善再生资源物质回收利用的激励体制，确立和完善"源头控制"的政策和法律思想。要建立废弃物回收的行政监管制度，包括产品处理监控制度、环境标志制度、回收处理体系管理制度、废弃物的分类回收和强制回收制度；要构建合理的责任范畴，政府应承担引导和规范责任，生产企业应承担生产者延伸责任，消费者应有协助回收的义务。要建立生产者延伸责任制，让生产者参与到整个回收、处理的过程，从而刺激生产者在产品设计、材料使用中增大可回收利用的部分，提高资源的利用效率。要创新逆向物流的回收链模式，将再生资源的回收利用、生产加工、节约与替代自然资源视为"第二矿业"，将再生资源的技术创新、深度开发、高端产品视为"第三利润源泉"。要规范大众的行为，促进公众参与。要充分运用政府采购制度，带头使用再生资源产品。

一、现代化与垃圾问题

珠三角的现代化进程主要由工业化和城市化两个部分组成。珠三角的发展演绎了农业经济向工业经济转变、传统工业向现代工业转变，以及现代化城市崛起的史诗。在珠三角"内圈"的城市中，广州、深圳、佛山、珠海已基本达到现代化的准入条件，东莞、中山正接近现代化的门槛，而处于珠三角"外圈"的江门、惠州离基本实现现代化还有一段距离。

然而，现代化与垃圾问题历来都是相伴而生的。在我们享受现代化成果喜悦的同时，珠三角都市群无法回避严重的固体垃圾问题。

珠三角经济活动强度集中，城市工程建设多，人口密集，消费水平高，使工业垃圾和生活垃圾数量日益攀升，固体废物的数量也迅速增加，其成分构成也日趋复杂。特别是珠三角工业门类比较齐全，产生的工业固体废物种类多，工业固体废物产生量大，且成分复杂。在珠三角，工业的高度密集和产品的多元化，交通业的发达，电力、蒸汽、水的生产和供应，化学原料及化学制品的制造，以及造纸及纸制品业的发展等产生大量工业固体废物，汽车、家电行业等也产生很多工业垃圾。

仅以广州市为例，2005年全市固体废物的产生总量达2334万吨，其中可回收利用的资源约占30%，一般工业固体废物占1400万吨，而广州市固体废物的处理处置年总量不到1000万吨（宋立岩，2005）。2007年广州市平均日产垃圾6300吨，年产的危险固体废物产量约为2万吨，废旧电子电器12万吨，消费电池约5亿节，其中八成约4亿节电池使用后就被弃置。废塑料包装物和农用薄膜32万吨，2007年使用的EPS（可发性聚苯乙烯）泡沫塑料快餐具，其年消耗量在20亿~30亿只，2000年以来广州市的白色垃圾有300多万吨（岳琳、张慧，2007）。无论是"白色污染"废塑料，"黑色污染"废轮胎，还是"废电池""电子废弃物"等废弃产品，当前都表现出排放量巨大的特点。

根据统计数据可知，佛山、东莞、中山、珠海、惠州、江门6城的固体废弃物日均新增千吨以上，并以每年5%~10%的规模增长（施诗，2010）。佛山市工业固体废物的产生量为140.9万吨/年，主要的工业固体废物为炉渣、陶瓷废物和粉煤灰，产生量分别为：44.4万吨/年、31.4万吨/年和24.3万吨/年，共占佛山市工业固体废物年产生量的71%（邓伟，2007）。2002年佛山市南海区工业固体废物产生量已达到46.12万吨，生活垃圾达57.3万吨，南海区2002年危险废物产生量约为36吨（关耀锋，2004）。2010年，东莞市每天产生1万吨原生垃圾，112个垃圾填埋场每天需填埋7200吨左右的生活垃圾。2005年，珠海全市固体废物产生量达346.26万吨，其中：建筑垃圾225万吨，一般工业固体废物52.58万吨，危险废物3.996万吨，生活垃圾57.23万吨，医疗废物约0.1万吨，其他固体废物约为7.35吨（江东鹏，2008）。各种经营活动中所产生的含毒性、腐蚀性以及易燃易爆成分的工业危险废物急剧增加，年产生量超过3万吨，危险废物种类达到20个类别（甄晓夏，2008）。

在长期的探索和实践中，人们越来越认识到有效解决现代化带来的固体废弃物问题是提升现代化水平的重要标志，是建设资源节约型社会和环境友好型社会的内在要求。

（一）城市化进程的固体废弃物危害

固体废弃物是人类在生产、消费、生活和其他活动中产生的固态、半固态废弃物质。它是环境污染的最主要原因之一。

由固体废弃物引发的灾害包括以下七个方面：①废弃物质堆放占用大量耕地，而且污染土壤及农作物。垃圾里由于化学产品含量越来越高，填埋后数十年甚至上百年都不能被降解，加上其中含有毒成分和重金属，填埋垃圾的耕地也就失去了使用价值。②废弃物质经雨水渗沥污染地下水或进入地表水，造成水体污染。80%的流行病是因此传播的，而且导致江河湖泊因富营养化而严重缺氧，甚至出现近海赤潮。③废弃物质在腐化过程中，产生大量热能，主要是氨、甲烷和硫化氢等有害气体，浓度过高时会形成恶臭，严重污染大气，散发热量，从空中包围城市。④废弃物质会发生自燃、自爆现象。堆放的垃圾可能会因为发酵产生甲烷气体而爆炸。1994年7月中旬，上海杨浦区一艘120吨装垃圾的船发生爆炸，造成甲板上3位职工的腿被炸断而落下残疾。⑤塑料袋、塑料杯、泡沫塑料制品等白色污染不易分解。不仅拉低市容市貌、环境卫生水平，还影响土壤结构，使土质劣化，遏制农作物生长，使植物减产30%。⑥失控的垃圾场几乎是所有微生物滋生的温床。包括病毒、细菌、支原体、蚊蝇、蟑螂等疾病传播媒体，啮齿类动物（如老鼠）也在其中大肆繁衍，横行霸道，容易使人患病，有碍健康。⑦危险废物直接或间接危害人体健康。如废电池、废灯管、废油漆，都含有对人体健康有害的汞、镉、铅等重金属物质。

（二）以再生资源观重新看待固体废弃物

从事物的另一面来看，城市固体废弃物中包含丰富的再生资源。其可以分为三大系列，即废旧金属系列、轻工化工原料系列、旧货系列。通过分选可以从中回收废铁、有色金属废物、废罐头盒、废瓶、碎玻璃、废塑料、橡胶制品等可再生利用的资源。例如，废玻璃便有许多用途，可以回炉降低成本，或制备泡沫玻璃、自来水管、人造大理石、玻璃马赛克、长效玻璃肥料等。废塑料可以回收再生制成建筑材料和其他塑料制品，还可以制成活性炭、转化成烯烃和芳烃等。废旧瓶清洗后供应食品饮料厂等。可用作生产原料的废品，如废五金、废纸布、废玻璃、废塑料等经过整理、集中后，可以供给有关厂家作为原料使用。根据国家环保总局公布的信息可知，废弃电脑包含的钢铁约占54%，铜铝约占20%，塑料约占17%，线路板中金、银、钯等贵重金属约占8%，其他约占1%。

一些商业企业在过去多年对废品材料进行收购和粗加工的基础上，还发展了自己的深加工能力。广州化学所将废旧塑料"注入"混凝土中，除了能减轻大量的白色污染，还能够增强混凝土的强度和流动性。这种增强剂主要是泡沫饭盒、塑料杯、电视机壳等以聚苯乙稀为成分的废塑料。在北京新技术开发区，有一家专门以回收的一次性发泡聚苯乙稀盒为原料的工厂，可以把它们变成水桶、椅子、栏杆、家具甚至屋顶。目前北京每年回收并赋予第二次生命的餐盒有1900吨，占市场销售使用总量的63%。国外用10000吨废钢铁可以炼出9000吨好钢，可节约铁矿石20000吨，用1吨废橡胶可以生产再生橡胶约800千克，用1吨废玻璃作原料可节约纯碱200千克，石英砂720千克，长石粉60千克。

再生资源综合利用的主要手段可以粗分为两大类：通过机械或物理的方法对这些固体废弃物进行再利用和加工再利用；通过化学的方法对固体废弃物进行转换利用。

据测算，目前我国可以回收利用的再生资源价值达3000亿元，废塑料回收率为25%，废橡胶的回收率为32%，废纸的回收率为35%，废玻璃的回收率只有13%。废旧家用电器、电脑等电子废弃物的回收处理还未完全开展起来，资源流失严重。仅广州市可回收的再生资源价值就达150亿元，废塑料、废纸、废玻璃等各类回收率和全国差不多。

（三）废弃物质回收是实现清洁生产和循环经济的重要环节

按照产品生命周期理论可知，产品在一个完整的生命周期内，需要历经产品原料获取、产品设计、产品制造、产品储运、产品使用与产品废弃处置等多个阶段，即产品从"摇篮"到"坟墓"的整个生命过程。产品的制造离不开原料，制造产品的原料本身就是资源。原料被生产加工为产品，因此产品就成了资源的新载体，即便产品到了废弃处置阶段，它依然是一种新形态的资源。

废弃产品问题存在于产品生命周期的废弃处置阶段，即消费后阶段。任何产品都有一定的使用寿命，但一旦产品生命终结，步入废弃处置阶段，资源浪费与环境污染问题便会凸显出来。如果得不到有效处置，随之而来的是废弃产品的大量产生。

传统工业经济的生产观是"最大限度地开发利用自然资源，最大限度地创造社会财富，最大限度地获取利润"，生产者往往采用物质单向流动的经济模式，它以"资源—生产—消费—废弃物排放"为特征，对资源的利用常常是粗放的、一次性的。在产品最终废弃阶段，不重视回收、循环利用及妥善处置废弃产品，废弃产品所包含的资源将无法重新返回物质链中实现循环与转化。因此，废弃产品所包含的资源，或者被随意弃置、不被利用，或者被无序回收利用、低级利用，都会造成资源浪费。

产品生命周期理论要求，产品生命周期的最后一项重要工作是对废弃产品进行循环利用及妥善处理，确保其对环境的影响尽可能小，同时最大限度地进行资源利用。废弃物回收是产品生命周期的有机组成部分，产品只有在生命周期的末端被回收利用才是完全的利用，这是有效解决环境污染和资源短缺的根本。

清洁生产理念认为，把生产过程中的不同废弃物质削减下来是可能的。它包含了对两个全过程的控制：生产全过程和产品生命周期全过程。它的核心是"节能、降耗、减污、增效"，主要内容包括：清洁以及高效的能源和原材料利用，即通过技术提升来提高能源和原材料的利用效率；清洁的生产过程，就是采用无毒害的原料，使用少废、无废的生产工艺和生效设备，组织物流进行再循环，进行必要的污染治理，实现清洁、高新的利用和生产；清洁的产品，要求生产出不会对人体健康和生态环境产生不良影响且宜于回收和再用的产品。

循环经济理论要求，在生产和再生产的各个环节循环利用一切可以利用的资源，提高资源利用效率，按物质代谢或/和共生的关系延伸产业链，以"资源—产品—废弃—再生资源"为表现形式，是集约化的增长模式。

减量化（reduce）、再利用（reuse）和再循环（recycle）是循环经济的核心思想和原则。

减量化原则重在对输入端进行控制，要求在经济获得的源头就节约资源，减少污染，实现用少的投入来达到预定的生产和消费的目的，要求企业在经济活动的源头就注重节约资源和减少污染。在生产方面，减量化原则要求生产商优化设计，减少资源使用量，减少排放。在消费者方面，则提倡绿色消费，改变消费至上的生活方式，避免重复购买以及过度消费。

再利用原则重在对过程的控制，目的是通过延长产品的服务寿命来减少资源的使

用量和污染物的排放量。在生产过程中，要求生产商提供便于重复使用的产品，如同一标准的手机充电器等，且提倡根据行业标准进行产品设计和生产，如便于随意组装的计算机元件等。从消费者角度，则要充分利用可用物品，对破旧的物品要尽量维修后使用而不是频繁更换，对个人失去利用价值的物品也要尽量让其流通到需要使用的消费者手上，例如，功能完好但是却不愿再使用的旧电器，可以送往二手市场或者转赠他人，避免浪费。

再循环原则，又称为资源化原则，是对输出端的控制，指将废弃物资源化。它要求将废弃物转化为再生原材料，对于实在不能转化为资源的废弃物才通过焚烧或者填埋来处理，以减少资源的使用和污染的排放。

再循环是生产商对于废旧物品的最后处置过程，根据处理物品的不同可以分为两种：一种是原级资源化，即将废旧物资通过处理和再生产使其成为和原来相同的新产品，如将废金属处理为金属原料，将废玻璃处理为玻璃原料等；另一种是次级资源化，即将废旧资源再生成为不同类型的产品。

循环经济贯穿了生产和消费的全过程，三个原则在对资源的重复利用方面都非常重要，但是它们是有优先次序的，即减量化—再利用—再循环，体现了预防优于治理的思想。主要含义为：首先，减少经济源头的污染产生量，因此在生产阶段和消费阶段就应该尽量避免废弃物的排放；其次，对于源头不能避免但可以利用的物品进行重复利用，如建立旧货市场进行二手物品流通等；最后，对于无法重复利用的废弃物进行无害化处理，最大限度地降低污染量，提高资源利用率。

产品生命周期、废旧产品回收与清洁生产的理念实质是相互融合、互相渗透的。清洁生产贯穿于产品生命周期的全过程，要求企业从研发、原材料采购、生产、运输、最终产品以及废品处理等各个环节都要进行环保考虑。在产品的研发阶段，从产品是否符合环保的法律法规要求、有毒有害物质的替代、原材料的使用量及使用效率到制造和使用过程中的能源消耗等因素均需要充分考虑；在原材料采购环节，则需要有效地对供应商的环境绩效进行管理，只有符合环保要求的供应商才能成为合格的供应商；在生产制造环节，则必须符合环境管理体系的要求并得到权威机构的认证；在产品最终废弃阶段，则要充分考虑如何回收、循环利用及妥善处置，使资源可以重新返回物质链中。

废旧产品的回收处理是对产品生命周期的延伸，它通过逆向处理，将废旧产品从消费者手中，通过运输，然后再经过无害化处理，最后生成有使用价值的原料。在这整个逆向过程中，要注意使用清洁生产理念来控制。

废弃物的回收与循环经济的关系是循环经济思想在废物处理行业的应用，是从废旧电子产品、废纸、玻璃、五金的"再利用"和"再循环"角度考虑，对废弃物实施回收、分类和处理几个步骤，以达到重复利用、再生资源和减少污染的目的。

一般认为，清洁生产是循环经济在企业层面的小循环，是企业通过减少对物流和能源的使用，实现污染物排放的最小化。循环经济理念是在清洁生产的基础上，要求在区域层面实现中循环，以及在社会层面实现大循环。区域层面的中循环要求通过建立生态园区，实现企业间的物质、能力和信息继承，形成企业间的工业代谢和共生。

社会层面的大循环,也称为建立静脉产业,要求企业和消费者共同努力,通过对废旧物资的再生利用,实现在消费过程中和过程后对物质和能量的大循环。

(四)再生资源回收是建设资源节约型、环境友好型社会的要求

资源节约型、环境友好型社会作为一种人与自然和谐共生的社会形态,强调通过人与自然的和谐来促进人与人、人与社会的和谐,建立人与自然的良性互动关系,构建经济、社会、环境协调发展的社会体系。建设资源节约型社会和环境友好型社会是党中央的要求。中共十七大报告中提出,中国必须坚持全面协调可持续发展,必须建设生态文明,基本形成节约能源资源和保护生态环境的产业结构、增长方式、消费模式。

资源节约型社会要求在生产、流通、消费等领域,通过采取法律、经济和行政等综合性措施,提高资源利用效率,以最少的资源消耗获得最大的经济效益和社会效益。建设资源节约型社会不是不利用资源,而是要尽最大可能提高资源的利用效率,减少资源浪费,实质是要从传统物质化的增长转向未来减物质化的发展,目的在于追求更少的资源消耗、更低的环境污染、更大的经济效益和社会效益,实现可持续发展。

环境友好型社会是一种人与自然和谐共生的社会形态,其核心内涵是人类的生产和消费活动与自然生态系统协调可持续发展。环境友好型社会的核心目标是将生产和消费活动控制在生态承载力、环境容量限度之内,通过生态环境要素的质态变化形成对生产和消费活动进行有效调控的关键性反馈机制,特别是通过分析代谢废物流的产生和排放机理与途径,对生产和消费全过程进行有效监控,并采取多种措施降低污染产生量、实现污染无害化,最终降低社会经济系统对生态环境系统的不利影响。

再生资源回收是资源节约型社会、环境友好型社会最基础的组成部分,是建设资源节约型社会和环境友好型社会的要求。再生资源回收与资源节约型社会、环境友好型社会的密切关系具体体现在以下五个方面。

(1)共同的目的。发展再生资源回收的目的是保护环境,实现资源的永续利用,实现可持续发展,这也正是构建资源节约型社会、环境友好型社会的目的所在。

(2)共同的途径。发展再生资源回收的基本途径是先收集、分类废弃物,以免造成环境污染,最后综合利用废弃物,使资源形成循环利用,实现资源的最大价值。这同样是构建资源节约型社会、环境友好型社会的基本途径。

(3)共同的推动力。科技进步是再生资源回收发展的最主要推动力,同样也是资源节约型社会、环境友好型社会构建的最主要推动力。资源节约型社会通过科技进步使资源利用效率提高,资源消耗降低,并寻找替代资源,尽量以可再生资源替代自然资源,用高新技术和先进适用技术改造传统产业,提高资源节约的整体技术水平,从而实现生产总值的增长。

(4)共同的生活方式。再生资源回收倡导在消费过程中对垃圾的合理处置,以避免造成环境污染;倡导引导消费者转变消费观念,注重环保,节约资源和能源,改变公众对环境不宜的消费方式。这些绿色消费的生活方式恰好是环境友好型社会倡导的

主流生活方式。

（5）局部与整体的关系。相较于再生资源回收，资源节约型社会、环境友好型社会是一个整体性概念，三者是局部与整体的关系。再生资源回收既是可持续发展的一个重要环节，也是建设资源节约型社会、环境友好型社会的重要内容。再生资源回收与资源节约型社会、环境友好型社会之间是相互渗透、相互作用的。再生资源回收是实现资源节约型社会、环境友好型社会的前提，资源节约型社会、环境友好型社会可以通过对废弃物的反作用来促进再生资源回收的发展。

大力推广再生资源的回收利用，可以实现原料的循环利用，提高资源利用效率。大力发展绿色消费市场和资源回收产业，可以使生活领域中的废弃物转移到生产领域，在整个社会范围内，形成"自然资源—产品和用品—再生资源"的闭合回路。

利用再生资源进行生产，不仅可以节约自然资源，防止废弃物泛滥，而且具有比利用原生资源生产消耗低、污染物排放少的特点。据测算，回收利用1吨废纸，相当于木浆造纸节约纯碱40千克，节约电能512度，节约水47立方米。如果目前全国1400万吨废纸都可以被回收利用，就能生产1120万吨新纸，少砍2.38亿棵大树，节省4200万立方米的垃圾填埋场空间。因此，加快建设再生资源物资的回收利用网络，可以有效地提高再生资源的利用率，降低企业生产成本，提高经济效益，促进资源节约型社会和环境友好型社会的发展。

（五）再生资源回收是发展低碳城市的立足点

全球气候变化是世界级优先议题，也因此迅速发展为全球范围的低碳经济热潮。有专家指出，低碳经济正在催生第四次经济革命。低碳经济时代已经不可逆转。它是人类防止地球变暖，防止不可再生能源枯竭，从而拯救地球家园的行动。同时，它也是一次全新的发展机会。低碳经济将催生新的经济增长点，将成为重塑世界经济版图的强大力量。

中国十分重视以减少碳排放为核心内容的国际气候谈判，积极参与全球提高能源效率、开发可再生能源、采用清洁发展机制等重要行动。在深入实践科学发展观、建设生态文明的背景下，中国承诺减排份额、发展低碳经济与其进一步调整产业结构、转变经济发展方式的目标是一致的。低碳经济正在成为中国经济转型的支柱，引导未来的走向。当前，全国许多城市纷纷积极探索发展低碳经济的途径和方式。

低碳城市是以低碳经济为发展模式及方向、市民以低碳生活为理念和行为特征、社会（政府公务管理层）以低碳社会为建设标本和蓝图的城市。再生资源回收是发展低碳城市的重要立足点。

以再生资源回收利用为侧重的静脉产业，承担着将废弃物进行收集运输、分解分类及再资源化和无害化处置的过程，是实现循环经济减量化、再利用、再资源化的经济主体产业。它为低碳城市循环经济系统的有序进化注入了负熵流。离开静脉产业，低碳城市循环经济系统将无法实现物质和能量的循环。构建静脉产业体系包括区域性废物回收、交换网络，组织协调废物回收、交换；提供有关废物回收、交换和再生方面的技术咨询和服务；研究制定促进废物回收、交换市场发育的经济、技术政策。

二、珠三角地区固体废弃物的类型和处置方法

（一）珠三角地区固体废弃物的类型

珠三角都市群的固体废弃物，成分十分复杂，品种繁多，从大到小，从单一物质到聚合物质，从简单到复杂，从边角废料到设备配件，从无机到有机，从金属到非金属，从无味到有味，从有毒到无毒，从低熔点到高熔点，从单质到合金等。

珠三角社会产生的各种固体废物，如工农业生产中产生的废弃物及城市乡村居民的生活垃圾、建筑垃圾、清扫垃圾与危险垃圾（废旧电池、灯管等各种化学、生物危险品，含放射性废物）等已成为现实生活中非同小可的社会问题（张瑞久，2008）。

珠三角地区的固体废弃物按来源可分为三大类：工业固体废弃物、农业固体废弃物、城市固体废弃物。

工业固体废弃物按产生的行业划分主要包括：冶金废渣、采矿废渣、燃料废渣、化工废渣、放射性废渣、玻璃废渣、陶瓷废渣、造纸废渣、木材废渣、印刷废渣等工业废渣，建筑废材废渣、电力工业废渣、交通废渣、机械废渣、金属结构废渣等工业废材，纺织服装业废料、制药工业药渣、食品加工业废渣、电器废渣、仪器仪表废渣等工业废料等。

农业固体废弃物包括畜禽粪便、农作物秸秆、加工业的下脚料等，提供乡村居民生活所需的农业、林业、畜牧业、渔业等固体废弃物。

城市固体废弃物的主要成分包括厨余物、废纸、废塑料、废织物、废金属、废玻璃片、砖瓦渣土、粪便、废家具电器及庭院废物等。其主要来自城市居民家庭、城市商业、餐饮业、旅馆业、旅游业、服务业、市政环卫、交通运输、文教卫生和行政事业单位、工业企业单位以及给排水处理污泥等。

（二）珠三角地区固体废弃物的处置方法

与全国许多地区类似，珠三角地区目前常用的固体废弃物的处理手段有以下几种。

（1）卫生填埋处理。这是现阶段的主要方式。优点是投资少、处理量大、见效快，无害化处理技术比较成熟，但占地面积大，存在污染周边大气、水质及土壤的隐患。目前珠三角地区的固体废弃物卫生填埋存在的主要问题是：缺乏有效监督机制，一些有毒有害特殊固体废物常常混入一起填埋，易造成二次污染等，固体废弃物渗滤液一直被认为是一个严重的污染源，尤其是氮、化学需氧量、持久性有机污染物、重金属量很高，对环境及人群健康的直接和潜在危害很大。

（2）焚烧处理。固体废弃物的焚烧处理是实现固体废弃物无害化、减量化和资源化的有效途径之一，它能彻底消灭固体废弃物中的致病微生物，减少固体废弃物体积，其灰分仅占原体积的5%～10%，因而在珠三角城市垃圾方面得到越来越广泛的应用，目前广州、中山、东莞等多个城市均建立了城市垃圾焚烧厂。但是，固体废弃物在焚烧的过程中会产生硫氧化物、氮氧化物等大气污染物，飞灰还携带了Hg、Pb、

Cd等重金属污染物和多环芳烃等污染物，对环境安全和人群健康形成了威胁。"二噁英"问题使固体废弃物焚烧的安全问题更加凸显。

此外，珠三角地区目前常用的固体废弃物的处理手段还有堆肥、热裂解、厌氧消化、高温熔融、非高炉炼铁技术等方法。国外研究开发的固体废弃物处理新工艺也开始引起珠三角都市群的重视。最近几年，欧美等国家和地区开发出许多先进的固体废弃物综合处理工艺和设备，如德国的Horstmann全自动分选系统、Horstmann隧遨仓发酵系统、Weser Engineering翻推系统，西班牙的Masias工艺及设备，法国的Tecsem工艺技术，美国的滚筒预发酵工艺、箱式堆肥工艺等。

三、垃圾减量化与固体废弃物处理产业化

（一）固体废弃物分类

固体废弃物分类及减量化的目标是一致的。目前，珠三角都市群垃圾数量巨大，且互相混杂，不利于资源化回收利用。以广州、深圳为龙头的珠江三角洲都市群探索建设有效的固体废弃物分类体系已有十多个年头，但由于多方面原因，一直没有强行推广。2009年底，备受热议的广州番禺垃圾焚烧厂规划建设事件，使城市固体废弃物分类受到的关注提升到新的高度，待解决的问题迫切地摆在全社会面前。在政府就垃圾焚烧厂问题与市民和媒体的座谈会上，番禺区政府推出了《番禺区垃圾分类收集综合利用方案》征求意见稿，并决定在三个试点小区启动推行固体废弃物分类。

固体废弃物分类是指按照固体废弃物的不同成分、属性利用价值以及对环境的影响，并根据不同处置方式的要求，分成属性不同的若干类，其目的是为资源回收和后续处置带来便利，是固体废弃物减量化、资源化和无害化的最佳途径。是实现固体废弃物综合处理，减少固体废弃物产量的一个重要步骤和关键环节（贺俏毅、陈松，2009）。为了达到有效的固体废弃物分类，按固体废弃物的性质和处理方法对垃圾进行细分。

固体废弃物分类回收是发达国家普遍采用的回收方法。生活固体废弃物分类回收遵循无害化、资源化的原则，先从居民生活源头分类开始（分类收集、装袋）；接下来是分类装运（分类投放到分类回收箱、分类装运）；最后根据固体废弃物不同的成分进行处理，处理方式有填埋、焚烧、堆肥和再生（董晓丹、王磊，2009）。可见，生活垃圾分类回收是一个多环节的一体化系统。

固体废弃物分类收集，一方面提高了固体废弃物的资源化价值，另一方面使大量有害物质得到合理处置。但由于回收方式局限、处理技术低下，以及人们的生活方式固化、对环境问题的认识不高等原因，目前珠三角地区的垃圾分类回收工作进展缓慢。

但海量的固体废弃物是任何一个都市群都不能回避的现实。采用焚烧方式处理垃圾的区域，宜按可回收物、可燃固体废弃物、有害固体废弃物、大件和其他固体废

弃物进行分类。采用卫生填埋处理固体废弃物的区域，宜按可回收物、有害固体废弃物、大件和其他固体废弃物进行分类。采用堆肥处理固体废弃物的区域，宜按可回收物、可堆肥固体废弃物、有害固体废弃物、大件和其他固体废弃物进行分类。

面向固体废弃物的分类回收收集，珠三角都市群首先需要制定和完善城市固体废弃物管理的法律体系。首先，要加快固体废弃物管理的立法进程，尽快制定出有助于城市生活垃圾管理化、产业化的国际配套体系，提供固体废弃物分类收集需要的资金投入和专用的设施设备支持。其次，要加强教育，扩大宣传。应鼓励单位企业、家庭、个人尽量少产生固体废弃物，从源头进行减量。例如，少用或不用一次性物品，限用塑料袋。同时，应使市民、企业、单位、经营者自觉配合固体废弃物分类收集，建立社会各界、民众共同承担垃圾处理的责任意识。

（二）固体废弃物源减量化

固体废弃物源减量化指在材料或产品（包括包装）的设计、制造、交易或使用过程中，为减少可能生成的生活垃圾的数量或毒性而实行的一系列变化。生活固体废弃物源减量化涉及的范围非常广泛，它应由个人、社区、社会机构和产品的制造商及经销商共同承担。通常，源减量化包括以下几个方面：重新设计产品或包装以减少有毒材料的使用，或用较轻的材料替代较重的材料；延长产品的使用寿命；使用必要的包装材料以减少某些产品的损坏；减少产品的数量或商家、消费者所采用的不必要的包装材料；重复利用产品或包装材料；通过庭院堆肥来处理有机垃圾，如食物残渣和庭院整修物（江信冬，2009）。

珠三角都市群巨大的垃圾产生量，不但对环境造成了严重的污染，而且高昂的固体废弃物处理费用也给城市财政带来了沉重的负担，影响城市的健康发展。因此，经济手段不失为固体废弃物源减量化的重要手段。具体做法是，对居民和企事业单位按量征收生活固体废弃物处理费，从而刺激固体废弃物产生者做出有益于环境的行为，以减少固体废弃物的排放，提高固体废弃物中可回收利用资源的使用，从而达到固体废弃物减量的目的，最终减少固体废弃物排放行为对环境造成的损害。

发达国家的成功做法非常值得借鉴。目前，实施按量收费制的国家主要有美国、比利时、荷兰、瑞士、芬兰、德国，以及亚洲的日本、韩国等。根据欧洲回收和再利用协会1998年的统计资料，比利时的埃诺省（Hainaut）实施按量收费第一年居民生活固体废弃物填埋量降低65%，荷兰北荷兰省的奥斯赞（Oostzaan）固体废弃物产生量减少38%，填埋的固体废弃物减少60%（Carmine，2001）；日本的与野市（Yono）可焚烧物减少13%，非焚烧物减少27%（赵丽君、刘应宗，2009）。美国学者研究了美国维吉尼亚州大学城夏洛特维尔（Charlottesville）的固体废弃物单位定价后发现，75户家庭排放的固体废弃物重量平均降低14%，体积减少37%，回收增加16%，美国学者（Spengler，1997）通过研究得出如下结论：固体废弃物按量收费大约能够降低17%的垃圾排放量，其中三分之一（约6%）来自循环回收，三分之一（约5%）来自堆肥，三分之一（约6%）来自源头削减或固体废弃物预防。

按量收费促进固体废弃物减排的效果显而易见，一些学者使用按量收费的实践数据对二者之间的数量关系进行了计算和验证。美国学者（Luand，Bostel，2005）研究了计量收费对固体废弃物排放数量的影响。通过比较已执行按量收费制的旧金山市与美国其他城市（未实行按量收费）固体废弃物收集的平均数量，计算出固体废弃物服务需求（固体废弃物排放）的价格弹性是-0.15。也就是说，计量用户收费额每提高1%，固体废弃物排放量将降低0.15%。与该研究类似，英国学者（Barros，1998）通过收集14个城市（其中10个城市实行按量收费）几年的月度数据，计算出对每袋32加仑的固体废弃物征收1美元的费用能降低15%的固体废弃物排放，即固体废弃物服务需求的价格弹性为-0.12。偏低的价格弹性说明：居民对固体废弃物服务的需求是缺乏弹性的。换言之，随着固体废弃物费用的增加，居民努力减少固体废弃物排放量的余地并不大。

高达90%的居民对使用塑料袋及一次性包装品给环境造成的危害都有清楚的认识，但对于自带购物袋问题的回答，只有26%的人表示愿意自带。上述结果表明，我国城市居民购物时自带购物袋的比例不高。但另外一组调查结果表明，如果实行收费制度将有利于提高自带购物袋居民的比例，减少白色污染（胡献舟，2003）。如果每个购物袋的价格为0.05元，则平均约有14%的居民愿意自带购物袋；但当每个购物袋价格升为0.50元时，愿意自带购物袋居民的比例将超过50%（谭灵芝、鲁明中，2008）。由此可见，以适当方式实行购物袋收费政策，将对减少生活固体废弃物中包装材料的数量产生积极影响。

实施按量收费制后，固体废弃物排放量的显著降低是有其他原因的，如各种分类回收促进计划、回收网络的完善等。因此，只有同时与其他固体废弃物管理政策相结合，计量用户收费制的作用才能充分发挥。目前，从实施效果和普及程度来看，按量收费和分类回收两种政策的组合在解决城市固体废弃物问题方面作用最显著。

在发达国家，制造商的相互关系在多种产品所产生的固体废弃物的减量化方面扮演着关键性的角色。制造商的相互关系影响着包装原料中的几种特殊产品，包括纸张、波纹纸、塑料和木质包装，仅此一项每年在美国就可以实现4.3×10^6吨包装原料的源减量（周兴宋，2008）。此外，制造商之间通过发票、电子订单或其他形式联系，直接影响办公纸张的用量。简化购买行为的努力可以为办公用纸的源减量化做出6.55×10^5吨的贡献（程光辉，2009）。

制造商能在设计和制造产品时减少固体废弃物的产生，但一旦这些产品被运输出去，源减量便应由消费者来实现。通过重新使用、保养或者修理，能够有效地减少固体废弃物的产生量，包括耐用品（持续使用时间较长的物品，如电脑、电器、家具和地毯）、非耐用品（办公用纸和一次性餐具）、容器和包装材料。产品的重新使用是耐用品和非耐用品源减量的重要策略之一。延长产品的使用寿命是耐用品源减量的重要措施。

（三）作为产业的固体废弃物处理

固体废弃物处理具有很强的外部性，与一个地方的环境状况、居民的健康情况、城市面貌、经济发展潜力等密切相关，具有公益性和公共产品特点，属于社会性公共服务。传统上认为，私人产品由市场提供，公共产品由政府提供。政府有责任提供固体废弃物处理及再生资源回收公共服务，改善环境质量，促进社会利益的提高。

但反复的实践证明，经营社会性公共服务产品，如果完全像经营私人物品一样，就从根本上混淆了非市场机制和市场机制的职责范围，但如果仅由政府无条件提供，通常效率太低。

固体废弃物处理及再生资源回收服务也可以具有市场化、产业化前景。环境法中有一项重要原则，即环境责任原则，它是指环境法律关系的主体在生产和其他活动中造成环境污染和破坏的，应当承担治理污染、恢复生态环境的责任，其核心内容为"污染者治理，开发者养护"。这项原则与国际社会普遍采用的"污染者付费原则"和"受益者付费原则"是一致的。一方面，公共物品的提供依靠政府；另一方面，为了避免"公地的悲剧"，可以对公共环境资源（服务）的使用者收取一定的费用。垃圾处理及再生资源回收具有一定的资源化效应，经过回收、处理的垃圾可以作为一种资源被继续利用。

逆向物流与静脉产业是垃圾处理及再生资源回收服务市场化的重要体现。

根据《中华人民共和国国家标准物流术语》（GB/T 18354—2021），逆向物流包括回收物流和废弃物物流两大类。回收物流是指不合格物品的返修、退货以及周转使用的包装容器从需方返回到供方所形成的物品实体流动；废弃物物流是将经济活动中失去原有使用价值的物品，根据实际需要进行收集、分类、加工、包装、搬运、储存，并分送到专门处理场所时所形成的物品实体流动。

再生资源是一种特殊商品，是指生产、流通、消费等过程中产生的不再具有原有使用价值而以各种形态赋存，但可以通过不同的加工途径而使其获得使用价值的各种物料的总称。再生资源回收利用包括再生资源的收购、挑选分拣、鉴别分类、打包压块、破碎、解体等初级加工，熔炼、分解、再制造等深加工，以及再生资源的储存和运输等内容，是融商流、物流、信息流和资金流以及生产加工为一体的活动。

再生资源回收利用和逆向物流的共同之处主要表现在：①根本目标一致，即重新挖掘商品的使用价值，有效利用资源，保护环境。②实物流向一致，即从消费者→流通者→生产商，沿供应链下游向上游"反向"流动。③涉及的实物对象都具有较强的不确定性。④主要活动内容基本相同，即对废、次产品和包装材料的回收、重用、翻新、改制、再生循环和有害物资的处理。⑤强调经济效益、社会效益和环境效益的协调和统一。

再生资源回收利用和逆向物流的不同之处主要表现在：①涵盖的范围不同，逆向物流包含的实物对象更宽，包括因设计、营销、投诉等产生的退货物品，这些退货物品中许多仍然保存着原有的使用价值，不属于再生资源。②强调的重点不同，再生资源回收利用强调商物融合的回收功能和加工功能，而逆向物流强调储存和运输，主要关注的是物流功能和信息功能。③逆向物流注重从供应链和企业经营的角度考察问题，是一个以提高客户满意度、企业形象和产品竞争力等为出发点的物流分支行业，其推动的主力应该是供应链上的生产和流通企业；而再生资源回收利用主要从物质循环、资源节约和环保的角度考察问题，是一个具有明显社会公益性的特殊产业，它需要包括政府、产废企业、利废企业、消费者等全社会力量的普遍关注，其中政府起着关键性作用。

可见，逆向物流与再生资源回收利用的目标、活动内容等许多都是相同的，可以说是从不同的角度探讨同一个问题。从物流的角度来看，它们同属于循环物流体系，再生资源回收利用企业就是从事逆向物流的准第三方物流企业；从资源和环保的角度来看，它们同属于资源循环利用体系，从事逆向物流的企业（包括自营和他营）也是资源综合利用行业的重要组成部分。

静脉产业一般包括废物的再利用和资源化。"再利用是指将废物直接作为产品或者经修复、翻新、再制造后继续作为产品使用，或者将废物的全部或者部分作为其他产品的部件予以使用。""资源化是指将废物直接作为原料进行利用或者对废物进行再生利用。"

静脉产业是日本静脉产业研究中心在20世纪70年代末的研究成果。当时第一次使用了"静脉产业"（venous dustry）的概念，将社会活动分为两部分：将以资源和能源开采为起点，到生产、流通、最终消费的整个过程称为动脉产业；将以生产或消费产生的废弃物为起点，到废弃物的收集运输、分类、分解、资源化或最终处理的过程称为静脉产业。

我国《静脉产业类生态工业园区标准（试行）》（HJ/T 275—2006）中所称的静脉产业，是指以保障环境安全为前提，以节约资源、保护环境为目的，运用先进的技术，将生产和消费过程中产生的废物转化成可重新利用的资源和产品，实现各类废物的再利用和资源化的产业。

静脉产业属于循环经济理论3个层次中社会层次的范畴。城市静脉产业的发展模式需要以生产者责任延伸（extended producer responsibility，EPR）制度为依据。根据联合国经济合作与发展组织在《EPR框架报告》中对生产者责任延伸制度的定义可知，生产者责任延伸是指产品的生产商和进口商必须对其产品在整个生命周期中对环境的影响负大部分责任，包括原材料选取和产品设计的上游影响，生产过程的中游影响以及产品消费后回收处理、处置的下游影响。

四、固体废弃物中再生资源的回收

废弃物回收是产品生命周期的有机组成部分，产品只有在生命周期的末端被回收利用才是完全的利用。这是有效解决环境污染和资源短缺的根本。

由产品生命周期理论可知，产品在一个完整的生命周期内，需要历经产品原料获取、产品设计、产品制造、产品储运、产品使用与产品废弃处置等多个阶段，即产品从"摇篮"到"坟墓"的整个生命过程。废弃产品问题存在于产品生命周期的废弃处置阶段，即消费后阶段。任何产品都有一定的使用寿命，但一旦产品生命终结，步入废弃处置阶段，资源浪费与环境污染问题便凸显出来。如果得不到有效处置，随即废弃产品会大量产生。

产品生命周期理论要求，产品生命周期的最后一项重要工作在于对废弃产品进行循环利用及妥善处理，确保其对环境影响尽可能小，同时最大限度地进行资源利用。

废弃物的回收是循环经济思想在废物处理行业的应用，是从废旧电子产品、废纸、玻璃、五金的"再利用"和"再循环"角度考虑，对废弃物实施回收、分类和处理几个步骤，达到重复利用、再生资源和减少污染的目的。循环经济理论要求，在生产和再生产的各个环节循环利用一切可以利用的资源，提高资源利用效率，按物质代谢或/和共生的关系延伸产业链，以"资源—产品—废弃—再生资源"为表现形式，是集约化的增长模式。

在建设资源节约型和环境友好型社会中，固体废弃物中的再生资源回收利用是一项十分有效的措施，具有十分重要的现实价值。

（一）珠三角都市群再生资源回收利用存在强大的社会需求

根据专业分析，珠三角都市群的固体废弃物中包含许多可再生资源可供回收利用。

（1）废旧金属回收。铜、铝、铅、锌、金等在珠三角均是较有分量的可再生废旧金属。废杂铜回收一般包括两部分：一是企业在生产过程中产生的边角废料，在珠三角普遍返回生产系统循环使用。二是社会积蓄的废杂铜，这部分是回收的重点。目前，再生铜企业主要是中小型企业，以民营为主体，生产经营范围包括废杂铜收集、拆解、分类、冶炼、加工和销售。最近几年，再生铜产业发展迅猛，废杂铜进口量剧增，企业规模也有不断扩大的趋势，并已形成了从回收、进口拆解、拣选分类到加工利用的一条完整的产业链。近几年，利用废杂铜原料生产精炼铜的企业逐渐增多。除广州有色金属集团有限公司等少数大企业外，中小型再生铜冶炼厂也不在少数，这些企业规模小，生产工艺和装备水平差，产品质量和金属回收率不高，环境污染严重。

再生铝产业起步较晚，20世纪70年代后期才初步形成雏形。直到20世纪80年代，在铝需求旺盛的拉动下，珠三角再生铝企业纷纷上马，数量众多的小型再生铝厂和家庭作坊如雨后春笋般飞速成长。随着铝消费量的增长，回收废杂铝数量也大幅度提升，"十五"期间年均递增率达到21.55%。再生铝回收也包括两部分：一是加工企业生产过程中产生的边角废料，它们一般都返回生产系统重新使用。二是社会积蓄的废杂铝。目前珠三角有废杂铝回收、拣选、分类、集散及再生铝加工利用区域，广东省内主要分布在南海和清远。废杂铝利用一般需要先预处理，然后进行火法熔炼，脱去杂质。熔炼按规模大小不同采用转炉、反射炉或电炉。除少数大中型骨干厂外，绝大多数再生铝厂由于规模小、设备简陋、技术落后，造成烧损大、能耗高、金属回收率低，以处理铝制易拉罐最为突出，只能回收50%左右。另外，也存在质量不稳定、各种废料混杂处理、产品质量不高等问题，得不到市场认同，难以进行深加工。

珠三角再生铅回收利用起步较早，85%以上来自废旧铅酸蓄电池，少量来自电缆包皮、耐酸器皿衬里、印刷合金、铅锡焊料及轴承合金。目前，珠三角再生铅企业包括原生铅和再生铅冶炼厂、蓄电池制造厂等。近十年来，随着中国汽车、通信、交通、电动自行车等行业快速发展，铅酸蓄电池产业迅猛扩张，工业发达国家铅酸蓄电池的使用寿命一般为3～3.5年，而珠三角同类蓄电池的使用寿命只有1.5～2.0年，使用寿命短，更换频繁。目前，回收铅技术已有几座先进工厂，除了从废旧蓄电池中大量回收铅，也从电缆包皮、耐酸器皿衬里和铅锑合金中回收铅，回收方法与废杂铜相似。

锌主要应用于冶金产品镀锌、干电池、氧化锌和立德粉、铜材、压铸合金等领域。目前，回收利用的再生锌原料主要有热镀锌厂产生的浮渣和锅底渣、钢铁厂产生的含锌烟尘、废杂锌、锌合金零件、废镀锌产品及旧干电池。市内再生锌的生产企业不多，规模都不大，多只有几百到千余吨。

再生金主要来自电子废料提取。含金废料的来源很多，生活中常见的有废手机（手机芯片、排线、主板、电池触点、手机SIM卡）、废电脑（CPU、主板、内存条、插头）等；工业上的如电镀厂、电子元器件厂、电子厂的废料或下脚料以及插头插件等。

广州废金属回收行业有一个现象，市场上的工业电子垃圾越来越多，包括成批的国外洋垃圾不断被进口，但很多工艺先进的大型的回收处理企业却因收不到废料而开工量不足，这说明很多个人和家庭作坊因为投资小、成本低消化了绝大多数的废料。

（2）废塑料回收。广州市从事再生塑料回收利用及加工的企业和人员数量庞大且稳定增长，主要以个体户为主。废塑料的主要来源包括塑料加工过程产生的废料、复合材料组成的废塑料、工程材料混合物组成的废塑料、电缆绝缘材料组成的废塑料、工作与生活中产生的废塑料。

再生塑料是依据其使用寿命结束后仍具有回收利用价值而存在的不同形态的塑料，几乎所有热塑性塑料都具有回收利用价值。在合成树脂的生产过程中，在塑料制品和半成品的生产加工过程中，在塑料物流过程中以及消费者使用后，均产生再生塑料。一般把合成、加工过程中产生的塑料称作消费前塑料；把经过流通、消费、使用后产生的塑料称作消费后塑料。消费前塑料产生量小，品质稳定，再生价值大，一般在生产过程中就得到妥善处理，能够完全回用。通常所说的再生塑料一般指消费后失去使用价值的可循环利用的塑料产品，可以再生利用。塑料经过回收、集中、分类、科学合理处置后可以获得再生价值，实现循环利用。

塑料与环境关系问题及塑料的再生利用已经成为全社会关注的热点。与其他材料一样，如果处理不当会给环境带来负面效应。在消费量不断增长的情况下，塑料废弃物的合理处置对环境保护及资源再生方面的作用和影响日趋突出。通过访谈了解到，珠三角回收的废塑料90%以上主要运往广州市周边地区的加工利用企业，比较集中的有南海、清远等地，也有部分在广州白云区、萝岗区、花都区、增城区等进行初步加工。在当今构建和谐社会、环保节约型社会、重视环境保护和资源再生的政策环境下，塑料废弃物的回收更应引起高度重视。

2006年，广州市通过各类型回收网点回收的废塑料共32万吨，经营额约11亿元。

（3）废纸的回收。废纸的主要来源有印刷厂或纸品加工厂的切边、废旧的画报、账簿、废报纸、废旧书刊、废水泥袋、瓦楞纸箱、纸盆、生活或者工业中的各种混杂废纸。2006年，广州市废纸回收99.6万吨，经营额约15亿元。回收的废纸主要流向东莞市的纸厂和广州造纸厂。近年来，珠三角出现了一些有一定规模的废纸供应商，把高度分散的废纸集中起来，对各种混杂的废纸进行分类分选，保证了大中型造纸企业有稳定的供货渠道和品质原料。废纸已成为造纸原料中具有重要替代作用的资源，促使废纸的回收量有了新的增长。

（4）玻璃瓶回收。玻璃瓶回收是广州市再生资源回收的一个特色品种。2006年广州市的玻璃回收以珠江啤酒瓶为主，通过众多的回收网点，把广州市以及一些外地城市大量的啤酒瓶逐步收集到一两家大型回收企业，再运往珠江啤酒厂实现再利用，每年回收啤酒瓶的经营额近3亿元。

（5）废旧家电回收。广州市是国内电子产品和家电生产与消费的大城市之一。随着经济的持续发展，产生的电子废弃物越来越多，已成为较为沉重的负担与压力。据调查统计可知，电冰箱、电视机、空调器、洗衣机、电脑这5种主要家电和电子产品，大多是在20世纪80年代中后期进入家庭或企事业单位的，按正常的设备使用寿命10～15年计算，已到了报废期。2006年回收的以废旧家电为主的其他再生资源近5亿吨，经营额接近2亿元。

废旧家电的主要去向，一是到了二手市场，二是回收后运往集散地进行集中拆解。大多数拆解由民间作坊式的地下工厂手工进行，拆解后把有用的零部件、废钢铁、废有色金属、废塑料等挑选出来后出售，"无用之物"则作为垃圾丢弃。

废旧家电是具有经济价值的可回收利用的资源，可以分离出贵重的可再生资源，但同时由于其中含有许多对环境和人体有毒有害的物质，拆解过程中会产生大量有毒的气体、废水和废渣，会严重污染环境、伤害身体。

（二）以广州为例观珠三角都市群再生资源回收行业的现状

根据中山大学与广州城市可持续发展研究会联合开展的专题调查显示，珠三角各城市再生资源的回收利用存在着强大的社会需求和发展空间。截至2007年7月底，仅广州市就拥有大大小小的再生资源回收网点4334间，从业人员约10万人，每年再生资源回收总值约为120亿元。在2006年回收的482万吨再生资源中，废旧钢铁297万吨，废纸99.6万吨，玻璃42万吨，废塑料32万吨，有色金属5万吨，废旧家电5万吨。目前广州市各类固体废弃物的年产生量约为1000万吨，并以每年约10%速度持续增加。其中，可回收再生资源约占50%。回收和利用好这些再生资源，不仅可以提高资源利用率，节约宝贵的资源，而且能够减少污染，保护生态环境。据统计，每回收利用1吨废钢铁可炼钢0.85吨，可节约成品铁矿石2～3吨，可节约焦炭1吨，可综合节能0.4吨标煤，可节省相应炼钢所需的辅助材料，可大幅度减少废渣、废水、废气的排污量。

在广州市再生资源回收经营固定网点4334间中，持有工商营业执照的回收网点为2160间，不持有工商营业执照、有固定经营场所、对外回收废旧物资的回收网点为2174间，有照经营与无照经营网点的比例基本达到1∶1。

从经营场地面积来看，2160间有照经营网点可按面积划分为4类：200 m^2 以下的回收经营网点有956间，占44%；200～500 m^2 的有793间，占37%；500～1000 m^2 的有199间，占9.2%；1000 m^2（包括1000 m^2 以上）有为212间，占9.8%。2174个无照经营网

点中，200m² 以下的占97%。这些数据反映了存在大量小面积的回收站。

从产权结构上来看，其中属于国有、集体的回收经营网点有767间，属于有限责任公司的有442间，个体经营的有2976间，其他类别的有149间。

经过十几年由计划经济向市场经济的转型，原来的两大废旧物资经营主渠道——供销系统和物资系统的物资回收公司已经改革改制成为具有多种所有制的产权结构组织，包括国营、集体、股份制、民营、中外合资以及个体等。除没有申领营业执照的2174家（以个人经营为主），在持有营业执照的2160个回收网点中，个体和集体所占的比重较大，分别占37%和35%，即使是集体所有制的回收公司，也多实行承包经营责任制。越来越多的个体经营者纳入物资回收领域。

从经营品种来看，广州全市有专业经营网点362个，占全部网点的8%。专业经营网点中，经营废旧金属（废旧钢铁、有色金属）的网点最多，有231个，占64%，基本上各区、县级市都有废旧金属的专业经营点；经营废纸的网点，有94个，占26%；专业经营废塑料的网点有27个，占7%；经营其他品种的如废玻璃、废皮料、废布料的网点有10个，占3%。除专业经营网点外，都兼营2个品种以上的综合性经营网点。

从区域分布来看，广州各区、县级市的网点数量分布不均衡。越秀区、荔湾区、天河区、海珠区、白云区几个中心城区中，白云区和天河区的网点数比较多，分别有690个和500个；越秀区的网点数最少，只有57，海珠区有330个网点，荔湾区有218个网点。同样，白云区和天河区的无照经营情况也比较突出。例如，白云区持有工商营业执照的网点有330个，少于无照经营的网点数；天河区持有工商营业执照的网点有119个，不到全区网点数的四分之一；而越秀区基本上没有无照经营网点。黄埔区、萝岗区、花都区、番禺区、南沙区以及增城区、从化区等非中心城区、县级市的差异也比较大。花都区网点有1051个，与白云区相似的是其中持有工商业执照的网点有250个，不到全区网点数的四分之一；增城区有594个，其中持有工商业执照的461个，是各个区、县级市中持有工商业执照网点数最多的一个行政区域；番禺区的网点有345个；黄埔区、萝岗区、南沙区的网点保持在100~200个之间；从化区的网点有88个，由于调查中接受调查一方的坚持，以及受调查时间等客观因素的限制，从化区的非法经营网点数为0。

多年来的市场运作逐步形成了广州市再生资源回收的一种基本模式。首先，居民、各类企业和机关团体向流动回收人员、综合回收网点交售再生资源，其中也有大型或专业的回收网点向工厂直接收售再生资源。其次，流动回收人员、综合回收网点向利用企业或大型专业回收经营网点交售废旧物资；大型专业回收网点在进行分拣、打包、简单加工后，再直接交售给加工利用企业。广州市回收的再生资源90%销往珠三角一带的大型专业回收经营网点和再利用企业，原因是运输车辆基本上由各回收经营网点自行负责，出于对运输成本和收购价格（东莞、南海、清远等地的收购价格普遍比广州市高）的综合考虑，绝大部分的回收经营网点选择在珠三角一带销售再生资源。

上述特点说明，一方面，随着珠三角社会经济的发展和人民生活水平的提高，各类生产性和生活性再生资源日益增加，再生资源回收利用行业也随之蓬勃发展；另一方面，也表明珠三角再生资源行业有效的监督管理体制和规范经营机制尚未建立或完善，导致再生资源回收行业无序发展。调研发现，广州再生资源回收利用存在的主要问题有以下四类。

（1）网点无序，经营混乱。由于开放过度，市场出现了无序化经营的局面。一是现在行业发展缺乏规划，网点设置不合理，导致居民交售废旧物资存在困难；二是国有回收企业因税赋重、效益低下，经营日趋萎缩，主渠道作用逐步丧失，再加上回收市场失控和经济利益的驱动，使城市回收网点无序发展，这些分散的回收网点摊点已成为流动人口的聚居点、环境卫生的脏乱点、城市管理的空白点；三是经营者缺乏规范，经营秩序混乱，引发了大量社会治安问题，不仅给城市环境的综合治理带来困难，同时也导致大量低效益再生资源浪费成为垃圾。

（2）回收率低，资源浪费严重。传统的再生资源回收局限于几大类，许多可以回收利用的废弃物没有实现资源化。广州市每年消费电池约5亿节，其中八成约4亿节电池使用后就被弃置。一颗"钮扣"电池中的污染物全部释放后可污染60万升水，一节一号电池弃置于土壤中，可使一平方米的土地失去农用价值。广州市目前既没有回收废电池的措施，也没有专门处理废电池的填埋场。目前，回收企业普遍存在着只注意经济效益而忽视社会效益的问题，"利大抢收，利小少收，无利不收"。大量应该和可以回收的废家用电器、电脑等电子产品白白流失，既浪费了资源，又污染了环境。

（3）法治化和标准化程度低。改革开放以来，再生资源回收行业的管理方式不断调整，但远不能适应社会主义市场经济发展的要求，再生资源管理的法律法规不够健全，缺乏各类再生资源企业生产技术标准，加大了管理难度。标准化程序实施不足的问题十分突出，特别是回收行业门槛低，生产性废旧金属收购取消了特种行业许可后，大量个体、民营企业加入到这个行业中来，导致回收渠道混乱，电力生产和城市公用设施被盗案件时有发生，有些回收网点甚至成为收赃销赃的场所。

（4）技术落后，行业发展缓慢。再生资源是企业利润低、社会效益和环境效益高的行业。由于缺乏资金和技术投入，行业技术落后的问题比较突出。回收企业仍以手工劳动为主；废有色金属的回收利用及对废家用电器、电脑中贵金属的回收利用，仍采用酸浸、火烧、人工拆卸等方式，工艺流程落后，污染严重；从业人员的劳动保护措施不足，身体健康未能得到很好的保障等。

整个行业从业门槛低、企业单体规模小是可再生资源回收行业的重要特点。无论从资本数量、技能水平、教育水平，还是从资格认证等条件评判，广州再生资源回收行业的从业门槛都非常低。回收行业长期以来形成一种惯例，不需要资本、无特殊技能、不需要特殊教育与培训，甚至没有营业执照、资格认证。近几年来，由于公司化经营，门槛略有提高，但与其他行业相比，仍然处于低门槛状态。目前，广州再生资源回收行业的从业人员绝大部分为外地人，文化水平普遍较低。主要有两类人员：一类是固定回收经营网点的回收人员。4334间回收经营网点的从业人员有近5万人，此类人员主要从事门店收购业务，对经营网点的再生资源进行整理、挑拣、打包等工作，他们基本上不承担上门回收再生资源的工作。另一类是流动回收人员。在再生资源回收流通的过程中，除居民和企业直接向回收经营网点交售外，回收经营网点的再生资源主要来源于蹬三轮车、自行车或推着平板车走街过巷、直接上门向居民和企业收购废品，被称为"收买佬"的流动回收人员。一方面，流动回收人员深入社会的每一个角落，将灵活、高效的服务提供给顾客。但另一方面，由于流动回收人员数量巨大、结构复杂，给社会治安和环境造成一定影响，成为近期政府管理部门和社会舆论关注的问题。

根据各地提供的资料可知，广州市再生资源回收行业出现的问题，在珠江三角洲各市乃至全国都普遍存在。此事引起各级政府的高度重视。

2009年11月17日，国务院以国发〔2009〕40号文件下发了《关于加快供销合作社改革发展的若干意见》，提出在全国供销社系统建设"新网工程"，包括发展再生资源回收利用网络，重点要在提高回收利用水平、打造重点基地上下功夫，树立在行业的主导地位；建设废旧物资集散中心（市场），实现社区文明回收，开展新农村垃圾回收工程，构建市、县（区）、镇三级网络体系。

中共广州市委、市政府对广州市供销合作总社以及广州市供销合作总社开展再生资源回收利用工作明确给予支持。经市法制办和市政府常务会议审定，《广州市再生资源回收利用管理规定》已于2007年纳入市政府规章正式立项项目。在国发〔2009〕40号文件下发前，市政府印发了《广州市再生资源回收利用管理与网络体系建设工作方案》（穗府办〔2005〕10号）、《关于印发〈广州市再生资源回收利用管理与网络体系建设工作方案〉的通知》，明确广州市供销合作总社是全市再生收利用业务主管单位；印发了《中共广州市委、广州市人民政府关于切实解决涉及人民群众切身利益若干问题的决定》（穗字〔2007〕2号）（以下简称"惠民66条"），明确广州市供销社是"广州加强再生资源社区回收站点的建设与管理"的具体实施单位。

调查研究展示，广州市供销合作总社在全市再生资源回收中有较好的基础。从20世纪50年代开始，几十年来无论体制如何变化，供销社对废旧物资行业的经营管理从未间断，发展到20世纪80年代，形成了以回收为主，集加工、科研、管理为一体的行业体系。进入21世纪，再生资源回收利用行业发生了很大的变化，市场进一步开放，从业人员大量增加，但供销社在再生资源行业依然占有重要的位置。

目前，广州市供销合作总社被广州市政府明确定为全市再生资源回收利用的业务主管单位。广州市编委同意将广州市再生资源管理办公室纳入广州市供销合作总社处室管理，并增设再生资源管理处（同时挂广州市再生资源管理办公室牌子），其主要职责是负责全市再生资源开发利用管理，编制并组织实施再生资源发展规划和体系建设规划；制定管理办法、标准和有关产业政策；审查再生资源综合利用企业和回收网点的经营资格；负责行业管理工作。

近几年来，广州市供销合作总社对全市再生资源回收利用业务积极开展探索、实践活动，包括积极培训从业人员、规范管理流动收购人员、全面推进社区回收网络建设、强化制度规范建设与管理等。

2005年以来，广州市供销合作总社每年培训从业人员达2000多人次。对回收人员进行岗前培训，对回收站点和回收人员进行资质认定，让回收人员持证上岗。规范建设街镇回收示范站达169个，完成75条街镇136个示范便民点的规范建设。运用市场机制发展起森雅公司、淘宝公司、花都区新供回收公司等一批有一定实力和市场竞争力的再生资源回收企业，逐步成为回收利用体系建设的骨干力量。森雅公司重组8个月以来实现经营总额达1.8亿元。此外，将再生资源回收行业纳入全市社会治安综合治理考核内容。结合"人屋车场"专项治理行动，清查收购站点3435个，依法取缔违法违规的站点684个，收缴违规收购的废品260.15吨。全市纳入规范化管理的流动回收人员2377人，进一步推进了再生资源"进机关、进校园、进社区"宣传教育活动。

在示范站点建设中，广州市供销合作社积极探索了社区再生资源回收和广州市经济社会发展与城市管理相适应的新模式，为创新建设与管理模式，探索建立再生资源社区回收长效管理机制打下了良好的基础。

（1）模式一：行业管理与小区物业管理相结合的固定式便民回收点。荔湾区芳村花园的"社区便民回收点"，保洁人员在垃圾收集过程中进行资源分类回收，同时接受小区住户预约上门回收。由物业管理公司进行日常监督和考核，再生资源行业管理部门按照行业法规和规范实施管理。这种模式将保洁工作及垃圾分类与资源回收相结合，为居民提供安全和便利的服务，优化了小区生活环境，受到了住户的欢迎，为大型住宅小区建立规范的再生资源回收服务点并实施长效的管理做了有益的探索。2009年时任市领导视察了芳村花园社区便民回收点，提出在全市推广"芳村花园"模式。

（2）模式二：行业管理与街（镇）属地管理相结合，在开放式社区中建设的固定便民回收点。开展了在开放式社区中建设固定便民回收点的工作，把社区便民回收点的建设纳入街（镇）社区建设、社区服务的工作范畴。这种把再生资源回收行业管理与街（镇）属地管理有效结合，由街（镇）加强日常监督，行业管理部门按有关法规和规范与街（镇）联合实施管理的模式，得到了区街和市民的认同。

（3）模式三：由区街推动的，与中心城区管理相适应的非固定便民回收点。随着全市经济与社会的不断发展，中心城区市政建设步伐加快，现代商厦林立，商业租金昂贵，建设固定的便民回收点面临经营成本高的问题。为适应中心城区发展与管理特点，逐步规范目前无序的流动回收给城市管理带来了一系列的问题。广州市供销总社指导开展非固定便民回收点的建设工作。天河区、海珠区、黄埔区等由区街推动，建设以新型轻质材料板房作为社区便民回收点。板房统一样式、回收人员统一服装，开展规范服务。这种模式比较适应现代都市发展与管理的实际。

（4）模式四：由具有一定规模和规范的回收企业作为社区回收的骨干运营企业，与社区回收站和便民回收点实施管理对接和资源对接。市行业管理部门与区、街（镇）共同实施对骨干运营企业的管理，社区居委与运营企业共同实施对区域内回收站和回收点及其从业人员的管理。这种管理模式的创新与实践，有利于提高回收行业的组织化程度，有利于资源的有序流动和集聚，有利于改变行业的脏乱和扰民形象，实现行业的科学发展。

（5）模式五：按照"街镇统筹、备案登记、站点挂钩、协会培训"模式对流动收购人员实行规范化管理。花都区狮岭镇政府成立了流动收购人员管理办公室，通过专业管理和联合整治加强对再生资源流动回收的综合治理，将全镇80%以上的流动收购人员纳入了规范管理，每年为流动收购人员组织开展行业规范的培训，提高依规守法意识，使全镇流动收购无序发展的状况有了较大的改变。

（6）模式六：运用现代信息技术手段为市民提供安全、便捷的在线回收服务，建立相关部门共享的网络监管机制。2006年5月，开通了"广州再生资源网"，在越秀、荔湾区的10条街道开展了再生资源在线回收试点，运用现代信息技术手段为市民提供安全、便捷的在线回收服务。目前，正在建立和完善信息、交易、监管等功能，借助信息平台，宣传再生资源回收行业的政策规定，并建立相关部门共享的网络监管系统，形成长效监管机制。

广州市的探索、实践取得了较好的成效，突出体现在以下四个方面。

（1）初步形成了广州市再生资源回收利用体系。目前已初步建成的广州市再生资源回收利用体系由社区回收站点、专业分选中心与集散交易市场、综合利用处理中心三个层次组成。第一个层次的再生资源社区回收站、点，主要负责收集居民生活废弃物中可再生的资源。第二个层次的再生资源专业分选中心与集散交易市场，负责接收、集中分选、加工从社区回收站、点，以及集团单位回收的除危险废物外的再生资源。第三个层次的再生资源综合利用处理中心，由具有相应科学技术力量和生产能力的综合加工利用企业组成，达到了再生资源利用率最大化和有害废物的无害化，并逐步形成了具有经济效益和社会效益的再生资源产业化。这一体系的建成，使城市社区再生资源回收网点基本达到了规范建设、规范管理、规范经营，提高了再生资源利用率，有效地解决了人民群众关心的问题，基本消灭了二次污染的目标，有利于发展循环经济，构建广州资源节约型、环境友好型的和谐社会。

（2）基本理顺了广州市再生资源回收管理体制。经过最近几年的探索实践，建立了市、区（县级市）和街道三级管理体制。在市政府层面，建立了广州市再生资源回收利用工作联席会议制度，由分管副市长作为召集人，市经贸委、发展改革委、建委、法制办、规划局、环保局、市容环卫局、公安局、工商局、国土房管局、财政局、国税局、劳动保障局、城管支队、供销总社等单位和各区（县级市）政府作为联席会议成员单位。联席会议负责统一部署，各单位各司其职、各负其责。市经贸委是联席会议的牵头单位，市供销合作总社是全市再生资源回收利用的业务主管单位。各区（县级市）和街道（镇）根据"两级政府，三级管理"的原则，建立和健全相应的管理机构。街道（镇）和社区居委会结合文明社区建设和再就业工程，履行宣传、组织、实施工作职责，保障工作有效落实。建立了再生资源回收利用运行机制，即区（县级市）和所属街道负责牵头会同市供销合作总社、区（县级市）再生资源管理办公室、经贸部门、城市规划部门、环卫部门协同规划与管理；市再生资源行业协会负责制定社区回收点、街道回收站和流动回收车的行业标准、服务规范和统一标识，并负责回收从业人员的培训工作。建立了再生资源回收利用管理机制，推进了流动收购人员纳入规范化管理工作。在推广花都狮岭做法中，对于再生资源社区回收流动收购人员，按照"街镇统筹、协会备案登记、站点挂钩"的管理模式纳入规范化管理。在中心城区和非中心城区选择有条件的街镇推进社区回收流动收购人员纳入规范化管理工作。目前全市纳入规范化管理的流动回收人员有2377人。街道回收站建设经营权可以实行公开招标，进行市场化运作，由企业自主合法、规范经营。社区回收点由取得街道回收站经营权的企业负责统一建设。

（3）对广州市再生资源回收利用模式展开了有效探索。创建了白云区"连锁经营模式"。白云区"连锁经营模式"由白云区供销社通过全体在岗干部、职工参股的方式，组建了广州市淘宝再生资源回收连锁经营有限公司（以下简称"淘宝公司"），并且实行了供销社绝对控股。目前，淘宝公司连锁经营管理回收站22间，在白云区再生资源经营管理过程中日益发挥出重要的作用，日益凸显供销社系统的地位。在广州市供销社、广州市再生办的支持和指导下，白云区供销社认真贯彻落实广州市经贸《关于开展再生资源社区回收一街一镇一示范点规范改造建设工作的通知》的精神，采取"统一规划、试点先行、分步实施"的办法，在白云区4个中心镇和14条街道中选定了18个回收站推进"一街一镇一示范点"建设。在规范改造过程中对系统外不规范的回收站进行收编改造，使之加盟淘宝公司，不断扩大淘宝公司的经营网点。

白云区供销社积极拓展和直接参与再生资源加工处理业务，探索形成收购、处理、加工再生资源产业链的经营运作，淘宝公司在连锁经营的基础上开展资源再生业务，在白云区江高镇创办了近万平方米的再生资源综合利用加工场，积极拓宽再生资源加工利用业务，扩宽发展空间。现该中心场已添置两套生产线，一是对废矿泉水瓶进行破碎处理重新生产成塑料原材料供应市场，该项目已试产；二是收购废纸进行重新打包，该项目2008年9月投入运营，月吞吐量将达到4500吨。此外，淘宝公司还积极做好机关单位与厂矿企业的再生资源回收服务工作，在广州市供销社及有关部门的大力支持下，承接了广州市罚没物资1批，广州市机关淘汰报废的加工用品3批，企业淘汰的废旧电机1批等。

探索了基于互联网的回收利用模式。目前，广州市成立了一批回收再生资源的政府置办或私有网站。例如，在广州市供销合作社置办的"广州再生资源网"，市民可预约再生资源回收人员上门回收。市民只需登录"广州再生资源网"，点击首页上的浮动广告，或点击"在线回收"下面的"各区运营机构"子菜单，便可以进入"在线回收"的操作界面，其中列出了现已启动的"在线回收"业务在广州市各区的运营机构。点击"预约回收"，就可以看到预约回收所需填写的姓名、所属街道、地址、联系电话、预约上门时间等相关信息的列表，填写完毕并点击提交，预约便可生效。网站的后台会自动将市民的预约信息归类分配至各区运营机构（公司）的账户中，运营机构（公司）由专人登录网站的后台对市民的预约信息进行处理，并向回收人员发回收任务单，回收人员便可根据任务单上的预约时间和地址等信息上门回收。在处理"在线回收"预约信息的同时，运营机构（公司）还可以通过后台的数据功能对"在线回收"的再生资源进行归类统计。

（4）培育了一批以再生资源为主营业务的骨干企业。在综合回收分选领域，广州市万绿达物资回收有限公司，主要承接了开发区内大型企业产生的废旧金属、废旧塑料、废旧泡沫包装物、旧木料等工业废料，并进行分选和初加工，在行业内具有较强的经济实力，是广东省循环经济再生资源回收利用领域的试点单位之一。在废金属回收领域，花都区供销社旧物资回收公司第一分公司以及南沙经济技术开发区的广汽丰绿资源再生有限公司，分别承接了坐落在花都区的风神、日产和南沙区的丰田等汽车工业产生的废钢铁、废铝、废塑料、废纸等工业废弃物，通过建设园区式环保厂房，运用先进的分选加工设备进行分选和初加工。其园区式现代回收方式和先进设备，以及回收规模，已经突破了传统回收的模式和水平，代表着行业发展的趋势，受到国内外同行的关注。在废纸及旧玻璃瓶回收分选方面，广州市森雅再生资源有限公司是一家专门从事废旧玻璃瓶和废纸回收的企业，专业化经营颇具规模，具有较强的经济实力。在社区回收连锁经营及废纸回收分选方面，广州市淘宝再生资源连锁经营有限公司，积极探索连锁和规范化经营。该公司下属有200多家回收站，总经营面积约为10万平方米，公司还新建了1万多平方米的废纸回收分选场，在连锁经营和专业化经营上迈出了新的步伐。在社区回收业务与废纸回收分选方面，花都区新供再生资源回收有限公司是花都区从事社区回收业务和大型废纸回收分选的企业，近年经营规模不断扩大，呈良好发展势头。番禺灵山废旧金属交易市场，通过建立健全市场交易制度、规范交易手续，在一定程度上改变了灵山镇周边废旧金属经营无序的状况，市场经营逐步走向规范化和规模化，促进了经济的发展。

（三）未来着力点

废品收购在我国已经有几十年的历史，将家中的废品出售给废品收购人虽然能够获得一定的收入，但从调查结果来看，卖废品的人在一些城市中比例并不高，约有60.2%的居民卖废品。进一步的调查结果表明，城市居民是否卖废品，与年龄、家庭收入和职业有直接关系。对居民不愿意卖废品原因的调查表明，主要原因是没有时间或服务不便。

面向未来，在实施《珠江三角洲地区改革发展规划纲要（2008—2020年）》，建设资源节约型和环境友好型珠三角都市群的过程中，要进一步完善再生资源回收利用体系建设，建设一个切实有效的、高水平的再生资源回收利用体系。

1. 完善再生资源物质回收利用的激励体制

国内外的实践表明，完善的配套政策体系是再生资源物质回收利用健康发展的重要前提。目前，我国关于环境保护方面的政策和法律，多数仍以环境问题的"末端治理"的事后补救为基本定位。以"治理"为主，是一种被动式制度。应确立和完善"源头控制"的政策和法律思想，变被动为主动，逐步形成资源循环及废弃物管理一体化的立法模式。引入循环经济理念作为废弃物回收体系的理论基础是一种必然选择，主要理由如下。

（1）各国废弃物回收体系均以循环经济为基础，且效果显著，表明它是具有很强生命力的。例如，日本的《特种家电循环法》、德国的《循环经济和废弃物处理法》、欧盟的WEEE指令等，都对电器的回收处理系统采用了循环经济的模式，并且取得了很好的效果。

（2）循环经济发展符合社会经济可持续发展的要求。循环经济模式是对传统生产模式的一种根本转变，是追求产品利润最大化向追求社会经济可持续发展的一种转变，而这正是建立废弃物回收制度的初衷。

（3）循环经济注重的是从源头控制，符合废弃物回收体系的思想。循环经济的3R

原则的优先顺序是：减量化（reduce）—重用化（reuse）—资源化（recyle）。只有从根源上减少污染、避免浪费才是对环境和资源的最好保护。对废弃物的回收应该贯穿生产、运输、消费、回收利用的全过程，从生产的源头开始控制。这是对现有社会环境的有效保护和对资源的充分利用的必然要求。

废弃物回收利用的经济制度应该包括以下两种。

（1）经济扶持：对执行废弃物回收制度的生产商、回收处理商以及回收技术研发企业进行经济政策倾斜，如税收减免、财政补贴等。

（2）经济处罚：对那些给环境带来污染以及资源浪费的企业进行行政和经济处罚，在税收方面加大力度。

废弃物回收的行政监管制度包括以下四种。

（1）产品处理监控制度：在各级政府设定监管部门，建立废旧回收处理的行业标准，并定期对相关企业进行审核。对企业产品的设计、生产、流通过程进行跟踪监督，确保整个过程是绿色环保的；对废弃物的回收处理方式进行监督，避免二次污染和资源浪费。

（2）环境标志制度：要求企业提供所生产产品的生态信息，列明生命周期相关数据、回收渠道数据、材料的环境兼容数据等，方便消费者核查。通过信息披露，一是可以促使生产者生产出更多的有益于环保的产品；二是引导消费者在做出购买决策时更多地考虑获得标志的产品，这不仅有利于消费者的健康，也使得环保企业较其他企业更有经济优势；三是告诉消费者该产品要求回收，提高消费者的环保意识，促进废弃产品的回收利用。

（3）回收处理体系管理制度：对废弃物的回收至少包含回收—分类—处理等过程，在这方面必须建立法律保障制度对废弃物及其材料的流转过程进行统一管理。例如，可以尝试学习日本的转移联单制度：主管机构设定特定废弃物管理单，下发给零售业者。零售业者从消费者手中接收特定废弃物时，按规定填写管理单中规定的事项，将复印件交给消费者。零售商在将废弃商品交给回收利用商时，交付管理单，回收利用商填写相应事项，将管理单交给零售商，并复印留底。通过这样的管理机构对整个处置活动进行管理。

（4）废弃物的分类回收和强制回收制度：对废弃物的回收，需要对公民进行教育宣传，但是更需要法律的约束来促使公民产生分类回收的意识。由于废弃物的不环保以及资源浪费性，必须设定相关法律进行强制回收，列明具有特定特征的废弃物必须通过合理途径进行回收，而不可随意处置，并设定一定的监控手段，如人员询查、群众举报、拍照监视等，对不按法规处理的进行相应处罚。

同时，应该建立分类回收体系。例如，在社区建立分类回收箱，通过文化宣传和法治约束，规范大众的行为，并督促垃圾制造者协同做一些力所能及的分类回收工作。

2. 建立合理的回收体系

建议对废弃物的回收处理采取二手市场流通和处理公司进行材料回收并行的方式。将回收和处理通过分拣隔离开，即先通过分散回收，再通过集中分拣，最后根据

产品的情况进行分类处理。这样的体系有以下四个好处。

（1）回收分散符合珠三角的现状，易于操作，可以通过回收小贩、零售商以及专门的回收站进行回收。

（2）集中分拣可以有效地控制整个回收处理的过程，同时集中起来通过统一的标准对物品进行分拣，可以确保二次流入市场的产品的性能可靠性。

（3）废弃物经过分拣后主要有两个去向：二手市场和专业处理机构。这样可以对废弃物进行充分利用。根据研究可知，产品的价值主要体现在设计和制造，组成它的材料所占总体价值的比重很低。如果我们拆毁还有市场商业价值的旧物品，如许多电子产品等，就等于舍弃80%的财富，去回收不足总价值20%的原材料。因此，这样处理实际上能很好地提升回收效率。

（4）处理公司分散化可以考虑到不同废弃物的特性。不同的厂商对不同的废弃物更加有研究。

3. 构建合理的责任范畴

在目前阶段，应该按照循环经济的理念，以政府和企业为主导，建立如下废弃物回收责任体系。

（1）政府承担引导和规范责任。简单靠企业的自发运作不能快速地创建符合广州市需要的回收体系，政府需要着手牵头建立废弃物回收处理体系，并通过制定相关的法律和政策去规范执行。政府对历史上产生的废弃物的处理问题承担主要责任：由于在这方面相对发达国家起步晚，已经产生了相当多的污染和资源浪费问题，出于全局的考虑，同时发挥示范的作用，政府应该出资对历史上已经产生的废弃物进行处理，创建专业的回收处理中心，对闲散在社会的废弃物资源进行回收利用。

（2）生产企业承担生产者延伸责任。现阶段，生产者应该对历史生产的产品承担部分责任；在废弃物回收体系创建以后，生产者应该承担主要的责任。生产者通过生产产品、销售产品获利，从而也产生了污染的源头，让生产者承担责任，就是让生产者支付"环境成本"，从源头上规范固体废弃物污染。

（3）分销渠道和零售商应该协助进行废弃物回收。作为销售过程中获利的一方，销售渠道应该肩负起相应的义务。

（4）消费者承担协助回收的义务。虽然单个消费者的力量是薄弱的，单项消费也不会对环境造成不利影响，但是整个社会的消费者如果不采取环保行为将会对生态环境造成很大的破坏，而废弃物的回收利用所带来的环境质量改善，则会使社会每个成员受益。

这样，政府与企业共同承担废弃物回收处理的责任，从财政上给予相应的支持，从消费者手中回收废弃物需要支付购买费用也是考虑珠三角现阶段情况的做法，这样的资金流向是符合珠三角废弃物回收处理实际的。

（1）珠三角废弃物的历史负担重，以前不重视废弃物处理，且废弃物又正好进入了报废的高峰时期，废旧电器的绿色回收处理还不能进行盈利化操作。要求相关厂家全部承担回收费用，对于利润率不高的五金、玻璃、纸类、电器企业来说压力过重，需要政府支持。

（2）政府对企业要进行逐步规范，逐步给企业施加回收压力，提高废弃物的回收比例，尤其是对于回收系统建立后生产的废弃电子产品，要逐步要求企业负全责。

（3）二手消费者的购买费用是分拣商的一项主要利润来源，能够很好地支撑整个回收系统的正常运营。

（4）由于珠三角的消费者长期习惯卖出手中的废弃物，这一模式还需要维持一段时间。

4. 建立生产者延伸责任制

废弃物回收体系的发展最终要以生产者延伸责任制为基础。让生产者参与到整个回收、处理的过程中来的理由是：生产厂商更了解整个产品的设计结构、技术思路、使用材料等情况，并有相应的人才支持。同时，这样就可以把废弃物的管理与生产联系在一起，使生产商在其产品废弃后，对环境产生的负面影响承担经济等具体责任，从而刺激生产者在产品设计、材料使用中增大可回收利用部分，提高资源的利用效率。同时，由生产者支付回收处理费用可以激励消费者在不用付费的情况下进行废弃物回收，有利于提高回收效率。

所谓"生产者延伸责任制"，是指产品的生产者不仅要对生产过程中产生的环境污染负责，还要对产品在整个生命周期内对环境的影响负责，尤其是负责承担产品废弃后的回收和处理成本。这项环保制度是对传统的"污染者付费原则"的深化和延伸。生产者延伸责任制主要包括清洁生产和专业回收。要求采用清洁的原材料，使用环保的工艺避免污染产生，生产出无毒无害且便于回收利用的产品，同时生产者需要对废弃物进行专业化的回收、再利用以及处置。废弃产品的种类繁多，成分复杂，回收、再利用及处置需要专门的技术与手段，生产者承担主要责任是非常有利的。

实施生产者延伸责任制，企业至少要承担三部分的责任：一是经济责任，即生产者要担负产品在生命周期内全部或者部分的环境成本，如废旧产品的回收、处理和最终处置费用；二是循环利用责任，生产者应该优化生产工艺，生产出易于循环利用的产品；三是信息披露的责任，即生产者应该公布产品的环境信息，引导消费者进行环保消费以及对废弃物进行正确处理。考虑到珠三角的实际情况，珠三角废弃物回收处理初期阶段的生产者延伸责任制还应该考虑以下三点。

（1）政府对承担延伸责任的生产者应采取经济刺激和经济鼓励措施。虽然生产者应该承担主要回收责任，但是获益将是全社会的，应该适当地对主动承担生产者延伸责任制的企业进行奖励，如对设立专门回收废弃产品的体系的生产者进行补贴、低息贷款及政策性银行等。

（2）将消费者对生产者承担延伸责任的协助义务具体化。对消费者的行为要更多地监控和强制执行。因为我国长期以来对环保不够重视，使得普通群众不一定会主动支持废弃物的回收，人们会更多地从经济利益的角度出发。除了加大宣传，更应该用法规以及经济手段规范人们的行为。

（3）可以考虑规定国外生产者和进口商承担延伸责任，以应对绿色壁垒。由于我国是生产大国，也是消费大国，而且大量国外的垃圾肆无忌惮地流入珠三角境内，珠三角应加强对国外生产者和进口商的生产者延伸责任制，以缓解珠三角的电子

污染状况。

在完全的生产者延伸责任制下的资金流系统中，其运作有以下三个特点。

（1）在该系统中，建议消费者在购买新产品时就显性地支付废弃物的回收处理费用，支付费用的多少根据商品价值有所不同，该方式使得处理费用变得简单化和透明化，更容易让消费者接受并且理解环保的意义。

（2）生产商或者进口商作为纽带，他们一边将生产好的产品输送到消费者手中，获得回收处理费用，另一边又将回收处理费用支付给回收处理商进行废弃物的绿色回收处理。他们能够起到这样的作用，是因为他们必须担负生产者延伸责任制，他们必须承担对废弃物回收处理的责任。

（3）回收处理商从生产商或者进口商那里获得资金进行废弃物处理。这些回收处理商可以是生产商自己设立的专业公司，也可以是其他的符合条件的专业回收处理公司，他们通过与生产商签订合同进行废弃物的回收处理。

5. 创新逆向物流的回收链模式

传统的物流方式，即"正向物流"在我国已经有了较好的发展，通过正向物流的方式，物品遵循线路"供应—生产，生产—终端"，最后到达消费者手中。随着买方市场的逐渐成熟，客户服务越来越被企业重视，甚至成为战略性理念。逆向物流是一种包含了产品退回、物料替代、物品再利用、废弃处理、再处理、维修与再制造整个流程的物流活动。它是公司通过再循环、再使用以及减少原材料的使用，有效率地达成环境保护的过程。

在国外，通过逆向物流建立的回收产业链运作的好坏直接影响企业的社会信誉、在公众中的形象和知名度，还影响人们对于产品质量、客户服务水平的评价，更直接关系到企业的经营成本和效益。国外的很多知名企业，如通用电气（GE）、IBM、飞利浦等都建立了良好的逆向物流运营体系。它们对逆向物流高度重视，并通过信息系统等进行有效管理，不仅有效地控制了成本，而且很好地提高了服务水平，并在环保和公益方面获得了很好的评价。

珠三角的回收产业链还没有很好地搭建起来。逆向物流的发展才刚刚起步，一些企业已经在积极地探索并进行实践，但是发展还远远不够。要建立完善的废弃物回收体系，逆向物流是其中非常重要的一环。作为实现生产者延伸责任制的一个物流保障，只有逆向物流能将废弃物从消费者手中输送到生产者制定的地方，因此从废弃物回收的角度去研究逆向物流，发展适合珠三角废弃物的回收产业链就显得非常有必要。

从消费者到生产者，废旧产品的回收产业链主要包括以下三个环节。

（1）消费者作为回收产品的提供者，为整个逆向物流提供产品投入，也就是提供他们已经不用的产品。消费者作为零售商的顾客，可以在购买新产品的时候向零售商提供旧产品。但是，消费者提供废旧产品是没有计划性的，这样会给整个产品物流的控制带来较大的麻烦。

（2）零售商将产品集中给分销商，或者普通回收商将产品集中给分拣商。这些分拣商或者分销商将产品集中起来进行管理以及分配，以满足生产商的需要，及时提供所需要回收的产品。

（3）生产商将各种渠道回收到的废旧物交给公司内部的集中处理机构或者签约处理商进行处理，完成了产品逆向物流的进程。通过对产品进行集中处理和再生产，运到需要的客户手中或者由公司自己回收利用。

逆向物流同正向物流一样，都需要有原材料的供应，需要进行生产规划和控制，也都需要将生产后的产品运送到顾客手中。但是，它们也存在很大的不同，如原材料的采购，正向物流是生产商向上游提出订购申请，但逆向物流是顾客不需要该产品时随机提供，还有原材料的品质以及提供时间，正向物流是有一定预期保障的，而逆向物流却存在很大的不确定性，使得生产规划和控制变得更加复杂。因此，逆向物流的发展需要面对大量的困难，需要着力进行解决。

（1）企业对逆向物流的认识不够。提到物流，人们能想到的都是将集中的产品分散化，而很少考虑将分散的产品集中化。逆向物流的发展需要社会各个层面的广泛认知，但是现在不仅普通民众对逆向物流没有什么概念，而且进行产品经营的厂商在理念上也对逆向物流不够重视。在逆向物流失败的案例中，首要因素是管理阶层认为逆向物流不重要，然后是没有系统的政策，最后是缺乏相应的管理人才和理念。

（2）对逆向物流的管理面临很多的不确定性。产品退回的数量、时间、品质都是随机的，往往会造成回收产品的需求和供给难以平衡。同时，因为供应链的信息非常分散，可能来自顾客、零售商、经销商、回收商等任何外部主体，也可能来自企业的内部，使信息的提取和分析变得非常困难，难以向管理提供决策依据。

（3）逆向物流成本管理的难度大。在正向物流过程中，决定成本的因素相对比较稳定；在逆向物流中，再处理成本具有很大的不确定性，逆向物流系统中返回产品的运输成本、储存成本和再加工都会随退回产品情况的变化而改变。与传统制造过程不同，对每件回收或退货产品的处理方法在检查之前是未知的，因为产品回收状况不同，产品的加工工序、处理时间、需要的配件和原料数量等都是不确定的。这样就给作业管理和成本管理带来巨大的挑战。

（4）逆向物流过程与正向物流流程的冲突。回收品的逆向物流流程有时会同常规的产品正向物流业务流程重叠，尤其是在库存和运输等环节可能相互冲突。在紧急情况下，两种物流的冲突会更加明显，企业为了确保常规的业务正常运作，不得不放弃回收业务。

（5）供应链上风险逐级扩大。逆向物流要求生产商必须对供应链上的提供者采取宽松的回收政策，这样就加大了自身的风险。同时，还可能存在需求信息逐级放大效应，致使供应信息完全失真，使得生产商处于被动的局面。

（6）经济利益与环境效益的矛盾。回收产品不一定能带来收益，尤其是在我国现有的情况下，大量对废弃物的回收处理可以很好地改善环境，但不成熟的运营模式并不能为生产企业带来额外的利润。

面对这么多的困难，企业要建立完善的回收产业链，发展逆向物流要从企业内部着手，进行逆向物流意识普及，从管理层开始要对逆向物流有足够的重视。另外，还要花大力气进行物流信息系统和管理能力的提升，确保企业具有相应的能力。但是，更重要的是，生产商们更应该结合产品以及企业自身的情况，选择适合的物流运作和管理模式。

（1）由企业自身构建一体化的正向物流与逆向物流运营系统。逆向物流同正向物流存在相同的流通环节，都需要经过运输、加工、库存和配送。对它们进行统一的规划，可以在节约公司资源和成本的基础上有效地实现双向的物流。

（2）通过工业同盟或者行业协会牵头的方式，在企业之间横向结网设立集中回收中心的管理模式。大部分的小企业，很难建立自己的回收中心，可以通过企业间的合作建立集约化的废弃物回收中心，从而实现规模效应和技术进步。

逆向物流并不是简单的废弃物回收，也不是被动的保护环境。逆向物流通过对产品的重用、翻新、改制和废料的再生循环等活动形式，实现对资源的最有效利用和对生态系统的最少量输入，从而节约自然资源，降低生产成本和污染治理成本。因此，无论采用何种回收模式，都要考虑到企业本身以及产品的特点，在产品生产之初就应该考虑到回收环节，使产品易于回收处理，采用环保设计。同时，在回收体系中更应该考虑将企业的整个供应链集成，逆向物流并不等于废品回收，它涉及企业的原材料供应、生产、销售和售后服务等各环节，因而不能作为一个孤立的过程来考虑。企业要实施逆向物流，还必须与供应链上的其他企业合作，包括上游的供应商、下游的顾客，甚至包含同类的企业，通过与不同企业之间的信息共享，建立合作伙伴关系，可以实现风险共担，从而提高整个供应链的绩效。

6. 建立利用废弃物的回收产业

对废弃物的回收处理需要结合国家政策，确定生产者责任制并进行清洁生产，大力发展逆向物流，同时需要整个社会的密切配合才能够顺利运行。废弃物的回收处理在珠三角短期内还不能产生盈利，主要是技术落后、回收渠道不畅通、回收成本大、没有规模效应等原因导致的。但如果能够将其单独产业化，很有可能会形成一个崭新的利润比较丰厚的新行业。将废弃物回收产业作为一个单独的产业来运营，有它自身的特点，特别是它的原材料来源与一般产业有本质的区别。这套特殊的运营机制主要包括以下四方面。

（1）以生产者责任制为基础，通过企业实施逆向物流进行废弃物原材料的回收。这是珠三角废弃物回收产业发展的主线，确定由生产者负主责，实际上就是给这个产业注入了主要的资金来源。在珠三角目前的情况下，让消费者付费进行废弃物回收显然不可能实现，相反还需要向消费者购买。作为一个产业运营，必然需要最基本的资本以及货源，而生产者的担当责任就是行业运行的基础。

（2）对回收处理企业进行市场化运作，政府提供政策支持以及专项补助。对废弃物的回收处理应该采取市场化运营，通过市场化去拉动其规模，实现有序化经营。但是现在珠三角的废弃物回收以及处理的企业普遍难以正常运作，因为这是一个投资较大而效益较低的行业。生产企业可以承担部分责任，但是要解决全部问题还是需要政府的帮助，政府应该打击市场上对于废弃物的不规范处理，同时提供财政支持鼓励发展，这样废弃物回收利用有可能成为一个规范的、有一定利润的行业。

（3）对回收处理企业进行资质认证。我国现在大部分的废弃物回收处理企业都是手工作坊，通过使用廉价劳动力对废弃物进行简单分拆，很少考虑工人的生命安全以及处理是否环保，由此可能产生更大的资源浪费和环境污染。应该对回收处理企业进行资质认证，要求处理商必须具备一定的技术基础，以及必须通过国家的清洁化生产的认证才能够进行废弃物的处理运营。

（4）废旧并行，集中分拣。所谓废弃物，就是有废有旧，应该区别对待。对于旧物品进行二次流通，对于废物品进行循环利用和无害化处理。由于废物品与旧物品之间没有清楚的界限，对于同一个废弃物品，不同的时间、不同的地点以及不同的对象的认识会有很大的差异，很难将二者截然分开。但是建立统一的分拣中心至少能够减少该类事情的发生，符合该行业长期发展的需要。废弃物的回收处理涉及面非常大，牵扯面也广，同时实际上是一个资源化的运作，对于整个国家的资源利用有着非常积极的作用。

7. 坚持政府主导和市场化运作相结合的模式

在规划、标准和产业政策的制定，行业的清理整治，扶持资金的投入等方面，必须坚持政府主导。当今世界，各发达国家已将再生资源的回收利用、生产加工、节约与替代自然资源视为"第二矿业"，向资源化、产业化方向发展；已将再生资源的技术创新、深度开发、高端产品视为"第三利润源泉"，向集约化、现代化方向发展。珠三角再生资源数量大、品种多，回收和开发的潜力巨大，发展前景宽广，实际意义深远。市委市政府的高度重视和大力支持，社会各界的广泛关注和积极参与，为加快建立现代再生资源回收体系提供了良好的契机。为此，我们应该认清形势，明确思路，把握好再生资源行业的发展机遇，加快建立现代再生资源回收利用体系，促进行业有序发展，实现资源环境和城市管理的双赢。

8. 促进公众参与

通过宣传教育，使公众了解我国资源利用和环境保护的严峻形势与发展再生资源回收物流的重要意义。树立节约资源、保护环境的观念，使全社会都来理解、支持和自觉参与再生资源回收利用事业，如垃圾的分类放置和回收、再生品的使用等。利用广播、电视、报刊等媒体加大对再生资源利用的重要性及特殊性的宣传力度，使再生资源的有关知识家喻户晓，并将有关再生资源利用的知识列入中、小学教育课本，让资源再生循环的意义在下一代的思想中根深蒂固；通过宣传使公众树立节约资源、保护资源、变废为宝、积极参与资源回收的意识。

与社区建设相结合，动员市民积极参与再生资源的回收利用，引导市民自觉交投再生资源和使用再生资源产品。有关单位要充分运用政府采购制度，带头使用再生资源产品；以企业、机关、学校和社区为单位，针对性地开展形式多样的宣传活动；建立再生资源回收物流相关网站，逐步推行再生资源的在线回收。

9. 巩固供销社的主导地位

贯彻国务院40号文件，全面完成区、县级市供销联社机构改革，落实区、县级市供销联社"三定"方案，发挥好区、县级市供销联社作用。各区、县级市联社要结合当地实际，在发展规划、资产处置与监管、人力资源调配三个方面，探索"一区一社"发展模式。

以网络建设和服务平台建设为切入点推进基层社改革发展。根据镇街建设规划和经济发展特点，运用联合、兼并、托管、重组等手段，合理调整建制，优化布局，整合资源，形成优势，围绕重点，改造建设一批辐射带动能力强的基层供销合作社。

10. 凸显再生资源物质回收利用的公益性

再生资源物质回收利用网络的建设，有其公益性和战略性，没有政府完善的配套政策是无法完成的。

广州市政府在《关于印发广州市再生资源回收利用管理与网络体系建设工作方案的通知》第三部分主要措施的第四节"加大政策扶持力度，在资金、土地、税收等方面给予支持"中提出了五条对策："一是对规划确定的回收站和集散交易中心的建设和利用再生资源的项目，市政府和区（县级市）政府给予支持。二是对再生资源回收利用企业，按照国家和省市的有关规定落实减免税费政策，享受有关税费优惠。从业人员属于本市下岗人员的，可按规定享受下岗再就业的优惠政策。三是对集散交易中心的用地，要纳入城市规划并在资金、用地上给予支持；对设立的社区回收站点，属于公房的，应适当降低租金标准。四是鼓励各类企业进入再生资源回收利用网络，发展再生资源综合利用事业。对长期坚持使用和添加再生物料的企业，要制定相应的措施予以鼓励和支持；要制定相应的措施强制要求可使用再生资源的企业按一定比例应用再生物料。五是科研部门要鼓励科研人员积极开展再生资源综合利用项目的研究，对用于再生资源回收利用的技术与产品开发项目给予优先立项和经费等支持。"这些政策还需要细化。建议借鉴日本促进循环经济发展的政策，对广州市政府关于"加大政策扶持力度，在资金、土地、税收等方面给予支持"的条款进行具体细化。

（1）税收政策。对购买废弃物处理设备特别是再生处理设备的，规定在使用年限内，除了普通退税外还实行特别退税，此外还有特别折旧、固定资产税优惠和公司所得税优惠等政策。

（2）财政政策。政府可对有关技术项目进行财政补贴。鼓励废弃物再生技术和设备的开发，对废弃物资源化再生设备的生产者给予相当于生产、实验费用二分之一的补贴；对引进先导型合理利用能源的设备给予较高的补贴；对中小企业从事的有关环境技术开发项目给予占其研发费用二分之一左右的补贴；对民间生产企业采用的高效实用技术（3R技术）给予较高补贴。

（3）信贷政策。从事3R研究开发、设备投资、工艺改进等活动的各民间企业，根据不同情况分别享受政策贷款利率。银行的政策贷款利率可以分为三级，分别为1.85%、1.80%、1.75%，融资比例为40%。

（4）收费政策。政府规定对废旧物资实行再商品化收费，即废弃者应该支付废弃物收集、再商品化等有关费用。例如，废旧家电的再商品化费用，每台冰箱平均230元，每台室内空调器3180元，每台洗衣机220元。

（5）构建区域循环经济的有关政策。政府依据区域内的具体情况制订出一套可利用再生资源的方案，逐步淘汰传统产业，优化产业结构，组建循环经济产业系统。把零排放作为形成区域环境协调型经济和社会的基本思路，并以此振兴地方经济。

五、固体废弃物物流管理

1968年,美国首先将经济优化应用于固体废弃物管理(Caruso et al., 1993)。20世纪80年代早期,环境影响及回收逐渐转变为发达国家固体废弃物管理研究的重点。20世纪90年代以后,经济与环境效益并重使固体废弃物管理系统规划具有显著的多目标性。德国的城市固体废弃物收运系统比较完备,各清扫局都有固体废弃物车收运路线图和道路清扫图。

最近几年,生活固体废弃物的收集、运输、循环利用、最终处置在国外已成为一个重要的产业,他们在生活固体废弃物的运输以及处理等环节上进行投资收益。在日本,环卫作业市场以政府组织环卫作业实体为主,允许部分私营企业参与作为补充。例如,大阪市13%的固体废弃物由私人企业收运(西伟力,2007)。在德国,环卫作业一般由政府参股的股份制企业进行经营(Jayaraman et al., 2003)。在澳大利亚,许多地区的居民固体废弃物清运处理实行由政府公开招标的方式,鼓励政府控股企业和社会企业共同参与竞争,政府对私营企业经营固体废弃物分拣、处理给予扶持。

珠三角城市生活固体废弃物物流的研究刚刚起步,尚处于理论与实践磨合的阶段。研究的理论限于废旧物资流、回收物流及废弃物流。对于废旧物资流从产生形式到物流特征进行分析,强调的是废旧物资流作为潜在资源有一定的利用价值。注重经济利益的获得,是一种可以企业化的行为。

2009年至今,珠三角都市群,特别以广州市供销合作总社为代表,提出了再生资源回收利用网络体系的建设,加强建设固体废弃物中再生资源的回收利用渠道,规范从业人员,建设符合城市规范的回收网点、街道站点。

(一)固体废弃物物流系统

根据物流业务活动的性质,固体废弃物可以划分为供应物流、生产物流、销售物流、回收物流、废弃物流在生产消费和生活消费过程中所产生的废旧物,一部分可再生利用,通过回收形成一种新的资源;另一部分不可再生利用的废旧物,称之为废弃物(孙开钊、赵慧娟,2007)。对这些废弃物处理过程中所发生的物流活动,当属废弃物物流的范围。对废弃物中生活固体废弃物处理过程所发生的物流活动就是城市生活固体废弃物物流。

从物流系统理论来看,固体废弃物收运系统实际上就是一种物流系统。对于珠三角都市群来说,该地区的城市固体废弃物物流系统就是将城市日常生活中失去原有使用价值的物品,根据实际需要进行收集、分类、包装、搬运,并分别送到专门处理场所时所形成的物品实体流动。

从系统要素组成上来看,城市固体废弃物物流系统由操作人员、工作车间、工作设备、运输车辆、管理法规系统等构成;从过程上来说,又由固体废弃物收集、中转运输(简称"固体废弃物转运")、处理处置三个小系统组成。由于固体废弃物收集、转运、处置三个系统的特点区别较大,一般对其分别进行研究。在固体废弃物收集系统中，由固体废弃物清扫收集人员将固体废弃物从道路、街道、门店、小区固体废弃物屋等地方清扫收集，用简易的人力车或者小型机动车运送到临近的固体废弃物转运站。在固体废弃物转运系统中，机械压实压缩设备将进入收集系统的固体废弃物在转运站内进行压缩，再转载到大中型运输车辆上，经过较长距离的运输，最后运至固体废弃物处理场。固体废弃物处理处置系统运用焚烧、填埋、堆肥等方法将固体废弃物进行消纳处理，以达到无害化、资源化、减量化的目的。固体废弃物处理系统具有统一性、连续性，固体废弃物清扫收集、中转运输、处理处置三个环节在城市生活固体废弃物有效处理的统一目标下组成了不可分割的整体。固体废弃物清扫收集保证了城市街道和家庭、工厂等的卫生清洁，也为固体废弃物处置提供了前提；固体废弃物中转运输是处理系统的中间环节，起着承上启下的作用；固体废弃物处理处置则是系统的最终过程。

（二）珠三角地区固体废弃物物流模式

近年来，珠三角地区对固体废弃物的收运方式进行了较大的改革，居民将固体废弃物袋装化放在门口，由环卫工人上门收集或居民将固体废弃物投放到固体废弃物收集点（固体废弃物密封桶、固体废弃物间等），再由环卫工人用手推车收集运送至固体废弃物压缩转运站，由专用固体废弃物车送到固体废弃物处理场。转运方式基本为一次转运，压缩转运站全部为中小型，固体废弃物运输车的车、厢分离。这种模式的固体废弃物处理袋装化率高，固体废弃物收集工具（板车）容积较小，工人劳动强度较小，每日清洗晒干，保养很好的转运站一般与公共厕所合建或利用有利地形建设，转运站内环保设施较齐全，异味小，对环境影响小，但渗滤液直排市政污水管网（姚大强、马占新，2008）。

最近几年，珠三角地区涌现出以下固体废弃物物流模式。

（1）模式一：行业管理与小区物业管理相结合的固定式便民回收点。例如，广州市荔湾区芳村花园的"社区便民回收点"。保洁人员在垃圾收集过程中进行资源分类回收，同时接受小区住户预约上门回收。由物业管理公司进行日常监督和考核，由再生资源行业管理部门按照行业法规和规范实施管理。这种模式将保洁工作及垃圾分类与资源回收相结合，为居民提供安全和便利的服务，优化了小区生活环境，受到了住户的欢迎，为大型住宅小区建立规范的再生资源回收服务点并实施长效的管理做了有益的探索。2009年6月和7月时任市领导视察了芳村花园社区便民回收点，提出在全市推广"芳村花园"模式。

（2）模式二：行业管理与街（镇）属地管理相结合，在开放式社区中建设固定便民回收点。珠三角地区各个城市开展了在开放式社区中建设固定便民回收点的工作，把社区便民回收点的建设纳入街（镇）社区建设、社区服务的工作范畴。这种模式把再生资源回收行业管理与街（镇）属地管理有效结合，由街（镇）加强日常监督，行业管理部门按有关法规和规范与街（镇）联合实施管理。

（3）模式三：由区街推动的，与中心城区管理相适应的非固定便民回收点。随着珠三角地区经济与社会的不断发展，各个城市中心城区的市政建设步伐加快，现代商

厦林立，商业租金昂贵，建设固定的便民回收点面临经营成本高的问题。为适应珠三角地区各大城市中心城区发展与管理的特点，应逐步规范目前无序的流动回收给城市管理带来的一系列的问题。例如，广州市供销总社指导开展非固定便民回收点的建设工作。天河区、海珠区、黄埔区等由区街推动，以新型轻质材料建设板房作为社区便民回收点。板房统一样式，回收人员统一服装，要求日收日清，开展规范服务，禁止强买强卖、压级压价、短斤缺两等欺诈行为。这种模式比较适应现代都市发展与管理的实际。

（4）模式四：由具有一定规模和规范的回收企业作为社区回收的骨干运营企业，与社区回收站和便民回收点实施管理对接和资源对接。珠三角地区各市行业管理部门与区、街（镇）共同实施对骨干运营企业的管理，社区居委与运营企业共同实施对区域内回收站和回收点及其从业人员的管理。这种管理模式的创新与实践，有利于提高回收行业的组织化程度，有利于资源的有序流动和集聚，有利于改变行业的脏乱和扰民形象，实现行业的科学发展。

（5）模式五：按照"街镇统筹、备案登记、站点挂钩、协会培训"模式对流动收购人员实行规范化管理。广州花都区狮岭镇政府成立了流动收购人员管理办公室，通过专业管理和联合整治加强对再生资源流动回收的综合治理，将全镇80%以上的流动收购人员纳入了规范管理，每年组织开展对流动收购人员的行业规范培训，提高依规守法意识，使全镇流动收购无序发展的状况有了较大的改变。

（6）模式六：运用现代信息技术手段为市民提供安全、便捷的在线回收服务，建立相关部门共享的网络监管机制。2006年5月广州市供销总社开通了"广州再生资源网"，在越秀区、荔湾区的10条街道开展了再生资源在线回收试点，运用现代信息技术手段为市民提供安全、便捷的在线回收服务。目前，珠三角地区正在不断建立和完善平台的信息收集、交易、监管等功能，借助信息平台，宣传再生资源回收行业的政策规定，并建立相关部门共享的网络监管系统，形成长效监管机制。

上述固体废弃物物流模式为珠三角固体废弃物物流管理提供了重要的发展基础。

（三）改进珠三角地区固体废弃物物流回收体系的对策

1. 固体废弃物分类收集的规划设想

固体废弃物分类收集是实现固体废弃物资源化回收利用的前提和保证，是使废弃物变成再生资源、再循环利用的重要途径。分类收集的固体废弃物易于无害化处置，还可以减少固体废弃物对环境的二次污染，是固体废弃物生态化的必由之路。固体废弃物分类收集可减少固体废弃物运输、处理处置的工作量，固体废弃物中可回收物质资源化利用后，固体废弃物的体积和重量减少。固体废弃物分类收集工作中不只要把有用的物质分出来进行回收利用，而且要根据固体废弃物处理方式进行分类收集。分类收集的目的是固体废弃物的分类处理，充分发挥处理工艺和处理设备的效能，这样才能达到分类收集的目的。珠三角地区可以按固体废弃物最终的处理方式来分类回收它们，基本可按可堆肥的有机物成分、可焚烧的热值高的成分和适合填埋的物质进行固体废弃物的分类，可系统地进行多次的宣传普及，在政府、学校、公司、居民区展开宣传教育。

可建立符合珠三角地区的固体废弃物分类回收系统：第一次分类回收，固体废弃物中可回收利用的物质由居民在家中自行分类并集中存放后，以合适的价格出售给个体废品回收者；第二次分类回收，在第一次分类回收的基础上，居民在家中将剩余固体废弃物分类投入住宅楼前放置的分类固体废弃物桶或住宅小区的固体废弃物分类收集站，由环卫系统定期分类收集清运；第三次分类回收，以前是到固体废弃物桶、固体废弃物临时堆放点、转运站或填埋场时由捡固体废弃物的无组织人员最后分类回收一次，今后应在固体废弃物综合处理场进行最后的人工分拣回收。

（1）建立分类垃圾桶或分类收集站。根据选用的固体废弃物处理技术和方式，将固体废弃物分类收集与固体废弃物分类处理相结合。固体废弃物分类收集的具体方法是设置分类垃圾箱：通常在居民住宅区、办公区、公共场所分设不同的垃圾桶，如可堆肥垃圾桶、可回收垃圾桶、可燃垃圾桶、可填埋垃圾桶和有害有毒垃圾桶等，将不同的固体废弃物投入不同的垃圾桶。借鉴国外对固体废弃物收集处理的经验，可用不同颜色来标识这些分类的固体废弃物桶，如绿色桶装可回收物品、黄色桶装可燃物品、蓝色桶装可堆肥固体废弃物、黑色桶装有毒有害物品等；或者在住宅小区里建立固体废弃物分类收集站，以满足固体废弃物分类收集的基本设施要求。

（2）设立固体废弃物分类回收日。主要针对那些因各种原因住宅楼或房前没有或不能设分类固体废弃物桶的社区，如城市繁华街道，由环卫系统在固定回收日上门收集。对可回收利用固体废弃物（如金属、玻璃、废纸、塑料、橡胶等）每周回收一次，由于不能回收的生活固体废弃物每天都在产生，量大、气味大，应每天或隔天回收一次。环卫系统每年在新年历上用粗体字表明固体废弃物回收日，并通过报纸、电视、社区做宣传，使回收日信息家喻户晓。

（3）大件固体废弃物的分类收集。大件固体废弃物主要指旧家具、旧冰箱、旧彩电、旧电脑等。目前，尚有使用价值的大件物品主要由固定的或流动性的个体旧货收购者收购进入旧货市场。而那些没有使用价值的大件物品常被随意抛弃在户外。随着珠三角地区居民生活水平的普遍提高，旧家具、旧家电的淘汰周期将逐渐缩短，随着城乡差别的缩小，也会使旧货市场越来越小。从发展的眼光看待这个问题，我们应该建立专门的大件固体废弃物分解厂或处理场，并实行电话预约上门收集，从根本上解决大件固体废弃物问题。另外，对于条件较好、居民分类意识较强的居住小区，可以设置小型有机固体废弃物生化处理机，对湿垃圾进行就地消纳，同时也可以实行废品回收。有条件的地方，应建设分类收集、废品回收和生化处理三结合的综合处理站，实现功能整合。政府可以倡导这样的综合处理站的建设，以减轻城市生活固体废弃物的社会处理量，促进固体废弃物分类收集的更好发展。

2. 固体废弃物分类收集的具体措施

（1）优先做好城市固体废弃物分类收集规划。城市生活固体废弃物分类收集的完善是一个循序渐进、不断完善的过程，推行城市生活固体废弃物分类收集应根据城市的具体条件采取不同的措施。要建立家庭有害固体废弃物如废旧电池、日光灯管等分类收集系统，对减少生活固体废弃物对环境的污染具有重要意义。要根据固体废弃物处理方式进行分类，对生活固体废弃物的分类要做好宣传教育工作，这是一项长期的工作，可以适当地分阶段、分步骤去实现，若将堆肥和焚烧相结合，则按有机固体废弃物和其他固体废弃物分类；将焚烧处理和填埋处理相结合，则按可燃物和不可燃固体废弃物分类收集。另外，各个城市的固体废弃物状况也不一样，因此可以结合当地的固体废弃物成分，综合地选择分类组合。

（2）加强分类收集配套设施的建设。配套设施应实现固体废弃物收集容器化、密闭化，配合固体废弃物分类收集、分类运输、分类处理。分类收集要求对分类的固体废弃物配备不同的收运车辆，且运输到不同的配套处理场所。如果分类后的固体废弃物没有分类处理的场所，不得不进行混合处理，则分类收集无法可持续发展，就无法真正得到推广。

（3）加强分类收集的宣传教育工作。要想广泛实施固体废弃物分类，政府和社会必须采取多种方式相结合的宣传。通过报纸、宣传栏、电台、电视台和网络等进行宣传，宣传固体废弃物的危害，固体废弃物分类的类别、意义，开展生活固体废弃物分类收集的系列宣传、讨论会，利用双休日召开居民代表座谈会，分发宣传材料；政府部门组织人员深入社区进行宣传教育，将固体废弃物分类落实到家庭；组织社区的固体废弃物分类培训讲座；组织市民参观有关"固体废弃物与环境展"、固体废弃物分拣站及固体废弃物填埋场，亲身感受固体废弃物给环境造成的危害；组织更多的"大学生绿色讲演团"到社区向居民宣传固体废弃物分类，设立固体废弃物分类热线电话，解答有关固体废弃物分类问题，收集市民对固体废弃物分类工作的意见和建议，及时与有关部门沟通，使固体废弃物分类工作顺利进行；固体废弃物分类收集宣传应与试点相结合，在条件成熟的小区建立分类收集点，边试点边总结经验和教训；通过传媒呼吁固体废弃物分类，组织媒体对固体废弃物分类做得好的单位、社区进行跟踪报道，并对固体废弃物分类做得好的家庭和个人进行宣传和给予鼓励等。

（4）加强分类回收管理监控。固体废弃物分类收集的行政监控职能主要由环卫部门承担，这包括制定分类回收物流系统发展目标和规划，起草固体废弃物分类收集法规、政策，开展城市生活废弃物分类回收的监督等任务。关键在3个环节：①建立废弃物回收投诉中心，以反映市民对生活废弃物分类回收工作的要求，也使环卫部门能及时了解生活废弃物回收管理中的薄弱环节；②建立废弃物分类回收成效的指标体系，明确考核目标、考核方法，使各环卫管理部门明确分类回收工作重点，有利于城市废弃物分类回收工作水平的提升；③建立废弃物分类回收监督员队伍，对强化废弃物分类回收和提高分类回收工作质量提出建议和研究。这3个环节使生活废弃物分类回收的管理监督更具有社会性、广泛性、有效性。

3. 收集方式的优化

（1）定点、定时收集。所谓定时，就是规定居民投放固体废弃物的时间；定点，即规定居民必须将固体废弃物投放到指定的地点，一般为小区的某一处或某一片固体废弃物箱等收集点。这样既做到了清洁工人清扫固体废弃物的集中性，又减少了工人的工作量，同时保证了固体废弃物收集管理的质量，而且采用定点、定时收集，可以逐步减少固体废弃物收集站点的设置。

（2）流动固体废弃物车式分类收集。流动固体废弃物车式分类收集是采用分栏

（有的自带液压装置）的固体废弃物运输车，沿居民点街道，收集和运输居民定时放置的已分类的固体废弃物，直接送至收购点或综合处理场所。该种方式不需要建设固体废弃物房，但后期运输路线较长，费用可能上升。但对于可回收固体废弃物，结合广泛的废旧物资收购网络和环卫管理系统，实际中运输费用并没有明显增加。

（3）地下固体废弃物收集站点设置。目前，我国多数城市采用地上明置的固体废弃物容器存放生活固体废弃物，难免造成固体废弃物或固体废弃物容器露天暴露、蚊蝇孳生、污液横流、轻质物散落飞扬、臭味难闻等现象，严重损害周边环境和市容观瞻，甚至还可能导致传染疾病的传播。借鉴管道固体废弃物运输的思想，设置一种全新的固体废弃物容器，通过地下化设置、全封闭、防翻扒设计，使固体废弃物箱周围无固体废弃物散落、无固体废弃物渗滤液和异味溢出，抑制蚊蝇孳生。把这些固体废弃物箱置于地下，将固体废弃物箱口置于小区楼院的外部或辅道旁边，盖子比地面高出五六厘米，对环境基本没有影响。从地面上看不到固体废弃物，而是有一排排蓝色的盖子排列在地上，上面印有投放固体废弃物的示意图，这种地下固体废弃物收集点的设计可以有效地改善固体废弃物四处散落、臭味难闻的状况。

4. 固体废弃物运输系统的优化

根据固体废弃物分类设想，结合国内外固体废弃物运输的经验，固体废弃物运输系统主要朝以下方向发展。

（1）密闭化运输。密闭化是固体废弃物运输发展的一个基本要求，如果不密闭化或密闭化程度不高，无论是对周围的城市环境还是收集作业环境都会带来较大的负面影响。不进行密闭运输，这些固体废弃物收集车在运输时往往尘土飞扬，极大地污染环境。因此，中期的发展方向是用集装箱运输固体废弃物，即居民先将固体废弃物袋装后投入设置在住宅区的固体废弃物桶，然后由环卫人员将固体废弃物桶送到集装箱固体废弃物站，最后由固体废弃物车运到固体废弃物处理场。较为简单的做法是直接用配有集装箱的卡车收运固体废弃物桶或固体废弃物堆放点的固体废弃物。有条件的应给集装箱配置固体废弃物压缩设备，使固体废弃物运输做到袋装化、密闭化、容器化、高效化。

（2）分类运输。只有进行固体废弃物的分类运输，才能更好地贯彻固体废弃物源头分类的目的。运输可以采用同种车型多次收运或车型分类分别收运或一车多格分类收运，将分类后的生活固体废弃物分别送至配套的转运设施和处理设施，进行配套的分类处置。为提高作业效率，可以在收集车设计分类收集装置，实现一次运清，并达到分类运输的目的。

（3）机械填装压缩运输。借鉴国内外发达城市的固体废弃物运输现状，压缩转运技术具有很大的优势。压缩转运技术在有效防治二次污染的前提下，成功地解决了运输车辆的载运能力浪费问题，提高了转运车的运输效率，体现了转运环节的经济性。对于密度小的固体废弃物，如果不进行压缩运输，则会导致运输车辆的载运力浪费。

（4）管道运输。城市固体废弃物收运的发展方向必然是从非压缩式转运向压缩式转运、从开敞式转运向密闭式转运、从分散转运向集中转运方式发展。固体废弃物气力管道输送系统是对生活固体废弃物实行全封闭化、压缩化、集装化收运的现代化固体废弃物收集方式，可大大提高固体废弃物的收集效率，杜绝对环境的二次污染。

珠三角地区城市的固体废弃物运输长远的发展方向是管道收运系统，这些地区的高级高层住宅区、宾馆、大型商业中心、娱乐中心、贸易中心、机关办公楼处的固体废弃物，有条件的可以考虑逐步使用现代先进的管道气力抽吸收运系统。城市固体废弃物管道运输系统的工作原理是：利用一些普通抽风机产生的抽吸效果，使固体废弃物袋在地下专用管道内，以每小时70千米的速度传送。如果管道偶然发生堵塞，可以通过提高抽风机的转速，产生高压将管道疏通。如果以前建造的大楼无法直接与该系统相连，那么公共固体废弃物投放管道可以安装在人行道上，取代原有的固体废弃物箱（桶）。

传输过程中固体废弃物带有一定的速度，因而其产生的摩擦力可以使管道壁保持完全清洁。需要焚化的固体废弃物和可回收的固体废弃物可以通过相同的管道收集。人行道上安装的公共固体废弃物管道的下端，设有固体废弃物临时存放区，信息控制系统能够自动控制闸门的开合，将装有不同固体废弃物的塑料袋分别传送到不同的存放中心；如果地下管道附近没有固体废弃物存放中心，一些具有抽吸功能的固体废弃物车可以定期来倒空固体废弃物集装箱。固体废弃物自动处理技术的最大好处是可以净化城市环境，而且减少使用会产生噪声的固体废弃物车。

我国城市固体废弃物运输的长远方向应是建立管道收运系统，虽然前期投资比较大，但是后期的收益很明显。新建的地下管道收运系统，不光可以运输固体废弃物，同时可以运输其他物体，发展地下管道物流系统，对当今社会物流的发展有很大的作用。因此，这是个大的方向，我国一些发达城市可以率先研究开发，实现划时代的转变。

5. 建立第三方专业回收公司

由于综合回收系统的投资大且收益慢，再加上废弃物分布广，若单个企业各自建立回收中心，则回收的产品比较单一，达不到规模效益；若由政府投资建立综合回收系统，由于种类过多、投资大、受益慢，会出现不经济现象。建立专门的"第三方"回收企业可以有效地解决这一问题。借鉴第三方物流的思想，"第三方"回收企业游离于制造商之外，专门从事废弃物的回收加工工作，它不是仅为一家企业回收产品，而是为多家企业服务。它也不同于传统意义上的废品收购公司，其不仅应具有回收、分拣、加工、配送、处理等综合功能，还应具有对废弃物物流的管理能力。它在废弃物物流管理中，应扮演核心企业的角色，对废弃物物流管理起着组织与主导的作用。"第三方"回收企业利用自己的专业化优势和规模优势对回收的废弃物进行分类、拆卸、加工，并整合第三方物流公司，把有利用价值的物品分销给需方，成为制造商的一个供应商，从而为制造商节约成本，并为其提供更多的增值服务。这样，企业可以将自己的废弃物物流外包给第三方专业回收企业来管理，通过与外部企业建立长期的合作关系降低交易成本。同时，实现了资源的循环，达到了循环经济的目的，促进了城市固体废弃物资源的回收利用。

政府可以将一些可回收的固体废弃物外包给这些专业第三方回收公司，由它们专门负责城市生活固体废弃物中可回收固体废弃物的收集、转运和处理，结合前面的分类系统，政府可以对这方面进行统筹和安排。第三方物流的发展将使城市生活固体废弃物物流从行政隶属、区域的状态中彻底解放出来，形成相对独立的物流产业。第三方物流是物流专业化的重要形式，是社会化、专业化的物流，它具有以下优势：①有利于实现物流规模化经营，提高规模效应；②有利于物流设施资源化配置，减少不必要的投资；③有利于为消费者提供更加优质的服务。第三方物流的发展经验为城市固体废弃物物流的社会化提供了良好的基础。从社会发展的角度来看，城市固体废弃物物流系统赖以生存的市场环境及管理环境正发生着巨大变革，作业社会化、市场化已成大势所趋，所以应逐步推广第三方物流在城市生活固体废弃物物流系统中的应用。

第七章

土壤污染与防治

改革开放以来,珠三角地区土壤污染不断加剧是一个不争的事实。工业生产排放的大量废水、废渣,人口急剧增长带来的海量生活污水和生活垃圾,化肥和农药的大面积施用,公路交通中长期使用含铅汽油等,是主要的土壤污染源。珠三角土壤污染面积广,复合污染风险明显增加。镉、汞、砷、铜、镍是常见的超标重金属元素,有机氯农药(OCBs)、氯苯(PCBs)、多环芳烃(PAHs)和邻苯二甲酸酯(PAEs)等常在土壤中被检出。长期以来,珠三角的垃圾处理处置主要以堆放和填埋为主,占用土地较多,臭气难以控制,渗滤液处理难度较高,生活垃圾稳定化周期较长,环境风险影响时间长。

珠三角都市群亟需加强土壤污染防治。应建立健全土壤环境监测体系,在水源地、粮食蔬菜等农产品基地,以及土壤污染严重地区加大土壤环境监测密度。应建立完善土壤环境监管政策,加强被污染工业场地的环境监管,建立土地使用的土壤环境质量评估与备案制度以及污染土壤风险评估和环境现场评估制度。造成土壤环境污染的工矿企业需缴纳土壤环境治理修复金。

控制和消除污染源是珠三角地区保持和改善土壤质量的一项基础性工作。珠三角需要严格控制污染物的排放量和浓度,尽量避免有毒有害物质进入环境参与循环。对灌溉农田的用水,应进行严格的监测和控制。应合理使用农药,禁止使用高毒高残留农药。应合理使用化肥,控制氮肥对环境的不良影响。要根据国土主体功能区划、土地利用规划、环境保护规划等,细化土地利用类型,明确对土地的质量标准或要求,提出开发利用要求,加强建设项目排污的控制等。要加强控制持久性有机污染物、重金属等对土壤的污染,对特定地区的严重污染土壤进行技术修复。鉴于珠三角土地资源紧张,垃圾处置宜主要采用技术先进的焚烧模式,辅以填埋方式填埋焚烧后的残渣,积极研发生物处理、水泥窑协同处置等技术。

一、受污染的土地

"万物土中生,食以土为本",土壤是人类赖以生存的基础,是发展经济和农业最重要的资源,是农田生态系统和消解城乡生活、生产废弃物,维持碳氮硫磷等物质循环最重要的基础。经济的高速发展,在制造着生产总值和财富的同时,也使我们生存的土壤环境质量及其安全性日益下降。民以食为天,食品安全是民众最朴素、最根本的需求。但曾几何时,餐桌却成了令人担忧的地方,毒大米、毒蔬菜的危胁不绝于耳。土壤污染被称作"看不见的污染",其他类型的污染可以通过污水横流、黑烟滚滚、臭气熏天等外在表现形式给人们敲响警钟,而土壤污染往往容易被人忽视,这种危害极大的污染就在这样的"温床"上趁机蔓延开来。随着大量食品安全问题以及某些地方出现"怪病"问题的暴发,土壤污染成为继水污染、大气污染、噪声污染和固体废物污染后,社会关注最多的污染问题之一。

2005年7月8日,《中国新闻周刊》文章报道了珠三角土壤污染的情景。在广东省东莞市万江区流涌尾村,一块大约26亩的蔬菜地,也是这个村面积最大的种植土地,北边十几米处是一家造纸厂,厂内高高耸起一根烟囱,南边30米处一排厂房一字排开,那是一座座电子厂,沿着东边的一条小路向北,是一个垃圾场,长约500米,宽几十米,5~6分钟来一趟垃圾车,卸下一袋袋的垃圾。除这块地外,万江区流涌尾村还有两处2~3亩的蔬菜地,其余地方都建了厂房,大多是五金、造纸和电子厂。这种工业发展占用大量土地的情景正是珠三角的典型发展情景,也正是这些工业企业的生产,以及对环境保护的漠视,造成了当地土壤的严重污染。而据报道可知,东莞尚不是珠三角土壤污染最严重的地区。

有学者对东莞市乡镇企业密集区菜地土壤的重金属含量分布特征及生态效应进行了研究,结果表明,与广东省土壤背景值相比,该地区菜地表层土壤的汞、铅和镉发生明显累积,西部平原县和中部过渡区污染最为严重,且与当地工业产业密切相关。土壤重金属污染导致近40%的蔬菜样品的铅、镉、镍、砷含量超过国家食品卫生标准(窦磊等,2007)。

从2002年起,原国家环保总局(现为生态环境部,下同)开展了题为"典型区域土壤环境质量状况探查研究"的调查。结果显示,珠三角地区土壤环境质量状况从总体上看较为严重,主要表现为污染面积广、污染物种类多、污染危害大。一些新的潜在污染物,如稀土元素等还没有被充分认识,土壤复合污染风险明显增加。土壤污染,将珠三角本已匮乏的土地资源推上更严峻的境地。该研究表明,珠三角部分城市的采样点中近40%的农田菜地土壤重金属污染超标,其中10%属严重超标,珠三角调查区域中超标重金属元素主要为镉、贡、砷、铜、镍。重金属只是污染因素之一,除此之外,还有农药残留物污染、硝酸盐、亚硝酸盐、有机物污染等污染因素。有机氯农药(OCBs)、氯苯(PCBs)、多环芳烃(PAHs)和邻苯二甲酸酯(PAEs)等污染物质常在珠江三角洲区域的土壤中检出,其含量水平为微克~毫克/千克级,最高的达数百毫克/千克。珠三角区域土壤中"六六六"和"滴滴涕"农药残留被普遍检出,检出率达95%以上,其他几种有机农药的检出率也都在48%以上,其中最高的一项达到85.8%。

土壤污染源按性质可以分为工业污染源、农业污染源、生物污染源、交通污染源、放射性污染源和生活污染源。

(一)点源污染

1. 工业污染源

珠三角的土壤污染,很大程度上来自工业污染和电子垃圾。珠三角乃至全国一直承受着西方污染物的转移。过去中国对土壤污染不太了解,塑料厂、鞋厂、五金厂、电镀厂等高污染工业,由其他国家引进到中国且空间集中、时间集中。改革开放30余年来,珠三角工业发展迅速,尤其是乡镇工业密集发展,目前污染严重的佛山南海、顺德等地,污染工业是20世纪80年代后逐渐引进来的,在此过程中,环境污染治理明显滞后,例如,在一些地方,小型电镀厂、造纸厂、火力发电厂的"三废"没有经过规范的处理就直接排放，污染了当地的土壤（束文圣，2005）。广东省农业环境综合治理重点实验室的一位研究员分析，电子厂、垃圾场、造纸厂还有农业本身都是污染源。垃圾场的渗透液会慢慢向地下渗透，且垃圾场的地势高，还会污染到水源。垃圾车的粉尘、造纸厂的焚化炉、电厂的粉尘都会产生重金属、有机物，最终通过大气沉降下来。

工业排放污染物有废水、废气、废渣3种形式。工业废水具有成分复杂、污染物浓度比较高及排放量大等特点，其排放可能导致土壤、河流、湖泊、海洋等大面积污染；工业废气能够随风向运移，从大气中沉降至地面，对下风向土壤造成污染；而废渣肆意堆放，污染物会通过淋滤作用向深层土壤迁移，也会造成土壤污染，进而造成地下水污染。

工业发展造成的最典型的土壤污染是土壤重金属污染。有研究表明，珠三角典型区域的土壤重金属含量有明显的积累趋势。东莞市土壤中铅的含量在20.36～143.3毫克/千克之间，93%的样品超出土壤环境背景值，土壤中铅的污染带有普遍性，且情况比较严重，其中最严重的超过土壤背景值4倍，以虎门、茶山、樟木头等地较严重。这与当地的工业发展有着密切的关系，如虎门镇有各种类型的企业100多家，其中有50多家电镀厂，这与当地土壤的铅污染有直接关系。茶山镇也有着类似的情况，该镇分布着东莞市25家重点污染企业，而且主要是污染严重的造纸厂和电镀厂，其废水、废气的排放直接导致了该镇的重金属铅污染。重金属污染具有隐蔽性或潜伏性、不可逆性和长期性，造成的后果很严重（马瑾等，2004）。

总体而言，珠三角重度污染分布在广州—佛山及周边地区。其中，镉污染面积占46%，主要分布在珠江、西江流域的冲积平原，普遍超过农产品限量标准的临界浓度，最高达17倍；汞污染面积占12.56%，主要分布在广州、佛山、中山、顺德等地的城镇、工业区及其周边。与此对应，通过对重金属污染区采样的蔬菜、大米、水果样品进行分析测试，蔬菜样品中镉、氟、铅、锌、铬、汞元素均有不同程度超标。

2. 生活污染源

人类在生活中产生的污染物，如生活垃圾在土壤表面的堆积、生活污水在土壤表面的溢流等会使大量有机物、无机营养元素、病原微生物等进入土壤导致污染，是仅次于农业污染源的土壤污染源。

改革开放以来，珠三角人口急剧增长，但生活垃圾、生活污水处理基础设施的建设远远落后，引起大量的河涌、土壤污染问题。

目前，珠三角各市的生活垃圾处理设施远远不能满足需求，生活垃圾达标处理率较低。仍存在一定比例的生活垃圾简易填埋设施，生活垃圾甚至跨市倾倒在洼地、鱼塘、采石场等。生活垃圾对周围的土壤环境及景观造成严重污染。生活垃圾中含有大量的玻璃、电池、塑料制品，它们直接进入土壤，会对土壤环境和农作物生长构成严重威胁，其中废电池污染最为严重。资料表明，1节一号电池可以使1平方米的土地失去使用价值，废旧电池中含有的镉、锰、汞等重金属进入土壤，会对人体健康造成严重危害。大量不可降解的塑料袋和塑料餐盒被埋入地下，百年之后也难以降解，使垃圾填埋场占用的土地几乎全部成为废地。

盐田垃圾场是十多年前深圳初定特区时定点的城市垃圾简易堆放场,该填埋场周围的土壤环境受到渗沥液浸蚀,土壤酸性降低,有机质和其他营养元素明显增加,除汞、镍含量降低外,其余重金属含量均比较高,说明周围土壤已受到垃圾堆放场的重金属污染(廖利,2008)。

3. 生物污染源

生物污染是指外来生物有意或无意地被引入一个新的生态系统,并对该系统造成危害影响的现象。按照物种的不同,生物污染可以分为动物污染(包括有害昆虫、寄生虫、原生动物、水生动物等)、植物污染(杂草是最常见的污染物种,还有某些树种和海藻等)和微生物污染(包括病毒、细菌、真菌等)。生物污染与其他污染的不同之处在于,生物是活的、有生命的,外来生物能够逐步适应新环境,不断增殖并占据优势,从而危及本地物种的安全,生物污染具有预测难、潜伏期长、破坏性大等特点。造成土壤生物污染的主要物质来源是未经处理的粪便、垃圾、城市生活污水、饲养场和屠宰场的污物等,其中危害最大的是传染病医院未经消毒处理的污水和污物等。

在珠三角,水葫芦的危害就是典型的生物污染。水葫芦,学名凤眼莲,原产于南美洲的委内瑞拉,大约在20世纪60年代作为畜禽饲料被引入我国,并作为观赏和净化水质植物推广种植、水葫芦的适应性极强、生长速度很快、蔓延速度惊人,无法有效地控制,成为世界十大害草之一。水葫芦大量生长繁殖后覆盖水面,不仅堵塞河道,阻碍行洪,影响航运,而且还会降低光线对水体的穿透能力,影响水底生物的生长。

4. 放射性污染源

放射性污染是指人类活动排放出的放射性物质,使土壤的放射性水平高于天然本底值。放射性污染物是指各种放射性核素。人为排入环境中的放射性物质主要来自核工业、核电站、核燃料后处理厂、核试验等。

珠三角运行的核电站有大亚湾核电站(2×100万千瓦)、岭澳核电站一期(2×100万千瓦),在建核电站有岭澳核电站二期(2×100万千瓦)、广东台山核电站一期(2×175万千瓦)。正常情况下,核电站对环境的放射性污染很轻微,但发生事故则可能造成严重的影响。土壤的放射性污染可能导致植物体内累积放射性物质,并通过食物链进入人体;细菌、真菌和藻类也可以生物累积和生物吸着外部环境中的多种核素。土壤被放射性物质污染后,产生的射线能穿透人体组织,损害细胞或造成外照射损伤,或通过呼吸系统、皮肤接触或食物链进入人体,造成内照射损伤,包括改变机体内正常的氧化还原作用、引起新陈代谢过程的变化等。这些变化会造成生物效应、抑制细胞分裂、诱发基因突变和染色体畸变等。

(二)面源污染

1. 农业污染源

化肥和农药等的大面积施用会对土壤造成污染。在喷洒农药时,有近一半的农药直接落在地表,喷洒在植株上的农药在雨水淋滤作用下也会降至地面污染土壤;化肥直接施用于地表,会导致土壤污染;污水灌溉也会导致土壤污染,污水中的污染物浓

度和成分很难控制,加之目前大部分地区都采用大水漫灌的灌溉方式,一旦进入土壤的污染物浓度和数量超过土壤的自然净化能力就会导致土壤污染;人畜粪尿滋生细菌和寄生虫等致病微生物,也会导致土壤污染。

相当长时期以来,高化肥、农药用量的蔬菜、花卉、水果作物大面积种植。畜禽养殖业的发展在为广大农民带来实惠的同时,也带来了不容回避的环境污染问题,并且在今后相当一段时间内会成为农业面源污染的主要来源。据《瞭望》2010年9月的一篇文章《我国污染土壤占耕地面积1/5农业面临严峻挑战》,我国污染土壤已占耕地面积的五分之一,污染最严重的耕地主要集中在耕地土壤生产性状最好、人口密集的城市周边地带和对土壤环境质量的要求较高的蔬菜、水果种植基地。

农民使用农药、化肥极为不规范、利用工业污水进行灌溉等原因造成了农药残留物污染、亚硝酸盐污染等。中国科学院2004年左右的一项调查结果显示,广州近郊因为污水灌溉污染农田2700公顷,因施用含污染物的底泥造成1333公顷的土壤被污染,污染面积占郊区耕地面积的46%。由有机地球化学国家重点实验室傅家谟院士,彭平安、张干等研究员2004年前完成的"珠江三角洲地区环境质量演变"报告显示,从珠三角实际存在的问题来看,当前保护农业生态环境的关键在于保护农用土壤,防治土壤污染,报告特别指出,由于农药、化肥、洗衣粉的使用量剧增,并使用污水灌溉,致使土壤污染加剧,经他们测定,不少地区的土地被铬和汞等有毒重金属污染,由于土地污染,种出来的粮食、蔬菜、茶叶等农药残留物超标,严重削弱了农产品出口的竞争力。广州城郊菜地土壤中16种多环芳烃总量为68~3077微克/千克,绝大部分土壤样品中的多环芳烃总量在200微克/千克以上,属中度污染,其主要原因可能是经大气转移后沉降下来的,或使用工业和生活废水灌溉土地造成的(陈来国等,2004)。

2. 交通污染源

交通污染源是指公路、铁路排放的污染物引起土壤污染的污染源。在公路交通中,长期使用含铅汽油使汽车尾气造成了公路两侧土壤环境大面积铅和苯并(a)芘污染,道路密集、车辆较多的地带呈现面源污染特征;在铁路交通中,乘客排泄物和随意丢弃的垃圾、废物等也会对铁路两侧土壤造成污染。公路旁土壤和稻谷受镉铅污染严重,土壤镉铅污染程度影响稻谷中镉铅含量。交通污染还是珠三角土壤中多环芳烃的主要来源于之一(余莉莉,2004)。

二、垃圾填埋:昨日的解决方法

2010年5月,《南方都市报》刊发了一篇题为《"垃圾倾城"之珠三角六城样本调查》的文章,指出"垃圾倾城"已是整个珠三角不可回避的社会公共问题。佛山、东莞、中山、珠海、惠州、江门6市过去两年均有因生活垃圾引发的投诉或案例,佛莞等地曾出现数起颇具影响力的事件。与此同时,各地还出现了带有区域特色的垃圾处理链条危机,如珠海郊区垃圾问题和东莞餐厨垃圾问题等。当时6城的生活垃圾日均新增千吨以上,并以每年5%~10%的规模增长。现有处理能力虽与垃圾产生量大致相当,但存在盲点区域或处理能力难以满足增量等问题，面临着"垃圾围城"的中短期风险。例如，江门现有的两个填埋场库容将满，惠州垃圾新片区的垃圾中转站数量严重不足，珠海占全市三分之二面积的西部地区没有一个标准化的垃圾处理场，东莞的垃圾填埋基本都不达标、焚烧能力也不足。目前，国内外的城市生活垃圾处理方式主要有卫生填埋、高温堆肥和焚烧。英国、美国主要采取卫生填埋，占城市垃圾处理量的75%以上，英国达88%；日本、瑞士、丹麦等欧洲国家以焚烧为主，占城市垃圾处理量的70%以上，填埋占35%。我国城市垃圾处理的最主要方式是填埋，约占处理量的70%以上；其次是高温堆肥，约占20%以上；焚烧占比甚微。由于我国的城市垃圾处理起步较晚，受经济和技术等条件的限制，大部分地区的垃圾仍采取简单处理方式，如简单的填埋、地面堆积、露天焚烧，现有的大部分填埋场标准低，未达到卫生填埋的目的，甚至成了潜在的长期污染源。

（一）垃圾填埋现状及对土壤环境的影响

卫生填埋技术发展较早，特别是作业相对简单，对处理对象的要求较低，在不考虑土地成本和后期维护的前提下，建设投资和运行成本相对较低。因此，长期以来，我国城市垃圾的处理处置方式以堆放和填埋为主，有97%以上的城市生活垃圾运往城外郊区常年露天堆放。珠江三角洲都市群同样不能幸免。

垃圾填埋方式本身，以及在我国运行的实际情况，存在诸多缺点及问题，如占用土地较多、卫生填埋臭气不容易控制、渗滤液处理难度较高、生活垃圾稳定化周期较长、生活垃圾处理可持续性较差、环境风险影响时间长等。卫生填埋场填满封场后需进行长期维护，以及重新选址和占用新的土地等。

垃圾裸露堆放，会被风扬失、被降水淋滤流失，也会在微生物和物理化学因素的作用下产生有害气体和大量有害物质的渗滤液。垃圾渗滤液是一种污染物种类繁多、水质构成复杂的高浓度毒性有机废水，广州大田山垃圾填埋渗滤液中共测得46种金属元素、87种有机污染物，其中，数十种重金属元素和16种有机污染物属于毒性很大的优先控制污染物。此外，在重金属类的优先控制污染物中，铬、镍、锌、铜、铅的含量相对较高，其中铬、锌的含量甚至达到100微克/升以上（杨志泉，2005）。

渗滤液首先会污染地面水体和土壤，并进一步进入地下含水层污染地下水，与此同时，垃圾渗滤液还可能与周围介质发生一系列物理化学及生物化学作用。在土壤环境影响方面，有研究资料表明，垃圾堆放区的土壤净化能力日趋饱和，污染物不断累积，土壤质量明显下降。主要表现为：①受到垃圾渗滤液浸润的土壤酸性增大，土壤有机质和其他养分含量明显增加。随着离垃圾堆体距离的增大，土壤各养分含量都呈下降趋势，说明垃圾渗滤液改变了周围土壤的性状，离垃圾堆越近，渗滤液对土壤的浸渗效果就越明显。②垃圾区土壤重金属含量明显高于对照土壤，表明垃圾区周围100米内的土壤已受到渗滤液的重金属污染，渗滤液中的重金属有在土壤中富集的现象。

广州市番禺区有相当强的代表性。目前各镇垃圾收运和处置均是自己管理，现有的简易小型垃圾堆填场近18个，缺乏统一规划和综合管理，没有有效的环境保护措施，也没有规范运作，造成严重环境污染，群众投诉时有发生，加大了城市管理的难度。由于没有完善的防渗措施以及垃圾渗滤液收集、处理措施，填埋场所在地污水横流，土壤和水体污染非常严重。没有专门的填埋气体排放或收集系统，给填埋场带来很大的安全隐患和环境危害。被填埋的垃圾经微生物厌氧分解产生填埋气（LFG），主要成分为甲烷（30%～40%）和二氧化碳（40%～50%），大量的填埋气容易在填埋场内累积，或在自身浓度和外界压力的共同作用下在垃圾及周围地层中迁移。填埋气中的硫化氢、胺等物质使整个填埋场充满恶臭，影响周边居民的生活。另外，垃圾填埋气还包括痕量的许多有害有机物质和无机物质。

目前，珠三角普遍采取填埋和焚烧混合的方式，相对而言，现阶段填埋在珠三角垃圾处理方式中占据主流，但随着城市的快速发展，目前的填埋场将在几年以后全部填满。广州市兴丰垃圾填埋场位于白云区太和镇，占地91.7公顷，填埋区面积71.2公顷，填埋垃圾的最大深度大约80米，设计容量约为2000万立方米，是亚洲最大的生活垃圾填埋场，也是世界最先进的生活垃圾填埋场之一，每天处理的生活垃圾占广州市生活垃圾日产生量的87%，自2002年8月投入使用后，至今已累计处理垃圾近1000万吨，接近设计容量的一半，预计2012年左右全部填满，届时如果没有别的垃圾去向，广州市将"垃圾倾城"。在珠三角经济快速发展、人口数量及垃圾产生量急剧增长的同时，珠三角用地却越来越紧张，填埋场越来越难以找到合适的选址。如东莞市樟木头、清溪镇目前的垃圾日产量分别为200吨和282吨，已经到达无地可填的地步，无论是樟木头还是清溪，乃至整个东莞、整个珠三角，土地资源有限，就难以实现垃圾的全部填埋。

在珠三角经济发展迅速，人口数量急剧增长，土地资源紧张，填埋造成土壤等环境污染日益严重，公众环境观念不断提升的形势下，生活垃圾填埋方式必然会成为"昨日黄花"。

（二）考量土壤环境的垃圾处置方式

广州金沙洲社区反垃圾中转站纷争、垃圾处理填埋与焚烧之争、狮山大学城与焚烧厂之争、高明反污泥垃圾焚烧酿生散步、"地沟油"危机前后餐厨垃圾去处之谜……由"生活垃圾"引发的争议和讨论，未来仍将继续。生活垃圾，正在由昔日单纯的环境话题升格为一项关于城市治理的新的公共危机。

究其原因，除各自地域特色外，城市化进程与规划滞后的冲突、同城或区域协作意识的缺位或是关键。以佛山样本为例，垃圾填埋场、焚烧场一般集中在城市边缘或郊区人口稀疏地带，但在城市化极速发展过程中，原本人口稀疏的边缘地带在广佛同城的影响下人口爆发性增长，最终出现人与垃圾争地现象。

相对于填埋而言，焚烧处理设施占地较少，稳定化迅速，减量效果明显，生活垃圾臭味控制相对容易，焚烧余热可以利用，更加符合"减量化、资源化、无害化"的原则要求。但也存在一定的不足，焚烧处理技术较复杂，对运行操作人员的素质和运行监管水平要求较高，建设投资和运行成本较高。

美国和英国的垃圾处理以卫生填埋为主，原因显而易见。与中国土地面积相近的美国，人口只有中国的五分之一；英国有得天独厚的地质条件，几乎全国的土地都有

20～40米厚的黏土层。日本和西欧，普遍致力于推进垃圾焚烧技术的应用，除了由于土地面积小外，还得益于经济发达、投资力强、垃圾热值高以及焚烧工艺和设备的成熟、先进。

珠三角目前的情况，与日本、西欧的情况非常相似，土地资源紧张，但具备一定的经济实力和技术力量。出于"两利相衡取其重，两弊相衡取其轻"的考虑，以及技术进步、垃圾处理理念和方式的转变，工作人员素质提高等因素，在广州、深圳、东莞、中山、惠州等地，官方规划或设施新建时，焚烧模式越来越多被侧重，而填埋方式、生物处理、水泥窑协同处置等技术被作为补充方式，其中填埋方式主要用于填埋焚烧后的残渣或作为应急处理的方式。

要减轻珠三角城市垃圾处理对环境的影响，仅采用适当的末端治理方法是远远不够的，必须走系统治理、可持续发展的道路，应体现以下原则。

（1）尽可能防止和减少垃圾的产生。垃圾减量可从以下方面着手：净菜上市，减少垃圾进入城市；有价提供塑料袋；商家回收产品包装物，再次利用；简化包装、限量包装，在保障商品质量的前提下，减少包装的重量和体积，抵制豪华包装，对厂家加收污染税等。

（2）实行垃圾从源头分类，提高回收利用率和资源化利用。分类回收垃圾是实现资源化的前提。资源化包括3个范畴，即回收有用物质、回收转化产品、回收能源，任何一个都与垃圾分类分不开。目前垃圾可回收的成分越来越多，在分类收集的基础上进行分类处理，既可以回收资源，又可以避免垃圾处置对环境的二次污染，提高无害化处理率。发达国家20世纪70年代中期已实施分类收集垃圾，广州试点实施，制定了相关管理办法，在番禺区等地设立试点。

（3）采用无二次污染的成熟技术进行无害化处理，逐步提高治理技术水平和标准。

（4）需要法律做保障，全社会参与。要实现垃圾合理处理，离不开全社会的参与，要全社会参与则离不开有相应的法律、法规做保障及有效的宣传做铺垫。

（5）贯彻落实珠三角环保设施一体化建设的精神。《珠江三角洲地区改革发展规划纲要（2008—2020年）》提出，全面推进珠江三角洲地区环境保护一体化。《珠江三角洲环境保护一体化规划（2009—2020年）》更是具体化提出"建立共建共享的基础设施体系，实现城乡区域环境同治"的原则。

三、土壤污染与人口健康

20世纪20—50年代，日本曾发生两起震惊世界的环境公害事件：富山县地区因高含镉大米导致的慢性中毒，引发了"骨痛病"；熊本县地区因汞污染引起的"水俣病"造成2248人中毒，其中1004人死亡。这些都是因为土壤、水体长时间被污染，导致农产品和养殖水产品污染而引起的。

土壤环境污染一旦形成，对人类健康会产生很大的影响。一方面，土壤中的有机污染物分解时可能会产生使人感官极为不舒适的恶臭气体，而且有些有机物降解时会产生危害动植物和人类的有毒气体；另一方面，土壤中的重金属和某些有机物也可能在植物体内富集，通过食物链影响动物和人类健康。

土壤污染物种类包括刺激物、肝毒剂、肾毒剂、神经毒素、血液毒素、致癌物、致突变物、致畸物等，代表物质有重金属、农药、杀虫剂、石棉、多氯联苯、多环芳烃、放射性物质等，毒害作用有损害神经系统、血液或造血系统、肝功能、肾功能，加速癌症生成，引起人类细胞染色体不正常变化、影响胎儿正常发育等。

被病原体污染的土壤能传播伤寒、副伤寒、痢疾、病毒性肝炎等传染病。这些传染病的病原体随患者和带菌者的粪便以及他们的衣物、器皿的洗涤污水污染土壤。通过雨水的冲刷和渗透，病原体又被带进地面水或地下水中，进而引起这些疾病的规模暴发流行。因土壤污染而传播的寄生虫病（蠕虫病）有蛔虫病和钩虫病等，人与土壤直接接触，或生吃被污染的蔬菜、瓜果，就容易感染蠕虫病。土壤对传播这些蠕虫病起着特殊的作用，因为在这些蠕虫的生活史中，有一个阶段必须在土壤中度过。例如，蛔虫卵一定要在土壤中发育成熟，钩虫卵一定要在土壤中孵出钩蚴才有感染性等。结核患者的痰液含有大量结核杆菌，如果随地吐痰，就会污染土壤，水分蒸发后结核杆菌在干燥且细小的土壤颗粒上还能生存很长时间，这些带菌的土壤颗粒随风进入空气，人通过呼吸，就会感染结核病。有些人畜共患的传染病或与动物有关的疾病，也可以通过土壤传染给人。例如，患钩端螺旋体病的牛、羊、猪、马等，可通过粪尿中的病原体污染土壤。这些钩端螺旋体在中性或弱碱性的土壤中能存活几个星期，并可以通过黏膜、伤口或被浸软的皮肤侵入人体，使人致病。炭疽杆菌芽孢在土壤中能存活几年甚至几十年；破伤风杆菌、气性坏疽杆菌、肉毒杆菌等病原体，也能形成芽孢，长期在土壤中生存。破伤风杆菌、气性坏疽杆菌通常来自感染的动物粪便，特别是马粪。人们受外伤后，伤口被泥土污染，特别是深的穿刺伤口，很容易感染破伤风或气性坏疽病。此外，被有机废弃物污染的土壤，是蚊蝇孳生和鼠类繁殖的场所，而蚊、蝇和鼠类又是许多传染病的媒介。因此，被有机废弃物污染的土壤，在流行病学上被视为特别危险的物质。

土壤被有毒化学物污染后，对人们的影响大都是间接的，主要通过农作物、地面水或地下水对人体产生影响。在生产过磷酸钙工厂的周围，土壤中砷和氟的含量显著增高；铅、锌冶炼厂周围的土壤，不仅受到铅、锌、镉的严重污染，而且还受到含硫物质所形成的硫酸的严重污染。任意堆放的含毒废渣以及被农药等有毒化学物质污染的土壤，通过雨水的冲刷、携带和下渗，会污染水源。人、畜通过水和食物可引起中毒。中国疾病预防控制中心营养与食品安全所杨文婕研究员认为，目前80%～90%人类癌症与环境污染物有关，其中化学污染诱发的癌症达90%以上。重金属镉中毒可在20～30年后表现出来，有机氯农药虽然已经禁用多年，但目前在一些胎儿、婴幼儿体内还可查出。人体一旦吸收过多的重金属，就会破坏人体内的蛋白质营养结构，从而引起人体正常新陈代谢的紊乱。

土壤被放射性物质污染后，通过放射性衰变，能产生α、β、γ射线。这些射线能穿透人体组织，使机体的一些组织细胞死亡。这些射线对机体既可造成外照射损伤，

又可通过饮食或呼吸进入人体，造成内照射损伤，使受害者头昏、疲乏无力、脱发、白细胞减少或增多、发生癌变等。

20世纪70年代以来，通过对致癌物质的研究，发现了许多工业城市及其近郊的土壤中含有苯并（a）芘等致癌物质。被有机废弃物污染的土壤还容易分解、散发恶臭，污染空气。有机废弃物或有毒化学物质还会阻塞土壤孔隙，破坏土壤结构，影响土壤的自净能力，有时还会使土壤处于潮湿污秽状态，影响居民健康。

四、土壤污染防治理念

理论和反复的实践证明，对于土壤污染，必须贯彻预防为主、防治结合的环境保护方法。首先必须控制和消除污染源，同时土壤有较大的净化能力，应充分利用土壤的这一特点。

（一）控制和消除污染源

消除污染源，是最根本的措施。没有污染源就不会造成土壤及其他环境污染问题。但在目前的社会发展速度下，不可能消除所有的污染源，并且产生的污染物的量远大于土壤本身的净化能力。我们能采取的有效措施是控制和减少污染源及污染物进入土壤的数量和速度。例如，治理三废的污染，可大力推广闭路循环和无毒工艺或进行回收处理，化害为利，这样既实现了对资源和能源的综合利用，又减少了污染，保护了环境。三废在排放时应严格控制污染物的排放量和浓度，使之符合排放标准。在排放前应做好处理工作，若排放物中有重金属，在处理中就应除去，避免进入环境参与循环。

合理使用农药，禁止使用高毒、高残留农药，利用高效、低残留农药和生物防治技术，是解决农药对作物和土壤污染的根本途径，同时严格农药的管理和监测，减少农药使用量，减少对土壤的污染。

合理使用化肥，主要是控制氮肥（硝态氮肥）对环境的不良影响，采用合理的施肥量和施肥方法，肥料种类要合理搭配，尽量施用有机肥，适量配施无机肥料。

（二）提高土壤的净化能力

土壤本身所具有的净化能力是消除和减缓土壤污染的一个重要特征，要预防土壤污染，需采取合理的措施，提高土壤对污染物的容纳量，使污染物减少到最低限度，例如，增施有机肥促进土壤熟化和团粒结构的形成，增加或改善土壤胶体的种类和数量，均可增加土壤的容量，从而减少污染物在土壤中的活性。

（三）土壤污染修复技术

目前，治理土壤污染的途径主要有两种。一种是稳定化，即改变污染物质在土壤中的存在形态，使其固定，降低其在土壤环境中的迁移性和生物有效性。另一种是去污染，即从土壤中去除污染物质，使其存留浓度接近或达到背景值。围绕这两种治理途径，相应地提出不同的物理、化学和生物治理方法。

根据处理土壤位置是否改变，污染土壤修复技术可以分为原位修复技术和异位修复技术。原位修复是将受污染土壤在原地处理，处理期间土壤基本不被搅动。异位修复是指将污染土壤挖出或输送到他处进行修复处理。原位修复比异位修复更经济有效，对污染物就地治理，不需要建设造价高昂的工程基础设施，也不需要远程运输，且操作和维护都很简单，还可以对深层污染的土壤进行修复。异位修复的优点是环境风险较低，系统可预测性较高。经过几十年的研究发展与比较，原位修复的应用越来越广泛。

根据采用的具体方法，污染土壤修复技术还可以分为物理修复技术、化学修复技术、植物修复技术、微生物修复技术等。物理修复技术是指采用物理的方法对受污染土壤进行修复的技术，又可分为物理分离修复技术、改土法、电动修复法、热处理法、冰冻法等。化学修复技术是指利用修复剂与土壤污染物发生一定的化学反应，使污染物被降解和毒性被去除或降低的修复技术，主要有溶剂浸提技术、化学氧化技术、土壤改良技术、固定/稳定化技术等。植物修复技术是指以植物忍耐和超量积累某种或某些化学元素的理论为基础，利用植物及其共存微生物体系清除环境中污染物的修复技术，根据修复植物在某一方面的修复功能和特点可以将植物修复分为植物提取修复、植物挥发修复、植物稳定修复、植物降解修复、根际圈生物降解修复等。微生物修复技术是指通过选择、浓缩、驯化微生物来进攻、去除土壤中的一些重金属、以碳氢化合物为骨架的污染物（如石油类废物等），降解土壤中的这些物质，微生物修复技术可以分为原位生物修复和异位生物修复。

不同土壤污染修复技术各有其优缺点及适用性，应根据污染土壤的实际情况进行合理选择或组合应用。

（四）珠三角土壤污染防治

珠三角土壤污染类型主要有重金属污染、氮磷等营养元素污染、有机物污染等。在不同的地方，由于地理条件、工业发展情况等因素的影响，体现为不同类型。土壤污染防治也应"因地制宜"，采取不同的防治方案。

在"防"的方面，应根据国土主体功能区划、发展规划、土地利用规划、环境保护规划等，明确尚未充分开发的土地土壤应满足的质量标准或要求，提出开发利用要求，例如，不得引入电镀、印染、皮革、冶炼等重污染行业，加强建设项目排污的控制等。具体应注意采取下列措施：①对粪便、垃圾和生活污水进行无害化处理；②加强对工业废水、废气、废渣的治理和综合利用；③合理使用农药和化肥，积极发展高效、低毒、低残留的农药；④积极慎重地推广污水灌溉，对灌溉农田的污水，进行严格的监测和控制。

在"治"的方面，首先，应根据国土主体功能区划、发展规划、土地利用规划、环境保护规划等，细化土地利用类型。

（1）根据土地利用类型，制定土壤应满足的质量标准或要求。

（2）对重点区域，如拟改变用途的工业用地、易影响周围人群健康的受污染土壤等进行土壤污染调查，摸清土壤污染的状况、原因、污染物来源等。

（3）根据调查结果，选择合理的污染修复技术进行治理。

（4）应注意总结经验、教训，并加强各地之间的交流、研究，为其他地方的土壤污染防治提供经验借鉴。

此外，土壤污染防治必须有相应的法律作为保障，珠三角可以根据实际情况，提请国家、省制定相关的法律法规。

五、土壤污染预防、控制与治理行动

近年来，随着一些由土壤污染引起的影响人们健康的事件不断发生，公众和政府对土壤环境污染的认识逐步提高，对土壤实施预防、控制与治理的行动逐步被提出并实施。党中央、国务院把土壤污染防治摆在了重要的战略位置，近年来，多次强调要加强土壤污染防治工作。党的十七大报告提出，要重点加强水、大气、土壤等污染防治，改善城乡人居环境，充分表明党中央、国务院把土壤污染防治提上了重要议事日程。加强土壤污染防治，是深入贯彻落实科学发展观的重要举措，是建设社会主义新农村的重要内容，是构建国家生态安全体系的重要部分，是实现农产品质量安全的重要保障。胡锦涛总书记明确要求"把防治土壤污染提上重要议程"；在第六次全国环保大会上，温家宝总理要求"积极开展土壤污染防治"。党和国家提出的一系列目标和要求，为我们开展土壤污染防治工作指明了方向。

2008年初，原国家环保总局召开了第一次全国土壤污染防治工作会议，提出了搞好全国土壤污染状况调查、强化农用土壤环境监管与综合防治、加强城市建设用地和遗弃污染场地环境监管、拓宽土壤污染防治资金投入渠道、增强土壤污染防治科技支撑能力、建立健全土壤环境保护法律法规和标准体系、加强土壤环境监管体系和能力建设、加大宣传教育力度等要求。这次会议从各个方面拉开了我国土壤污染防治的大幕。

2008年6月，刚成立不久的环保部又下发了《关于加强土壤污染防治工作的意见》（环发〔2008〕48号）（简称《意见》），对各地土壤污染防治工作提出了详细要求：①加快健全和完善土壤污染防治的法律法规和标准体系，突破法律制度缺乏的瓶颈。积极配合立法机关，加快推动《中华人民共和国土壤污染防治法》等专项法律法规的制定，以填补相关法律制度的空白。同时，逐步完善相关标准体系，明确土壤污染防治的具体指标要求。②抓好全国土壤污染状况调查工作，为开展土壤污染防治工作奠定坚实的基础。要通过调查，摸清目前全国土壤环境质量状况和污染底数，为全面开展土壤污染防治工作提供决策依据和数据支持。③加强土壤环境监管和能力体系建设，强化农用土壤环境监管与综合防治及城市建设用地和遗弃污染场地环境监管两种手段。要研究制定全国土壤污染防治专项规划，建立和完善监测和应急体系；创新方法、丰富内容，针对不同功能的土地和不同的污染特点，明确监管和治理的重点，并全力建立土壤环境监管和污染防治的长效机制。④不断加大投入，为土壤污染防治提供充足的资金保障。要拓宽投资渠道，建立多元化投入机制，引导社会资金积极投入土壤污染防治工作。按照"谁污染、谁治理，谁投资、谁受益"的原则，促进企业综合治理土壤污染。《意见》从具体工作要求方面，对全国土壤污染防治工作做出了全面安排，此后，各地按照上述要求，有序、周密地开展各项工作，并已取得良好效果。

近年实施的《珠江三角洲环境保护一体化规划（2009—2020年》提出："加强土壤污染防治。建立健全土壤环境监测体系，开展土壤环境例行监测，在水源地、粮食蔬菜等农产品基地、土壤污染严重地区加大土壤环境监测密度。建立完善土壤环境监管政策，探索建立土地使用的土壤环境质量评估与备案制度。建立污染土壤风险评估和环境现场评估制度，加强被污染工业场地的环境监管，禁止未经评估和无害化治理的污染场地进行土地流转和二次开发。造成土壤环境污染的工矿企业需缴纳土壤环境治理修复金。加大政府投入，加强控制持久性有机污染物、重金属等对土壤的污染，开展修复示范，2012年前各市分别启动2～3处典型污染土壤场地的修复试点。"从规划的角度，明确了接下来一段时期，珠三角各地要做的工作，具有指导性意义。

正在制定的《广东省重金属污染综合防治规划》重点是防治土壤重金属污染问题，采用分区控制、重点区域重点控制等理念，从产业引进门槛、污染防治等方面提出相应要求。此外，深圳市也提出了有针对性的重金属污染防治方案。

正在制定的《广东省固体废物污染防治规划（2010—2015）》《广东省持久性有机污染物（POPs）"十二五"污染防治规划》等也把土壤污染影响作为要重点防治的问题。

从上面的一系列政府的土壤污染预防、控制与治理行动可见，土壤污染已经引起了政府的重视，并逐步成为环境保护工作的重点。

第八章

社会水循环与节水减污

第八章 社会水循环与节水减污

> 珠江三角洲是水资源丰富的水网地区,但改革开放以来积累了严重的水资源与水环境问题。工业和生活废水是珠江三角洲水资源与水环境负荷的主要制造者。不合理的工业行业社会水循环和城市化是导致珠江三角洲水生态环境退化的主要因素。快速扩展的社会经济系统导致的社会水循环性状的快速演变,是造成珠江三角洲水资源与水环境问题的主要根源。水资源管理的目的是构建良性社会水循环,使社会水循环的取水过程不超越自然水文循环的水资源再生能力,回水过程不超过由自然水文循环所决定的自然水体的纳污自净能力。
>
> 目前珠江三角洲都市群水资源管理由政府管制并统筹分配水权和污水排放权,暂时不存在水权和污水排放权市场配置。水权和污水排放权的产权界定不够明晰,水权和污水排放权的自由物品和公共物品属性明显。供给取向的水资源管理方式仍占主导地位,需求取向的水资源管理的理念和措施正逐步被引入水资源管理工作的实践中。按行政边界划分的水资源管理系统较为完善,而以水域边界为基石的水资源管理体系甚为薄弱,水资源管理的行政边界方式与水域边界方式缺乏相互结合。执行水资源管理的政府机构设置表现为水资源分割管理方式,推行水资源统一管理的阻力非常大。
>
> 今后珠江三角洲在重塑社会水循环中,要切实以可持续发展观指导水资源水环境管理工作,树立水资源为稀缺资源的概念,紧紧抓住给水处理、用水和废水处理这3个城市社会水循环的核心要素,尽快实现用水零增长,遏制水环境退化趋势,修复已经恶化的水生态环境系统;构建节水减污型工业结构,降低工业行业结构的耗水水平和排污水平;把水资源与水环境管理融入城市规划过程,有效控制城市化对珠江三角洲水环境的负面影响;把水资源与水环境管理融入居民生活用水过程,增强居民节水意识,减少生活废水排放量;树立水资源与水环境管理的"大区域"理念,加强与外围区域的协同治污。
>
> 在管理方式上,积极探讨、实践水资源及污水排放权的先进配置与再配置方式,建立可交易的水权和污水排放权的产权制度,引入市场机制配置水资源和水环境容量,构建市场配置的水资源管理方式;大力推动由供给取向的水资源管理方式向需求取向的水资源管理方式的转型;建立水资源管理的行政边界方式与水域边界方式有机结合的协调机制。

水是人类社会存在和发展的最基本的物质基础。自然水资源系统是推动人类社会经济发展的工业化过程和城市化过程的重要支撑。然而,近代人类社会的工业化过程和城市化过程,严重伤害了地球的水资源系统,由此引起的水污染和水短缺正制约着世界许多地区的可持续发展。正处于快速城市化和工业化进程的珠江三角洲地区,就是出现如此情形的一个典型地区。

改革开放以来,珠江三角洲地区的快速工业化和城市化构建起了一个对自然生态系统产生巨大胁迫的庞大社会经济系统。这一庞大社会经济系统所产生的巨大水资源与水环境负荷引起了诸多的水问题。目前有着"网河水乡"之称的珠江三角洲的水问题已经成为制约该地区可持续发展的巨大障碍。珠江三角洲的水问题,是人类活动引起环境变化的特定地域表现,快速扩展的社会经济系统所导致的社会水循环性状的快速演变,是造成珠江三角洲现实水资源与水环境问题的主要根源。

《珠江三角洲地区改革发展规划纲要(2008—2020年)》指出:"珠江三角洲地区正处在经济结构转型和发展方式转变的关键时期。"经济结构转型和发展方式转变既依赖又促进资源与环境的可持续利用。《珠江三角洲地区改革发展规划纲要(2008—2020年)》的实施为珠江三角洲地区彻底系统性解决长期积累的水资源与水环境问题提供了一个难得的机遇。社会水循环概念是科学认识和整体把握珠江三角洲水资源与水环境问题的有效科学工具。重塑社会水循环,构建一种不伤害自然水循环过程的新型社会水循环,是珠江三角洲地区实现水资源可持续利用目标的重要途径。本章在简要阐述社会水循环概念的内涵及其理论价值的基础上,着眼珠江三角洲水资源的可持续利用,以社会水循环调控为科学基点讨论城市水系统的可持续性、用水零增长、节水减污工业结构调整对策、水资源管理改革以及水环境管理政策等问题。

一、社会水循环:分析水问题的科学工具

(一)社会水循环概念

以不同水体形态存在于自然界的水,受太阳辐射和地心引力两种作用而不停地运动,构成降水、蒸发、渗流和径流等水文现象。人类在生产生活实践中,特别是在与自然界的各类水灾做斗争的过程中,逐渐认识到自然界中水运动的循环属性和各种水文现象之间的内在联系,经历一个较漫长的朴素萌芽的水文循环概念的发展阶段后,逐渐形成了科学描述自然界中水运动过程的水文循环概念。

水在社会经济系统的运动过程与水在自然界中的运动过程一样,也具有循环性。人类正面临越来越多由社会经济系统引发的水问题,在这一客观情势的推动下,一些学者开始关注水在社会经济系统的循环运动过程。与传统(自然)水(文)循环概念相对应的人工(或社会)水(文)循环概念被提出来。英国学者Merrett(1997)提出了与"Hydrological Cycle"相对应的术语"Hydrosocial Cycle",并以"Hydrosocial Cycle"概念作为框架展开水资源经济学理论体系的讨论。

Merrett在提出"Hydrosocial Cycle"这一新术语的同时,还提出了社会水循环的简要模型以阐释社会水循环概念的内涵。该模型基本拷贝了已有的城市水循环(urban water cycle)的概念框架,具有许多缺陷,例如,把自然水体分为淡水水源和海水水体两部分,以及把固体(污泥)问题和排涝系统放入了社会水循环过程中,这些处理方式都影响了社会水循环在概念内涵上与自然水循环的匹配性。依据社会水循环与自然水循环的匹配性,陈庆秋(2006)提出了自己理解的社会水循环概念模型(见图8-1)。

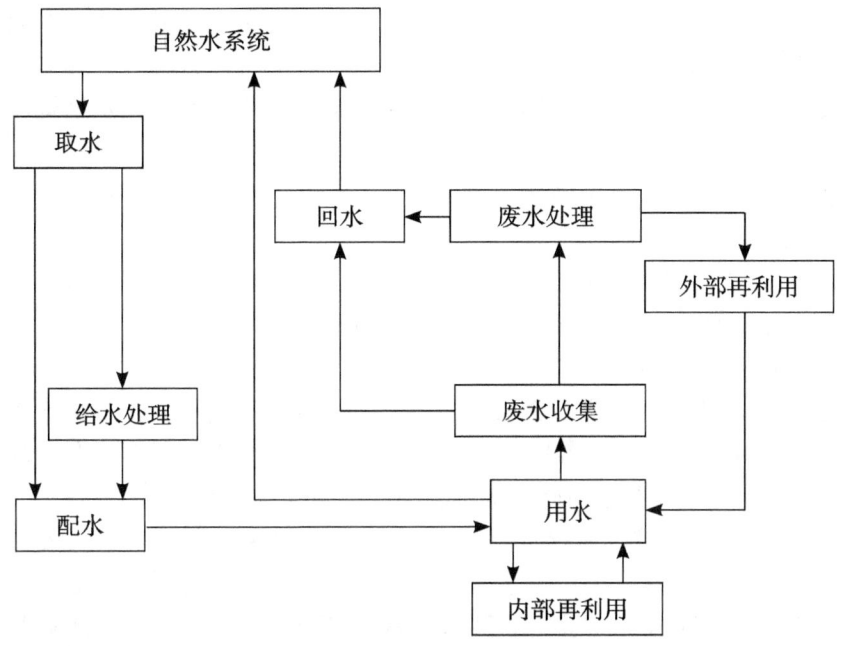

图8-1 社会水循环概念模型

认识和把握水在自然界运动过程的内在规律，是人类开发和利用水资源以及防御洪涝灾害的基础。水文循环概念为人类剖析水在自然界的运动过程的规律性提供了一个科学的理论框架，这一理论框架有效地推动了水文学知识与技术体系的形成，并一直在人类开发和利用水资源和防御洪涝等水灾害的过程中发挥着重要的技术支撑作用（Grigg，1996）。长期以来，由于人类从事各种水利活动的中心思想一直是改造和开发利用自然，因而人们只关注水在自然界中的运动过程，忽视了人类用水过程所形成的水在社会经济系统的循环运动过程，社会水循环概念的科学价值一直没有被人们广泛认识。其实，人类当前面临的不少水问题都与水在社会经济系统的循环运动有关，社会水循环过程以及它与自然水循环过程相互作用的内在机理是科学认识人与自然复合系统中水文现象与水文规律的基础。美国地质调查局（2002）在实施用水信息研究计划的过程中，探讨了人类用水的过程性以及用水的社会—自然双重属性，提出了综合水利用科学（integrative water use science）的学科概念，正如自然水文循环概念是水文学的理论体系骨架一样，社会水循环概念将构成综合水利用科学的理论体系骨架，同时社会水循环概念这一科学工具的理论价值与实践意义也必将在未来人类实现水资源可持续利用的进程中逐渐显现出来。

（二）基于社会水循环概念的"节水"内涵

在当今社会，"节水"（即"节约用水"）是人们耳濡目染的一个非常大众化的词语。"节水"一词的字面意思似乎很清楚，通常被理解为"节省用水"。但作为一个科学术语，"节水"一词有着非常丰富的内涵。以下是关于"节水"的几个科学定义。

（1）在合理的生产力布局与生产组织的前提下，为实现一定的社会经济目标，通过采取多种措施,对有限的水资源进行的合理分配与优化利用(其中也包括节省用水)(董辅祥、董欣东,1995)。

(2)通过行政、技术、经济等管理手段加强用水管理,调整用水结构,改进用水工艺,实行计划用水,杜绝用水浪费,运用先进的科学技术建立科学的用水体系,有效地使用水资源,保护水资源,适应城市经济和城市建设持续发展的需要(建设部、国家经贸委和国家计委,1996)。

(3)采取必要的、现实可行的工程措施和非工程措施,减少用水过程中不必要的损失和浪费,提高水的利用率,更加科学合理和高效地利用水资源(水利部水资源司和全国节约用水办公室,2001)。

从以上3个"节水"的科学定义可以看出,"节水"一词作为一个科学术语,其内涵不仅仅是"节省用水"。节水是一项可以实现水资源可持续利用的水政策,是采取综合措施调控用水过程以改进和提高水资源利用效率和效益的过程。

节水问题是自然水系统与社会经济系统相互作用关系发展到一定阶段后逐渐提出的。一个地区可开采利用的水资源总是有限的,在水资源开发利用程度较低时,人们通常应用工程手段,通过增加水资源供给能力来实现水资源供需平衡。随着水资源开发利用程度的不断提高,运用工程手段增加水资源供给能力的潜力越来越有限,水需求管理在实现水资源供需平衡过程中的功能日益突出,节水是水需求管理的主要内容之一。随着可利用水资源逐步被开发完,为了满足不断增长的用水需求,只有提高水的利用效率,增加水的循环利用率,才可能实现水资源供需平衡。在水资源开发利用程度较低时,人们为增加水资源供给能力运用工程手段调节水资源的时空分布,从本质上讲是调控自然水循环过程。采取综合措施调控用水过程以改进和提高水资源的利用效率和利用效益的节水措施,从本质上讲是调控社会水循环过程。

从社会水循环概念透视节水的主要工作内容,节水工作主要有如下几项内容:取水环节的非传统水源开发,配水环节的漏损控制,用水环节的效率和效益的提高,内部再利用和外部再利用。

(三)基于社会水循环解析水资源管理的内涵

水资源管理的管理对象是人类开发利用水资源过程中影响自然水系统的各种主要行为。依据社会水循环的概念框架,社会水循环的各循环要素基本包含了人类在开发利用水资源过程中所发生的影响自然水系统的各种主要行为。据此,可以把水资源管理的对象明确为社会水循环。有学者把"水资源系统"的内涵界定为"不仅包括地表水、地下水、水质、水量、水资源工程建设、水资源开发经费、从事水资源工作的人员及有关水资源政策、信息等,而且还包括这些因素之间的相互关系、发展变化及其可能出现的后果和应采取的控制对策等",然后认为:"水资源管理的对象是水资源系统"(朱永昌等,1992)。与社会水循环概念相比,如此定义的"水资源系统"的内涵过于宽泛且各组成成分的结构性差,以社会水循环作为水资源管理的对象要比以水资源系统作为水资源管理的对象更为严谨,也更具有实践可操作性。

朱永昌等(1992)把水资源管理的基本内涵理解为:"为了保证在某一给定区域

第八章 社会水循环与节水减污

内可以得到的、具有一定质量的地表水、地下水的持久开发和永续使用,以最大限度地满足社会进步、经济发展和改善环境的要求而进行的各项活动。"并进一步指出:"管理,就是将管理对象导向预期目标。……现代水资源管理的最终目标是以最少的水资源量创造最大的经济效益和社会效益,建立最佳的水环境。"这些论述中的"最大限度地满足""最少的水资源量""最大的经济效益和社会效益"和"最佳的水环境",都是在实践中难以准确把握的极值化目标。

在当今这样一个追求可持续发展的年代,实现水资源的可持续利用应该是水资源管理的核心目标。社会水循环概念的提出,提供了一条着眼水资源可持续利用,从水资源管理的内在机理上描述水资源管理目的途径。

水资源是一种可再生的自然资源,其再生性依赖于自然界水的循环性。自然界中的各种水体,包括海洋、地下水、冰川、湖泊、土壤水、河川径流、沼泽水和大气水等,在太阳能的作用下,通过蒸发、降水、渗透、径流等环节周而复始地进行水文循环的过程。人类对水资源的开发利用从本质上讲是对自然界水文循环的一种干预活动。水资源的可持续利用首先要求人类开发利用水资源的强度不能超越自然水循环的再生能力。对于水资源这一可再生资源,单位时间里允许开发利用的资源量是有限度的,而不是"取之不尽,用之不竭"的。水资源的可持续利用是指不超过自然水循环产水能力的水资源开发利用行为,是维护水文循环系统的水资源生产和更新能力的开发利用行为。将着重于自然属性的可持续发展概念引申到水资源利用问题中,不管如何行文表述,从自然属性来把握水资源可持续利用的内涵,其着眼点应是将水资源的开发利用与水文循环连在一起,其基本观点认为水文循环的产水能力是有限的。在人类开发利用水资源的过程中,不能超过一定的限度,应使以自然水循环为依托的水资源基础持续地保持在一定的水平上,使未来世代至少能获得与当代同样的水资源供给。

此外,水这种可再生资源不仅作为一种消费资料在生产生活中被利用。广义地讲,水体的纳污性也是水资源可利用性的宝贵方面。人类利用水资源不仅将其作为一种物质资源来消费,而且还自觉或不自觉地将自然水系统作为纳污体来利用。目前,人类生产生活过程中的许多排泄物都是排入自然界的水体中,通过水体的自净能力来消化这些排泄物。

从纳污方面来理解水资源可持续利用内涵的自然属性,则是自然水系统的纳污自净能力是有限度的,人类排入各种水体的废弃物不应超过水体的纳污自净能力,否则会产生破坏水资源基础的水污染。自然水系统的纳污自净能力很大程度上也是取决于自然界的水文循环。从水的纳污力方面将水资源利用范畴广义化后,从自然属性方面来把握自然水系统纳污力可持续利用的内涵时,其根本着眼点也应该与自然水循环联系在一起。因为自然水体的纳污能力取决于自然水循环,人类在利用水资源"消化"生产生活过程中产生的排泄物时,不能越过由自然水循环所决定的水体的纳污能力,才能称为对自然水系统的可持续利用。水资源管理的目的从本质上讲,就是要调控社会水循环,使社会水循环的取水过程不超越自然水文循环的水资源再生能力,回水过程不超过由自然水文循环所决定的自然水体的纳污自净能力。把取水过程不超越自然水文循环的水资源再生能力,以及回水过程不超过由自然水文循环所决定的自然水体的纳污自净能力的社会水循环定义为良性社会水循环。那么,水资源管理的目的就是构建良性社会水循环。

明确了水资源管理的对象和目的与社会水循环的内在逻辑联系后,着眼克服目前水资源管理定义存在的主要问题,给出如下基于社会水循环概念的水资源管理定义:水资源管理是以构建良性社会水循环实现水资源可持续利用为目的,政府有关部门依据水法调控社会水循环各循环要素所实施的行政管理。

对于水资源管理内涵理解的不统一,造成对水资源管理主要内容的理解也多种多样。例如,钱铭等(2000)着眼水资源管理形态,认为水资源管理的主要内容是水资源的动态管理、水资源的权属管理和水资源的监督管理;朱永昌等(1992)把现代水资源管理应承担的基本任务概括为决策、计划、组织和控制4个管理功能,并把水资源管理划分为"资源管理""开发利用管理"和"用水管理"3个层次。

水资源管理过程从本质上讲就是调控社会水循环的过程,从社会水循环概念透视水资源管理的主要内容,陈庆秋(2006)认为水资源管理的主要内容包括:水系统性状监测管理、取水许可管理、水资源的配置与再配置管理、水价管理、用水定额管理、水用户教育、污水排放许可管理、污水排放权的配置与再配置管理、污水处理行业管理9项主要内容。

其中,"水系统性状监测管理"是指组织对自然水系统的水量与水质的监测与信息交换,实时评价水资源是否处于良性循环状态,为社会水循环的调控提供依据。"取水许可管理""水资源的配置与再配置管理"是涉及调控社会水循环"取水"和"配水"环节的水资源管理内容。"取水许可管理"包括取水许可证的发放和水资源费的征收等内容;"水资源的配置与再配置管理"包括水权的初始分配与水权的转移。"水价管理""用水定额管理""水用户教育"是调控社会水循环"用水"环节的几项水资源管理内容。

"水价管理"主要建立与水资源丰缺程度相匹配的水价体系,通过水价来改进社会用水行为;"用水定额管理"建立一套合理用水的标准,以引导和规范社会用水行为;"水用户教育"旨在培养水资源可持续利用之社会水意识。"污水排放许可管理""污水排放权的配置与再配置管理""污水处理行业管理"是涉及调控社会水循环"回水""废水收集"和"废水处理"等环节的水资源管理内容。"污水排放许可管理"包括污水排放许可证的发放与排污费的征收等内容;"污水排放权的配置与再配置管理"包括排污权的初始分配与排污权的转移;"污水处理行业管理"是政府鉴于污水处理行业的特殊性,对污水处理行业的运营进行监管的水资源管理活动。

二、城市水系统的可持续性分析

城市水系统是支撑城市存在和发展的重要基础设施。随着全球城市化进程的迅速推进,世界许多地区的城市用水量占社会总用水量的比重越来越大,城市水系统对自然水生态系统产生的胁迫也越来越大。近代人类社会的城市化过程,对自然水系统产生了诸多影响,使世界各地的城市水生态系统在水质和水量方面都出现了退化。构建符合可持续发展准则的城市水系统是"以水资源的可持续利用支撑社会经济的可持续发展"的重要任务。城市化作为近几十年珠江三角洲区域发展的一个突出特征,是珠江三角洲水生态系统退化的主要诱因之一。针对珠江三角洲这样一个城市化水平很高的地区讨论水资源可持续利用问题,首先必须充分把握城市水系统的可持续性特征。社会水循环概念为构建城市水系统可持续性的分析框架提供了有效的理论支持。

（一）评价目的

环境可持续性的基本要旨是人类社会经济系统的发展要控制在自然生态系统的承载能力之内。就城市水系统而言,其环境可持续性主要包括两方面内容:一方面是水资源的开发量必须控制在自然水系统的再生能力之内;另一方面是污水排放必须控制在自然水系统的纳污能力之内。城市水系统环境可持续性的评价主要是测量城市水系统在这两方面的属性。考虑到城市水系统要消耗能量和产生固体污泥,城市水系统环境可持续性的评价也应该适当测评城市水系统作用于水生态环境以外的环境效应。把社会水循环概念与城市水系统环境可持续性相联系,可知可持续的城市水系统是由良性的社会水循环所决定的。

从本质上讲,城市水系统环境可持续性评价是对城市社会水循环的评价。改进传统不可持续的城市水系统、规划建设可持续的城市水系统,是未来很长一段时间内城市水利工作的重点。评价城市水系统环境可持续性的主要目的是帮助决策者改进传统的不可持续的城市水系统并规划建设可持续的城市水系统。城市水系统的改进、规划与建设从本质上讲,是改进、规划与建设城市的社会水循环。以社会水循环为着眼点来剖析城市水系统环境可持续性的评价目的,一个城市开展水系统环境可持续性评价通常有如下3个目的:①把水资源可持续利用这一较抽象的概念在城市社会水循环各环节具体化;②帮助制定水资源可持续利用的战略目标和选择水资源可持续利用的政策措施;③分析已实施的水资源可持续利用的政策措施的绩效。

（二）评价内容

正如前文所述,城市水系统环境可持续性主要包括两方面内容:一方面是水资源的开发量必须控制在自然水系统的再生能力之内,另一方面是污水排放必须控制在自然水系统的纳污能力之内。社会水循环的各个要素在一定程度上与城市水系统环境可持续性这两方面内容都存在相关性,通过识别这些相关性可以有效地细化城市水系统环境可持续性的评价内容。

基于社会水循环概念所构建的城市水系统环境可持续性的评价内容框架可见图8-2。该框架考虑了社会水循环的大部分要素(仅把"内部再利用"要素并入"用水"要素来考虑,把"外部再利用"要素并入"废水处理"要素来考虑),并把社会水循环要素与城市水系统环境可持续性的相关性分为状态、负荷、效率、效果和方式5种模式。

（1）涉及"状态"模式的社会水循环要素是自然水系统。作为社会水循环闭合节点的自然水系统是城市水系统赖以存在和发展的自然平台,而城市水系统对自然水系统的作用又会使自然水系统的状态发生改变。例如,在珠江三角洲都市群的经济快速增长的过程中,忽视废水处理和节约用水的城市水系统快速扩展,使流经城市的许多河段水体水质严重恶化。城市自然水系统的水量水质状态,是水资源开发量是否超过自然水系统再生能力与污水排放量是否超过自然水系统纳污能力的体现,可以直接反映城市水系统环境可持续性的性状。

(2)涉及"负荷"模式的社会水循环要素有取水和回水环节,这2个环节是城市水系统与自然水系统直接相互作用的社会水循环要素。取水过程对自然水系统产生水资源负荷(即水量方面的负荷),回水过程对自然水系统产生水环境负荷(即水质方面的负荷)。取水和回水的规模大小是城市自然水系统是否超过自然水系统的水资源再生能力和纳污能力的决定性因素,直接主导着城市水系统环境可持续性的性状。

(3)涉及"效率"模式的社会水循环要素有给水处理、用水和废水处理这3个要素,是城市社会水循环的核心要素。其中,用水要素是社会水循环的驱动力,对社会水循环的整体状况起着决定性作用。用水的效率直接影响取水和回水的规模,进而影响城市水系统与自然水系统的协调性(即城市水系统的取水和回水规模与自然水系统的水资源再生能力和纳污能力的匹配性)。给水处理和废水处理是2个消耗能量的社会水循环环节,是城市水系统产生作用于水生态环境以外环境效应的主要环节,城市水系统环境可持续性的评价需要适当考虑这2个环节的能耗效率,特别应考虑废水处理的能耗效率,以防水污染环境负效应的减少要以增加其他类型的环境负效应为代价。

(4)"效果"在这里的内涵是社会水循环要素实现其功能的程度,涉及"效果"模式的社会水循环要素有配水和废水处理。社会水循环配水环节的功能主要是把水输送到各类用水户,其效果主要体现在水的输送过程是否把水全部送入用水环节。配水效果的好坏在一定程度上影响着取水量的大小,进而影响城市水系统的环境可持续性。废水处理的效果直接影响回水环节的负荷,进而影响城市水系统与自然水系统的协调性。

(5)涉及"方式"模式的社会水循环要素是废水收集。废水收集的方式是否为雨污分流,直接影响废水处理环节的效率与效果,进而影响回水环节的负荷以及城市水系统与自然水系统的协调性。

(三)评价指标体系

根据城市水系统环境可持续性的内涵确立一组相互关联的评价指标是开展城市水系统环境可持续性评价的一项非常重要的工作内容。可以说,指标体系是开展城市水系统环境可持续性评价工作的基础,也是城市水系统环境可持续性评价框架的核心。

明确了城市水系统环境可持续性的评价内容框架和评价准则框架后,也就基本明晰了遴选城市水系统环境可持续性评价指标的技术路线。从上文的讨论可以看出,社会水循环概念为城市水系统环境可持续性的评价内容框架和评价准则框架的构建提供了有效的工具,社会水循环概念也可以作为构建城市水系统环境可持续性评价指标的有效工具。图8-2是基于社会水循环各环节对城市水系统环境可持续性影响效应而遴选出的城市水系统环境可持续性评价指标体系，这一指标体系是充分考虑了评价数据的现实可获取条件，通过精简前述城市水系统环境可持续性的评价内容框架所形成的。该指标体系各组成指标与城市水系统环境可持续性的内在关联以及各指标之间的相互联系，依托于社会水循环概念得以充分体现。

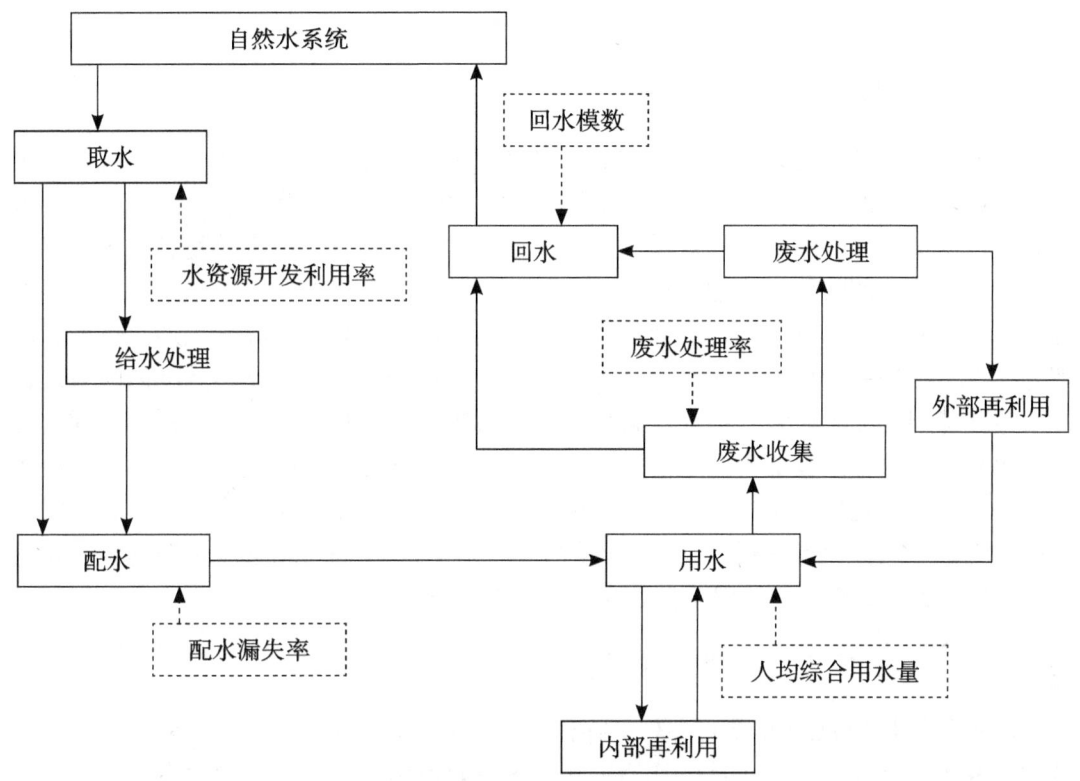

图8-2　基于社会水循环概念的城市水系统环境可持续性评价指标体系

（四）珠江三角洲城市水系统环境可持续性分析

"珠江三角洲城市节水减污措施研究"课题以2000年为背景年份评价了珠江三角洲城市水系统的环境可持续性，发现珠江三角洲城市水系统总体情况的指标值只有废水处理率处于脆弱等级，提高废水处理率应该是珠江三角洲地区各城市维护其水系统环境可持续性的工作重心，尤其江门、肇庆、惠州和东莞4个城市应该着力提高废水处理率。肇庆和惠州的配水漏失率处于不可持续等级，提高配水漏失率应该是肇庆和惠州改善城市水系统环境可持续性的工作重心。东莞和中山的人均综合用水量处于不可持续等级，降低人均综合用水量应该是东莞和中山改善城市水系统环境可持续性的工作重心。2000—2010年，珠江三角洲新建了大量的污水处理厂，城市的废水处理率已经有很大的提高，但是部分城市的配水漏失率和人均综合用水量仍偏高，大力开展节约用水工作将是今后改善珠江三角洲城市水系统环境可持续性的主要抓手。以《珠江三角洲地区改革发展规划纲要（2008—2020年）》为指导而编制的《珠江三角洲水资源保护开发利用一体化规划》，按建设节水型社会理念，对2012年和2020年珠江三角洲地区各用水部门的节水目标做了科学的规划。如果这些节水目标能够如期实现，到2020年珠江三角洲地区将能构建起与自然水循环和谐适应的良性社会水循环。

三、珠江三角洲地区用水零增长预测

（一）用水零增长现象

综观人类漫长的用水历史，人类的取水量随着人口总量和社会经济发展规模的扩大而不断增长。然而，在一些国家和地区，当取水量增长到一定阶段后，取水量不再随着人口总量和社会经济发展规模的扩大而继续增长，相反，取水总量表现出下降的趋势，这就是所谓的用水零增长现象。例如，20世纪80年代初美国取水总量达到了高峰，在这之前取水总量与生产总值同步增长，而此后取水总量则随着生产总值增长而下降。水资源是一种可再生资源，水资源在被开发利用后，在一定程度上能够通过自然水循环得到补充和恢复。但是由自然水循环所决定的水资源再生能力是有限的，当水资源开发利用程度较低时，水资源再生能力的有限性往往不被人们充分觉察，而错误地认为水资源是取之不尽、用之不竭的。随着水资源开发利用程度的提高，水资源再生能力的有限性逐渐显现，新增水源的开发成本不断提高，出现水资源的绝对短缺现象，而水资源的绝对短缺现象必然导致用水零增长现象。

（二）水政策调整与用水零增长

用水零增长现象从本质上讲是一种派生的环境Kuznets曲线。水政策的变革在实现用水零增长过程中发挥了重要作用。水政策是政府为实现一定历史时期的任务和目标，用于规范、引导社会开展水事活动的准则或指南。水政策服务于一定历史时期的任务和目标，不同的历史阶段有不同的社会经济背景，面对不同的水问题有不同的水政策。

在人口增长和经济发展的驱使下，一个地区的水资源开发利用历程一般会随着水资源开发利用程度的演变而经历"开源"（即水资源供给管理）和"节流"（即水资源需求管理）两个发展阶段。开源和节流两个发展阶段具有明显不同的水政策，用水零增长的出现是变水资源供给管理为水资源需求管理之水政策调整的成果。美国的水资源开发利用史能够很好地说明这一结论。美国由水资源供给管理转变为水资源需求管理的水政策调整的起始年份是1961年。1959年4月，美国国会成立了水资源专门委员会，该委员会在1961年发表了一份委员会专题报告，在延续以前关于州与联邦协作治水以及流域水资源综合规划等方面的水政策建议的同时，提出了要积极提高水资源利用效率和开展水资源保护与节约工作。长期以来，水资源在美国一直被视为免费资源（free resource），而该报告提出了要把水资源视为稀缺资源（scarce resource）的新建议，彻底改变了美国传统的水资源观念，促使美国开始进行全面的水政策调整。正是从1961开始的水政策调整，使美国在1980年实现了社会总取水零增长。

由于水政策调整是实现用水零增长的一个决定因素，水政策调整的历程可以用于推估用水零增长的实现时点。基于水政策调整的用水零增长类比预测方法的一般步骤如下：①选择类比参照国家或地区；②确定所选类比参照国家或地区开始变水资源供给管理为水资源需求管理之水政策调整的时点；③计算参照国家或地区开始水政策调整至实现用水零增长的时长；④确定被预测国家或地区开始变水资源供给管理为水资源需求管理之水政策调整的时点；⑤依据参照国家或地区从水政策调整至实现用水零增长的时长，推估被预测国家或地区实现用水零增长的时点。

（三）用水零增长实现时点推估

从1961年开始的水政策调整，使美国在1980年实现了取水零增长。美国开始变水资源供给管理为水资源需求管理之水政策调整至实现用水零增长共花了20年的时间。

新中国水利发展历程大致可以划分为3个发展阶段：第一个发展阶段是1988年颁布《中华人民共和国水法》以前。该阶段是强调服务社会经济增长的水治理与水开发的传统水利发展阶段。第二个发展阶段是1988年《中华人民共和国水法》颁布后至1999年汪恕诚提出资源水利概念。该阶段是追求依法开发、利用和保护水资源的过渡水利发展阶段。第三个发展阶段是1999年汪恕诚提出资源水利概念后至今。该阶段是切实追求水资源可持续开发利用的现代水利发展阶段。在汪恕诚提出资源水利概念之前，我国的水利工作者和相关学科的学者已经开始了水资源可持续开发利用问题的探索，但没能成为我国水利工作的主导理念。当汪恕诚提出资源水利概念后，虽然遇到诸如"对水资源进行开发、利用、治理、配置、节约和保护，过去一直就是这样做的，不需另立资源水利"的反对声音，但是水资源可持续开发利用观念已势不可挡地正在成为我国水利工作的主题理念。

水利部立足资源水利概念提出"从工程水利向资源水利，从传统水利向现代水利、可持续发展水利转变，以水资源的可持续利用保障经济社会的可持续发展"的新治水思路，标志着我国开始进行变水资源供给管理为水资源需求管理的全面水政策调整，以推动我国水利行业迈入一个突出水资源需求管理的新的发展阶段。珠江三角洲地区变水资源供给管理为水资源需求管理的全面水政策调整与全国是同步的，也是在1999年启动的。据此类比美国的情形，可以推断珠江三角洲地区有望在2018年实现用水零增长。另外，"珠江三角洲城市节水减污措施研究"课题用社会经济发展水平推估出珠江三角洲地区实现用水零增长的时点分别是2010年和2015年。总之未来20年（2010—2019年），是珠江三角洲实现水资源可持续利用的一个重要跨越性质的时段。《珠江三角洲地区改革发展规划纲要（2008—2020年）》将未来20年定位为珠江三角洲地区实现经济结构转型和发展方式转变的关键时期。在经济结构转型和发展方式转变的配合支持下，未来20年珠江三角洲地区很大可能实现用水零增长。

四、节水减污工业结构调整对策

工业结构是影响工业用水与排污状况的主要因素之一。工业结构的不合理常常导致一个地区的工业水污染久治不见效,调整优化工业结构是工业节水减污的重要途径。与工业用水重复利用和工业生产工艺节水等着眼企业或行业尺度的节水途径相比,工业结构调整是着眼区域或城市尺度的节水途径,该途径对提升区域或城市工业系统的节水水平和减污水平有较明显的效果。珠江三角洲地区拥有非常庞大的工业体系,构建节水减污型工业结构应该是珠江三角洲有效降低工业系统所产生的巨大水资源与水环境负荷的战略思路。

(一)明晰工业结构调整与工业节水减污的关系

虽然人们早已认识到工业结构是影响工业用水水平和污染负荷的一个重要因素,例如,《全国节水规划纲要(2000—2010年)》在涉及工业节水发展总体设想及基本对策时指出:工业节水要考虑工业自身的产业结构调整。但总的来说,对工业结构调整与工业节水减污的内在逻辑联系的认识还是较为肤浅的。目前,有许多描述工业间接冷却水循环利用及工业废水回用与工业节水减污内在逻辑联系的测评指标,却很难找到描述工业结构调整与工业节水减污的内在逻辑联系的测评指标。对于水循环利用、废水回用和工艺节水等工业节水减污途径已存在许多着眼于操作层面的深入的系统研究。但工业结构调整作为节水减污的重要途径,长期以来仅在节水战略层面有一些研究。由于鲜有着眼于操作层面的节水减污工业结构调整的研究,关于节水减污工业结构调整方面的许多节水战略的表述演变为无实质内容的空谈口号。明晰工业结构调整与工业节水减污的内在逻辑联系,是将工业结构调整之节水减污战略转为操作措施的桥梁。全面把握工业结构调整与工业节水减污的内在逻辑联系,正确认识工业结构的水资源与水环境影响效应,是珠江三角洲地区运用工业结构调整措施、推动工业节水减污工作的基础。

陈庆秋在"珠江三角洲城市节水减污措施研究"中提出了工业结构取水量、工业结构废水排放量和工业结构COD排放量这3个指标,能够应用于剖析工业结构调整与工业节水减污的内在逻辑联系。根据分析可知,2000年珠江三角洲地区各城市的工业结构取水量最大相差接近5倍,工业结构废水排放量最大相差达1倍多,工业结构COD排放量最大相差达2倍多。这说明工业结构调整对于工业节水减污影响甚大,要提升工业节水减污水平必须在工业结构调整方面多做文章。

(二)明确节水减污工业结构调整的目的

在珠江三角洲地区开展节水减污工业结构调整的过程中,首先必须从可持续发展的高度认识节水减污工业结构调整的意义,明确节水减污工业结构调整的目的。工业节水减污涉及两个实体:一个是工业系统自身;另一个是水资源与水环境系统。从工业系统自身而言,珠江三角洲地区的工业节水减污的目的是实现珠江三角洲地区工业的可持续发展。当前，珠江三角洲地区庞大的工业体系面临着较突出的资源环境问题，尤其在珠江三角洲地区开展全面水环境整治的大背景下，工业发展使其面临的水资源与水环境方面的限制更加突出。降低工业行业结构的耗水水平和排污水平是以实现工业可持续发展为目标取向的工业结构调整的重要任务。就水资源与水环境系统而言，珠江三角洲地区的工业节水减污的目的是实现珠江三角洲地区水资源的可持续利用。珠江三角洲虽然是水资源丰富的水网地区，但改革开放几十年来形成了较严重的水资源与水环境问题。工业是珠江三角洲水资源与水环境负荷的主要制造者之一，改变污染严重的工业行业结构是实现珠江三角洲地区水资源可持续利用的有效途径。

（三）将工业结构调整与工业经济发展规划结合起来

工业是国民经济的核心部门之一，工业结构调整问题首先是经济部门研究的问题。经济部门在制定有关工业结构的调整规划时，通常从推动生产力的发展、提高工业生产效率、适应市场需求变化、提升国际竞争力以及促进工业行业技术进步等众多方面考虑工业结构的优化调整，降低工业系统的资源环境负荷仅仅是经济部门优化调整工业结构所要考虑的一个侧面（周叔莲等，2000）。节水减污目标应该与工业结构调整要实现的其他目标相协调，尤其应该服从工业结构调整的主体目标。这要求节水减污工业结构调整要与工业经济发展规划充分融合，使以节水减污为目标取向的工业结构调整规划成为工业经济发展规划的有机组成部分。

珠江三角洲目前正处于工业化的升级阶段，建设低环境影响的生态友好型绿色工业体系是工业化升级阶段的主要任务。不合理的工业行业社会水循环是导致珠江三角洲水环境退化的主要因素之一，在制定实现珠江三角洲工业化升级的工业发展宏观政策和相关规划的过程中，立足于科学调控工业行业的社会水循环，剖析工业结构调整影响工业行业社会水循环的机理，对调整工业结构的宏观政策和相关规划方案进行节水减污效果的论证，是节水减污工业结构调整与工业经济发展规划充分融合的具体实现途径。

（四）调整区域分类

珠江三角洲地区是一个分布着9个大中型城市的经济区，区域内9个城市的社会与自然环境存在许多共性。长期以来有关部门一直把这一经济区作为一个独立完整的区域经济单元进行规划和管理，但珠江三角洲的9个城市在工业行业结构、水资源拥有量以及水环境容量等诸多方面存在一定程度的差别。珠江三角洲地区在制订和实施节水减污工业结构调整计划时，应根据各城市工业经济的资源环境成本的现状，实行工业结构区域分类调整的政策，重点抓好工业结构节水减污潜力大的城市的工业结构调整工作。

广州、深圳、珠海和东莞等城市的工业结构节水水平较低，工业结构节水潜力较大；广州、江门、肇庆、东莞和中山等城市的工业结构减污水平较低，工业结构废水减排潜力和COD减排潜力较大。这些城市是珠江三角洲地区开展节水减污工业结构调整工作的重点城市。

（五）突出重点工业行业

任何一个地区或城市的工业结构状况都是一定时期工业发展的历史积淀，工业结构随时间变化具有很大的惯性，工业结构的调整优化往往需要较长时间。着重对重点工业行业进行调整是提高工业结构调整效率与效果的基本措施。

食品、烟草及饮料制造业，纺织业，造纸及纸制品业，黑色金属冶炼及压延业，电力、煤气及水的生产供应业等工业行业是珠江三角洲地区高耗水和重污染的工业行业，这些行业的平均万元产值取水量是所有工业行业平均万元产值取水量的3倍多，平均万元产值废水排放量和COD排放量是所有工业行业平均万元产值取水量的2倍多。对这些行业进行重点调整，工业结构调整有望事半功倍。

对比技术密集型与非技术密集型工业行业的用水强度和水污染负荷排放强度，可以发现，技术密集型工业行业的用水强度和水污染负荷排放强度明显低于非技术密集型工业行业，大力发展国家统计局高技术产业统计分类目录中的工业行业，可以有效降低国民经济工业部门的用水量和水污染负荷排放量。以2006年的广州工业总产值规模为例，如果将广州的技术密集型工业行业的结构系数提高0.1（相应地，非技术密集型工业行业的结构系数减少0.1），广州的工业用水量每年大约能够减少1.8亿吨，工业废水排放量每年大约能够减少1.3亿吨，工业废水中COD的排放量每年大约能够减少9000吨，工业废水中氨氮的排放量每年大约能够减少550吨。

五、水资源管理方式的改革

（一）水资源管理的复杂性

动态性是水资源最主要的自然特性。首先，水资源的动态性表现为水资源的可再生属性。水资源的可再生属性使得水资源管理不仅仅是静态资源量的管理问题，更重要的是，要处理水资源可再生能力的维护问题。水资源的可再生属性形成了人类利用水资源的回水问题，导致在调控社会水循环的水资源管理过程中不但要直面水量问题，还要直面水质问题。其次，水资源的动态性表现为水资源量的时间随机波动。水资源量的时间随机波动造成水资源管理实体的时间不确定性，进而增加了水资源管理决策的难度。许多干旱缺水灾害的发生，是人类水资源管理工作面对水资源量时间随机波动乏力的直接表征。最后，水资源的动态性表现为水资源的区域流动性。水资源的区域流动性导致一个地区的水资源开发利用活动往往会影响一些邻近地区的水资源开发利用活动。在各类资源的开发利用活动中，水资源开发利用领域所产生的区域间纠纷是最多的，在水资源管理过程中往往需要花大量的精力去思考区域间水资源开发利用活动的协调问题。

水资源物品经济属性的多重性是水资源的主体经济特性。经济学依据物品的属性，把社会经济生活的各种物品分为私人物品、垄断物品、共有资源和公共物品等类型。水资源属于哪一种类型并不明晰。

世界上许多地区都在经历水资源条件由丰富变为短缺。作为可再生资源，水资源被开发利用后，在一定程度上能够通过自然水循环得到补充和恢复。当水资源开发利用程度较低时，从自然界提取水资源并不需要多大成本，水资源再生能力的有限性（稀缺性）往往不被人们充分觉察，水资源常常被视为取之不尽、用之不竭的自由物品。随着水资源开发利用程度的提高、水资源再生能力有限性的逐渐显现、新增水源开发成本的不断提高，出现了水资源的绝对短缺现象，水资源充分表现出经济物品的性状。水资源由自由物品演变为经济物品，客观上要求水资源管理体制要做出相应的适时调整。

水资源管理体制调整是一项复杂的系统工程。许多地区水资源管理体制的调整往往滞后于水资源经济属性的演变，出现体制调整过渡期水资源管理低效的现象。由于水资源用途的广泛性，水资源具有公共物品与私人物品的双重经济属性。例如，维护生态环境完整性的生态环境用水是公共物品，而居民日常生活用水则是私人物品。公共物品与私人物品的内在经济性质差别很大，要实现效益最大化，需要采用不同的配置机制。在设计水资源管理体制过程中，如何把握水资源作为公共物品与私人物品的双重经济属性，使水资源管理体制满足水资源双重经济属性的要求，是一件较为困难的事情。

水资源在人类社会系统中具有多种多样的功能，目前还没有哪种自然资源的功能多样性能够超过水资源。水资源社会功能的多样性，使水资源在各种社会行业之间的配置问题相当复杂。在管理水资源的过程中不仅要追求经济效益和环境效益，还要考虑社会公平、社会稳定、人权保障、贫困减少以及国家安全等社会目标。

（二）水资源管理方式的分类

水资源及污水排放权的配置与再配置是水资源管理的核心内容。根据水权和排污权的初始分配及再转移之配置机制的不同，水资源管理分为政府计划方式和市场配置方式两种典型类型。政府计划水资源管理方式即行政指令型水资源管理方式。该方式由政府的行政机构根据社会经济发展目标组织编制有关水资源规划，相关政府部门依据编制的规划，行使行政权力来分配和再分配水权和排污权。市场配置水资源管理方式是建立可交易的水权和排污权产权体制，运用市场机制来分配和再分配水权和排污权，实现社会经济效益的最大化。

实现水资源的供需平衡（即自然水循环与社会水循环的协调式平衡）是水资源管理的一项重要任务。依据实现水资源供需平衡之着眼点的不同，水资源管理分为供给取向方式与需求取向方式两种类型。供给取向水资源管理方式以"开源"为着眼点来实现水资源的供需平衡，该方式主要以社会水循环中的自然水系统与取水的交界面为工作领域，通过扩大取水的规模来实现自然水循环与社会水循环的协调平衡。需求取向水资源管理方式以"节水"为着眼点来实现水资源的供需平衡。该方式以社会水循环中的用水环节为主要工作领域，通过调节和控制社会水需求的规模来实现自然水循环与社会水循环的协调平衡。把水资源管理分为供给取向方式与需求取向方式，主要考虑的是水量。在水质方面，其实存在着类似情形。实现社会水循环中回水污染负荷与自然水系统纳污能力的平衡也是水资源管理的一项重要任务。废水超负荷排放以及通过调控自然水系统的水动力学特性来增大自然水系统纳污能力的方式属于供给取向的水资源管理方式，而推广清洁生产以及建设污水处理厂等措施则是需求取向的水资源管理方式。

水资源的管理过程是对社会水循环中各循环要素的调控过程。社会水循环的各循环要素具有内在的空间属性。由自然水循环过程控制的自然水系统的空间属性，在以水域边界所划分的空间区域内系统性强；由人类活动所主导的社会水循环的取水、用水和回水等循环要素的空间属性，在以行政边界所划分的空间区域内系统性强。依据水资源管理空间边界的不同，水资源管理分为行政边界方式与水域边界方式两种类型。行政边界的水资源管理方式主要指县级以上人民政府的水行政主管部门等政府机构所开展的水资源管理活动；而水域边界的水资源管理方式则主要指流域管理机构所开展的水资源管理活动。

从社会水循环概念透视水资源管理的主要内容，水资源管理主要包括以下9项内容：水系统性状监测管理、取水许可管理、水资源的配置与再配置管理、水价管理、用水定额管理、水用户教育、污水排放许可管理、污水排放权的配置与再配置管理、污水处理行业管理。依据各项水资源管理内容的承担机构集中度的不同，水资源管理分为分割方式与统一方式两种类型。分割的水资源管理方式是指水资源管理的各项主要内容分别由不同的管理机构承担；而统一的水资源管理方式是指水资源管理的各项主要内容集中由单一的管理机构承担。

（三）水资源管理方式的效果比较

1. 水资源管理的政府计划方式与市场配置方式的比较

在实现水资源可持续利用目标的过程中，水资源管理的政府计划方式与市场配置方式各有优缺点。

政府计划的水资源管理方式是根据社会各类用户的需要由政府统筹分配水权和污水排放权，政府可根据需要收回已经发放的水权和污水排放权再重新分配，并禁止用户层面的水权和污水排放权的自由转移与交易。这种水资源管理方式的优点是：能够较好地维护公平原则和公共利益，尤其能够较好地保障生态环境的用水需求以及保证水环境容量不被超额利用。其缺点是：水权和污水排放权的经济价值往往不能够在经济生活中得到真实反映，进而影响水资源与水环境容量的使用效率与效益。

市场配置的水资源管理方式是政府赋予水权人和污水排放权人市场转移与交易权，通过市场机制促使水权人和污水排放权人以自愿性的交易方式，实现水权和污水排放权的高效配置。此类水资源管理方式的优点是：依靠市场交易机制，可以充分展现水权和污水排放权的机会成本，形成节约用水和保护水环境的经济推动力。其缺点是市场交易机制会产生外部性问题，冲击生态环境的用水需求。

2. 水资源管理的供给取向方式与需求取向方式的比较

综观人类水事活动的历史，水资源管理的目的经历了从实现水资源供需平衡到实现水资源可持续利用的变化过程。供给取向的水资源管理方式与实现水资源供需平衡之目的取向的水资源开发利用阶段相对应，需求取向的水资源管理方式与实现水资源可持续利用之目的取向的水资源开发利用阶段相对应。

在水资源开发利用程度低的情形下，采用供给取向的水资源管理方式，在实现水资源供需平衡的同时，能够保持自然水循环的水资源再生能力的持续性，维护自然水循环与社会水循环的协调。但从长远剖析，供给取向的水资源管理方式因水资源超采、水环境容量滥用等行为，最终会破坏自然水循环的水资源再生能力，诱发和激化自然水循环与社会水循环的不协调问题。也就是说，从长远考虑，供给取向的水资源管理方式是一种不可持续的水资源管理方式。

需求取向的水资源管理方式着眼于调节社会水循环过程，该方式纠正了供给取向水资源管理方式的不足，直接以实现水资源可持续利用为目标，是必然替代供给取向水资源管理方式的可持续水资源管理方式。

3. 水资源管理的行政边界方式与水域边界方式的比较

对于水资源可持续利用的目标，水资源管理的行政边界方式与水域边界方式没有必然的优劣，需要根据具体的自然水循环与社会水循环的耦合状态，通过水资源管理的行政边界方式与水域边界方式的有机结合，来有效实现水资源可持续利用的目标。

行政边界的水资源管理方式具有较好的社会水循环的系统整体性，而水域边界的水资源管理方式则具有较好的自然水循环的系统整体性。传统水资源规划工作强调自然水循环的系统整体性，突出行政边界对水域边界分割的不利。随着人类活动对自然水循环干扰程度的不断加大，社会水循环在自然与社会水循环的耦合作用过程中逐渐扮演主导角色，水域边界对行政边界分割的不利日显突显。行政边界对水域边界分割与水域边界对行政边界分割都会阻碍水资源的可持续利用，在实现水资源可持续利用的过程中，既需要社会水循环系统整体性的支持，也离不开自然水循环系统整体性的支持。

4. 水资源管理的分割方式与统一方式的比较

从水循环角度剖析水资源可持续利用的内涵，水资源可持续利用是通过调节自然水循环和社会水循环的各环节，实现自然水循环与社会水循环的持续协调。社会水循环的取水、用水和回水等环节的演变以及各环节之间的相互作用都直接影响着自然水循环与社会水循环的协调状态。对社会水循环各环节进行一体化管理，才能实现水资源的高效管理，进而高效实现水资源可持续利用所要求的自然水循环与社会水循环的持续协调。水资源统一管理方式在理论上符合对社会水循环各环节进行一体化管理的要求，而水资源分割管理方式从理论上讲不利于对社会水循环各环节进行一体化的管理。此外，由于目前我国民主体制还不是很健全，加上片面追求部门利益、地方利益和小团体利益的现象相当普遍，水资源分割管理方式不但不能够为水资源开发利用决策的民主与科学提供体制保障，反而造成水资源管理工作的低效与乏力。

（四）水资源管理方式的改革方向

珠江三角洲现实水资源管理的方式没有什么明显的个性，与广东省乃至全国的其他地区一样，由中国现行的水法体系和政府行政构架所决定。珠江三角洲水资源管理的现状主要有如下四方面的特点：①由政府管制和统筹分配水权和污水排放权，暂时不存在水权和污水排放权市场配置，水权和污水排放权的产权界定不够明晰，水权和污水排放权的自由物品和公共物品属性表现明显；②目前处于由供给取向的水资源管理方式向需求取向的水资源管理方式转型的起步阶段，供给取向的水资源管理方式仍占主导地位，需求取向的水资源管理的理念和措施正逐步被引入水资源管理工作的实践中；③依据行政边界的水资源管理系统较为完善，而以水域边界为基石的水资源管理体系甚为薄弱，水资源管理的行政边界方式与水域边界方式缺乏相互结合；④执行水资源管理的政府机构设置表现为水资源分割管理方式，由于部门利益问题，推行水资源统一管理的阻力非常大，在水资源管理过程中存在一定程度的各部门工作不协调。

传统的水资源管理方式中许多不合理的因素直接制约着珠江三角洲水资源的可持续利用。改革传统水资源管理方式是珠江三角洲实现水资源的可持续利用的持久任务。水资源管理方式的具体改革方向有如下四点：①建立可交易的水权和污水排放权的产权制度，引入市场机制配置水资源和水环境容量，构建市场配置的水资源管理方式；②大力推动由供给取向的水资源管理方式向需求取向的水资源管理方式转型，构建水需求管理体系，建设节水减污型社会；③创建系统化的流域水资源管理体制和机构建设，建立水资源管理的行政边界方式与水域边界方式有机结合的协调机制；④稳妥地规划和推进水资源统一管理的机构改革，着力探索水资源分割管理方式下各部门之间的协调合作制度，在近期建立部门间协调合作的水资源分割管理的新模式。

1999年汪恕诚提出资源水利概念后，广东与全国一样，积极探索和推进水资源管理体制的改革。目前，珠江三角洲地区已初步形成了区域和流域相结合，以取水、供水、用水、排水、水生态保护和防治水害为主体的水资源管理机制；成立了东江、北江、西江流域管理机构；实施了东江流域水资源分配方案，实现了东江流域水资源的统一调度；广州、深圳、珠海等城市已完成水务一体化改革，对解决多龙管水起到了重要作用。然而，缺乏统一高效的开发利用规划和管理仍是珠江三角洲地区水资源保护开发利用领域存在的一个主要问题（广东省发展和改革委员会、广东省水利厅，2009）。"再创体制机制新优势"是《珠江三角洲地区改革发展规划纲要（2008—2020年）》所界定的一项重要改革内容。深入推进水资源管理体制的改革，可以作为未来10年珠江三角洲地区推进行政体制和社会管理体制改革的攻坚切入点。

六、水环境管理政策

水环境管理工作是水资源可持续利用的重要支撑，改进和加强水环境管理，是实现珠江三角洲水资源可持续利用的重要保障，更是实现珠江三角洲社会经济可持续发展的迫切需求。水环境管理是对影响水环境的人类社会活动的全过程进行管理控制，其目的是创建一种新的生产方式、消费方式、社会行为规范和发展方式，使人类社会的各种活动符合人与自然和谐发展的要求。要改进珠江三角洲水环境管理的效率与效果、提升珠江三角洲水环境管理的能力，首先必须确立正确的水环境管理政策体系。下文立足珠江三角洲社会经济系统和自然水系统的特征及两者相互作用的特点，对珠江三角洲水环境管理的政策给出一些建议。

（一）切实以可持续发展观指导水环境管理工作

珠江三角洲的水环境状况恶化到今天这种状况，很大程度上归因于近几十年珠江三角洲区域经济的发展是由不可持续的传统发展观所引导的。经济增长是经济发展的前提和依托，但经济发展并不是单纯数量方面的简单扩张，而必须伴随经济结构的改进和资源配置效益的提高。传统发展观把经济增长等同于经济规模提升，常常把经济增长速度、增长总量视为最主要甚至全部经济发展的目标。传统发展观引导下的粗放型经济增长方式的本质特征，是依靠资金、劳动的初始投入和自然资源的高消耗来实现经济增长的目标，即以缺乏效率为其本质特征，进而诱发经济增长与资源环境的矛盾和冲突，导致自然资源的衰竭和生态环境的退化。人类在饱尝传统发展观所酿成的苦果后，提出了否定传统发展观的可持续发展观。

可持续发展观的一个基本要旨是在社会经济发展过程中保护和加强环境系统的生产与更新能力。发展观是环境政策的思想灵魂，可持续发展观出现后，自然成为我们这个时代环境政策的思想灵魂。可以说，当今时代的环境政策是可持续发展战略的延伸与体现载体。水环境管理政策是环境政策的重要组成成分，可持续发展观也必然是水环境管理政策的灵魂。

当前珠江三角洲水环境管理的工作重心是遏制水环境退化趋势和修复已经恶化的水生态环境系统，水环境管理政策能否在实践中对影响水环境的人类社会经济活动进行有效调控，实现水生态环境的修复与保护目标，首先决定于水环境管理政策体系是否充分体现了可持续发展的观念。涉及水环境管理工作的各决策层牢固地树立可持续发展的观念，是珠江三角洲遏制水环境退化趋势的基本前提。

（二）把水环境管理融于城市规划过程

珠江三角洲地区的快速城市化是改革开放30多年来该地区社会经济发展成就的一个具体体现。珠江三角洲已经形成了以广州和深圳为"龙头"的都市群，这个都市群包括：广州和深圳2个副省级城市、7个地级市、14个县级市、3个县，共计28个城市、420个镇（区），城镇密度达到108个/万平方千米。按第五次全国人口普查统计的市镇人口所占比重计算，广东省城市化水平已达55.0%，其中珠江三角洲达到72.7%，目前珠江三角洲地区的快速城市化过程仍在延续。城市化作为当今世界重要的社会经济现象，不仅是人类社会经济系统影响自然水系统的一类高强度方式，还是造成目前人类所面临的水短缺和水污染等水问题的主要原因之一。

城市化是珠江三角洲水环境退化的主要影响因素之一，在保护和改善珠江三角洲水环境的过程中，应该有效地控制城市化对珠江三角洲水环境的负面影响。珠江三角洲地区是我国比较重视城市规划工作的地区之一，广东省建设厅先后组织编制了《珠江三角洲经济区都市群规划》和《珠江三角洲城市化规划》，珠江三角洲内的各城市都广泛开展了城市总体规划的滚动修编工作。尽管各类城市规划对水资源开发利用和水环境保护都有所述及，但有关规划并没有真正控制住城市化过程对水环境产生的负面效应。

目前珠江三角洲的水环境保护与治理工作明显滞后于城市化进程，该地区编制的一些水资源开发利用规划和环境保护规划与城市规划有不同程度的脱节，不少水环境保护与治理规划成了收拾前期城市规划所导致的水环境"烂摊子"的"马后炮"，在规划层面出现城市化进程的"先污染，后治理"的局面。为了实现珠江三角洲城市化的可持续发展，有必要在实施规划环评制度的基础上借鉴建设项目水资源论证制度，在珠江三角洲尝试实施城市规划水资源论证的政策，把水资源与水环境的管理融于城市规划过程，避免城市规划层面的"先污染，后治理"的现象。

（三）把水环境管理融于居民生活用水过程

"节水减污"的水环境管理政策对于珠江三角洲地区具有特别的意义。珠江三角洲经济的高速增长，使该地区居民的生活水平明显提高。珠江三角洲的快速城市化，使该地区的城市人口快速增加。此外，珠江三角洲水资源比较丰富，使该地区从政府到居民的节水意识都比较差。居民生活水平的不断提高、城市人口的不断增加，以及社会节水意识的淡薄，导致珠江三角洲地区居民生活废水排放量逐年增加，生活废水已经成为珠江三角洲废水总量中最大的构成部分。

以绿色消费理念推动节水工作，把水环境管理融于居民生活用水过程，是解决珠江三角洲地区居民生活废水排放量逐年增加的有益政策取向。居民生活用水过程从本质上讲是一种消费行为，并且是一种人人都不可缺少的最日常的消费行为。随着可持续发展战略在全球的广泛推进，作为一种全新消费理念的绿色消费逐渐成为席卷全球的一种追求。绿色消费概念的提出与绿色消费理念的广泛传播，是在消费环节实施可持续发展战略，是把环境管理融于消费过程。消费观念是影响消费者消费行为的关键因素，绿色消费理念推动着人类社会形成"经济消费""清洁消费""安全消费"和"可持续消费"等新型消费观念，这些消费观念对于培养社会大众节约用水的消费行为非常有帮助。

（四）完善水环境管理的法律法规体系

制定一部推动珠江三角洲地区构建节水减污社会的地方性法规是近期值得思考的一个立法方向。经过数十年来对水环境管理法律法规建设的重视，有关部门针对广东和珠江三角洲水环境管理的实际需要，制定发布了《广东省东江水系水质保护条例》《广东省珠江三角洲水质保护条例》《广东省东江水系水质保护经费使用管理办法》《广东省东江水系水质保护经费使用管理细则》《广东省跨市河流边界水质达标管理试行办法》和《东深供水工程饮用水源水质保护规定》等诸多地方性水环境管理法规，这些地方性法规与国家的有关法律法规相互结合，使珠江三角洲地区建立了一个较为系统的水环境管理法律法规体系。不过，现有的珠江三角洲地区水环境管理法律法规体系仍存在强调"末端治理"、忽视"源头控制"的不足，进一步完善的空间还较大。珠江三角洲今后的水环境管理立法政策有必要着眼于水需要管理，把立法重心调整到"节水减污"主题上来。

目前，包括珠江三角洲地区在内的我国许多地区存在不同程度的环境保护法律法规执行不到位的情况。如何强化水环境管理法律法规的执行力度，是改善珠江三角洲水环境管理政策体系应该突出体现的内容。珠江三角洲地区有必要实行类似环境年报制度的水环境管理法律法规执行情况的年报制度，让各城市的政府每年对水环境管理法律法规执行情况做一次系统总结，找出存在的问题，提出改进措施与目标，并由上级政府和社会公众实时监督改进措施与目标在下一年度的落实情况，以此有力规范和强化水环境管理法律法规的执行。

（五）树立水环境管理的"大区域"概念

《珠江三角洲地区改革发展规划纲要（2008—2020年）》明确提出："加强水环境管理，着力加强粤港澳合作，共同改善珠江三角洲整体水质。"高效的水环境管理依赖于不同行政单元之间的有效协作。在珠江三角洲网河区域里，水污染源产生地区与水污染危害地区不重合的现象普遍存在，跨地区水污染问题较为突出，深圳与惠州、东莞与深圳、广州与佛山、中山与珠海等均存在不同程度的跨区污染问题。经过几年的不懈努力，珠江三角洲区域内部各行政管辖区之间，在水环境管理方面的协调与合作取得了很大的进展，但对于珠江三角洲与其外围地区的水环境管理的协调与合作还有比较大的改进空间。

珠江三角洲地处珠江的最下游，珠江上中游地区水环境的恶化会在一定程度上祸及珠江三角洲地区。随着珠江三角洲地区水环境治理力度的不断加强，一些环境污染严重的企业在珠江三角洲区内的生存空间变得越来越小，逐渐被迫转移出珠江三角洲地区，其中有一些正被珠江三角洲的外围地区接纳，如果不在政策层面采取措施对这种现象进行控制，若干年后，珠江三角洲地区可能会处于污水的"包围"之下，虽然自身区域内的水环境得到改善，但可能面临外围地区水环境恶化的危胁。这从客观上要求珠江三角洲的水环境管理一定要有"大区域"概念，即要考虑珠江三角洲外围地区的水环境保护，加强与外围区域的协同治污。

第九章

大气污染与大气质量管理

第九章 大气污染与大气质量管理

珠三角地区正在遭受历史上最为严重的空气污染。煤炭型污染已经发展为复合型污染，局部性污染已经发展为区域型污染。二次气溶胶（硫酸盐、硝酸盐、铵盐及二次有机气溶胶）污染广泛存在，以细颗粒物为核心的污染型灰霾现象愈演愈烈，区域性光化学氧化性烟雾污染现象已经十分明显，非传统污染物（如VOCs、POPs）增加，硝酸根对酸雨的贡献增加，城市热岛效应逐年增强，位于广州市工业、运输业集中的老工业区和新开发的工业区的热岛强度最高可达6摄氏度。大气中二氧化硫的浓度得到了有效控制，但酸雨问题仍没有得到根本解决。大气中小于10微米的气溶胶粒子、氮氧化物和挥发性有机物浓度水平较高，某些地区的臭氧浓度已相当接近光化学烟雾污染事故的临界值。

2010年广州亚运会空气质量保障工程为珠三角空气质量管理积累了宝贵的经验，让珠三角人看到了希望，也对珠三角的空气质量提出了更高的要求。但要实现2020年环境质量达到或接近世界先进水平的目标，珠三角都市群还需要进一步加大发展转型升级的力度，大力推行清洁生产，逐渐淘汰高能耗、重污染生产工艺和设备，改进燃煤技术，控制各种燃烧过程，从源头减少污染物排放量。应大力改善能源结构，实施严格的大气环境准入制度，执行严格的分区控制措施和总量控制措施，以各地的大气环境容量和大气污染物排放总量指标作为项目是否可行的重要审批依据，以更有效地利用区域大气环境容量并加强对大气环境敏感区的保护。应以多污染物联合减排为主线，强化常规重点源污染减排。在二氧化硫持续减排的基础上，积极推进氮氧化物减排。对符合国家产业政策的保留在珠三角地区的水泥、陶瓷和平板玻璃企业必须加强环境管理，实施更严格的大气污染物排放标准，按国际先进的排放水平要求清洁生产。应以机动车污染控制为突破口，加强机动车排气污染防治工作，全面禁止销售含铅汽油，实施机动车环保分类标志管理制度，加强在用车路检和年检，尽快研究在珠江三角提前实施欧洲第五阶段排放标准的条件。从严制定和执行木材加工、胶合板制造、家具制造、涂料制造、橡胶塑料制造、纸制品制造等重点行业挥发性有机化合物排放的控制措施，引导商业及居民对含低挥发性有机物类产品的使用。应制定具有普遍指导作用的扬尘污染防治技术规范，强化城市扬尘污染的全过程控制。应淘汰以二甲苯等挥发性有机物为主溶剂的涂料。应进一步完善空气质量评价指标体系，把细颗粒物PM2.5、臭氧及一氧化碳等增列为重要的监测项目和指标。应建立区域大气污染联防联治机制，提升粤港空气质量跨境管理与改善计划的水平，全面推进区域大气复合污染防治。应保护并增大城区的绿地、水体面积，营造绿色通风系统，以改善小气候。应科学控制城市规模和布局。

珠江三角洲作为世界上经济发展、城市发展最快速的区域之一，当前所面临的空气污染问题的复杂程度，不仅表现在发达国家上百年工业化过程中分阶段出现的空气污染问题集中在同一时期出现，而且还体现在快速的城市化将珠江三角洲变成以大型城市为中心、以发达的高速公路网连接中小城市的都市群和城乡复合带的一个整体区

域。大量污染源集中在这些区域，污染物通过大气在城市间输送，并在生成、输送、转化过程中发生耦合作用。

珠三角的空气污染已经呈现出区域性、复合型、压缩型等特点。传统的针对单一城市、单一污染物的污染规律和调控原理很难适用，采取应急和孤立方式的末端治理方法已经不能满足城市和区域空气质量改善的需要。

一、问题与影响

根据国际标准化组织（ISO）的定义，大气污染通常是指人类活动或自然过程使某些物质进入大气中，呈现出足够的浓度，达到足够的时间，并因此危害人体的舒适、健康和福利或环境的现象。其中的人类活动，如工厂排放、生活燃煤、汽车尾气、农垦烧荒、森林失火、炊烟（包括路边烧烤）、尘土（包括建筑工地）以及自然过程（包括森林火灾、火山爆发等），都可能引起和加重大气污染。

（一）珠三角区域大气环境质量现状

1. 一次污染物、二次污染物并存

一次污染物又称"原生污染物"，是指直接从污染源排放的污染物质，如二氧化硫、一氧化氮、一氧化碳、颗粒物等。如果大气污染主要是由一次污染物造成的，由于其物理和化学性状未发生变化，且来源清楚，可以采取措施加以控制。二次污染物也称"次生污染物"，是指一次污染物在物理、化学因素或生物作用下，在大气中互相作用，经化学反应或光化学反应形成的与一次污染物的物理、化学性质完全不同的新的大气污染物。它通常比一次污染物对环境和人体的危害更大。珠江三角洲地区最常见的二次污染物有硫酸及硫酸盐气溶胶、硝酸及硝酸盐气溶胶、臭氧、光化学氧化剂Ox，以及许多不同寿命的活性中间物（又称"自由基"），如超氧化氢、过氧化氢等。近几年，灰霾、光化学烟雾、酸雨等二次污染物的显现，引起人们的普遍关注。

2. 煤炭型污染已经发展为复合型污染

根据能源性质和大气污染物的组成及反应，大气污染可以分为煤炭型、石油型、复合型、特殊型。煤炭型污染的一次污染物是烟气、粉尘和二氧化硫。二次污染物是硫酸及其盐类所构成的气溶胶。该污染类型多发生在以燃煤为主要能源的国家和地区，历史上早期的大气污染多属于此种类型。石油型污染的一次污染物是烯烃、二氧化氮以及烷、醇、羰基化合物等。二次污染物主要是臭氧、氢氧基、过氧氢基等自由基以及醛、酮和PAN（过氧乙酰硝酸酯）。此类污染多发生在油田及石油化工企业和汽车较多的大城市。近代的大气污染，尤其在发达国家和地区一般属于此种类型。复合型污染是指以煤炭为主，还包括以石油为燃料的污染源排放出的污染物体系。此种污染类型是由煤炭型向石油型过渡的阶段，它取决于一个国家的能源发展结构和经济发展速度。特殊型污染是指由某些工矿企业排放的特殊气体所造成的污染，如氯气、

金属蒸汽或硫化氢、氟化氢等气体。

大气质量监测数据表明,珠三角地区近年来大气中的二氧化硫污染得到了一定控制,二氧化硫浓度维持在相对稳定的水平,甚至部分城市的二氧化硫年平均浓度呈明显的下降态势。但以氮氧化物浓度超标为特征的机动车尾气型空气污染日益凸现,广州市的氮氧化物浓度曾位居全国第一。区域内各城市和区域平均氮氧化物/二氧化硫比值从20世纪80年代中期开始超过1,且呈增加的趋势。这说明珠三角地区的大气污染类型已经由以二氧化硫为主要污染物的煤炭型污染转变为以高浓度氮氧化物、臭氧、颗粒物细粒子为主要污染物的复合型空气污染。

3. 局部性污染已经发展为区域型污染

大气污染按其影响范围可以分为四类:局部性污染、区域性污染、广域性污染、全球性污染。珠江三角洲都市群在发展过程中,形成了以大型城市为中心、以发达的高速公路网连接中小城市的都市群和城乡复合带的整体区域。城市中高层建筑增多,城市面积不断扩大,城市之间的距离越来越小,使得大气环境的自净能力下降。电厂、机动车、工业等大量污染源集中在这些区域,污染物通过大气在城市间输送,造成各城市的环境污染相互关联以及多种高浓度污染物在时空上的重叠,并导致污染物的生成、输送、转化过程中的耦合作用,以及对人体健康和生态系统影响的协同效果。区域性大气污染已经成为珠江三角洲大气污染的基本格局。

4. 空气质量标准比较

我国现行的《环境空气质量标准》(GB 3095—2012)根据环境空气质量功能区类别的不同分为三级标准:一类区(自然保护区、风景名胜区和其他需要特殊保护的地区)执行一级标准;二类区(城镇规划中确定的居民区、商业交通居民混合区、文化区、一般工业区和农村地区)执行二级标准;三类区(特定工业区)执行三级标准。之后,对其中个别指标进行过更新。

2005年,世界卫生组织(WHO)公布了最新的《空气质量标准》,并呼吁各国政府努力改善城市的空气质量,保护人民的健康。WHO表示,新的《空气质量标准》首次涵盖了全球所有区域并提供了统一的空气质量标准。WHO这一标准是依据目前各国在空气污染与健康影响方面的研究成果制定的,这些标准较目前世界上很多地区使用的国家标准要严格得多。WHO认为各国制定的空气质量标准都是根据所采用的权衡健康风险的方法、技术可行性、经济方面的考虑以及其他各种政治和社会因素等制定的,是否直接将准则值作为本国具有法律效力的标准应该充分考虑自身的实际情况。

WHO颁布的标准是重要的标杆。我国和该标准之间还有相当大的差距(见表9-1),特别是可吸入颗粒物、臭氧和二氧化硫,我国现在还没有把PM2.5可吸入颗粒列入监测项目。尽管该标准没有约束作用,中国目前的经济和污染现状还难以达到此标准的要求,但WHO标准为珠三角大气污染防治指出了差距、指明了方向、指定了目标,具有重要的指导意义。

表9-1 空气质量标准比较（部分）

单位：ug/m³

污染物名称		世界卫生组织				我国（二级标准）	珠三角2009年
		修改前	修改后				
			IT-1	IT-2	IT-3	准则值		
可吸入颗粒PM10	年均	70	70	50	30	20	100	58
	日均		150	100	75	50	150	
可吸入颗粒PM2.5	年均		35	25	15	10		
	日均		75	50	37.5	25		
臭氧	8小时平均	120	160			100	160（时均）	
二氧化氮	年均	40				40	40	39
	时均	200				200	120	
二氧化硫	年均						60	28
	日均	125	125	50		20	150	
	时均						500	
	10分钟平均					500		

（二）健康受损

工业文明给大气带来的最直接的破坏就是把大气变成一个垃圾场，每年把数十亿吨的毒气、烟尘和粉尘排到大气中，直接危害人的健康。根据世界卫生组织的估计，空气污染每年造成全球大约200万人早死，健康受损的人更多。世界银行1997年发表的研究结果指出，中国的空气污染导致较高的日死亡率。据估计，我国每年因此约有超额死亡11.1万人，住院22万人，急诊430万人次。2007年，根据世界银行、原国家环保总局"中国环境污染损失研究报告"的估计，中国2003年由于空气污染引发的过早死亡和疾病的经济损失为1573亿元人民币，占生产总值的1.16%。

颗粒物对健康的影响是多方面的，其中主要影响的是呼吸系统和心血管系统；所有人群都可能受到颗粒物的影响，其易感性视健康状况或年龄而异。可吸入颗粒含量从每立方米70微克减少到每立方米20微克，就可以使受污染城市每年的相关死亡人数减少15%。在欧盟，据估计仅最微小的颗粒（PM2.5）就能使每个欧洲人丧失8.6个月的预期寿命。根据在欧洲（29个城市）和美国（20个城市）进行的多城市研究结果，PM10的短期暴露浓度每增加10微克/立方米（24小时均值），死亡率将分别增加0.62%和0.46%（Katsouyanni et al., 2001；Samet et al., 2000）。对除西欧和北美之外的29个城市的资料进行Meta分析发现，PM10每增加10微克/立方米将导致死亡率增加0.5%

（Cohen et al., 2004），而对于亚洲城市的研究结果表明，PM10每增加10微克/立方米，死亡率增加0.4%（HEI国际监督委员会，2004）。这些研究结果基本一致，即日平均浓度每升高10微克/立方米就会使死亡率增加约0.5%。可以预计，当PM10浓度达到150微克/立方米时，预计日死亡率会增加5%。另外，颗粒物在大气中具有载体作用，高度富集镍、铬、锌等金属元素，通过皮肤直接与体液、血液和组织器官接触，并通过体液送往全身，使人中毒。

二氧化硫是一种无色且具有强烈刺激性气味的气体，尤其对眼、呼吸道黏膜有强烈刺激性作用，大量吸入可引起肺水肿、喉水肿等。长期低浓度接触，可致使头晕、头痛、乏力以及慢性鼻炎、咽喉炎、支气管炎、嗅觉及味觉减退等。涉及运动性哮喘的对照研究表明，短至10分钟二氧化硫暴露就会诱发一定程度的肺功能和呼吸道症状的改变。世界卫生组织在2005年颁布的新标准对二氧化硫含量大幅度从严做出规定，从每立方米的125微克降至20微克。世界卫生组织认为，降低二氧化硫的含量只需要采取简单的措施，但却能直接减少儿童的死亡率和患病率。

氮氧化物中对人体健康危害最大的是二氧化氮，比一氧化氮的毒性高4倍，主要影响呼吸系统，氮氧化物可刺激肺部，使人较难抵抗感冒等呼吸系统疾病，可引起支气管炎和肺气肿。短期暴露（如少于3小时）可导致已患呼吸道疾病者产生过敏反应、损害肺功能，增加少年儿童（5~12岁）的呼吸道疾病发生率。慢性中毒可致气管、肺病变。吸入一氧化氮，可导致变性血红蛋白的形成并对中枢神经系统产生影响。氮氧化物对动物的影响浓度大致为1.0毫克/立方米，对患者的影响浓度大致为0.2毫克/立方米。对儿童来说，氮氧化物可能会造成肺部发育受损。有研究指出，长期吸入氮氧化物可能会导致肺部构造改变，但目前仍未确定导致这种后果的氮氧化物含量及吸入气体时间。

臭氧，作为强氧化剂，低浓度对人体有利，能让人神经兴奋，但过多时会损害人的呼吸系统和神经系统。臭氧强烈刺激人的呼吸道，造成咽喉肿痛、胸闷咳嗽，引发支气管炎和肺气肿；会造成人神经中毒，头晕头痛、视力下降、记忆力衰退；会破坏人体皮肤中的维生素E，致使人的皮肤起皱、出现黑斑；还会破坏人体的免疫机能，诱发淋巴细胞染色体病变，加速衰老，致使孕妇生畸形儿；与其他有机废气一起会引发各类癌症和心血管疾病。空气中臭氧浓度达到160微克/立方米时，暴露6.6小时可导致进行运动的健康年轻人生理及炎症性肺功能损伤，日死亡率增加3%~5%。原因就在于，臭氧几乎能与任何生物组织产生反应。当臭氧被吸入呼吸道时，很快会与呼吸道中的细胞、流体和组织发生反应，导致肺功能减弱和组织损伤。对患有气喘病、肺气肿和慢性支气管炎的人来说，臭氧的危害更为明显。

大气污染除对人体健康产生危害外，还可使植物生理机制受压抑，使其生长不良，抗病虫能力减弱，甚至死亡；还能对气候产生不良影响，如因降低能见度、减少太阳辐射（据有关资料表明，城市太阳辐射强度和紫外线强度要分别比农村减少10%~30%和10%~25%）而导致城市佝偻发病率增加；大气污染物能腐蚀物品，影响产品质量。

二、灰霾

灰霾使人感觉很不舒服。近年来，灰霾天气在珠三角都市群愈演愈烈，出现越来越多。媒体上经常有关于"雾锁珠三角"的报道，甚至有网友发布了广州连续50多天的灰霾情况照片。

气象部门的监测数据表明，珠江三角洲地区早年的霾日数极为稀少，1954—1978年的能见度很高，每年能见度小于10千米的灰霾天气不足40天。但自20世纪80年代初，该地区的能见度开始恶化，灰霾天气显著增加，近年有的城市一年就超过200天。

核心城市广州在20世纪50年代年均霾日数为2天，霾日平均能见度为9.1千米。20世纪80年代年均霾日数剧增为116天，霾日平均能见度下降到7.9千米。20世纪90年代的年均霾日数为96天，霾日平均能见度下降到7.6千米。进入21世纪后，广州霾日数逐年上升，2007年霾日数达全年的三分之一以上。

新兴城市深圳在建市初期的1980年所记录的霾日数为0，20世纪90年代猛增至80多天，近年霾日数约占全年的二分之一。

珠江三角洲典型灰霾过程主要分布在每年的10月至次年4月。广州灰霾日数在12月最多、6月最少，秋冬两季占全年灰霾日总数的70%以上。

（一）灰霾的含义

灰霾天气是大量极细微的干尘粒等均匀地浮游在空中，使水平能见度低，使远处光亮物微带黄、红色，给人的感觉是空气混浊。

灰霾又称大气棕色云，与雾的表现形式很像，但两者有着本质的区别。雾是由大量悬浮在近地面空气中的微小水滴或冰晶组成的气溶胶系统，是近地面层空气中水汽凝结（或凝华）的产物。雾升高离开地面就成为云，而云降低到地面或云移动到高山时就称其为雾。雾滴浓度分布不均匀，而且雾滴的尺度比较大，从几微米到100微米，平均直径为10~20微米，肉眼可以看到空中飘浮的雾滴。由于液态水或冰晶组成的雾散射的光与波长关系不大，因而雾看起来呈乳白色或青白色。而且雾的边界很清晰，过了"雾区"可能就是晴空万里。

灰霾是大量极细微的干尘粒等均匀地浮游在空中造成的。由于灰尘、硫酸、硝酸等粒子组成的霾，粒子分布比较均匀，尺度比较小，从0.001微米到10微米，平均直径为1~2微米，其散射波长较长的光比较多，因而霾看起来呈黄色或橙灰色，而且霾与周围环境的边界不明显。

（二）为何空气质量为"优"却看不到蓝天

根据大气质量监测数据可知，近几年来珠江三角洲在保持了高速的经济增长率的情况下，环境空气质量逐渐得到改善。主要污染物如二氧化硫、总悬浮微粒等的年平均浓度均呈下降趋势。但生活在珠江三角洲地区的公众却感觉灰霾近年来成为天气常态，每年大约有一半的日子看不到蓝天，经常出现"城市空气质量日报"报告为"优""良"天气，但却看不到蓝天的矛盾。

上述矛盾表明我国现行的空气质量评价体系存在缺陷。该评价体系是1982年建立的，后于1996年有过调整。它只监测二氧化硫、二氧化氮和可吸入颗粒物PM10这3项污染物浓度指标，空气污染指数（air pollution index，API）取它们对应的国家空气质量标准比较的最大值。与灰霾相关的颗粒物浓度、与光化学烟雾相关的臭氧这2项指标并没有纳入现有的大气质量监测评价体系之中。然而，仅用二氧化硫、二氧化氮和可吸入颗粒物PM10这3项污染物浓度值很难全面地反映珠三角新的大气污染程度。这就导致城市空气质量日报与人们的感官差异较大。未来应该进一步完善空气质量评价指标体系，臭氧、细颗粒物PM2.5及一氧化碳等应该成为重要的监测项目和指标。

（三）灰霾成因与本质

灰霾天气的形成有三方面因素。一是大气悬浮颗粒物的增加。工业的发展，机动车辆的增多，污染物排放和城市悬浮物的大量增加，直接导致能见度降低，使得整个城市看起来灰蒙蒙一片。二是大气水平方向静风现象的增多，不利于大气污染物向城区外围扩展稀释，相反在城内累积。近年来，随着城市建设的迅速发展，大楼越建越高，增大了地面摩擦系数，使风流经城区时明显减弱。三是大气垂直方向的逆温现象。正常情况是高空大气环境温度低，地表高。但逆温层使其反过来，导致污染物不能及时排放出去。

珠三角是容易出现灰霾天气的地区。珠三角都市群地处低纬，三面环山、一面临海，在稳定的季风背景下，会受到海陆风、城市热岛环流、翻越南岭下沉气流等的复合影响，容易造成低空出现逆温层。尤其在秋冬季节，冷空气活动频繁，珠三角经常位于变性高压脊内，天气晴朗，风速较小，并伴有空气下沉运动，往往在几百米或1~2千米的高度上形成了高空比低空气温更高的逆温层，抑制了湍流的向上发展，致使污染物不能及时扩散稀释，反而会在近地面积聚形成高浓度区。

城市化和经济快速发展带来的污染物排放量增多是珠三角灰霾产生的根本原因。研究显示，珠三角空气里有很多污染物，其中包括粒径小于2.5微米的细颗粒物（PM2.5）。珠三角快速城市化和机动车急剧增加导致大气污染日趋严重，大气颗粒物的排放总量一直维持在较高的水平。珠三角都市群建成区面积越来越大，几近连接成片，随着区域内大楼越建越高、越来越多，增大了地面摩擦系数，使近地面风速明显减弱。静风现象增多，不利于大气污染物向外扩展稀释，容易在城区内积累高浓度污染物。

（四）灰霾的危害

"憋气、咳嗽、头晕、乏力、犯困、反胃、恶心、易怒……"，这是生活在珠三角地区的人在灰霾天气时的切身感受。

灰霾的主要危害是危害人体健康。数据显示，同肺癌高度相关的吸烟率逐年下

降,但肺癌死亡率却逐年增加,推断空气质量恶化同肺癌死亡率之间有一定的关系。钟南山院士表示,医院住院率与二氧化硫和降尘的浓度水平、有雾的天数成正比。可见灰霾天气对人体的影响很大。

灰霾的组成成分非常复杂,包括数百种大气颗粒物。其中,对人类健康有害的主要是直径小于10微米的气溶胶粒子,如矿物颗粒物、海盐、硫酸盐、硝酸盐、有机气溶胶粒子等,这些气溶胶粒子均可被人体呼吸道吸入,尤其是亚微米粒子会分别沉积于上、下呼吸道和肺泡中,使人体呼吸系统的防御功能降低,造成呼吸不畅、胸闷、干咳、咽干咽痒等不适,长期吸入易致鼻炎、咽喉炎、支气管炎等症,也容易使哮喘、慢性支气管炎、慢性阻塞性肺疾病等慢性病急性发作。由于灰霾中的颗粒物小得只能以微米计算,普通口罩难以防止其被吸入,因此灰霾天气时该类患者最好减少外出活动。

减少紫外线辐射是灰霾影响人体健康的另一种方式。灰霾中的一些微小颗粒如燃烧煤炭和其他化石燃料产生的酸性因子,将紫外线反射回大气空间,导致近地层紫外线减弱。太阳中的紫外线是人体合成维生素D的唯一途径,紫外线辐射的减弱直接导致小儿佝偻病高发。另外,有专家指出,紫外线是自然界杀灭大气中细菌、病毒等的主要武器,灰霾天气会导致近地层紫外线减弱,易使空气中的传染性病菌的活性增强,传染病增多。

灰霾使光线变暗、能见度降低,进而影响居民的心理健康,还有可能影响交通安全。灰霾天气时,大气中来自化石燃料及传统薪材燃烧的粒子,尤其是煤炭,在抵达地面前吸收了一部分阳光,这让城市变得更加暗或者光线不稳定,且能见度降低。广州自20世纪70年代开始记录日光强度,证实有20%的下降。调查发现,灰霾天气容易让人产生悲观情绪,如不及时调节,很容易失控;出现灰霾天气时,室外能见度低,污染持续,交通阻塞,事故频发。此外,灰霾天气使日照减少,进而影响植物的光合作用,导致农作物产量下降。同时,灰霾中的细微粒子还会沉降到植物叶面,直接阻滞植物的呼吸和光合作用,对生态系统影响很大。

三、光化学烟雾污染

1943年在美国洛杉矶市发生的光化学烟雾事件被称为世界八大环境公害事件之一。此后,在北美、日本、澳大利亚和欧洲部分地区也先后出现了这种烟雾。直到1958年才发现,这一事件是洛杉矶市拥有的250万辆汽车排气污染所造成的,这些汽车尾气受阳光作用,酿成了危害人类的光化学烟雾事件。迄今为止,美国地面大气的臭氧浓度水平仍然较高,南加州、工业化的中西部、东部地区的臭氧污染比较严重,呈现区域污染特征。2001年美国约有1.1亿人口居住在臭氧污染超标区,占美国总人口的37.5%,影响范围居各种污染物之首。

在20世纪80年代,我国甘肃省兰州市和北京市先后出现了光化学烟雾污染的迹象。至20世纪末,在珠江三角洲、长江三角洲和京津地区也出现了比较严重的区域性光化学烟雾污染。

（一）光化学烟雾污染的形成

含有氮氧化物（NOx）和挥发性有机物（VOCs）的污染大气，在阳光中紫外线的照射下发生化学反应，其产物和反应物的混合物被称为"光化学烟雾"。受人类活动影响较大的城市大气和区域大气，通常NOx和VOCs浓度水平较高，当同时满足紫外光、NOx和VOCs 3个条件时，大气就会发生一系列复杂的反应，产生一些氧化性很强的产物，如臭氧（O_3）、醛类、过氧乙酰硝酸酯（PAN）、氧化亚氮（HONO）等，形成光化学烟雾污染。

光化学烟雾的形成及其浓度，除直接决定于汽车排气中污染物的数量和浓度以外，还受太阳辐射强度、气象以及地理等条件的影响。太阳辐射强度是一个主要条件，太阳辐射的强弱，主要取决于太阳的高度，即太阳辐射线与地面所成的投射角以及大气透明度等。因此，光化学烟雾的浓度，除受太阳辐射强度的日变化影响外，还受该地的纬度、海拔高度、季节、天气和大气污染状况等条件的影响。

污染区大气的实测表明，一次污染物碳氢化合物和一氧化氮的最大值出现在早晨交通繁忙时刻，随着一氧化氮浓度的下降，二氧化氮浓度增大，O_3和醛类等二次污染物随着阳光增强和二氧化氮、碳氢化合物浓度降低而积聚起来。它们的峰值一般要比NO峰值的出现晚4~5小时。二次污染物PAN浓度随时间的变化与臭氧和醛类相似。城市和城郊的光化学氧化剂浓度通常高于乡村，但2005年后发现许多乡村地区光化学氧化剂的浓度增高，有时甚至超过城市。这是因为光化学氧化剂的生成不仅包括光化学氧化过程，而且还包括一次污染物的扩散输送过程，是两个过程的结果。因此，光化学氧化剂的污染不只是城市的问题，而且是区域性的污染问题。短距离运输可造成臭氧的最大浓度出现在污染源的下风向，中尺度运输可使臭氧扩散到上百千米的下风向，如果同大气高压系统相结合可传输几百千米。

（二）珠江三角洲光化学烟雾污染

珠江三角洲地区光化学烟雾污染已经是一个十分突出的现实环境问题。据预计，光化学烟雾污染将成为一个敏感的环境问题，甚至成为珠江三角洲未来受公众关注的热点环境问题。

2005年粤港珠江三角洲空气监控网络建成，开始对珠江三角洲区域内的臭氧浓度进行监测。根据粤港珠江三角洲空气监控网络的监测结果，仅2005年秋季，珠江三角洲12个空气监测子站中，有6个子站的臭氧浓度超标率在20%以上。

国家重大基础研究发展计划（973）"区域大气复合污染的立体观测及污染过程"项目于2004年9—10月对珠江三角洲地区光化学烟雾污染进行了综合观测实验。实验结果表明，除惠州市站以外，珠江三角洲其他空气监测子站都出现了臭氧浓度超标现象，超标天数占比为5.7%~85.7%，表明珠江三角洲地区的光化学烟雾污染已经是一个十分普遍的区域性问题。与此同时，地面监测资料和卫星资料反演表明，整个珠江三角洲颗粒物的PM2.5 / PM10比值高达70%～80%。

监测结果还表明，尽管珠江三角洲目前尚未发生区域性臭氧污染事故，但某些地区的臭氧浓度已相当接近光化学烟雾污染事故的临界值。2005年秋季，珠三角区域内12个监测子站中，只有惠州市下埔1个子站的臭氧浓度达标，其余11个子站的臭氧1小时平均浓度均超过0.20毫克/立方米的国家标准，最大值达到0.428毫克/立方米，为国家二级标准限值的2倍多。对照我国《城市光化学烟雾污染事故应急处理预案》（草案）标准，2005年秋季，珠江三角洲有6个子站的臭氧浓度超过光化学烟雾污染的预警线（0.32毫克/立方米）；根据国外预警标准，有13个子站的臭氧污染超过日本预警线（0.24毫克/立方米）。

珠江三角洲臭氧污染具有明显的季节性，9—12月是臭氧高污染时段。从典型季节的空间分布来看，广州、中山、江门、佛山、珠海是珠江三角洲臭氧高浓度地区，2005年秋季的臭氧浓度超标率均在20%以上。值得注意的是，广州万顷沙、佛山惠景城、珠海唐家、江门东湖、中山紫马岭等区域，不但是臭氧高浓度地区，而且在不利的天气条件下，高浓度的臭氧污染往往持续数天到十几天。

广州、中山、江门、佛山、珠海是珠江三角洲臭氧高浓度地区，臭氧浓度超标率均在20%以上（2005年秋季）；9—12月是珠江三角洲臭氧高污染时段。以臭氧为代表性污染物判断，上述地区和季节是珠江三角洲光化学烟雾污染重点区域和易发生时段。

（三）光化学烟雾的危害

光化学烟雾的成分非常复杂，但是对人类、动植物和材料有害的主要是臭氧、PAN和丙烯醛、甲醛等二次污染物。臭氧、PAN等还能造成橡胶制品老化、脆裂，使染料褪色，并损害油漆涂料、纺织纤维和塑料制品等。

光化学烟雾会损害人和动物的健康。人和动物受到的主要伤害是眼睛和黏膜受刺激、头痛、呼吸障碍、慢性呼吸道疾病恶化、儿童肺功能异常等。臭氧是一种强氧化剂，在0.1毫克/升浓度时就具有特殊的臭味，并可以达到呼吸系统的深层，刺激下气道黏膜，引起化学变化，其作用相当于放射线，使染色体异常，使红细胞老化。PAN、甲醛、丙烯醛等产物对人和动物的眼睛、咽喉、鼻子等有刺激作用，其刺激域约为0.1毫克/升。此外，光化学烟雾能促使哮喘病患者哮喘发作，能引起慢性呼吸系统疾病恶化、呼吸障碍、损害肺部功能等症状，长期吸入氧化剂会降低人体细胞的新陈代谢，加速人的衰老。PAN还是造成皮肤癌的可能试剂。1943年美国洛杉矶发生的首宗事件曾引起400多人死亡。

光化学烟雾明显的危害是对人眼睛的刺激作用。在美国加利福尼亚州，光化学烟雾曾使该州四分之三的人出现红眼病。日本东京1970年发生光化学烟雾时期，有2万人患了红眼病。有研究表明，光化学烟雾中的过氧乙酰硝酸酯（PAN）是一种极强的催泪剂，其催泪作用相当于甲醛的200倍。另一种眼睛强刺激剂是过氧苯酰硝酸酯（PBN），它对眼睛的刺激作用比PAN大约强100倍。空气中的飘尘在眼刺激剂作用方面能起到把浓缩眼刺激剂送入眼中的作用。

光化学烟雾会影响植物生长。臭氧影响植物细胞的渗透性，可导致高产作物的高产性能消失，甚至使植物丧失遗传能力。植物受到臭氧的损害，开始时表现为表皮褪色，呈蜡质状，经过一段时间后色素发生变化，叶片上出现红褐色斑点。PAN使叶子背面呈银灰色或古铜色，影响植物的生长，降低植物对病虫害的抵抗力。

光化学烟雾会促成酸雨的形成，造成橡胶制品老化、脆裂，使染料褪色，建筑物和机器受腐蚀，并损害油漆涂料、纺织纤维和塑料制品等。光化学烟雾会加速橡胶制品的老化和龟裂，腐蚀建筑物和衣物，缩短其使用寿命。

光化学烟雾会降低大气的能见度，缩短视程。污染物质在大气中形成光化学烟雾气溶胶。这种气溶胶颗粒的大小一般在0.3~1.0微米范围内。这样的颗粒不易因重力作用而沉降，能较长时间悬浮于空气中，长距离迁移；它们与人视觉能力的光波波长相一致，且能散射太阳光，从而明显地降低了大气的能见度。因此，会妨碍汽车与飞机等交通工具的安全运行，导致交通事故增多。

（四）光化学烟雾污染的防治

根据国际经验，控制光化学烟雾同控制其他污染一样，首先要控制污染源。在国外，主要污染源是汽车废气，因而防治措施集中于减少汽车排放的碳氢化合物、氮氧化物和一氧化碳。例如，改善汽车发动机的工作状态，改进燃料供给，在排气系统安装催化反应器等。但是，汽车并不是唯一的排放源，几乎所有的燃烧过程都产生氮氧化物。火电厂、炼油工业、加油站和焚烧炉等也是重要的排放源。

防治光化学烟雾污染的主要途径包括以下四种。

（1）控制污染源，减少氮氧化物和碳氢化合物污染源的排放。①改善能源结构，推广使用天然气和二次能源，如煤气、液化石油气、电等，加强对太阳能、风能、地热等清洁能源的利用。②发展区域集中供暖供热，设立规模较大的热电厂和供热站，取缔市区矮小烟囱。③推广燃煤电厂和烟气脱氮技术，将烟气中的氮氧化物还原为氮气。④推广锅炉低氮燃烧技术，减少氮氧化物的生成。

（2）减少机动车尾气的排放。一氧化氮和碳氢化合物的另一个重要来源是机动车尾气的排放。当燃料在发动机汽缸里进行燃烧时，由于内燃机所用的燃料中含有碳、氢、氧之外的杂质，使得内燃机的燃烧不完全，排放的尾气中含有一定量的一氧化碳、碳氢化合物、一氧化氮、微粒物质和臭气（甲醛、丙烯醛等）。碳氢化合物成分复杂，含有强致癌物质。因此，控制机动车尾气排放对于预防光化学烟雾有很强的积极作用。

（3）减少碳氢化合物排放。加强对珠江三角洲木材加工、胶合板制造、家具制造、涂料制造、橡胶塑料制造、纸制品制造行业的溶剂类产品排放碳氢化合物的管理。加快推进加油站、油罐车和油库等油气回收工程，减少碳氢化合物排放。

（4）植树造林。树木在一定浓度范围内，可以吸收各种有毒气体，使污染的空气得以净化。

四、热岛效应及其对大气质量的影响

（一）热岛效应的成因

热岛效应是城市气候的典型特征之一，它是指城市气温比郊区气温高的现象。近年来，广州等珠三角城市频频出现高温酷暑天气，最高气温记录不断刷新。专家认为，珠三角地区集中出现大范围超历史记录的高温天气，并非完全由自然季节变化导致，部分归因于热岛效应。城市热岛的产生有以下四个方面的原因。

（1）城市与郊区的下垫面热力性质差异大，导致城市比郊区升温快、散热慢。城市内集中了大量的人工构筑物，如密集的建筑群、道路、桥梁、广场等。这些人工建筑形成了以砖石、水泥和沥青等材料为主的下垫面，与郊区以绿地和水面为主的下垫面相比，热力性质差异较大，不仅热容量、导热率要大得多，而且对太阳光的反射率低、吸收率大。因此，在白天，在相同的太阳辐射条件下，它们比自然下垫面（绿地、水面等）升温快，其表面温度明显高于自然下垫面，例如，夏天里，当草坪温度为32摄氏度、树冠温度为30摄氏度的时候，水泥地面的温度可以达到57摄氏度，柏油马路的温度更可高达63摄氏度。这样的下垫面先强烈地吸收太阳辐射能量，然后再将其中的大部分以辐射的方式传送给大气，使空气得到过多的热量，气温急剧升高。而郊区却恰恰相反，绿地、水体对太阳的反射多、吸收少，水分蒸发耗散的热量多（地面每蒸发1克水，下垫层失去2.5千焦的潜热），因此郊区升温相对较低较慢。随着城市中的建筑、广场和道路等大量增加，绿地、水体等却相应减少，城市中缓解热岛效应的能力被削弱。

（2）城区密集的建筑群、纵横的道路桥梁，构成了较为粗糙的城市下垫层，增大了对风的阻力，近地面风速降低，热量不易散失。如果街道走向设计或几何形状不合理，则更密不通风，热量很难散发。一般来说，在风速小于6米/秒时，可能产生明显的热岛效应；而在风速大于11米/秒时，热量散失较快，此时热岛效应不太明显。

（3）城区排放的人为热量比郊区大。城市内的人口分布相对集中，而且拥有大量锅炉、各种电器装置等耗能装置以及大量机动车辆，人类的生活、生产活动和这些机器每天消耗大量能量，除一部分满足了人们的需求外，剩余部分以热能形式散发到环境中，造成城市内源性热量远高于郊区。

（4）城区大气污染物浓度大，气溶胶微粒多，在一定程度上起到了保温作用。大气污染在城市热岛效应中起着相当复杂的特殊作用。城市中的机动车、工业生产以及居民生活，产生了大量的氮氧化物、二氧化碳和粉尘等排放物。这些物质白天一方面会大大削弱太阳直接辐射，减缓城区升温；另一方面会吸收因下垫面温度升高而产生的红外热辐射，从而引起大气进一步升温。夜间，将大大减少城区地表有效长波辐射所造成的热量损耗，起到保温作用，使城市比郊区"冷却"得慢，形成夜间热岛现象。

对广州市区1982—2001年20年间热岛效应的分析显示，人为活动变化对热岛效应发挥了主要作用，其贡献率大于气候变化的贡献率，热岛效应及其形成因子的关联顺序为：年均气温>能源耗能量>年末人口>年均降水量>绿地情况>水体情况。

（二）珠三角热岛效应的时空分布

珠三角热岛效应具有特征时空分布规律。

（1）珠江三角洲都市群热岛效应的发展有明显的阶段性。1983年以前，珠江三角洲都市群的热岛效应很弱，几乎可以忽略。1984年后，随着深圳经济特区的迅速崛起以及番禺、花都和中山等地区的发展，珠江三角洲都市群出现局部的热岛效应，1992年后，广东经济进入快速发展阶段，珠江三角洲都市群各大中型城市城区不断扩大，绝大多数气象站逐渐被高楼包围，城市热岛效应开始明显起来。专家研究了1959—2005年的50年间广州的城市热岛效应，发现广州市的城市热岛逐年增强，平均城市热岛强度值比20世纪60年代上升了2.84摄氏度。特别是1996—2005年，短短的十多年时间的增幅相当于前二十多年的增长。

（2）热岛强度有明显的日变化和季节变化。日变化表现为夜晚强、白天弱，目前珠三角每天早晨8:00是城市热岛增幅最高的时候。珠江三角洲都市群热岛强度变化有明显的季节性特征，4月珠江三角洲都市群的热岛强度最弱，而11月热岛强度最强，4—7月除5月热岛强度略偏强外，其余月份均较弱，9—12月热岛强度持续偏强。这主要是因为珠三角地处低纬度，高温、多雨、湿度大，具有通风不良、静风频率高、近地层的逆温频率高等特点，秋季的珠江三角洲地区受副热带高压的控制，风速较小且少云，热岛强度最大，而冬季、春季受冷空气影响，或风速加大，或云量增多，热岛强度趋于减弱，4月起珠江三角洲地区开始进入汛期阶段，雨势明显加大，热岛强度最弱。夏季多云，受海风调节，热岛强度也较小。

（3）珠江三角洲都市群热岛强度的分布与广东经济活动、城市化水平密切相关，珠江三角洲都市群的边缘地区由于经济发展相对落后，并且绿化较好，其热岛强度比中间地区弱许多，呈明显的马蹄形分布，深圳、番禺、中山、东莞这些地区处于珠江两岸经济发达地区，其年平均热岛强度最大，为0.58~0.70摄氏度，而花都、增城、博罗、高鹤、新会、斗门等处于外围且经济相对落后的地区，其热岛强度较弱，为0.20~0.30摄氏度。另外，珠江三角洲西南部的恩平—开平一带有一个热岛强度副中心，这可能与该地有大型的水泥厂有关。

（4）对于一个城市来说，其热岛的空间分布与城市功能布局、人类活动和经济发展有十分密切的关系。中国科学院广州地球化学研究所的马跃良等学者的研究结果表明，广州市的城市热岛效应明显，其热岛高温区位于工业、运输业集中热量排放大且工业密集的老工业区和新开发的工业区范围，热岛强度最高时可达6.6~7.6摄氏度。近年来，随着广州注重城市绿化及多商业中心的形成，导致热岛分布呈现小且广的特点，单个热岛区域的面积有进一步缩小的趋势，城市热岛现象有所改变。

（三）热岛效应的危害

在珠江三角洲地区，城市热岛效应的形成改变了城市上空大气边界层的温度结构，影响了城市上空大气污染物的排放。2002年12月，珠江三角洲地区出现的长时间阴霾天气，跟珠江三角洲都市群存在明显的热岛效应有一定关系。

（1）热岛效应会加重空气污染。城市热岛会影响近地层温度层结，并达到一定高度。城市全天以不稳定层结为主，而乡村夜晚多逆温（温度随高度升高）。水平温差的存在使城市暖空气上升，到一定高度会向四周辐散，而附近乡村气流下沉，并沿地面向城市辐合，形成热岛环流，称为"乡村风"，这种流场在夜间尤为明显。如果城市周围有排放废气的工业企业，在这种局地环流的作用下，空气中的各种污染物会聚集在城市上空，如果没有很强的冷空气打破这种动态平衡，"吹走"污染物，那么城市空气污染将加重，人类生存的环境会被破坏，导致人类出现各种疾病，甚至造成死亡。此外，气温升高还会加快光化学反应速度，使近地面大气中的臭氧浓度增加，影响人体健康。

（2）热岛效应造成能源消耗增加。虽然原则上，一年四季都可能出现城市热岛效应。但是，对居民生活和消费构成影响的主要是夏季高温天气下的热岛效应。为了降低室内气温和使室内空气流通，人们使用空调、电扇等电器，这些电器不仅增加了城市内源性热量的增加，而且还消耗了大量的电力。美国学者Akbari的研究表明，气温在20~25摄氏度时，气温每增加0.6摄氏度，电力消耗将增加1.5%~2.0%用于制冷，这表明社区5%~10%的电力消耗是用来弥补热岛效应引起的气温升高。目前，美国六分之一的电力消费用于降温目的，为此每年需要付电费400亿美元。美国的另外一项研究数据表明，综合采用调控城市的热岛效应措施，美国每年可降低大约100亿美元的能耗投入。

（3）高温天气对人体健康也有不利影响。有关研究表明，环境温度高于28摄氏度时，人们就会有不适感；温度再升高还容易导致烦躁、中暑、精神紊乱等症状；气温持续高于34摄氏度，还会导致一系列疾病，特别是使心脏、脑血管和呼吸系统疾病的发病率上升，死亡率明显升高。据美国疾病控制与预防中心估计，1979—2003年间，长时间处于高温环境造成8000多名美国人过早死亡，这个数字甚至超过了飓风、雷电、龙卷风、地震造成的死亡人数。

（4）城市热岛还在一定程度上影响城市空气湿度、云量和降水。对植物的影响则表现为使其提早发芽和开花，推迟其落叶和休眠。

（四）减轻热岛效应的方法

（1）绿化城市。要保护并增大城区的绿地、水体面积。因为城区的绿地、水体对减弱夏季城市热岛效应有显著作用。可以选择高效美观的绿化形式，包括街心公园、屋顶绿化和墙壁垂直绿化及水景设置，这些措施能有效地降低热岛效应，获得清新宜人的室内外环境。居住区的绿化管理要建立绿化与环境相结合的管理机制并且建立相关的地方性行政法规，以保证绿化用地。应把消除裸地、消灭扬尘作为城市管理的重要内容。除建筑物、硬路面和林木之外，全部地表应被草坪覆盖，甚至在树冠投影处、草坪难以生长的地方，也应用碎玉米秸和锯木小块加以遮蔽，以提高地表的比热容。

（2）建立生态廊道。结合珠三角绿道网建设，统筹规划公路、高空走廊和街道这些温室气体排放较为密集地区的绿化，营造绿色通风系统，把市外新鲜空气引进市内，以改善小气候。建设若干条林荫大道，使其构成城区的带状绿色通道，逐步形成以绿色为隔离带的城区组团布局，减弱热岛效应。同时，改善市区道路的保水性。"透水性公路铺设计划"，即用透水性强的新型柏油铺设公路，以储存雨水，降低路面温度。

（3）推广低碳建筑和低碳生活方式。控制使用空调，提高建筑物隔热材料的质量，以减少人工热量的排放；建筑物淡色化，以增加热量的反射。减少人为热的释放，尽量将民用煤改为液化气、天然气并扩大供热面积也是根本对策。提高能源的利用率，改燃煤为燃气。

（4）科学控制城市规模和布局。城市热岛强度随着城市发展而加强，因此在控制城市发展的同时，要控制城市人口密度、建筑物密度。因为人口高密度区也是建筑物高密度区和能量高消耗区，常形成气温的高值区。此外，市区人口稠密也是热岛效应形成的重要原因之一。因此，今后的新城市规划，可以考虑在市中心只保留中央政府和市政府、旅游、金融等部门，其余部门可以迁往卫星城，再通过环城地铁连接各卫星城。

五、酸雨污染

酸雨是世界十大环境问题之一，20世纪中期，许多工业国家都出现了酸雨。20世纪50—70年代，美国东北部和加拿大降水pH变酸的趋势十分明显，pH为3～4的酸性雨水已是司空见惯，北美的湖泊酸化非常严重。据称到1981年底，美国每年因酸雨造成的损失达50亿美元。20世纪70年代，酸雨在欧洲的危害范围越来越广，最早多发生在挪威、瑞典等北欧国家，后来又由北欧扩展到东欧和中欧，直至覆盖整个欧洲。据估算，在酸雨最严重时期，斯堪的纳维亚半岛有1万个湖泊完全酸化，另有1万个湖泊受到严重威胁，欧洲有15个国家的近680万公顷的森林受到"森林死亡症"的蹂躏。第二次世界大战后，发达国家和地区城市化、工业化、交通运输业、金属冶炼迅猛发展，煤炭、天然气、石油消耗量大幅度增长，是酸雨出现的基本背景。

酸雨即雨水呈酸性，是pH值小于5.6的雨雪或其他大气降水现象。当烟囱排放出的二氧化硫酸性气体，或汽车排放出来的氮氧化物烟气上升到空中与水蒸气相遇时，就会形成硫酸和硝酸小滴，使雨水酸化，这时落到地面的雨水就成了酸雨。煤和石油的燃烧是造成酸雨的主要祸首。酸雨主要是工业发展中大量使用化学燃料，大气中二氧化硫、二氧化氮等愈来愈多造成的。据统计，全世界每年排入大气中的硫化物和氮氧化物达3000万吨，这些烟雾大都经过高烟囱排放，在大气环流的作用下会漂洋过海，对其他国家造成污染，因而酸雨又被称为"跨国界的恶魔"。

（一）珠江三角洲地区的酸雨污染状况

珠江三角洲地区很容易产生酸沉降，是我国酸雨发生频率较高的地区。近年来，由于燃煤的能源结构改变及电厂强力采取脱硫措施，大气中二氧化硫的浓度得到有效控制，但酸雨问题远没有得到根本解决。整个地区酸雨频率的长期变化趋势较为凌乱，城市之间的差异很大，同一城市不同年份的波动幅度也很大。这反映了该地区酸雨的形成受多种因素的影响。

对2000—2009年珠江三角洲地区酸雨频率长期趋势的分析表明，区内各市酸雨频率范围在13%～87.9%，最高值出现在佛山市（2005年），最低值出现在肇庆市（2009年），各城市的浓度水平存在较大差异。

2000—2009年，珠江三角洲区域内和酸雨频率呈下降趋势的有广州、珠海、江门、惠州、中山5市，其中珠海呈显著下降趋势。深圳、佛山、肇庆、东莞的酸雨频率长期变化趋势不显著。值得注意的是9个市2009年的酸雨均大幅下降，这与珠三角污染减排力度加大是分不开的。

近十年，珠江三角洲经济区各市的降水pH值均维持在一个比较稳定的水平，区内各市的降水pH值范围在3.95～5.42，最高值出现在中山市（2006年），最严重的酸雨出现在深圳市（2002年），整个区域的酸雨污染仍未得到完全控制。

（二）酸雨的危害与防治

酸雨被称为"空中死神"。它一旦出现，影响是深远的，很难在短时期内消除。酸雨危害主要表现为：①破坏森林生态系统，改变土壤性质与结构，抑制土壤中有机物的分解，使土壤贫瘠、植被破坏，影响植物的发育。②破坏水生生态系统，酸雨落在江河中，会造成大量水生动植物死亡。③影响人类健康。水源酸化使金属元素溶出，严重影响饮用者的健康。④腐蚀建筑物和工业设备，破坏露天的文物古迹。原国家环境保护总局（现为生态环境部）的一项调查结果显示，酸雨造成我国森林和农业损失高达132亿美元。

控制酸雨的根本措施是减少二氧化硫和氮氧化物的排放。目前，世界上减少二氧化硫排放量的措施主要有以下四种。

（1）优先使用低硫燃料，如含硫较低的低硫煤和天然气等。或选用原煤脱硫技术，可以除去燃煤中40%～60%的无机硫。

（2）改进燃煤技术，减少燃煤过程中二氧化硫和氮氧化物的排放量。例如，液态化燃煤技术是受到各国欢迎的新技术之一。该技术主要利用加进石灰石和白云石，与二氧化硫发生反应，生成硫酸钙随灰渣排出。

（3）对煤燃烧后形成的烟气在排放到大气中之前进行烟气脱硫。目前主要用石灰法，可以除去烟气中85%～90%的二氧化硫气体。不过，脱硫效果虽好但十分费钱。例如，在火力发电厂安装烟气脱硫装置的费用，要达电厂总投资的25%之多。这也是治理酸雨的主要困难之一。

（4）也可以开发新能源，如太阳能、风能、核能、可燃冰等，但是目前技术仍不成熟，如果使用会造成新污染，且投入费用十分高。

减少氮氧化物排放主要是控制各种燃烧过程：使用低氮燃烧技术，合理控制空燃比和温度，以达到减少氮氧化物生成的目的。

开展烟气脱硝。目前主要用液态氨，可以去除烟气中80%左右的氮氧化物。这种减少氮氧化物排放的方法效果较好，但建设和运行费用较多，与脱硫相近。

酸雨是跨国环境问题，酸雨及致酸物质往往存在越境迁移，这使得缔结国际公约成为各国酸雨控制对策的重要组成部分。1979年11月在日内瓦举行的联合国欧洲经济委员会的环境部长会议，通过了《控制长距离越境空气污染公约》（简称《公约》），并于1983年生效。《公约》规定，到1993年底，缔约国必须把二氧化硫排放量削减为1980年排放量的70%。欧洲和北美（包括美国和加拿大）的32个国家都在公约上签了字。

六、空气质量管理策略

（一）珠三角空气污染治理历程

2000年2月，广东省人民政府颁布实施《广东省蓝天工程计划》，这是珠三角空气污染治理的重要转折点。《广东省蓝天工程计划》要求全省范围内严禁新建单机容量小于12.5万千瓦的燃煤、燃油机组，在珠江三角洲地区和酸雨控制区城区、近郊区不再规划布置新的燃煤、燃油电厂；对新、扩、改建燃煤含硫量大于1%或燃油超过规定的二氧化硫排放量的电厂，必须建设脱硫设施；现有使用燃料含硫量大于1%或超过二氧化硫排放总量的燃煤燃油电厂，要逐步配套脱硫设施或采用清洁燃烧技术。

2003年，省政府将治污保洁工程作为十大民心工程，大气污染治理是其中的重点内容之一。2004年的《珠江三角洲环境保护规划纲要（2004—2020年）》和2006年的《广东省环境保护规划纲要（2006—2020年）》进一步明确了全方位的大气污染防治措施。

"十一五"以来，珠三角都市群以国家推进节能减排为契机，大力削减了空气污染物排放，进一步推动了空气质量的改善。珠三角实行的空气污染防治措施主要包括以下三个方面。

（1）加快产业结构调整步伐，促进经济发展方式转变，从源头减少污染物排放量。大力发展节能、降耗、减污、增效的先进制造业和现代服务业，做大做强高新技术产业，改造提升优势传统产业。同时，加快淘汰落后产能，"十一五"前四年广东已关停淘汰小火电机组1096万千瓦、落后钢铁产能1039万吨、落后水泥产能约5100万吨，提前超额完成了国家下达的目标任务。据统计，能耗已从2005年的0.79吨标准煤下降到2009年的0.684吨标准煤，累计下降13.89%，万元生产总值二氧化硫排放强度减少了51.9%。

（2）优化能源结构，调整能源布局。一方面，大力发展清洁能源、新能源和可再生能源，积极推进天然气开发利用，大力发展核能，加快水能、风能、太阳能、生物质能等可再生能源的开发。截至2009年底，我省已有核电装机395万千瓦、风电装机56万千瓦，水电、气电、核电、风电等清洁电源已占省内电源装机容量的34.4%。另一方

面，在珠三角不再布局新建火电项目。

（3）加大污染源治理力度，削减污染物排放量。全省12.5万千瓦以上的现役火电机组全部实施了烟气脱硫工程，启动火电厂脱硝工程建设。加强机动车排气污染防治工作，全面禁止销售含铅汽油，引入含硫量低于500毫克/升的车用柴油。收紧新生产机动车辆的排放标准，在珠三角提前实行了相当于欧三、欧四标准的国三、国四阶段机动车排放标准；实施机动车环保分类标志管理制度；加强在用车路检和年检。

为2010年广州亚运会提供空气质量保障是珠三角空气污染治理的另一个里程碑。

亚运会环境质量保障工作得到了广东省委、省政府的高度重视。2009年6月，时任中共中央政治局委员、广东省委书记汪洋提出"天更蓝、水更清、路更通、房更靓、城更美"的亚运环境保障目标。时任省长黄华华在2010年3月召开的全省环境保护工作南海现场会上强调，要通过推进环境区域综合整治工作，确保亚运会环境质量达标。省政府成立了由时任副省长林木声为组长的"三会"环保协调小组。2010年5月，汪洋书记就亚运环境和人居环境综合整治工作进行专题调研，亲自到广州各区检查五个"更"目标的落实情况。在亚运会召开前夕，汪洋书记再次考察亚运筹办和人居环境综合整治工作。

省环境保护厅及时提出联防联控工作思路，组织全国大气科学领域的主要专家队伍联合编制亚运会环境质量保障方案，包括亚运会前综合治理措施、亚运会期间的临时减排措施，以及极端不利气象条件下的应急措施预案等方案。经省政府同意，省环境保护厅先后出台了《珠江三角洲清洁空气行动计划》《亚运会召开前空气质量保障措施方案》《2010年第16届亚运会水环境保障行动计划》《广东省亚运会期间空气质量保障措施方案》《2010年第16届亚运会空气质量保障极端不利气象条件应急预案》等47项计划方案、综合性文件、法规标准。

根据统计，亚运会前，亚运会环境质量保障工程共完成17107项污染治理任务。珠三角9市以及清远市、汕尾市全面完成了脱硫工程建设和小火电关停任务，同时完成了538.2万千瓦机组的降氮脱硝治理工作，完成锅炉治理项目8039个，完成2952个油气回收治理项目3224项，完成挥发性有机物治理项目5908个。

在亚运会期间，珠三角实行了"五个一律"措施：①对在10月31日前完成治理任务或治理后仍不达标的企业或项目一律责令停产治理，对已按要求进行污染治理且治理达标的企业加强监管。②对亚运会期间检查发现的超标排污或偷排的企业一律停产整治。③珠三角区域内未完成油气回收治理工作或未申请环保验收及环保验收不合格的油罐车、储油库、加油站一律暂停营业和使用。④亚运会期间，外市籍车辆未持有绿色环保标志的，一律禁止进入广州、佛山、东莞三市。广州市在黄标禁行的基础上，每日早上7点至晚上20点实施机动车单双号限行措施。⑤加强船舶污染控制，高毒性、强污染及散装液态污染危害性货物船舶一律禁止停靠。此外，通过工地停工、加大主干道洒水频次、禁止烧烤等措施进一步加大扬尘污染和烟尘污染的控制力度。

通过亚运空气质量保障，珠江三角洲区域的空气质量连续两年有较大改善。2009年珠三角地区主要大气污染物二氧化硫、二氧化氮、可吸入颗粒物年均浓度与2007年相比，分别下降17.9%、3.6%和14.7%。其中，广州市二氧化硫、二氧化氮、可吸入颗粒物年均浓度分别下降25.0%、13.8%和9.1%；东莞市二氧化硫、二氧化氮、可吸入颗粒物年均浓度分别下降29.3%、14.6%和8.3%；佛山市二氧化硫、二氧化氮、可吸入颗粒物年均浓度分别下降22.0%、1.9%和9.6%。在亚运期间，珠三角终于看到了久违的蓝天白云。

粤港空气质量跨境管理与改善计划是珠三角空气质量管理的一项重要特色。2002年4月29日，在香港特别行政区政府与广东省人民政府就共同改善珠江三角洲空气质素达成共识的基础上，时任香港政务司司长曾荫权和广东省副省长许德立代表双方政府联合发布《改善珠江三角洲空气质素的联合声明》。随后，粤港双方在粤港持续发展与环保合作小组下成立了由双方政府有关管理部门组成的专责小组，制订了粤港珠江三角洲区域空气质素管理计划，主要措施包括以下五项。

（1）削减空气污染物排放。优化产业结构，大力推行清洁生产，积极发展污染少的高新技术产业，并逐渐淘汰高能耗、重污染生产工艺和设备。调整能源结构和能源布局，在全省范围内严禁新建单机容量小于13.5万千瓦的燃煤、燃油发电机组，在珠江三角洲地区不再规划布置新的燃煤、燃油发电厂，同时为了解决能源紧缺问题，开始引进LNG项目，建设惠州大亚湾、深圳东部、深圳前湾及广州珠江4家LNG电厂，降低煤、石油在能源结构中的比重。建设5交3直西电东送主输送通道，提高接收西电的能力，提高西电东输在珠三角能源结构中的比例。开展污染治理，实施蓝天工程、"十五""十一五"计划、治污保洁工程和燃煤燃油电厂脱硫工程，减少大气污染物排放。淘汰以二甲苯等挥发性有机物为主溶剂的涂料工作。研究制定有利于推动两地企业节能、清洁生产的政策，开展港资在珠三角企业"一厂一年一环保"项目，推广清洁生产伙伴计划，促进两地企业共同节能，推进清洁生产。

（2）建设粤港珠江三角洲空气质素监控网络。建成了包括16个空气自动监测站、1个质控质保实验室、1个数据中心和2个流动监测车的粤港珠江三角洲区域空气质量自动监测网络，并于2005年11月30日开始每天向公众发布珠江三角洲区域空气质量指数。该网络的运行有效、及时、准确地监控两地的大气污染及其传输状况与变化趋势，全面地考察和评估该地区的空气质量状况、未来发展趋势，分析粤港联合控制措施的成效。

（3）防治机动车污染。逐步加强机动车排气污染防治工作，全面禁止销售含铅汽油，引入含硫量低于500毫克/升的车用柴油。收紧新生产机动车辆的排放标准，争取提前实行欧三、欧四标准；实施机动车环保分类标志管理制度；加强在用车路检和年检，同时组织机动车排气污染治理研讨会，介绍国内外先进经验，探讨在珠三角区域内进一步加强机动车排放污染的防治措施。

（4）开展排污权交易研究。为给粤港两地的企业提供更多的治污选择，双方结合实际情况开展珠江三角洲火力发电厂排污交易试验计划。

（5）编制污染源排放清单。完成了《珠江三角洲地区空气污染物排放清单编制手册》和2001年珠江三角洲地区空气污染物排放清单，基本掌握了区域内的污染物排放情况。

多年的粤港环保合作取得了良好成效，提高了区域环境管理能力和水平，促进了两地的繁荣稳定发展,探索了解决区域环境问题的有效合作模式。随着社会经济的发展,粤港环保关系更加紧密,环保合作成为区域经济一体化和提升大珠三角综合竞争力的迫切需要。2008年底,国务院批准了《珠江三角洲地区改革发展规划纲要》,两地政府同时提出打造绿色大珠三角优质生活圈的设想,并争取把有关内容纳入国家"十二五"规划,对粤港进一步深化环保合作提出了新的要求。2010年,粤港双方签署了《粤港环保合作协议》,提出了"共同推进、促进交流、实事求是、循序推进"的原则,在客观看待和对待两地在环境合作方面的不同诉求,充分认识不同的自然本底和资源环境承载能力,污染减排与环境质量改善的滞后效应的基础上,加强合作,完善合作机制,改善环境质量,共同推进《珠江三角洲地区改革发展规划纲要》的实施,共同打造绿色大珠三角地区优质生活圈。合作内容包括:继续推进《珠三角地区空气质素管理计划(2002—2010年)》的落实,开展管理计划的终期评估工作。在国家"十二五"环保规划要求的基础上,结合区域实际需求,确定总量减排的实施方案。共同推动机动车及船舶的污染防治,两地逐步实现优于全国其他地区的机动车污染物排放和机动车成品油标准,共同推动电动车的研发、生产、应用和普及。继续共同完善区域空气质量监测网络,加强对光化学烟雾以及灰霾天气与大气质量关系的合作研究,实现珠江三角洲地区空气质素的持续改善。

(二)后亚运时代空气管理策略

广州亚运会期间的蓝天白云让珠三角的人们看到了希望,也对珠三角的空气质量提出了更高的要求。同时,亚运会空气质量保障工程也为后亚运时代的空气质量管理工作积累了宝贵的经验。

但要实现《珠江三角洲地区改革发展规划纲要(2008—2020年)》提出的到2020年环境质量达到或接近世界先进水平的目标,仅靠亚运会期间的污染控制强化措施是不现实的。珠三角的空气污染呈现出区域性、复合型、压缩型等特点,传统的针对单一城市、单一污染物的污染规律和调控原理不再适用,采取应急和孤立方式的末端治理方法已不能满足城市和区域空气质量改善的需要。未来珠三角都市群空气质量目标的实现要以严格环境准入为前提,以改善能源结构为根本,以多污染物联合减排为主线,以机动车污染控制为突破口,建立区域大气污染联防联治机制,全面推进区域大气复合污染防治。

1. 大力改善能源结构

化石能源燃烧产生的废气是影响城市大气环境质量的主要污染源。环境统计数据表明,化石能源燃烧排放的二氧化硫约占全省二氧化硫排放总量的90%。2007年原煤、原油、电力和天然气等一次能源的消费构成为52∶24.2∶20.3∶3.5,2000年为52.2∶35∶12.6∶0.2。从能源结构来看,以燃煤、燃油为主的能源结构没有得到根本改变,电力和天然气等清洁能源所占的比例有所上升,但仍然很低,对环境污染最严重的原煤消费型结构基本维持不变。

当前的能源消费结构和迅速增长的能源消费总量,导致广东省污染物的产生总量迅猛增加,大气环境所承受的压力愈加严重。只有改善能源结构,大力发展清洁能源才能从源头上控制污染物削减，实现大气环境质量的根本改善。

2. 严格执行环境准入

实行严格的环境准入制度，是大气污染防治前置的一个重要手段，是区域大气污染物减排和区域大气环境质量改善的有效途径。

实施严格的大气环境准入制度，主要应该从严格实施分区控制和总量控制、引导产业合理布局和加快产业结构优化调整三个方面入手。①通过执行严格的分区控制措施和总量控制措施，以各地的大气环境容量和大气污染物排放总量指标作为项目是否可行的重要审批依据，可以更有效地利用区域大气环境容量并加强对大气环境敏感区的保护。同时，通过划定高污染燃料禁燃区及限制燃煤燃油锅炉、窑炉等的使用区域，可以更有效地加强对各城市城区的保护。②通过政策引导产业的合理布局以及限制燃煤燃油电厂、石化、建材等行业的发展，可以有效地减少大气环境重点保护区域的大气污染物产排量，使这些区域的大气环境质量有所改善。③通过限制高能耗、高污染行业的发展，并推动现有高污染、高排放行业的强制淘汰或升级换代，同时大力推广大气污染物排放量少的新技术、新产品以及大力发展轻污染的高新技术产业和第三产业，可以有效地推动区域产业的升级换代，在保持经济增长的同时可以减少大气污染物的排放。只有通过实行上述严格的环境准入制度，把大气污染防治工作进一步前置，才能在实现发展经济的同时有效地保护大气环境，达到经济持续发展和大气环境持续改善的双赢局面。

3. 强化常规重点源污染减排

除移动源外，火力发电、工业锅炉、建材行业是珠江三角洲地区一次污染物的主要排放源。控制一次污染物排放是控制臭氧、颗粒物细粒子等二次污染物的基本途径，是预防灰霾污染和光化学烟雾污染、改善区域空气质量的关键。

（1）深化电厂脱硫，加快脱硝工程。虽然截至2008年底，珠三角全部12.5万千瓦以上的燃煤机组均完成了烟气脱硫，但"十二五"期间，随着经济社会的持续快速发展，还将不断新增火电装机容量，火电厂大气污染物的排放总量控制将面临巨大压力。将火电厂作为大点源进行控制，针对性强、治理效果明显、对环境改善的潜在贡献大，火电厂大气污染物的排放控制一直是广东省大气污染防治工作的重心，削减火电厂的主要污染物排放总量，对改善珠江三角洲的大气环境质量具有重要意义。珠三角要"关停、二氧化硫减排和大机组脱硝"三大工程并举，在二氧化硫持续减排的基础上，积极推进氮氧化物减排。政府应研究实施脱硝电价、保底电价、小火电淘汰补助等经济补贴政策，加快淘汰小火电，推动电厂实施烟气脱硝工程。目前，珠江三角洲地区仍有一些未脱硫的燃油锅炉，考虑到油价高企，燃油电厂已不堪重负、无力烟气脱硫的现状，政府应保障天然气供应，鼓励并优先保障燃油电厂实施油改气工程。

（2）加大工业锅炉治理力度。据统计，珠江三角洲地区工业锅炉的污染物排放量约占全省工业锅炉排放总量的75%。珠江三角洲地区的工业锅炉数量众多，以小锅炉为主。1蒸吨（含1蒸吨）以下的小锅炉占工业锅炉总数的50%以上，10蒸吨以下的锅炉占94%，锅炉容量愈小，燃烧方式也愈落后，燃烧不稳定，燃烧效率低，污染物排放量也愈多，而且小锅炉可用烟气治理技术的经济性差，污染治理难度大。相比电

厂锅炉，工业中小锅炉的治理水平普遍落后，监管薄弱，其造成的污染排放不容忽视。因此，在珠江三角洲地区电厂继续脱硫潜力空间不大的情况下，加强工业中小型锅炉的烟气治理和监控，推行污染减排显得尤为关键。针对珠三角工业锅炉的这些特点，要通过集中供热、改燃清洁燃料、鼓励使用电锅炉等措施，分期分批加快淘汰小锅炉。

（3）强化建材行业污染治理。水泥生产工业、陶瓷生产工业和平板玻璃生产企业并不是珠江三角洲地区绝大多数城市的支柱产业，在绝大部分珠江三角洲城市中，这三大产业只占经济收入的很小一部分。然而，这三大产业对珠江三角洲的大气环境造成的影响却很大，特别是其造成的粉尘污染是珠江三角洲大气颗粒物污染的主要来源之一。据2007年广东省第一次污染源普查的数据统计，2007年，珠江三角洲地区水泥、陶瓷、平板玻璃三大建材行业年排放工业粉尘32784.36吨、二氧化硫23303.05吨、氮氧化物21822.59吨，污染物排放量巨大，必须采取有效措施进行治理。

珠江三角洲地区应尽快关停不符合国家和省相关政策以及环保要求的水泥、陶瓷和平板玻璃生产企业，禁止新建水泥熟料生产线或普通低端陶瓷生产企业，这样做实际上并不会对珠江三角洲各市的经济发展产生太大影响。把这类企业更多地安排在我省东西两翼等本身可利用资源更丰富的地区进行建设，不但可以更好地利用当地的资源，降低生产成本，促进当地的经济发展，促进全省经济的协调发展，还可以更好地利用当地的大气环境容量，减轻珠江三角洲地区的环境压力，改善珠江三角洲地区的大气环境质量。以陶瓷作为传统产业和支柱产业的佛山市，也可以趁此机会推动产业转型升级，将普通陶瓷企业的生产基地转移到东西两翼等地区，在本地只保留高端的陶瓷产品的生产基地、企业总部、研发中心。这样不仅能更好地发挥区域产业联动的作用，还有利于推动研发、会展等相关行业的发展，在保持经济增长的同时推动产业的更新换代。对符合国家产业政策的保留在珠三角地区的水泥、陶瓷和平板玻璃企业必须加强环境管理，实施更为严格的大气污染物排放标准，推行清洁生产，加强污染治理，力争达到国际先进的排放水平。

4. 积极控制机动车污染

机动车既是氮氧化物的排放大户，也是挥发性有机物和可吸入颗粒物排放的重要污染源。

珠江三角洲地区是我国机动车保有量增长较快的地区之一。研究显示，机动车尾气排放对空气质量下降的贡献逐年增加，因此必须采取有效的控制措施治理机动车污染。

（1）要对轻型车实施严格的管理。据2007年广东省第一次污染源普查统计可知，珠江三角洲地区轻型车（包括微型车）和摩托车保有量之和占到了总保有量的90%以上。2007年珠江三角洲地区轻型车一氧化碳、碳氢化合物、氮氧化物和颗粒物的排放量分别占排放总量的47.8%、36.9%、23.0%和19.1%。特别是轻型车主要在城区行驶，其排放的碳氢化合物和一氧化碳主要集中在城区，而碳氢化合物和一氧化碳正是光化学烟雾形成的重要污染物。珠江三角洲地区于2010年实施国家第四阶段的轻型车排放标准。考虑到机动车保有量一直快速增长，要尽快研究在珠江三角洲提前实施欧洲第五阶段排放标准的条件。

（2）要加快淘汰老旧在用车。根据测算，一辆老旧"黄标车"（国Ⅰ以前排放标准的车辆）的排放量分别相当于5辆国Ⅰ、7辆国Ⅱ、14辆国Ⅲ、20多辆国Ⅳ车。2007年珠江三角洲黄标车一氧化碳、碳氢化合物、氮氧化物和颗粒物的排放量分别占到9个城市对应污染物排放总量的62.4%、64.9%、50.1%和58.6%。各市应尽快采取经济补贴、限行等措施，鼓励黄标车的更新淘汰。

（3）要尽快实施更高阶段的摩托车排放限值，加快更新淘汰老旧摩托车。珠江三角洲地区部分城市（肇庆市、江门市、惠州市、佛山市、中山市等）的摩托车保有量比重大。2007年摩托车的污染物测算中，摩托车的一氧化碳和碳氢化合物排放也占到了机动车一氧化碳和碳氢化合物排放总量的24.2%和23.9%。

（4）要提高油品标准。珠江三角洲车用燃料的消耗量可观。车用燃料的质量与机动车排放有密切的关系，实施更高阶段的车用油品标准（如降低烯烃、芳香烃的含量，降低燃油中的硫含量等）不但可以提高新车污染物排放控制装置的排污净化效果和使用效率，而且对较低排放水平的在用车排放也有减排效果。根据测算可知，与采用国二油品相比，2008年在珠江三角洲实施国三车用油品标准后机动车一氧化碳、碳氢化合物、氮氧化物和颗粒物的排放量将分别降低10.51%、8.86%、3.45%和5.42%。与采用国二油品相比，2010年在珠江三角洲实施"粤四"车用油品标准后，机动车的一氧化碳、碳氢化合物、氮氧化物和颗粒物排放量将分别降低21.85%、20.08%、7.42%和17.05%。由此可见，要加快实施油气回收工程。2007年，珠江三角洲地区的汽油消耗量600多万吨。汽油挥发性较强，每年挥发排入大气的油气（挥发性有机物）超过5万吨，是造成光化学污染的主要原因之一。根据国外专家的测算，加油站在实施油气回收工作之后，挥发性有机化合物排放的降低幅度可达70%以上，在加油站实施油气回收工作后，将有超过3.5万吨的油气得到回收。

5. 加强典型行业挥发性有机化合物排放的控制

挥发性有机化合物（VOC）经过一连串光化学反应会形成二次污染，使地表的臭氧（O_3）浓度升高，造成光化学烟雾和灰霾污染。VOC中多数物质具毒性，对民众的身体健康具有潜在或直接的威胁。

工业生产和使用、建筑及建材制造、商业及生活等过程均向大气中排放VOC。仅就工业生产和使用而言，据广东省第一次污染源普查数据的初步统计，珠江三角洲地区的溶剂类原辅材料（涂料、胶水、油漆、油墨、天拿水等）的年消耗量约为100万吨，占全省的90%以上。这些溶剂中所含的VOC绝大部分未经处理，直接挥发至大气中。从行业分布来看，珠江三角洲的木材加工、胶合板制造、家具制造、涂料制造、橡胶塑料制造、纸制品制造行业的溶剂类产品消耗量占主导地位，是VOC的主要排放行业。

要尽快制定面向不同重点行业的VOC排放控制措施，制订有针对性的、有效的VOC减排控制方案。同时，引导商业及居民使用低VOC类产品，推动VOC排放标准、控制标准和控制技术的研究，从源头控制VOC污染排放。

6. 推进饮食服务业的污染治理

饮食行业是珠江三角洲经济发展的重要组成部分。饮食业产生的油烟、污水排放、噪声等环境污染问题，直接或间接地影响了居民的生活环境和市容景观，扰乱了正常的生活秩序，餐饮业污染扰民问题，已成为群众环保投诉的热点和难点之一。

饮食服务业污染扰民问题存在着选址不当、治理水平滞后、监管力度不足等多方面的因素。对于现有及新建饮食经营单位、不同规模的饮食经营单位，要从饮食服务经营单位规划及审批、能源使用、生产经营、污染排放控制等几个环节对珠江三角洲区域内的饮食服务业进行全面整治，使饮食服务业的环境保护工作从无序管理进入有序的科学管理，降低饮食服务业与居民之间的污染矛盾，从而改善区域环境。

7. 强化城市扬尘污染的全过程控制

近些年，控制扬尘污染已引起政府及环境保护部门的重视，珠江三角洲一些主要城市如广州市、深圳市等针对扬尘污染已采取了多项措施，但珠江三角洲地区的城市扬尘污染还未得到有效控制。对扬尘的污染特点、防治技术等方面的研究还比较少，也缺乏具有普遍指导作用的扬尘污染防治技术规范。

要建立扬尘污染控制区，除了强调房屋建设、道路施工、房屋拆除和物料运输等常见的城市扬尘防治关注点外，还应加强堆场、露天仓库、裸露泥地等场所的扬尘防治。

要求通过城市绿化、道路保洁等措施进一步加强防治城市扬尘污染，以达到全方位控制城市扬尘污染的目的。

第十章

绿化及城市系统自然化

造林、再造林是清洁发展机制的一种，《京都议定书》明确肯定森林碳汇对减缓气候变暖的贡献，并要求加强森林可持续经营和植被恢复及保护，鼓励各国通过绿化、造林来抵消一部分工业源二氧化碳的排放。珠三角地区有近2000平方千米的生态公益林转化为自然保护区，拥有全省最大的花卉、绿化苗木生产基地。最近几年，湿地恶化趋势得到根本性扭转，特别是在区域层面上逐步禁止了针对湿地的围垦，主要做法是抢救性建设红树林湿地、基塘湿地、河口湿地等自然保护区。广东提出碳汇战略后，珠江三角洲都市群积极响应，加大对森林覆盖与湿地的管理，提升它们的总体碳汇能力。

珠江三角洲平原河涌多，在泄洪、排污、调节小气候、美化景观方面发挥着重要作用。但由于工业废水和生活污水、垃圾的大量倾注，几乎所有的河涌都受到不同程度的污染。目前，珠江三角洲都市群在河涌治理方面普遍存在的突出缺陷是疏于清淤、岸墙亲水性差、景观树种不合理、因地制宜性差，对本土文化的传承不足，对河涌作为城市景观脉的把握不够。

进入21世纪后，人们对生产生活环境的诉求提升到一个新高度。面对恶化的珠江水环境质量、城市无序蔓延、生态环境破坏严重等问题，珠江综合整治工程和珠三角绿道网建设工程在万众瞩目下实施，"生态河涌"成为规划整治中的最高境界理念。面向未来，公民的参与、区域联动的机制以及城市系统自然化的国际经验对珠江三角洲都市群城市品质的提升都是不可或缺的。

一、森林碳汇行动：应对全球气候变化

（一）"碳汇""森林碳汇"与全球气候变化

科学家们认定二氧化碳等温室气体是导致全球气候变暖的罪魁祸首。工业革命以来，煤炭、石油、天然气等化石能源被大量开采和使用，使排放到大气中的二氧化碳、甲烷等气体浓度大大增加，打破了地球在宇宙当中的吸热和散热的平衡状态，导致全球气候变暖。在过去的100年中，全球地表平均增温0.74摄氏度，预测未来100年，全球地表温度可能会升高1.6摄氏度至6.4摄氏度。这将给人类的生产、生活和生存带来诸多严重影响。

人类要减缓气候变暖，关键要减少温室气体在大气中的积累。温室气体减排主要有两个途径：一是直接减排，又称工业减排，指通过工程措施减少温室气体的绝对排放量；二是间接减排，又称生物减排，即通过对以森林为主体的生态环境的保护和建设，发挥森林生态系统固碳的特殊作用，以抵消温室气体的排放。工业减排主要是减少温室气体排放（碳源），通过减少能耗、提高能效、使用清洁能源等来实现。这将对一个国家的经济产生重大影响。生物减排主要是增加对温室气体的吸收（碳汇），它通过森林等植物的生物学特性，即光合作用吸收二氧化碳，产生氧气，把大气中的二氧化碳固定到植物体和土壤中，在一定时期内能降低大气中温室气体的浓度。

1992年通过的《联合国气候变化框架公约》对碳汇这一概念的定义做出了明确的界定，指从大气中清除二氧化碳的过程、活动或机制。这一定义也被各界广泛接受。

森林是陆地生态系统中最大的碳库，在降低大气中温室气体浓度、减缓全球气候变暖中，具有十分重要的独特作用。1997年通过的《联合国气候变化框架公约京都议定书》是一部限制世界各国二氧化碳排放量的国际法案。它规定，所有发达国家在2008年到2012年间必须使温室气体的排放量比1990年减少5.2%。同时规定，包括中国和印度在内的发展中国家可自愿制定削减排放量目标。它特别承认森林碳汇对减缓气候变暖的贡献，并要求加强森林可持续经营和植被恢复及保护，允许发达国家通过向发展中国家提供资金和技术，开展造林、再造林碳汇项目，将项目产生的碳汇额度用于抵消其国内的减排指标。

在减缓气候变化的各种努力中，林业活动具有十分重要的、不可替代的地位和作用。主要表现在三个方面：①增强碳吸收，指造林再造林、退化生态系统恢复、建立农林复合系统、加强森林可持续管理，以提高林地生产力、增加陆地植被和土壤碳贮量的措施。②碳替代，指以耐用木质林产品替代能源密集型材料、生物能源（如能源人工林）、采伐剩余物的回收利用（如用作燃料）。③保护碳贮存，指保护现有森林生态系统中贮存的碳，减少其向大气中的排放。主要措施包括减少毁林、改进采伐作业技术、提高木材利用效率以及更有效的森林灾害（林火、病虫害等）控制手段。

林业碳汇应运而生。它是指通过造林、再造林和森林管理、减少毁林等活动，吸收大气中的二氧化碳并与碳汇交易结合的过程、活动或机制。森林对于降低大气中的温室气体浓度、调节气候、维护生态平衡起着十分重要的作用。森林是最大的"储碳库"和最经济的"吸碳器"。科学研究表明，林木每生长1立方米，平均可以吸收1.83吨二氧化碳，产生1.62吨氧气。这充分表明：造林就是固碳，绿化等同于减排。植树造林不仅能够减少大气中二氧化碳等温室气体的浓度，而且减排成本低，综合效益好。

根据《波恩政治协议》和《马拉喀什协定》，国际造林、再造林等林业活动纳入《京都议定书》确立的清洁发展机制，鼓励各国通过绿化、造林来抵消一部分工业源二氧化碳的排放，原则上同意将造林、再造林作为第一承诺期合格的清洁发展机制项目，意味着发达国家可以通过在发展中国家实施林业碳汇项目抵消其部分温室气体排放量。在2003年12月召开的《联合国气候变化框架公约》第九次缔约方大会，国际社会已就将造林、再造林等林业活动纳入碳汇项目达成了一致意见，制定了新的运作规则，为正式启动实施造林、再造林碳汇项目创造了有利条件。这是一个对林业发展具有重要意义的事件，标志着森林生态功能在经济上得到了全社会的承认，标志着森林生态服务进入了可以通过贸易获取回报的时代的到来。对于发展中国家而言，利用森林固碳具有十分重要的意义。它不仅成本低，而且还具有多种生态效益和巨大的经济、社会效益。加强森林生态保护与建设，既可以保持经济的较快发展，又能促进生态系统的改善，实现生态与环境的稳定和良性循环，促进人与自然的和谐发展。

（二）国际森林碳汇储备

各国的森林覆盖率和森林蓄积量（活立木蓄积量）是各国碳汇的主要来源。国际上有代表性的主要碳汇国家的情况如下。

（1）美国。美国大部分地区属北温带和亚热带气候，佛罗里达半岛南端属热带，阿拉斯加州则属于寒带。美国森林面积为2.13亿公顷，森林覆盖率为23.2%，森林总蓄积量为247亿立方米，主要树种有美洲松、黄松、白松和橡树类。林地所有制形式包括国家所有、州所有、部族所有、社区所有及私人所有5种。联邦政府对国家、州所有森林以及私人所有非工业林提供技术和资金上的扶持政策。美国采用了"费用分担补助计划"，促进私人营造非工业林，弥补了由于国有森林采伐量减少所引起的木材短缺。美国目前有林业激励、农业保护、工作激励和土地储备4种联邦补助项目，并且取得了良好效果。美国十分重视"非木材"森林经营，以充分发挥森林的非木材效益。在森林经营方面，美国强调"森林生态系统经营"的理念，重视森林生态效益和社会效益。

美国是世界上的林产品大国。2003年的主要林产品产量为：锯材原木和单板原木23458.4万立方米、其他工业原木899.9万立方米、锯材8904.25万立方米、各种板材3960.82万立方米、木炭98.22万吨、木片400万立方米、纸浆5344.17万吨、纸12383.35万吨。

（2）加拿大。加拿大森林资源非常丰富，林地利用率近100%，森林覆盖440万平方千米、产材林面积286万平方千米，分别占国土面积的44%、29%；森林蓄积247亿立方米，木材总蓄积量172.3亿立方米。加拿大设林务局主管全加拿大林业工作，各省设主管部门负责省有林和私有林经营管理；木材主产区制定了森林保护政策，以确保生物多样性和环境优化；由当地林务官员、采伐公司和私有林主参加的各种林业协会，制定章程和贯彻落实政府的林业政策。公有林的经营和采伐大部分通过招标，由中标公司和省政府林业主管部门签订合同并按规定执行；合同期为10年、20年或25年，每5年进行一次调整。私有林占森林面积6%，提供了全加19%原木、79%薪炭材、77%大糖械产品及几乎所有的圣诞树。

森林为加拿大创造了十分优越的生存和生产条件，不仅体现在生态、社会和文化价值上，还在国民经济中占有十分重要的地位。全加拿大90%的住房使用木材建造，有超过100万的就业机会和一半多的贸易顺差与林业有关。木材生产和锯材产量连续增长，人造板产量快速增长，木浆生产保持相对稳定。林业是加拿大最大的创汇产业之一。1997年锯材、木浆、纸和纸板的出口量均居世界首位，人造板排第二；它们在世界同类产品出口总量中分别占43.2%、31.3%、16.6%、15.9%。2000年林产品销售680亿加元，对生产总值的贡献率为2.5%；对贸易平衡的贡献375亿加元，远大于农业、渔业、矿产和能源部门的贡献总额；出口额474亿加元，占商品出口总额的16%。新闻纸国际贸易额1998年出口740万吨，2003年下降到640万吨。随着科技发展，近年林业比重有所下降，但林业产值占工业总值的比例一直保持在15%左右。

（3）巴西。巴西有非常丰富的热带林资源和发展人工林的自然条件，是世界上森林资源最为丰富的国家之一。据联合国粮农组织统计，1997年巴西森林面积为5.51亿公顷，森林覆盖率为65.2%，森林蓄积量为560亿立方米，居世界第2位。人均森林面积3.4公顷，天然林面积为5.46亿公顷。巴西森林工业主要分布在2个地区：第1个地区是北部的亚马逊林区，以采伐天然热带木材为主；第2个地区是南方的阔叶林区，以采伐人工林木材为主。巴西林业在国家经济发展中占有比较重要的地位。巴西林业产值占生产总值的3%～4%。据巴西林业协会2003年的估算，巴西林业（包括种植和开发）年营业额为161亿美元，林业出口额为33.5亿美元，直接从业人员超过50万。近10年来，巴西林业与纸浆、钢铁和家具业一样，是投资多、科技和劳动生产率发展快的行业。预测至2007年，巴西将提供21亿雷亚尔的林业贷款和1.87亿雷亚尔的技术援助以及专业培训费用，预计将使20万户林业小生产者受益。

巴西是世界上的森林资源大国，但在20世纪60年代之前，巴西的林业发展与其自然资源的地位是不相称的。20世纪60年代以后，国家制定了目标明确的林业发展战略，并从经济措施和技术措施方面保证目标的实现。首先根据全巴西的自然条件和经济发展水平，划分了5个林业发展地区。东南部和南部工业发达，技术条件好，自然条件也适于发展人工林，所以在这2个区内大力发展桉树人工林，形成基地；建设制浆厂和纸厂，发展纸产业，并以此推动其他地区同类工业的发展。在东北部、北部和中西部地区建立包括林业在内的发展中心，以充分利用当地森林及其他资源优势。1966年颁布了发展人工林的财政刺激政策，此后一直执行这一政策，而且不断在实践中加以修改完善。在国家缺乏造林资金的情况下，充分调动了企业主甚至包括中小农场造林的积极性，使巴西每年的造林面积始终稳定在50万公顷左右。经过近30年持之以恒地发展人工林培育业，巴西的人工林已初具规模。1997年人工林面积达到700万公顷，其中包括工业人工林、能源林和果林。占主导地位的是工业人工林，达530万公顷，占人工林总面积的83%。几乎所有的大型制浆造纸厂或者企业集团都投入大量资金进行科学研究，解决人工林培育中的各种技术问题。例如，Aracruz纤维公司设有造林研究所，经多年研究，已经在桉树无性系造林方面取得了突破，并付诸生产实践，成为世界上人工营造桉树林的典型。

20世纪90年代之前，巴西执政者对森林深远和巨大的社会效益和生态效益很少考虑。这主要表现在始终没有从政策和实践中很好地解决森林保护问题，特别是亚马逊森林的保护和发展问题。亚马逊河流域占全巴西面积的56%，相当于南美洲大陆的三分之一。亚马逊热带雨林植被丰富，每平方千米不同种类的植物多达1200种。然而，随着热带雨林的过度采伐，至少有50万至80万种动植物种面临灭绝。对此，巴西政府愈来愈清醒地认识到问题的严重性，先后制定了多项环保政策，采取多种措施加强对林区环境的保护与监测。巴西政府先后颁布了《环境法》和《亚马逊地区生态保护法》。在1988年颁布的新宪法中，加入了有关环境问题的条文，规定亚马逊地区是国家遗产，国家负责为该地区的持续发展寻求出路。同时，出台了保护生态平衡的相关细则，提出了政府和公民在保护环境方面的权利与义务。巴西国家林业发展局也制定有关法律法规，对毁林烧荒、给亚马逊森林造成严重灾害的个人或机构，将以破坏生态环境罪予以起诉，给予严厉的法律制裁和巨额罚款。与此同时，巴西政府加大了相

关资金投入。1991—2002年,政府为保护亚马逊地区的生态和自然资源,累计投资近1000亿美元。环保与可持续发展成为政府的优先目标之一。

(4)俄罗斯。俄罗斯共有森林面积7.635亿公顷,约占全世界森林面积的22%;林木总蓄积量807亿立方米,占全世界森林总蓄积量的22%左右。森林覆盖率为45.2%,人均森林面积为5.2公顷,是世界上森林资源第一大国。

俄罗斯的森林主要为国有林,约占森林总面积的94%。针叶林的最主要树种为落叶松,软阔叶林的代表树种为桦树,主要是疣枝桦和毛桦,其次为山杨。硬阔叶林的优势树种为橡树,其中约55%分布在欧洲地区,主要为夏橡;其余橡林大多分布在远东地区,主要树种为蒙古栎。

俄罗斯实施森林分类经营的方针。俄罗斯每年在采伐迹地、火烧迹地和林中空地上都要进行大规模的森林更新工作。护林防火一向是俄罗斯林业部门最重要的工作之一,也是森林保护工作的主要内容。为了培育高产的珍贵树种并改善林分的质量和卫生状况,俄罗斯每年都会进行一定数量的抚育伐和卫生伐。

森林工业在俄罗斯的国民经济和社会生活中占据重要地位。森林工业的年产值占俄罗斯工业总产值的5%以上。苏联解体后,伴随激烈的经济改革和管理体制的不断变化,俄罗斯的森林工业近年来已陷于危机之中。

俄罗斯的林业产品贸易主要是单向性的出口贸易。俄罗斯出口的林业产品以原木、锯材、纸浆和纸产品为主。目前,俄罗斯出口的林产品仍以初级林产品为主。根据联合国粮农组织统计,俄罗斯1996年的工业材原木出口量排世界第2位,约占全球总出口量的13.6%;锯材出口量排第5位,约占全球总出口量的4.2%。

(5)德国。德国是世界上林业最发达的国家之一。2000年森林面积为1074万公顷,森林覆盖率为30.7%。森林平均每公顷蓄积量高达270立方米,在欧洲国家中居首位。森林年生长量约5700万立方米,年采伐量约4000万立方米,生长量高于采伐量。林业年产值在30亿~40亿马克,数额虽小,但林业在环境政策中被列在最优先的地位。四分之一的森林被划入自然公园,三分之一的森林被划入景观保护区。旅游业的职工约有140万人,每年接待旅客达3亿人次,年收入1400亿马克。私有林在德国占很大比重。老州(指原西德的11个州)国有林占30.4%,公有林占24.1%,私有林占45.5%;新州(指原东德的5个州)国有林占42.3%,公有林占8.6%,私有林占49.1%。有45万户私有林经营者,平均经营面积5公顷。在不同的林业所有制中,以私有林的经营状况最好。为提高私有林主的营林积极性,政府扩大了对私有林的项目资助。

德国原始林树种以阔叶树种为主。在18世纪末到19世纪的造林运动中,德国大部分地区的天然林被改变为针叶树种人工林,致使天然林几乎全部消失。大规模的人工林经营所带来的生态经济问题,如地力衰退、病虫害加剧、景观单调、风灾雪灾加重等,促使德国在20世纪后期,逐步在针叶林中引入阔叶树种。20世纪90年代德国全面采用"近自然林业"理论作为指导。此后,森林生长明显好转,平均蓄积量、生长量大幅提高。

德国林业发展的主要经验是:①划定保护区,重视保护天然林。德国认为天然林是"近自然林业"的样板,而且能带动森林旅游业的发展。现划定580个天然林保护

区，占国土面积的4.5%；12个生物圈保护区，占国土面积的3.2%；12个国家公园和5171个自然保护区，占国土面积的3.8%；85个自然公园，占国土面积的16%以上。②依法治林，严格管理。在世界林业发达国家中，德国是林业法律法规最为健全的国家。德国"近自然林业"的实施主要通过《森林法》和《自然保护法》。③用发达的木材工业带动林业发展。德国的木材业发达，既有规模宏大的木材加工企业，也包括数量众多的家庭手工作坊，主要生产日常生活小用具以及旅游产品，销售额最高的是家具，占全行业的28%。

（6）挪威。挪威的森林总面积为807.3万公顷，森林覆盖率为26.3%，森林总蓄积为6亿立方米，人均占有森林面积1.8公顷。林木蓄积年生长量2000万立方米，年采伐量约1000万立方米。主要树种有云杉、欧洲赤松、桦木。森林的轮伐期为70~100年。

挪威79%的林地面积为私人所有，其中绝大多数为农民，国家拥有10%，其余11%为州、公司和公共所有。80多年以来，挪威的林地所有制结构一直保持相对稳定，国家严格控制林权的转让。以私人拥有为主的森林所有制结构，使森林能够代代相传，这有助于保持森林经营管理的稳定性以及森林的长期价值。

挪威很早就认识到森林在人类生存和发展中的重要性，把保护森林、发展森林提到重要位置，并制定了一系列政策和法律。挪威林业政策的主要目标是促进林业生产，保证工业原料的正常供给，维护林业生产者的经济利益，加强林业在自然保护和多种利用方面的作用。挪威的《森林保护法》规定，林主对森林经营可自行决策，但政府有权采取措施制止过量采伐，以防破坏环境和影响生物多样性。对私有林建立监督机构，森林所有者必须认真植树造林，采伐迹地要及时更新。森林经营者都自觉遵守国家法律，没有乱砍滥伐的现象发生。经过百年的努力，森林资源得到大幅度的增长，蓄积量增加了1倍以上。

挪威对森林遵循可持续经营的原则，对商业性利用的林地保持资源利用的可持续性，保持生物多样性，对森林的利用必须在合理、安全的范围内进行。被划定为防护林的林区，在采伐前必须得到有关管理部门的批准。保留地和森林公园受到严格保护，在这些地区禁止一切林业活动。挪威大部分森林由林主实行经营管理，在私有林管理中，起协调、服务作用的民间社会化服务组织主要有林主协会、林业培训中心。

挪威十分重视人工植树造林，主要造林树种为云杉、欧洲赤松、栎树等乡土树种，谨慎使用外来树种，采用容器苗造林。目前，挪威提倡采用天然更新，天然更新的比重已达到60%左右。为提高森林生产力，挪威实行集约经营，采用混交、抚育间伐、排水、施肥等措施来提高林木的质量和产量。为便于森林的天然更新，采伐采用不规则的择伐方式，不允许大面积皆伐，只限定小面积的皆伐。

森林工业是挪威的重要产业，森工企业主要建在森林资源丰富的林区和木材重点产区。直接从事林业和森林工业的人数近3万人，并为旅游度假、狩猎娱乐等行业提供了大量的就业机会和收入来源。挪威每年林业和林产品的出口额达120亿挪威克朗，占其出口总额的5.5%，为第五大出口行业。在所有林产品中，纸产品的出口额最高，主要出口到西欧。其他林产品有锯材、纤维板、刨花板、胶合板等。

（7）芬兰。芬兰属温带针叶林气候，森林面积为2100万公顷，1998年木材储积总量近20亿立方米。森林覆盖率为66%，人均占有森林面积4.7公顷，为欧洲国家中最高。芬兰森林主要由三大树种组成，按蓄积量计算，欧洲赤松占46%，挪威云杉占37%，桦木占14%，其他阔叶树种占3%。芬兰森林所有制比例为：私有林占75%，芬兰20%的家庭拥有森林，公司林占9%，国有林占12%，其他占4%。

芬兰是世界上最早进行森林资源调查的国家，现在仍保存着80多年的森林资源消长情况的资料。

芬兰通过立法、长远规划、增加投资，不断提高森林利用率和森林生产力，形成了林业、森工、木材加工增长相互促进的局面。芬兰的第一部《森林法》于1886年颁布，强调私有林主在采伐后必须立即更新。1965年起，芬兰推行积极的森林政策，对营林增加投资，使森林的年生长量从5500万立方米提高到8000万立方米。1998年公布的国家森林计划是芬兰实施国家森林政策的另一个重要部分。其特点是：计划中包含了较多的森林多种效益部分；设立森林经营和保护工作组、森林利用与市场工作组和林业研究与发展工作组；有强烈的公众参与性和计划公开性；计划将进行环境影响评价。芬兰林业坚持的是一条"独木经济"的发展道路和积极平衡的政策，让森林生产力与森工生产力互动、提高。芬兰林业的年总增值平均为15亿欧元，平均每公顷森林的年净利润约为90欧元。

商业性采伐主要由私有林完成，芬兰年平均采伐量为4000~5500万立方米。年采伐面积为40万公顷，相当于林业用地的1.5%。到目前为止，芬兰境内所有进行采伐的森林都得到了由欧洲承认的芬兰林业证书系统颁发的证书——向客户保证森林是在有利于环境和社会发展的前提下经营管理的。芬兰的森林资源占世界0.5%，木材采伐量占世界1.5%，工业原木产量占世界2.5%，而森林工业产量占世界5%，森工产品出口占10%。森工产品出口占芬兰总出口值的25%。木材产品出口占全芬兰出口值的50%~60%。芬兰是世界第2大纸张、纸板出口国和第4大纸浆出口国。芬兰林业在国际上有着举足轻重的地位。

（8）瑞典。瑞典王国（简称"瑞典"），位于北欧斯堪的纳维亚半岛的东部，广大地区属温带针叶林气候，南部属温带阔叶林气候。瑞典属经济发达国家，工业在经济中占主要地位，森林工业、汽车工业、通信设备、特种钢、滚珠轴承、制药业在国际上都处于领先地位。

瑞典的森林面积为2340万公顷，森林覆盖率为57%。森林资源以针叶树为主，约占森林总面积的84%，其中挪威云杉占46%、欧洲赤松占38%。阔叶林约占森林总面积的16%，其中桦树占11%，其他5%为欧洲山杨、英国栎、欧洲山毛榉、欧洲椴木等。

瑞典林业经过近百年的努力，已逐步走上可持续发展的轨道，森林蓄积量、年生长量和年采伐量稳步增长。据估算，可持续的最大年采伐量可达9300万立方米，立木年生长量达1亿立方米。瑞典的森林资源为森林工业的持续发展奠定了可靠的基础。

瑞典于1993年通过的新《森林法》确定了森林环境和林业生产两大目标，体现了瑞典在联合国环境与发展大会上做出的承诺，意味着不仅推动实现木材生产的永续利用，而且还包括不损害林地生产力和生物多样性的森林生态系统的平衡利用。森林和林地的私人所有是瑞典的基本产权结构，国家仅拥有5%的生产性林地。瑞典每10年进行一次森林资源清查，对每个林班进行具体的规划设计，建立完整的森林资源档案。国有林业部门、林业公司和私有林主都必须按规划设计进行经营管理。为保持瑞典林业和林产品在全世界的商业地位，瑞典以高成本培育高质量的林木，林业企业尽可能地对生产过程进行优化，不断改进生产技术，使生产成本和木材价值保持在合理的水平。

瑞典的森林工业十分发达，锯材、纸浆和造纸工业在全世界处于领先地位，原木利用率达90%以上。目前，瑞典森林工业已经形成全方位、多品种、高度自动化、高度一体化的产业体系，产品包括锯材、纸浆、纸板、胶合板、纤维板、刨花板等。这些产品除了满足国内需求外，50%以上用于出口。20世纪90年代以来，森林工业年产值占瑞典工业总产值的8%，林产品出口总额占瑞典总出口额的17%，是创汇最多的产业。

（9）日本。日本是亚洲东部太平洋上的一个群岛之国，大部分地区属温和湿润的海洋性季风气候，森林资源极为丰富。森林面积为2512万公顷，森林覆盖率高达67%，仅次于芬兰和瑞典，居世界第3位。森林蓄积量为40.4亿立方米，每公顷平均蓄积量达160.8立方米。森林年生长量为8000万立方米，每公顷年平均生长量3.2立方米。从林种构成上看，天然林占森林总面积的49.6%，人工林占50.4%。从所有形态上看，国有林为784万公顷，占森林总面积的31%；民有林为1728万公顷，占69%。

日本实行的是功能主导型的分类经营，森林划分为3种类型：水土保全林占66%，人与自然共生林占13%，资源循环利用林占21%。各类森林在发挥其主导功能的前提下兼顾木材等林产品生产，而不是实行"一刀切"的禁伐政策。

日本的林业法律法规体系非常完备。到目前为止，已经颁布实施的林业法律法规达30余部，其中最基本的法律是《森林法》和《森林林业基本法》。《森林法》具有资源管理法的性质，《森林林业基本法》则属于产业管理法。资源法与产业法并行的林业法律体系是日本林业的重要特色之一。

森林组合是日本唯一的有专门法律（森林组合法）保护的林业合作组织，是私有林最基本的组织和管理形式，它不仅是连接林农与政府、个体生产者与大市场的桥梁和纽带，在私有林的生产经营中也发挥着不可替代的作用。由森林组合实施的造林和抚育面积占到了民有林造林、抚育面积的88%和70%。

1998年，日本对国有林经营管理体制进行了彻底的改革。①废弃了以独立核算为前提的企业式特别会计制度，实行以公共财政投入为主的公益型特别会计制度；②将国有林定位为"全体国民共同的财产"，建立了向国民开放、由国民共同参与的国有林经营管理体制。国有林的主要经营方向也从以木材生产为主，转到了以保持水土、涵养水源、保护生物多样性、防止全球变暖、为国民提供生态旅游、休闲游憩、科学研究和环境教育等服务为主，将以木材生产为主要目的资源循环利用林的比重压缩到20%以下。

日本林业的主要问题是虽然资源丰富，但木材自给率却很低。日本是世界上进口木材最多的国家之一，在每年消耗的1亿立方米木材中，国产木材只占18.4%，其余均靠进口。仅就森林生长量来看，日本完全有能力实现木材自给。实际上，这并非仅仅出于生态安全的考虑，更重要的是经济原因。由于日本劳动力成本过高，使得国产木材价格远远高于进口木材。对于林业经营者来说，采伐的树木越多就意味着亏损越大。因而造成大量人工林经营不善，任其疯长，严重影响了森林多种机能的正常发挥。为此，日本政府采取了一系列措施，如推进间伐材利用、开发高性能机械来降低成本、寻求向中韩等国出口木材的路子、提高对森林经营的资助（高达70%～80%）等，北海道的国有林管理部门甚至采取"谁采谁有"的政策来鼓励民众参与采伐，但仍然收效甚微。日本的教训充分说明没有产业的林业是没有出路的林业。

（10）印度尼西亚。印度尼西亚是世界上著名的千岛之国。印尼动植物种类十分丰富，有显花植物2.5万种，森林树种共有4000多种，其中具有商业价值的近250种，商业用材树种50多种。现有森林面积为1.2亿公顷，占国土面积的63.7%。活立木蓄积量约83亿立方米。森林面积和活立木蓄积量分别为亚洲第1位和第2位。主要森林类型有热带常绿雨林、落叶林、红树林、沼泽林、海岸林、泥炭林和次生林，集中分布在加里曼丹、伊里安、苏门答腊、苏拉威西和爪哇5个岛屿。森林资源以阔叶林为主，针叶林主要分布在加里曼丹岛。根据不同的经营目的，森林又分为生产林、有限生产林、防护林、保护区和转换林。

印尼的森林全部为国家所有，中央设有林业部，27个省设有地方政府林务局，林务局下设地区林业局，实行三级管理。森林采伐由林业部统一规划管理，不允许皆伐，必须择伐。天然林的经营按照"修正择伐施业法""皆伐—天然更新施业法"和"皆伐—人工更新施业法"3项施业法进行。主要的人工造林类型有工业用材林造林、移民林造林和重点林种造林。另外，由森林和自然保护总局负责全印尼的森林保护工作，重点推动各类保护区建立，防护林和水土保持林规划，游民妥善安置和发展社会林业。

印尼是世界上最大的热带林国家和热带木材生产国之一，也是世界上最大的热带木材出口国之一。目前，印尼木材及相关产品的出口创汇值仅次于石油天然气和纺织品，每年出口总额为75亿～80亿美元，其中木材制品的出口产值占国民经济的比重不断增大。主要木材制品为人造板、纸浆和纸产品。印尼是世界上最大的胶合板出口国，主要市场包括日本、美国、韩国和中国等。

（三）珠江三角洲都市群的经济林与生态林

珠江三角洲地区人口众多，城镇密集，工业发达，也是乡镇企业集中地区，商品经济发育较充分，是全省最主要的林产品加工基地和林产品贸易集散地，拥有全省最大的花卉、绿化苗木生产基地，是广东平原农田防护林、沿海防护林和城市林业等建设的主要地区。

林业的发展，对改善和优化珠江三角洲地区的生态环境，保障社会与国民经济发展起着重要作用。目前，全区拥有林地面积183.12万公顷，其中生态公益林地面积71.60万公顷，占39.10%；商品林地面积111.52万公顷，占60.90%。按地类划分：有林地157.13万公顷（包括林分134.81万公顷、经济林19.45万公顷、竹林2.87万公顷），疏林地1.38万公顷，灌木林地10.34万公顷，未成林造林地5.23万公顷，无林地9.04万公顷；活立木蓄积量3882.2万立方米。

珠三角都市群发展适合本地区的城市林业已初具雏形，初步形成了以广州为中心，由广州、深圳、珠海、佛山、江门、惠州、东莞、中山8市所辖38个县（市、区）组成的珠江三角洲城市林业生态圈。整个都市群以推进城市林业建设和发展花卉业为突破口，拓展新兴产业，建立野生动物驯养繁殖基地和红树林湿地生态圈，适度发展速生丰产林，巩固提高人造板和家具业；启动了饮用水功能区水源涵养林建设。在绿色通道建设方面取得突破性进展，构建了以环城绿色生态安全隔离林带为主的城市森林生态框架，改善和提升了城市生态质量和品位，建成了以森林为主体的城市森林生态网络体系，逐步营造出"城在林中、路在绿中、房在园中、人在景中"的城市森林氛围。

近几年，广东已逐步认识到碳汇的重要性，提出了碳汇战略。广东省林业局制定了《广东应对气候变化林业行动方案》，提出要采取多种措施强化森林资源管理，科学营造林，大力增加森林碳汇，到2020年，森林面积比2009年增加900万亩，林木蓄积量增加1.32亿立方米，森林覆盖率达到58%；广东要继续加强森林资源保护管理，坚持依法治林，不断建立和完善有关林业产业政策、财税政策、信贷政策、投资政策、森林保险制度，健全生态效益补偿机制。同时，将加大碳汇林业宣传教育力度，积极探索碳汇林业发展新机制，组织开展义务植树、消除碳足迹等专项活动，增强公众的生态环境保护意识，广泛动员社会各方面力量投身于生态建设和林业发展，为林业有效应对气候变化创造良好的社会氛围。

珠江三角洲都市群十分重视落实广东碳汇战略，加大了对森林覆盖与湿地的管理，提升它们的总体碳汇能力。碳汇概念的提出，要求社会各个方面加大投资力度，确保森林资源数量增长、质量提高，森林碳汇增加。中国绿色碳基金广东专项呼之欲出。它主要用于支持植树造林、森林资源管理等林业碳汇相关事业发展和应对气候变化林业行动计划的实施，这样既能以较低的成本帮助企业自愿减少二氧化碳排放，树立良好的公众形象，又能增加森林植被，巩固国家生态安全，为应对气候变化做出贡献。

（四）自然保护区

珠江三角洲都市群对自然保护区的认识经历了一个逐步提升的过程。从表层含义上看，设立自然保护区的初衷是"保护自然区"，以避免人为因素对自然生态系统的干扰与破坏。但从本质上看，自然保护区是依法享有国家特殊管理的一种"公共产品"，其功能包括维持区域生态系统的健康，协调区域内人与自然的关系，保障城市空间"合理有序"扩展。在低碳时代，它肩负重要碳汇的使命。

20世纪90年代以来，珠江三角洲各级城镇急速扩张，旨在促进城市空间有序扩展的绿地系统规划，因缺乏有效的管理而收效甚微。国家实施的严格耕地保护政策遏制了耕地被过快蚕食，但耕地之外的未利用土地，包括滩涂、丘陵林地等，隶属于农村集体或由政府直接管辖，在国家层面缺乏法律法规予以管制。地方为获取土地非农开发的高额收益，未利用土地常被过度开发。部分地区对经济收益的诉求超过了对生态价值的尊重，自然景观破碎化、自然水系统遭到严重破坏、生物栖息地和迁徙廊道丧失，城市对自然灾害的抵御能力和免疫力大大降低。基于此，广东省在珠江三角洲地区探讨了在快速城市化地区设立自然保护区的可行性。

2005年底，珠江三角洲拥有55个自然保护区，总面积占其国土面积的比例为4.77%，平均面积为35.21平方千米，为全国自然保护区平均面积的十九分之一。可喜的是，在珠江三角洲区域层面上逐步禁止了针对湿地的围垦，1678.22平方千米的生态公益林转化为自然保护区，主要做法包括抢救性建设红树林湿地、基塘湿地、河口湿地等自然保护区。

目前，珠三角都市群九大城市存在的主要问题是，自然保护区面积较小，且空间结构不甚合理（见表10-1）。

表10-1　珠三角都市群自然保护区分布

城市	自然保护区名称	成立时间	级别	自然保护区规划面积	位置
东莞	无	无	无	无	无
佛山	无	无	无	无	无
中山	无	无	无	无	无
广州	广东从化陈禾洞省级自然保护区	2007年1月	省级自然保护区	7054.36公顷	广东从化吕田镇境内
深圳	广东内伶仃福田国家级自然保护区	1984年10月	国家级	900多公顷	珠江口内伶仃洋东侧，处在深圳、珠海、香港、澳门之间
珠海	广东珠海淇澳—担杆岛省级自然保护区	1989年11月24日	省级	7000多公顷	淇澳岛西北部
惠州	广东象头山国家级自然保护区	1998年12月	国家级	10000多公顷	惠州市北部，博罗县境内
惠州	广东惠东古田省级自然保护区	1984年4月	省级	2189公顷	惠东县西北部
惠州	广东罗浮山省级自然保护区	1985年	省级	9828公顷	博罗、增城、龙门三县交界处的博罗县境内
惠州	广东龙门南昆山省级自然保护区	1984年	省级	1887公顷	龙门县西南
惠州	广东惠东莲花山白盆珠省级自然保护区	2004年	省级	14000多公顷	惠东县城东北部

续表

城市	自然保护区名称	成立时间	级别	自然保护区规划面积	位置
江门	广东恩平七星坑省级自然保护区	2007年1月25日	省级	8060.3公顷，其中核心区面积3284.2公顷	保护区属横亘于云浮、江门、阳江三市的天路山脉的南端
	广东台山上川岛猕猴省级自然保护区	1990年1月	省级	2000多公顷	位于台山市上川岛的北边，东与飞沙滩旅游区相邻
	广东江门古兜山省级自然保护区	2001年10月30日	省级	总面积为11000多公顷	位于江门市辖的台山市与新会区之间
肇庆	广东怀集三岳省级自然保护区	2004年1月	省级	总面积6000多公顷	怀集县蓝钟镇境内
	广东封开黑石顶省级自然保护区	1995年12月	省级	总面积4200公顷	封开县中南部
	广东怀集大稠顶省级自然保护区	2004年1月	省级	总面积3000公顷	肇庆市怀集县北部新岗林场境内
	广东西江烂柯山省级自然保护区	2004年1月	省级	7961.59公顷	肇庆市和高要市东北郊，西江下游河畔，珠江三角洲西北角

二、湿地恢复行动

珠江三角洲北依南岭，南临南海，热量和水分充足，湿地资源丰富，全区共有湿地约53万公顷，其中红树林有702.2公顷。主要特点是冲积平原地势低、连片面积大，海岸线绵长，海岸曲折多港湾，红树林分布广，河流水系发达，河道纵横交错，水产养殖基塘面积广。广袤的湿地孕育了丰富的生物多样性。

湿地被誉为"地球之肾"，在调节气候、涵养水源、防治洪涝灾害、净化环境、保护生物多样性方面发挥了巨大的作用。但在相信"人定胜天"的年代及随后相当长一段时期，湿地受到严重破坏，面积急剧减少。盲目围垦和城市开发占用导致天然湿地面积削减、功能下降；对湿地资源和水资源的过度利用造成湿地生物多样性衰退；湿地污染严重，水质恶化。

我国政府1992年正式加入《湿地公约》，这是我国湿地保护管理工作的一个新的里程碑。尽管如此，湿地恶化趋势直到近几年才得到根本性扭转。

第十章 绿化及城市系统自然化

2000年,国家林业局(2018年改为国家林业和草原局)公布实施《中国湿地保护行动计划》。这是我国政府履行国际《湿地公约》,加强湿地保护工作的一项重大举措。这一行动计划,拟用5年时间遏制由人类活动导致的天然湿地减少的趋势,初步建立湿地保护和合理利用的管理秩序,开展湿地恢复的试验性工作。从2006年至2020年,逐步恢复退化或丧失的湿地,提高对国家重要湿地和自然保护区的管理水平,使我国的天然湿地及其生物多样性得到有效保护。这一计划的启动,使湿地保护的行动朝着统一的方向发展。珠江三角洲湿地被《中国湿地保护行动计划》列入优先保护项目。

随着经济发展水平和生活水平的提高,面对恶化的湿地环境,珠江三角洲都市群的湿地问题得到重视,并被提到广东省和各地市政府的议事日程。珠江三角洲都市群和省内其他地区的湿地问题在广东省层面统一筹划、运作。

2002年,广东省组织完成了全省的湿地资源调查和红树林资源专项调查。同时,组织有关科研院校对红树林及其湿地生态系统开展系统研究,并对珍稀水鸟的地理分布、种群数量以及保护策略等做了大量调查,获得多项研究成果。

2006年6月,广东省人民代表大会会议常务委员会通过了《广东省湿地保护条例》(简称《条例》),并于同年9月1日起正式实施。《条例》的颁布实施,为推进广东省湿地保护依法行政、理顺管理体制、切实履行国际义务提供了制度保障。

随后,广东省人民政府批转了由省林业局组织编写的《广东省湿地保护规划(2006—2030年)》(简称《规划》)。《规划》明确了全省湿地发展目标、建设布局、建设任务,确定了重点建设工程,描绘了广东省湿地的美好蓝图,要求到2030年,全省湿地类型自然保护区达到199个,保护面积达118.24万公顷,其中,国家级湿地保护区达到23个;红树林面积恢复至3.7万公顷;建设各湿地公园100个;全省国际重要湿地达11处,省级重要湿地达99处,建立湿地可持续利用示范区14处。

2006年8月,省政府召开了广东省湿地保护管理第一次联席会议,并向有关部门和各地印发了会议纪要,标志着广东湿地保护管理综合协调平台正式运作。同时,还依法组织开展了打击乱征滥占红树林地、非法围垦湿地等破坏湿地资源行为的专项检查行动。

进入21世纪以来,广东申报并获批了广东省省级湿地监测能力建设项目等7个国家湿地工程项目,总投资4000多万元。全省还投入1.58亿元实施沿海防护林体系二期工程建设,其中人工营造红树林4066.7公顷。同时,加强与国际和港澳地区的合作。与世界自然(香港)基金会合作,在海丰县启动了由汇丰集团无偿资助450万元的"汇丰/世界自然基金会海丰湿地项目";与联合国环境署/全球环境基金合作,投入40万美元在汕头海岸湿地自然保护区实施国内首个东亚—澳大利西亚迁飞路线中国候鸟保护网络建设项目(GEF项目)。

近年来,广东省各级湿地保护有关部门在"世界湿地日""鸟节""爱鸟周"等期间,组织电视、广播、报刊、网络等媒体开展形式多样的湿地保护宣传活动。2007年,省林业局在华南师范大学附属中学挂牌成立了"广东省湿地教育基地",并组织师生们开展了丰富多彩的湿地实地考察活动,进一步丰富了湿地宣传的形式。

应该说,最近几年,珠江三角洲都市群的湿地问题得到政府的高度重视,也取得了明显的成绩。但面向未来,特别是在落实珠三角规划纲要中,仍需进一步开拓思路,提升湿地保护水平。借鉴国外一些保护利用湿地的经典案例,显得十分有必要。

目前,国际社会对湿地的保护主要有两种模式:一种是以纯保护为主的湿地原生态区运作模式,一种是偏重利用的湿地风景旅游区运作模式。

从老工业区到城市湿地乐园,是英国在湿地保护利用上的一大经验。它将城市附近荒废的老工业区改造成为湿地公园。伦敦湿地中心是世界上第一个建在大都市中心的湿地公园,距离白金汉宫只有25分钟车程。很少有人知道,这里曾经是4个废弃的水库。在建设伦敦湿地中心的过程中,当地人始终抱着这样一种认识:湿地是一个生态系统,生态系统的建立和运转需要一定的时间,不能急于求成,因此这个湿地公园在建成8年后才对外开放。其间,科技人员定期监测生物的恢复状态,直到这里水草丰盈、树木繁茂。如今,这里已成为欧洲最大的城市人工湿地系统,种植了30多万株水生植物和3万多棵不同的树木,常年栖息和迁徙经过的鸟类达到180多种。

日本在科学管理促进湿地健康发展方面进行了卓有成效的探索实践。它的经验是,在保护好湿地的同时,产生一定经济效益,开展科研工作。①严格控制游客数量,避免人类活动对湿地造成重大影响。一旦游客临近或达到事先设定人数上限,湿地公园就不再放行。②注重寓教于乐。不少湿地公园里的动物模型都是用栓皮雕刻成的。这样既减少了制作费用,又不会伤害动物。公园还出售栓皮,供游客亲手制作小动物模型。③合理设计公园设施。北海道湿地公园为游客设计了能看到最多景观的路线,建议了最佳观赏时间,并提供了大量资料供游客取阅。工作人员估算游客感觉疲惫的行走距离,恰到好处地设置可供休息的小亭子。待游客坐下一看,还能发现旁边正好有一些湿地动植物的小图片、小资料。一趟旅行下来,游客们玩得尽兴,也学得开心。④湿地风景区还成为良好的科研基地。日本瓢湖湿地保护区多年来一直坚持观测候鸟,每年从第一只鸟飞来的那天开始,直到最后一只鸟离开,都记录在案。工作人员还在保护区2公里内设置了大量摄像头,需要时可随时拉近镜头,在不打扰鸟类的同时,方便科研人员或游客近距离观察。

通过参与提高公民的湿地保护意识是先进国家的普遍做法。不打扰小动物是研究和观赏湿地生物的要求之一。在欧美一些国家的湿地公园里,常常可以看到父母向小孩示意安静,因为旁边的那只小鸟正在睡觉呢。作为回馈,公园也会开辟专门的区域供游客近距离接触湿地动植物。美国的明尼阿波利斯市有一个著名的野生动物保护所,每年吸引大量游客,尤其是中小学生前来参观。小游客们可以亲自用小网兜等工具捕捞鱼虾和昆虫,在显微镜下观察并学习相关的生物知识。在日本琵琶湖湿地公园的体验区,游客可以伸手到水池里摸一摸鱼、捏一捏海参,大人小孩都捋起袖子齐上阵,玩得不亦乐乎。在韩国安山市的湿地实验学校,学生们可以自己踩水车扬水,将水引入晒池晒盐,晒好的盐学生们可以自己带走。在学校附近的滩涂,工作人员还种上了各种湿地常见的植物,让学生们辨识。

区域联动共同保护湿地资源也是值得推广的国际经验。相当一部分湿地资源跨越了多个国家和地区,因此,区域联动、通力协作就成为保护湿地及其他生态环境的

必然选择。斑尾塍鹬的迁徙就是一个成功的例子。每年3月下旬，500多万只斑尾塍鹬都要从南半球的新西兰出发，一刻不停地飞抵北半球的中国、朝鲜和日本等国家的滩涂。它们在这里停歇约5周后继续飞往美国阿拉斯加繁衍后代，之后再飞回新西兰。这趟超过3.5万公里的旅程跨越了22个国家和地区，只有这些国家和地区共同努力，这趟迁徙才能顺利完成。为此，澳大利亚、日本每年都会出资召开研讨会，供沿途的国家交流数据、共享资料。美国还为一些鸟装上了价值5000美元的小型卫星跟踪装置，并动用了3颗卫星进行全程监测，所得数据无偿提供给这22个国家和地区的相关组织。更重要的是，各个国家和地区都尽力保护沿途湿地，不轻易开发这些一年可能只被小鸟使用几周的湿地，大家深知一旦路途中的某块湿地受到破坏，这个跨越22个国家和地区的旅程就无法继续了。《湿地公约》开篇即明确承认季节性迁徙中的水禽可能超越国界，因此应被视为国际性资源，呼吁国际社会的共同努力。不仅是鸟类的保护，在整个湿地保护的工作中，局部的合作、国际的合作都是必须的，因为湿地是全人类共同的资源。

三、河涌综合整治及生态修复行动

河涌是珠江三角洲都市群城市生态和城市形象的重要组成部分。它具有很强的功能价值，集中体现在泄洪、排污、调节小气候、美化景观等方面，是城市之"肾"或湿地网络和城市景观脉的重要组成部分。

平原水网交织，河涌呈现典型的岭南水乡特色。20世纪70—80年代，珠江三角洲的河涌清澈见底，但始于改革开放的工业化和城市化快速进程，迅速改变了"小河有水清如许"这一美丽的景象。

到20世纪90年代，由高增长带来的高能耗、高污染，被认为是经济发展应该付出的代价和成本。当一片片桑基鱼塘被厂房覆盖时，蓦然回首，人们发现珠江三角洲这块最先承载富裕梦想的热土，原本可以掬水而啜的一条条小溪流变黑变臭了。

历史上珠江三角洲以"三江汇流、河网纵横、洪潮交叠、八口分注"被列为目前世界上范围最大、结构最复杂的河网区域，而污染珠江三角洲水系的"罪魁祸首"，正是人类活动。

（1）工业废水大量倾注。工业发展和水源污染像是一对形影不离的兄弟，广东经济最发达的珠江三角洲地区目前已经成为广东省污染物的主要排放区，污水排放量占广东全省的70%，其中工业污水占广东全省工业污水量的61%。珠江三角洲的经济龙头城市中，广州、江门、佛山三市的污水总量占珠江三角洲地区的70%以上。

（2）生活污水更是大量倾注。大量的工业污水已经令河流不堪重负，而生活污水更是雪上加霜。生活污水的排放量已经占到所有污水排放量的70%。经济社会发展较快，治污规划滞后，废污水收集处理系统不健全，市政设施薄弱、管理不善，导致雨污混流现象十分严重；餐饮业污水、畜禽业污水、沿河公厕粪便直排入河更是触目惊心。在兴建生活污水处理厂之前，绝大多数的生活污水未经处理就直接被排进城市的"毛细血管"。有数据表明,珠江三角洲每天排放的工业废水达235万吨、城市生活污水达660万吨、农村生活污水达240万吨。这1000多万吨的污水,大部分未经任何处理就被排入河涌。

(3)垃圾入河和水土流失也屡见不鲜。由于沿河部分居民、生产建设单位水法意识、环保意识、清洁意识等不强,生活垃圾、工业废渣、建筑垃圾等入河现象屡禁不止,造成河道污染、河床淤积、水流不畅,蓄水、过流能力下降。公路、铁路、水库电站、矿山、工业和民用建筑等开发建设项目破坏植被和山体,造成水土流失,危及河道水环境。

(4)还存在大量的违章搭建。河道管理范围内违章搭建工棚、畜禽栏舍、茅坑、简易住房等建(构)筑物,不但严重影响了河道两岸的环境和景观,而且由于这些违章建(构)筑物的排水设施极不完善,废污水直排入河,对水体造成危害。

"河流河涌污染"迅速成为舆论的热点、全民的公敌。位于东莞市长安镇的某纺织印染公司,在地下偷埋暗管,日偷排印染废水达2万多吨。当地群众不但举报了该公司的偷排事件,而且在举报信中还画图指明了暗管的具体位置,执法人员得以一举查获了该公司设置了两年的两条暗管,并依法发出总额1155万元的排污费追缴单。在一些环境案件中,群众挺身而出,成为政府部门现场查处的领路人。深圳某公司利用精心设计的活动变换管道,深夜偷排污水,举报人陪同执法人员一起埋伏、翻过围墙,在偷排企业来不及变换管道的情况下赶到了现场。

从20世纪90年代中期开始,政府着手整治河涌。早期的治理模式是定期人工清理水浮莲等杂物,然后疏挖河涌。旧的整治方式,见效快,容易取得阶段性成果,却是治标不治本的方式。表面上河涌水质大有改善,却会在短时间内死灰复燃,水体依然发黑发臭。后来更多采用的模式是污水处理、完善管网、河涌截污、清淤补水等方式,还有一些河涌的上游建水闸,人工改变河流的流量,配以雨污分流、关闭重污染企业、减少废水量等。

进入21世纪后,人们对生产生活环境的诉求提升到一个新高度。但此时的珠江流域水质量问题异常严峻。2001年珠江流域40个省控江段水质监测结果,劣于V类的有佛山水道、东莞运河、珠江广州河段等江段,占17.5%。近岸海域"赤潮"时有发生。仅六成饮用水源完全达标。珠江流经城市河段以及内河涌遭受严重的有机污染,不少水体发黑发臭,严重影响饮用水源水质,水质性缺水问题尖锐。根据2001年广东省城市饮用水源水质监测统计结果可知,珠江沿岸14个城市中,广州、珠海、顺德等5个城市未达标,主要超标项目为总磷、氨氮、粪大肠菌群和耗氧有机物。

2002年,中共广东省委常委会会议提出启动珠江综合整治工程。同年10月,省政府批复广东省环保局编制《广东省珠江水环境综合整治方案》(简称《方案》),并召开全省珠江整治会议进行部署。《方案》提出,到2010年共投资445.87亿元进行珠江水环境整治工程的建设,其中包含161项污水处理项目和31项重点整治项目。《方案》对全省175家水污染严重工业企业提出限期达标要求。

珠江综合整治工程要求,珠江要一年一小变。西江、北江、东江干流和主要支流的水体质量要满足相应的环境功能目标要求,部分污染严重河段的水质有所改善。

岐江河达到适用于一般工业用水、非直接接触的娱乐用水（Ⅳ类）；珠江广州河段、南山河、佛山水道、江门河、龙岗河、坪山河、深圳河达到适用于农业用水、一般景观用水要求（Ⅴ类）；惠州西湖、肇庆星湖达到适用于非直接接触的娱乐用水要求（Ⅳ类）；万人以上的城镇开始规划建设一座以上的城市生活污水处理厂；珠江三角洲网河区各城镇规划整治一条以上污染较重的河涌。

珠江要三年一中变。到2005年底，珠江城市河段消除黑臭。重要江河湖库、饮用水源和近岸海域水质得到有效保护，饮用水源水质满足功能要求；国控、省控江段以及跨市河流交界断面水质达标率达75%，部分流经城镇严重污染的河段水环境质量有明显改善，基本消除流经城市河段黑臭；工业废水排放达标率85%以上；城市生活污水处理率达40%以上，珠江三角洲城市达50%以上；环保投入占生产总值的比例达2.5%以上。

珠江要八年一大变。到广州亚运会召开的2010年，珠三角污水处理逾七成。主要地表水和近岸海域水体环境质量达到功能目标要求，西江、北江、东江及珠江三角洲水系主干、支流水质维持良好水平；流经城市河段成为市民和游客观赏景观、景点的场所；集中饮用水源满足功能要求；国控、省控江段以及跨市河流交界断面水质达标率达80%；工业废水排放达标率达90%以上；城市生活污水处理率达60%以上，珠江三角洲和经济特区城市达70%以上；环保投入占生产总值的比例达3%以上；将珠江流域水源涵养林和水土保持林建设成具有稳定生态功能的森林生态系统。

珠江综合整治工程严禁在饮用水源保护区内进行各项开发活动和排污行为，严格控制利用饮用水源水库搞旅游开发活动。广东珠江流域内实施污染物排放总量控制和排污许可证制度。规划要求的污染物总量控制指标，将其分解到各县、各河段和主要企业，最终落实到排污单位。各企业和各地区必须做到"增产不增污"，乃至"增产减污"。工业污染防治要依靠科技进步，治理重点工业污染源。抓好建材、化工、造纸、冶炼、制糖、食品发酵、电镀、纺织印染、制革等污染严重行业的治理，要求各地市对全省175家水污染严重企业进行限期达标，并进行重点控制。加快建设城市生活污水处理厂和配套的污水管网，在珠江沿岸主要城市近期和远期建设污水处理厂项目161项，总投资约为255.1041亿元，设计处理能力共1250万吨/日。

但河涌治理迟迟没有达到预期效果。2006年12月，广东省人大常委会执法检查组曾对广州、佛山、汕头等地市进行检查，作为主要饮用水源地的珠江广州河段西航道、花都区巴江河、流溪河白云区段、市桥水道都是Ⅳ类水，有的指标甚至达到了Ⅴ类。2007年的广东省主要城市集中饮用水源地水质监测表明，广州8个代表站全部超标，其中水质极端恶化、超Ⅴ类的站点有5个。Ⅳ类水是不能饮用的，Ⅴ类水已经失去水的功能。

广州社情民意研究中心开展的"珠三角地区环境状况公众评价调查"结果显示，受访者对珠三角地区污染程度的评价趋向中性偏负面，有五成七的人认为"河流河涌污染"严重。有四成一的人近一年来因为环境污染而感到身体不适。广州、佛山的满意度尤其偏低。该调查采用按各城市人口等比抽样的方法，电话访问了广州、佛山、深圳、东莞、珠海、江门、中山、惠州、肇庆9个城市共2006位居民。调查显示，在水、大气、声、光、土壤5项主要环境指标中，"水环境"污染严重的比例最高，达43.0%；其中，"河流河涌污染"严重评价最为突出，高达57.1%。

为确保珠江综合整治目标的实现，珠江三角洲都市群各市政府不惜斥巨资整治河涌。当时为了整治河涌，投入的资金都是以"亿"为单位的。中山市2008年1—8月，全市共投入1.04亿元整治河涌。佛山市准备投入102.69亿元整治市内的1072.8千米河涌。根据《广州市污水治理和河涌综合整治工作方案》，2009—2010年6月底，全市污水治理和河涌综合整治各类工程估算总投资486.15亿元。其中，污水治理工程投入184.74亿元，调水补水工程投入27.59亿元，河涌综合整治工程投入119.33亿元，水浸街治理工程投入9亿元，雨污分流改造投入145.5亿元。

截至2009年底，珠江水环境综合整治共开展城市河段和河涌综合整治工程900多项、基本完成600多项，其中列入《广东省珠江水环境综合整治方案》的15项综合整治工程，已经完成及基本完成12项，占80%；全流域污水总处理能力达1185万吨/日（比2008年增加44座污水处理厂）；流域工业废水排放达标率为96.8%；13个地级以上市污染源监控中心已全部建成；流域共有250家企业自觉申请并通过清洁生产验收，被认定为广东省清洁生产企业。

2009年度珠江综合整治考核结果显示，2009年珠江流域主要大江大河的水质维持良好（Ⅱ类至Ⅲ类），集中式饮用水源水质安全得到保障，珠江综合整治任务的完成情况总体良好，但珠江污染向上中游地区转移趋势明显，肇庆、清远、江门等珠江中上游城市的综合整治情况较差，分居考核结果后三位。

总体来说，珠江三角洲都市群对河涌治理大致经历过3个阶段：任其自然发展阶段、砌壁防洪—填埋治理阶段、亲水治理阶段。目前，河涌治理涉及市政园林、规划、水利、环保等多个部门。普遍存在的突出缺陷是疏于清淤、岸墙亲水性差、景观树种不合理、因地制宜性差，对本土文化的传承不足，对河涌作为城市景观脉的把握不够。珠江三角洲平原河涌多，十分需要针对上述问题进行检讨。

"生态河涌"是规划整治中的最高境界理念，它要求河涌的整治要充分体现以人为本，使河涌成为市民休闲、旅游、文化娱乐的亮丽景观带和休闲好去处，使河涌整治成为亲水工程、民心工程。"生态河涌"要求在底泥清淤、截污（把污水入管送往污水厂处理，确保水体免受污染）、堤岸亲水整治与景观绿化、补充水量、保持景观水位方面下功夫，甚至要对河涌控制线以外的环境进行整体综合整理。经过治理后，河涌应该成为可以"亲身感受水流的小溪"。市民可以靠近水边，倾听流水的声音，欣赏水面的光影……做到这些以后，居民最渴望居住的将是靠近河涌的小区。

面向未来，在生态河涌规划、整治、建设方面，国际经验对珠江三角洲都市群大有裨益。

保护莱茵河国际委员会（International Commission for the Protection of the Rhine, ICPR）莱茵河河流治理经验。莱茵河是西欧第一大河，流经瑞士、德国、法国、卢森堡、荷兰等9个欧洲国家，是沿途几个国家近2000万人的饮用水源，是世界上管理得最好的一条河，也是世界上人与河流关系处理得最成功的一条河。然而，莱茵河并不是一直都这样好的，它曾经也被称为"欧洲下水道""欧洲公共厕所"。自19世纪末期

第十章 绿化及城市系统自然化

开始,随着流域内人口的增加和工业的发展,莱茵河的水质日益下降。到20世纪20年代,莱茵河下游的渔民不断抱怨鱼肉的味道越来越差,原因是德国鲁尔工业区排放的废水中含有大量苯酚。20世纪中叶,莱茵河的污染继续加重。"二战"后的欧洲百废待兴,在大规模的战后重建中,莱茵河流域逐渐发展成为欧洲最主要的经济命脉,以鲁尔工业区为代表的多个工业区沿河分布。这些企业不仅向莱茵河索取工业用水,还将大量用过的工业废水排入莱茵河。莱茵河作为繁忙的水上交通线,还承受了水上交通带来的污染。同时,工业的发展需要劳动力,将许多农业人口吸收到莱茵河附近的城市中来。众多的城市人口直接导致生活污水的增加,大量的工业垃圾和生活污水同时向莱茵河倾泻。莱茵河简直成了"欧洲下水道"。

1950年7月11日,瑞士、法国、卢森堡、联邦德国和荷兰在瑞士巴塞尔成立了保护莱茵河国际委员会(ICPR)。尽管在成立之初,ICPR做出了很大的努力,但一开始的工作并没有取得显著成效。因为在"二战"后,欧洲大陆各国需要在废墟上重新迅速建立起家园,发展工业是头等要事。而且,对流域内的9个国家来说莱茵河的重要性并不一样,这9个国家的经济发展水平也不一样。因此,到了20世纪70年代,莱茵河的污染程度进一步加剧,大量未经处理的有机废水被倾倒入莱茵河,导致莱茵河水的氧气含量不断降低,生物物种减少,河流中的鱼和其他水生动物大量死亡,河水散发阵阵臭味。最具代表性的鱼类——鲑鱼开始死亡。

1986年11月1日,瑞士巴塞尔附近的一家化工厂发生爆炸,救火时喷出的水柱将20吨含有剧毒的农药冲进莱茵河,数百公里河段遭剧毒污染,鱼和其他生物几乎全部死亡。事故发生后,沿岸国家负责管理莱茵河的部长们连续在瑞士苏黎世和荷兰鹿特丹召开紧急会议、商讨对策,最后委托保护莱茵河国际委员会制订一个彻底根治莱茵河的方案。事故发生后,瑞士桑多斯化学公司在公众的压力下,捐赠了500万瑞士法郎来清除污染和改善水生动物的生活环境。桑多斯公司的这笔基金为"莱茵河行动计划"的第一阶段提供了资助。由于害怕失去消费者的支持,在绿党的推动下,瑞士、德国的化学公司带头,法国、卢森堡和荷兰的公司紧随其后,为莱茵河的研究和恢复捐出了数百万美元,希望借此建立良好的环境声誉。

1987年,在法国斯特拉斯堡举行的环保会议上,沿岸国家的环境部长一致通过了保护莱茵河国际委员会制定的《2000年前莱茵河行动计划》。从此,莱茵河的治理翻开了新的一页。这个计划得到了莱茵河流域各国和欧共体的一致支持,其特点是以生态系统恢复作为莱茵河重建的主要指标,是以流域敏感物种的种群表现对环境变化进行评估的方法。此计划详细地提出了要使生物群落重返莱茵河及其支流所需要提供的条件,治理的总目标是莱茵河要成为"一个完整的生态系统的骨干"。在这个计划中,水环境改善的目标不是简单地用若干水质指标来衡量,而是将目标确定为恢复一个完整的流域生态系统,这是建立在"洁净的河流应该是一个健全生态系统的骨干"理念基础之上的。到2000年,莱茵河环境整治和生态恢复的预定目标全面实现,沿河森林茂密,湿地发育,水质清澈洁净。鲑鱼已经从河口洄游到处于上游的瑞士一带产卵,鱼类、鸟类和两栖动物重返莱茵河。

总体来看,ICPR在这次事故的处理以及莱茵河污染的总体整治中,都发挥了重要的作用。ICPR由成员国及观察员机构两部分组成，观察员机构还把自来水、矿泉水公司和食品企业都组织加入进来，他们对水质最敏感，因此成了水质污染的"报警器"，而容易造成污染的化工企业也希望能够获得与监督方对话和沟通的机会。例如，荷兰的一家葡萄酒厂，突然发现他们取自莱茵河的水中出现了一种从未有过的化学物质，酒厂把情况反映到委员会。委员会下设有分布在各国的8个监测站，他们很快查出来，原来这种物质是法国一家葡萄园喷洒的农药，流入了莱茵河。这家葡萄园最后赔偿了损失。

ICPR采用部长会议决策制，由每年定期召开的部长会议做出重要决策，明确委员会和成员国的任务。决策的执行是各成员国的责任。委员会下设3个常设工作组和2个项目组，进行委员会决策的准备和细化，分别负责水质监测、恢复重建莱茵河流域生态系统以及监控污染源等工作。ICPR的最高决策机构是各国部长参加的全体会议，每年召开一次，决定重大问题，各国分工实施，费用各自承担；但是执行讨论的会议一年要开70多次，基本上是一周一次。虽然主席轮流担任，秘书长却总是荷兰人。这不仅因为荷兰是最下游的国家，在河水污染的问题上最有发言权、最能够站在公正客观的立场上说话，更重要的是，处于最下游的荷兰受"脏水"危害最大，对于治理污染最有责任心和紧迫感。

ICPR没有制定法律的权力，也没有惩罚机制，无权对成员国进行惩罚。它所能做的事情就是建议和评论。ICPR从不采取投票的方式进行表决，它会组织所有成员国就某项建议互相讨论，直到达成一致，得出所有成员国一致同意的方案。因此，ICPR的所有决定都是被各成员国完全支持的。各成员国之间存在着政治互信，羞耻感在各国间起到了至关重要的作用，各国一般都会忠实地履行ICPR所做出的建议。而且每隔2年，ICPR还会就每个国家实施建议的情况做一个报告，这是对成员国施加的无形的压力。因此，ICPR的辛勤工作不会付诸东流，其建议100%会被成员国采纳，最多只是时间问题。

保护多瑙河国际委员会（International Commission for the Protection of the Danube River，ICPDR）多瑙河治理经验。欧洲河流跨境治理的另一个案例是多瑙河。多瑙河是世界上流经国家最多的河流，直接经过10个国家，但流域内影响的国家近20个。1991年2月，所有多瑙河流域国家同意就保护和管理多瑙河签署一项公约，1994年《保护多瑙河公约》签署，保护多瑙河国际委员会成立，该公约1998年10月开始生效。保护多瑙河国际委员会的机制包括由所有成员国组成的大会、全体委员会、9个专家工作组以及设在维也纳的一个常务秘书处。委员会的11个观察员机构包括一些专业组织：多瑙河环境论坛、世界自然基金会和国际供水行业联盟在多瑙河下游区的分支机构等。

从2001年起，多瑙河—黑海降低水体富营养化的战略合作启动，在全球环境基金1亿美元基金的带动下，欧盟、欧洲复兴开发银行和其他一些机构最后募集了33亿美元投入该行动。截至目前，黑海与多瑙河的生态系统已经显示出从20世纪七八十年代严重的水体富养化中恢复的迹象，近年来水体已经几乎不存在缺氧现象，水中的生物种类也比20世纪80年代的水平增长了一倍。联合国的《人类发展报告》指出，莱茵河、多瑙河的成功治理事例显示了跨越国境线的深层体制性合作所具有的巨大潜力。成功

的合作始终需要经济上和政治上的巨大投资,沿岸国家的政府和公众看到了合作带来的好处,合作体制也将随之得到加强。这为全世界其他地区的跨境江河湖泊治理带来了诸多启示。

四、绿道、绿网建设行动

2010年1月1日,中共广东省委十届六次全会通过了《珠三角绿道网总体规划纲要》。该纲要提出,广东将在3年内建设6条长度不一的"绿色道路",链接广佛肇、深莞惠、珠中江三大都市区,全长1690千米,服务人口将超过2500万人。2010年3月22日,珠三角绿道网建设正式启动。

(一) 绿道与绿道网

绿道(green way)是一种线形绿色开敞空间,通常沿着河滨、溪谷、山脊、风景道路等自然和人工廊道建立,内设可供行人和骑车者进入的景观游憩线路,连接主要的公园、自然保护区、风景名胜区、历史古迹和城乡居住区等,有利于更好地保护和利用自然、历史文化资源,并为居民提供充足的游憩和交往空间。

工业革命后,欧美等发达国家在工业化快速发展进程中出现了城市无序蔓延、生态环境破坏严重等诸多问题。英国、美国、德国和新加坡等国家在探索经济发展与生态保护双赢的实践中,逐渐形成了一套绿道建设的成功经验。"绿道"理念起源于19世纪的美国。波士顿公园系统被认为是美国最早的真正意义上的绿道。它沿着淤积河泥的排放区域建造,长约25千米,将富兰克林公园、阿诺德公园、牙买加公园和波士顿公园及其他绿地系统有机联系起来。

"绿道"一词包含2个象征意义:"绿"是指自然中令人愉快的事物——森林、河岸、野生动植物;"道"是指一条通道或者小径。随着景观科学的发展,人们普遍认为绿道具有双重功能:它提供了一个开放空间,可以供人们通行并用于游憩和娱乐;同时,它增强了对自然和文化资源的保护。国外的"绿道"建设无疑具有重要的参考价值。

(1) 美国作为"绿道"理念的发源地,1990年实施了Boulder绿道计划,并随后开始大规模建设连通各类绿地空间的区域绿道,内容包括建设城市、绿带、城市绿色通道和恢复下游河道。美国现在每年规划和建设的绿道有几百条,甚至上千条。据统计,美国50%的州编制了州级绿道规划,全国逐渐形成了具有游憩、生态、文化功能的绿色网络。

美国的绿道建设兼顾生态、游憩和社会文化等功能的协调,其中游憩功能较其他国家和地区处于更为重要的位置,美国通过绿道的建设控制了不合理的建设活动,有效地保护和改善了城市的公共开敞空间,并通过绿道为市民提供休憩场所、追忆历史的长廊及运动健身的空间,为市民带来生活的愉悦。

(2) 英国绿链。1929年,大伦敦区域规划委员会制定了《伦敦开敞空间规划》,

引入了绿化隔离带概念。1938年,《绿化隔离带法案》获得通过,政府根据该法案在城市周边地区收购了大面积土地。但收购的土地与城市内部的开敞空间没有连接起来,且许多收购的土地未发挥休闲功能,导致这些土地大部分变成了地方政府所有的农田。1943—1944年,由帕特里克·阿伯克龙主持的伦敦开敞空间规划丰富了绿化隔离带的思想并引入了绿道的设想:用绿色通道将伦敦城内的开敞空间与大伦敦边的开敞空间连接起来,创建伦敦的绿色通道网络,其目的是让城镇居民从家门口通过一系列的连续性的开敞空间方便地进入乡村。这些连接性的绿色通道的最大优点是扩大了开敞空间的影响半径,密切了开敞空间与周围居民的联系。

1976年后的伦敦的开敞空间规划继承并发展了"绿道"理念,并将该理念加以延伸,形成包含不同类型的绿色通道组成的"绿链"(green chain)理念,其目的除了保护大多数开敞空间外,还重视开发这些绿色通道的旅游休闲潜力。1991年的《绿色战略报告》提出了由一系列绿色通道叠加的网络:①步行绿色通道网络,即为步行者服务,沿途贯穿不同人流地区,包括火车站、购物中心、学校、公园、河谷等(以休闲为特色的网络);②自行车绿色通道网络,通过长约1600米的自行车线路网连接伦敦的主要地方中心(以通勤为主要功能,兼有休闲功能的网络);③生态绿色通道网络,该网络是野生动物的栖息地,能在整个城市尺度上延伸,具备科研文化价值。

英国经过20世纪不同阶段的绿道系统规划,充分认识到绿道在城市开敞空间规划中的核心地位,并通过绿道构建城市生态网络的功能,有效地解决了城市污染严重、生活拥挤等问题,充分起到了保护城市生态结构、功能、生物多样性及为居民提供休闲游憩场所的作用。

(3)德国鲁尔区。德国鲁尔区将绿道建设与工业区改造相结合,通过7个绿道计划将百年来脏乱不堪、破败低效的工业区,变成了一个生态安全、景色优美的宜居城区。目前,鲁尔区已成功整合了区域内17个县市的绿道,并在2005年对该绿道系统进行了立法,确保了跨区域绿道的建设实施。在改善人民生活质量的同时,也提升了周边土地的价值。

(4)法国卢瓦尔河(La Loire)流域绿道。它的法文名称为"La Loire à vélo",意译即"骑自行车的卢瓦尔河"。卢瓦尔河流域是联合国教科文组织记录在册的世界自然遗产,此绿道位于法国中西部地区,全长近800千米,横跨法国卢瓦尔大区和中央大区2个行政大区、6个行政省、8个大中城市以及1个地区级自然公园,沿途设有14个自行车租赁和维修服务点、150个可接待自行车的餐饮住宿点,是法国重要的集休闲娱乐、户外活动和自然文化遗产旅游于一体的绿道,同时也是欧盟绿道网(规划全长6万千米)的重要组成部分。

卢瓦尔河绿道三分之二的线路紧沿卢瓦尔河两岸,而27%的线路为独立的自行车绿道,24%的线路借道机动车道路(无交叉),37%的线路借道交通流量少(≤500辆/天)的公路(可交叉),还有12%的线路为城市自行车道(带)。目前,法国绿道总数约150条,总长达6155千米,平均宽度为3米,坡度控制在3%以内。2004年,法国把绿道写入道路交通安全法当中,以便进行统一、有效管理;对不遵守绿道条例的机动车处以重罚,如对停放在绿道上的机动车处以35欧元的罚款,对占用绿道行驶的机动车处以135欧元的罚款。

（5）新加坡的公园串联网络。新加坡是著名的花园城市，其公园绿地系统由区域公园、新镇公园、邻里公园、公园串联网络4级体系组成，其中公园串联网络相当于绿道，在公园绿地系统中发挥着重要的联通作用。新加坡于1991年在其发展概念规划中提出建设一个遍及全国的绿地和水体的串联网络。该网络系统将连接自然的开敞空间（如红树林湿地、森林和自然保护区等）、主要的公园（如区域公园等）、体育与休闲用地（如高尔夫球场、露营地、体育场等）、隔离绿带（如居住新镇之间的缓冲绿化带）、局部的绿化通道（如在新镇内联系居住邻里和新镇中心的商业绿化步行街）及其他开敞空间（如军事训练基地和农业用地等）6类开敞空间，与滨海地区连接，计划用20～30年完成。该系统不仅可以为居民提供散步、慢跑、骑自行车的健身路径，还可以为野生动物提供栖息之所，保持生物多样性。在此基础上，2001年的概念规划进一步提出了提高绿地空间可达性的目标，要求通过公园串联系统将公园、新镇中心、体育设施和公共邻里连接起来。2002年的《公园、水体规划及个性规划》提出将串联绿化廊道的总长度从2003年的40千米增至2015年的120千米的目标。

新加坡通畅的、无缝连接的串联绿化廊道将外围的区域绿色开敞空间与城市开敞空间连接起来，在高密度的城市建成区提供了足够的场所和空间让人们去尽情娱乐和享受，并创造出城市在花园之中的感觉，使新加坡发展成为一个充满情趣、激动人心的城市。

（二）珠三角绿道网

改革开放后，中国城市发展进入快车道。但由于经验和准备不足，城区无序蔓延扩张普遍存在。正是这一状况，促使在西方具有百年历史的"绿道"概念在21世纪初被引入我国的城市建设发展中。中国城市还在快速发展的过程中，规划建设绿道显得非常及时，也非常有必要，对建设资源节约型、环境友好型社会，促进人与自然的和谐发展具有重要的现实意义。

中共广东省委十届六次全会第四次全体会议提出，从2010年起，广东用3年左右时间，在珠三角都市群实施"绿道网标志工程"。珠三角绿道网力争一年基本建成，两年全部到位，三年成熟完善，将珠三角绿道网打造成为全省乃至全国的标志性工程。2012年后，引导珠三角绿道网向省内东西北地区延伸。随后发布的《广东省委办公厅、广东省人民政府办公厅关于建设宜居城乡的实施意见》（简称《实施意见》）要求，用10年左右的时间，将广东省建成安居、康居、乐居、具有岭南特色的宜居城乡，将珠三角绿道网打造成为全省乃至全国的标志性工程。《实施意见》明确要求"编制省立公园——珠江三角洲绿道建设规划"，把公园、自然保护地、名胜区、历史古迹及其他高密度住宅区内的开敞空间联系起来，构建珠三角绿道网，并选取若干"区域绿道"，按照"省立公园"的模式进行保护和利用。

根据2010年制定的珠三角绿道网建设规划，珠三角绿道网是由众多区域绿道、城市绿道和社区绿道构成的网络状绿色开敞空间系统。主体框架包括6条区域绿道，总长约1690千米，串联200多处森林公园、自然保护区、风景名胜区、郊野公园、滨水公园和历史文化遗迹等发展节点，连接广佛肇、深莞惠、珠中江三大都市区，服务人口约2565万人。珠三角绿道网建设还包括配套设施，对一定宽度的绿化缓冲区实施空间管制，融合环保、运动、休闲和旅游等多种功能，基本满足广大居民对生活游憩空间的要求。

结合珠三角城乡空间布局、地域景观特色、自然生态与人文资源的特点，根据绿道所处位置和目标功能的不同，珠三角区域绿道可分为生态型、郊野型和都市型3种类型：①生态型绿道主要沿城镇外围的自然河流、溪谷、海岸及山脊线建设，通过对动植物栖息地的保护、创建、连接和管理，维护和培育珠三角生态环境，保障生物多样性，可供自然科考以及野外徒步旅行。生态型绿道控制宽度一般不小于200米。②郊野型绿道主要依托城镇建成区周边的开敞绿地、水体、海岸和田野，通过登山道、栈道、慢行休闲道等形式，为人们提供亲近大自然、感受大自然的绿色休闲空间，实现人与自然的和谐共处。郊野型绿道控制宽度一般不小于100米。③都市型绿道主要集中在城镇建成区内，依托人文景区、公园广场和城镇道路两侧的绿地而建立，为人们慢跑、散步等活动提供场所，对珠三角区域的绿道网起到全线贯通的作用。都市型绿道控制宽度一般不少于20米。

珠三角建设的6条区域绿道如下。

（1）1号绿道。主线长约310千米，沿珠江西岸布局，以大山大海为特色，西起肇庆双龙湖旅游度假村，经佛山、广州、中山，至珠海观澳平台，途经50多个发展节点。

（2）2号绿道。主线长约470千米，沿珠江东岸布局，以山川田海为特色，北起广州流溪河国家森林公园，经增城、东莞、深圳，南至惠东稔平半岛巽寮休闲度假村，途经50多个发展节点。

（3）3号绿道。主线长约360千米，横贯珠江三角洲，以文化休闲为特色，西起江门帝都温泉，经中山、广州、东莞，东至惠州横沥黄沙洞自然保护区，途经60多个发展节点。

（4）4号绿道。主线长约220千米，纵贯珠江三角洲中部，以生态休闲为特色，北起广州芙蓉嶂水源保护区，向南途经佛山、珠海，南至珠海御温泉度假村，途经20多个发展节点。

（5）5号绿道。主线长约120千米，纵贯珠江三角洲东部，以生态休闲为特色，北起惠州罗浮山自然保护区，途经东莞、深圳，南至深圳银湖森林公园，途经20多个发展节点。

（6）6号绿道。主线长约210千米，纵贯珠江三角洲西部，沿西江布局，以滨水休闲为特色，北起肇庆贞山，向南途经佛山、江门，南至江门银湖湾湿地及古兜温泉，途经16个发展节点。

未来珠江三角洲都市群的绿道建设和质量提升，关键在于绿岛发挥它应有的功能，合理区分等级。

绿道从乡村深入到城市中心区，有机串联了各类有价值的自然和人文资源，具有生态、社会、经济、文化等多种综合功能。生态功能主要体现在发挥防洪固土、清洁水源和净化空气的作用,为植物生长和动物繁衍栖息提供充足空间,有助于自然生态环境保护,同时为都市地区提供通风廊道,缓解热岛效应。社会功能主要体现在为人们提供更多贴近自然的场所,供居民安全、健康地开展慢跑、散步、骑车、垂钓等各种户外活动,同时提供大量的户外交往空间,增进居民之间的融合与交流。经济功能包括促进旅游观光、商贸服务等相关产业的发展,拉动消费,扩大内需,并为周边居民提供多样化的就业机会,同时提升土地使用价值,改善城市投资环境,促进经济增长。文化功能包括将各类有代表性的文化遗迹、历史建筑和传统街区串联起来,使人们可以更便捷地感受历史的风采,同时彰显城市的文化魅力,提升城市品位。

适当区分绿道等级是必要的。绿道可以分为区域绿道、城市绿道和社区绿道。区域绿道连接城市与城市,对区域生态环境保护和生态支撑体系建设具有重要影响。城市绿道连接城市内重要功能组团,对城市生态系统建设具有重要意义。社区绿道连接社区公园、小游园和街头绿地,主要为附近社区居民服务。

绿道除主要由地带性植物群落、水体、土壤等自然因素所构成的绿廊系统外,还包括必要的人工系统。例如,一些发展节点,包括风景名胜区、森林公园、郊野公园和人文景点等重要游憩空间;慢行道,包括自行车道、步行道、无障碍道(残疾人专用道)和水道等非机动车道;标识系统,包括标识牌、引导牌和信息牌等标识设施;基础设施,包括出入口、停车场、环境卫生、照明、通信等设施;服务系统,包括休憩、换乘、租售、露营、咨询、救护、保安等设施。

第十一章
减少人类的生态足迹与低碳生活

第十一章 减少人类的生态足迹与低碳生活

> 生态足迹是度量人类生态占用的重要指标，既包括人类消费资源的生产性面积，也包括吸纳人类消费产生的废弃物所需要的生物生产性面积。珠江三角洲都市群，作为国际制造业基地和中国经济强度最大的地区之一，地球生态系统的压力和强度相当高，长期表现为高位的生态赤字，人居生态足迹远远高于人均生态承载力。
>
> 珠三角减少生态足迹需要采取《中国生态足迹报告》提出的城市紧缩化策略（C）、个人责任化策略（I）、减量化策略（R）、碳减排策略（C）、土地管理策略（L）和高效化策略（E）。需要采用高新技术，提高自然资源单位面积的生物产量；高效利用现有资源存量；改变人们的生产和生活消费方式，建立资源节约型的社会生产和消费体系；提高生态足迹的多样性，增加土地类型利用的多样化，均等地利用各种不同类型的土地资源。需要优先解决见效慢的问题，慎重考虑将来会对资源利用产生长期影响的基础设施投资，从简单的事情做起，采取那些能立即减少生态足迹的简单、廉价且广为接受的措施，引导居民改变消费习惯，提倡低碳生活。
>
> 碳足迹是连接低碳生活和人类生态足迹的纽带。企业和个人通过了解自己的碳足迹，进而控制和约束自己的行为，以达到减少碳排量的目的。低碳生活是一种生活方式，更是一种可持续发展的生活理念，包括低碳穿衣、低碳饮食、低碳家居、低碳出行、低碳办公、低碳文化等许多方面。低碳世界是一个大同的理想，需要全世界每一个政府和每一个人的智慧、责任感与实际行动，需要每一个人的生活理念与生活方式的破旧立新，而且需要人类持续不断的努力。

从可持续发展概念的提出到低碳时代的来临，从减少人类生态足迹到提倡低碳生活，环境问题不可逆转地调整着整个世界的经济社会发展方式和人类生活方式。

珠江三角洲都市群作为经济发展迅速、人文发展程度较高的区域，更加敏感地遭受着冲击。生态过重负荷和减少碳排放问题成为珠三角都市群面临的两大难题。减少生态足迹、倡导低碳生活是珠三角都市群当好实践科学发展观排头兵、实施《珠江三角洲地区改革发展规划纲要（2008—2020年）》的应有任务。

一、生态足迹

（一）提出背景

自1987年以来，可持续发展逐步成为各国乃至全球的战略目标的共同选择。定量测量发展的可持续状态亦相应成为世界各国生态经济学家的重要研究内容。人类的生存依赖于自然资源的维持，人类社会必须生存在生态系统的承载力范围内。因而，科学测量人类对自然生态服务的需求与自然所能提供的生态服务的差距的重要性是不言而喻的。

20世纪90年代以来，国际上先后提出了一些直观的、较易操作的可持续指标体系及其定量评价方法，如绿色生产总值（绿色生产总值）、世界银行的"国家财富"指标体系、Daly和Cubb等（1995）的"真实发展指标"（genuine progress indicator，GPI）。这些指标体系及其定量计算模型都是为了使生态状况可测量，为了将可持续性转化为具体的指标来测量人类是否生存于生态系统承载力的范围内。

生态足迹模型（ecological footprint analysis approach，EFAA）是其中最具代表性的一种。它最早由加拿大生态经济学家William Rees等（1992）提出，后由他的博士生Wackernagel（1996）进一步完善。

生态足迹模型，首先通过引入生态生产性土地概念实现了对各种自然资源的统一描述，其次通过引入等价因子和生产力系数进一步实现了各国各地区各类生态生产性土地的可加性和可比性。这使得生态足迹分析具有广泛的应用范围，可以计算个人、家庭、城市、地区、国家乃至整个世界这些不同对象的生态足迹，并对它们的足迹进行纵向、横向的比较分析。

生态足迹分析指标是度量可持续性程度的一杆"公平秤"。它可以对时间、空间二维的可持续性程度做出客观量度和比较，使人们能明确知晓现实与可持续性目标的距离，十分有助于监测可持续方案实施的效果。

生态足迹计算具有很强的可复制性。它可被研究者写入软件包，进而推动该指标及方法的传播和普及化。十几年来，国内外学者就不同的地域空间尺度、不同的社会领域、不同的时间维度进行了模型方法的运用和实践，也促使其理论方法和计算模型不断地发展和完善。

（二）内涵及相关概念

1. 生态足迹

生态足迹（ecological footprint，EF）也称生态占用，指生产一定人口所消费的资源和吸纳这些人口消费产生的废弃物所需要的生物生产性面积之和。生态足迹通过测定现今人类为了维持自身生存而利用自然的量来评估人类对生态系统的影响。例如，一个人的粮食消费量可以转换为生产这些粮食所需要的耕地面积，他所排放的二氧化碳总量可以转换成吸收这些二氧化碳所需要的森林、草地或农田的面积。因此，它又被形象地被理解成"一只负载着人类与人类所创造的城市、工厂等的巨脚踏在地球上留下的脚印大小"（Wackernagel，1996），或者说是特定人群"踩"在地球上的实际"足迹"。它的值越高，即人类对生态的破坏越严重。

2. 生态承载力

生态承载力（ecological capacity）指一定条件下生态系统为人类活动和生物生存所能持续提供的最大生态服务能力，特别是资源与环境的最大供容能力。它也可以理解为在不削弱某一地区的生产能力的情形下，该区域所能持续支持某一种群的最大生物数量。用生态足迹来衡量时，生态承载力是指在不损害有关生态系统的生产力和功能完整性的前提下，一个区域所拥有的生物生产性空间的总面积。根据EFAA的思路，人类为了维持生存必须消费各种产品、资源和服务，而每一项最终消费的量都能以提供生存该消费所需的原始物质与能量的生物生产性土地来表示，亦可以理解为人类对生态足迹的需求。自然所能提供的为人类所利用的生物生产性土地面积则为生态足迹的供给，也就是生态承载力。

3. 生物生产性土地

生物生产性土地（biological productive area）指具有生物生产力的地域空间（包括陆地和水域），是生态足迹理论为确定消费的各类自然资本提供的统一度量基础，指生物从外界环境中吸收物质和能量并转化为新的物质，从而实现物质和能量的积累。生态足迹理论的所有指标都是基于生物生产性土地这一概念而定义的。生态足迹模型从需求面计算生态足迹的大小，从供给面计算生物承载力的大小。根据各类土地生产力大小的不同，生物生产性土地可以分为化石能源用地、可耕地、牧草地、森林、建筑用地、水域六大类。

4. 生态赤字与生态盈余

一定区域的人口的生态足迹如果超过了该区域所能提供的生态承载力，就会出现生态赤字（ecological deficit），其大小等于生态承载力减去生态足迹的差数；如果小于区域的生态承载力，则表现为生态盈余（ecological remainder），其值为该区域的生态承载力超出其生态足迹的部分。区域的生态赤字或生态盈余，反映了区域人口对自然资源的利用状况。生态赤字表示现存的自然资源不足以支持当地的人口消费和生产，该地区的人类负荷超过了其生态容量。

二、减少生态足迹

生态足迹将每个人消耗的资源折合成为全球统一的、具有生产力的地域面积，通过计算区域生态足迹总供给与总需求之间的差值——生态赤字或生态盈余，可以准确地反映不同区域对于全球生态环境现状的贡献。生态足迹既能够反映出个人或地区的资源消耗强度，又能够反映出区域的资源供给能力和资源消耗总量，还揭示了人类持续生存的生态阈值。它通过相同的单位比较人类的需求和自然界的供给，使可持续发展的衡量真正具有区域可比性，评估的结果清楚地表明在所分析的每一个时空尺度上人类对生物圈所施加的压力及其量级，因为生态足迹取决于人口规模、物质生活水平、技术条件和生态生产力。通过生态足迹需求与自然生态系统的承载力进行比较即可以定量地判断某一国家或地区目前可持续发展的状态，以便对未来人类生存和社会经济发展做出科学规划和建议。其作用在于定量地反映城市人类活动对自然生态环境产生的压力和影响程度，为城市生态系统研究提供新的思路和研究方向。政府、行业和个人通过生态足迹账户能更好地了解他们对生物资源的依赖程度，以及如何在资源日益稀缺的世界进行战略规划。

越来越多的国家，如瑞士、加拿大、澳大利亚、芬兰等，以及国际组织利用生态足迹测定国家或世界政策运营情况。

2004年,世界自然基金会(World Wide Fund for Nature,WWF)和联合国环境规划署共同完成了《2004年地球生态报告》。该报告采用生态足迹法对世界总体和各国的生态足迹进行计算和分析,并列出了一份"大黑脚名单"。该报告表明,当时全球人均生态足迹为2.2全球公顷(全球公顷为生态足迹和生物承载力的计量单位,也可简称公顷),在"大黑脚名单"中突出的几个国家分别是:阿联酋——以人均生态足迹达9.9公顷"荣登榜首";美国、科威特以人均生态足迹9.5公顷紧随其后;阿富汗则以人均0.3公顷的生态足迹位居最后。

该报告还显示,美国、日本、德国、英国、意大利、法国、韩国、西班牙、印度均是生态赤字很大的国家。巴西、加拿大、印度尼西亚、阿根廷、刚果、秘鲁、安哥拉、巴布亚新几内亚、俄罗斯、新西兰等国家由于国土面积辽阔、人口相对稀少或者位于热带、亚热带地区,在"生态盈余榜"上位居前列。该报告指出:"就在这些生态盈余国家的居民为全球生态环境做出贡献时,西方人正在以难以持续的极端水平消耗自然资源——北美人均资源消耗水平是欧洲人的两倍,是亚洲或非洲人的七倍。"以美国为例,如果全球的居民都与美国居民的生活方式一样,人类将需要5个地球。生态赤字较大国家的资源消耗量已经超过了本国的资源再生能力,这将产生两个结果:一是加剧环境恶化,二是将这种生态危机通过原材料进口等国际贸易方式转移到其他国家或地区。无论是哪一种结果,都与全球的可持续发展目标相违背,会造成相当大的全球生态危机。

从全球范围来看,人类的生态足迹目前已经超出了地球承载力的20%,人类在加速耗竭自然资源的存量。世界野生动物基金会认为,随着人类的发展,地球上的生态承载力逐渐下降,而人类消耗掉的可提供资源和供养的生态足迹实际在上升。人口的增加、资源的消耗、生态环境的退化,这些问题已经显著地摆在我们每个人面前。

有计算显示,中国从20世纪70年代中期就出现了生态赤字,每年需要的生物承载力大于其自身生态系统的供给能力。2008年WWF和中国环境与发展国际合作委员会(China Council for International Cooperation on Environment and Development)共同发布的《中国生态足迹报告》指出,中国2003年的生态足迹是人均1.6公顷,在"大黑脚名单"中排名第69位。虽然从人均消费来看仍然低于全球人均的生态足迹2.2公顷,但中国人口数目庞大,其人均生态承载能力仅为0.8公顷,生态赤字高达0.8公顷,远高于全球的平均生态赤字0.4公顷。这意味着2003年中国的资源消耗是承载能力的两倍,中国需要它自身两倍大小才能供应其消费和吸纳其制造的废物,而这大部分的生态赤字来源于二氧化碳的排放。可见,中国面临的可持续发展压力是巨大的,中国的消耗水平可能对其自身的生态系统构成威胁,并对全球生物承载力施加更大的压力,现行的资源消耗方式是不可持续的。随着经济实力的不断增强,中国面临来自国际的压力将不断增强。

珠江三角洲都市群,作为国际制造业基地和中国经济强度大的地区,正确了解自己的生态足迹,设立改善自己的生态环境的目标是可持续发展的要求。

珠江三角洲地区总人口为4287.21万(第五次全国人口普查),人口密度为784人/平方千米,土地总面积为41698平方千米,其中建设用地(包括城市建设用地、建制镇建设用地和村庄建设用地）面积为6640平方千米。

通过生物资源消费、能源消费与生态环境污染消费，对珠江三角洲2000年的生态足迹和生态承载力进行计算和分析的结果表明，珠三角2000年人均生态足迹总体表现为赤字。其人均生态足迹为2.447992公顷，而人均生态承载力却只有0.233047公顷，生态赤字高达2.214945公顷，人均生态足迹差不多是人均生态承载力的10.5倍。这表明，珠江三角洲地球生态系统的压力和强度相当高，其发展已处于一种不可持续的状态。

从广东省2000年生态足迹的计算过程来看，珠三角地区由于进出口贸易量较大，贸易调整对生态足迹的计算结果有一定的影响。这表明，珠三角区域可通过贸易来弥补部分的区域生态承载力不足。但在当今世界，贸易调整手段是有限的。Wackernagel等对世界52个国家生态足迹的计算结果显示，当前大部分国家和地区也有其自身的生态赤字。从我国以及广东省生态足迹的计算结果来看，国内甚至省内的许多地区人类活动对环境的影响也已经超过了当地的生态承载力。从长远来看，应主要考虑在不降低人们生活水平的前提下，减少生态足迹的产生，提高地区生态经济系统的发展能力，而非通过压力转移的方式弥补生态赤字。

伴随着珠三角都市群经济的持续增长，寻找减少其生态足迹的方法变得至关重要。《中国生态足迹报告》提出的中国走向可持续发展道路的具体策略，即CIRCLE方法，值得珠三角借鉴。CIRCLE方法包括城市紧缩化策略（C）、个人责任化策略（I）、减量化策略（R）、碳减排策略（C）、土地管理策略（L）和高效化策略（E）。

人口、人均消费和消费资源强度3个因子支配着一个地区的生态足迹。围绕这3个因素，对CIRCLE方法的运用具体可分解为以下4种途径：①采用高新技术，提高自然资源单位面积的生物产量；②高效利用存量资源；③改变人们的生产和生活消费方式，建立资源节约型的社会生产和消费体系；④提高生态足迹的多样性，也就是应该增加土地类型利用的多样化，均等地利用各种不同类型的土地资源。

《中国生态足迹报告》作为一份权威性的报告，其对中国生态赤字的两条补充性措施也应该作为珠江三角洲都市群缩减生态赤字决策的两个大方向加以借用：①优先解决见效慢的问题，慎重考虑将来会对资源利用产生长期影响的基础设施投资；②从简单的事情做起，采取那些能立即减少生态足迹的简单、廉价且能广为接受的措施，引导居民改变消费习惯，提倡低碳生活。

三、低碳足迹与低碳生活

2009年11月举行的哥本哈根气候峰会传达了世界对全球气候变化和低碳问题的强烈关注。作为负责任的大国，中国政府确定了减缓温室气体排放的目标。低碳发展已成为国际的主流共识。除低碳产业、低碳建筑和低碳交通外，从广大个体层面实践低碳生活具有不可估量的重要性。

碳足迹（carbon footprint）是连接低碳生活和人类生态足迹的纽带，是个人或企业碳耗用量，是一种新开发的、可用于测量机构或个人因每日消耗能源而产生的二氧化碳排放对环境影响的指标。在生活中采取措施减少个人的碳足迹，可以达到减少人类生态足迹、缩小生态赤字的效果。碳足迹在生态足迹的占比达到40%左右。

作为对抗气候变化的重要武器，企业和个人通过了解自己的碳足迹，了解碳排量，进而控制和约束个人和企业的行为以达到减少碳排量的目的。在个人对自我行为的约束这个层面上减少碳排放，这是低碳生活的含义。

低碳生活是一种生活方式，更是一种可持续发展的生活理念。联合国环境规划署（United Nations Environment Programme，UNEP）在2008年世界环境日发布了两份报告。一份是《改变生活方式：气候中和联合国指南》（Kick the Habit: The UN Guide to Climate Neutrality），它是以低碳生活方式为目标的概略性指南。另一份报告是《旅游业如何适应和缓解气候变化》（Climate Change Adaptation and Mitigation in the Tourism Sector）。它是由与UNEP、世界旅游组织合作的专家们共同编写的，描绘了实现低碳生活的目标的简单途径——采取气候友好的生活方式。同年6月10日，中国环境与发展国际合作委员会和世界自然基金会（WWF）共同发布了《中国生态足迹报告》，表明在中国推行低碳生活方式、推进低碳经济发展的紧迫形势。这些报告，从不同角度响应了2008年世界环境日的主题——"转变传统观念，推行低碳经济"。一方面，如果人们能够改变传统的高排放生活方式，那么对于低碳经济将有积极的促进作用；另一方面，在全球变暖日益加剧的背景下，世界各国正在努力减少碳足迹，以推进低碳经济发展。

低碳经济的实现举措包括宏观方面和微观方面。在宏观方面，主要依靠"阳光经济""风能经济""氢能经济""生物质能经济"等新能源经济。它是组织结构复杂、机构庞大的企业寻求更系统、更有效的减排方法和目标。

在微观方面，科学家们提倡从身边的衣食住行着手开展属于自己的低碳生活，如交通工具的选择和技术革新是实现低碳生活的有效途径之一。例如，改变频繁踩油门、刹车等驾车习惯，对汽车进行定期的维护和保养，可以提高汽车燃油效率，使汽车排放减少10%~15%。例如，更多地步行或者使用自行车、电动车等环保型交通工具，都是减少排放的出行方式。

限速令的颁布和实施、充电汽车的开发、自行车族和地铁族的出现、节能灯的逐步推广以及网络媒体中低碳生活网站的建立等，不但为实现科学低碳生活奠定了基础，更从意识和观念方面为人类的低碳生活指引了方向。

低碳生活虽然是个新概念，要解决的却是世界可持续发展的老问题。它反映了人类因气候变化而对未来产生的担忧，全世界对此问题的共识日益增多。全球变暖等气候问题致使全球人类不得不考量目前的生态环境。人类意识到生产和消费过程中产生的过量碳排放，是形成气候问题的主要因素之一，因而要减少碳排放就要相应优化和约束某些消费和生产活动。低碳生活着力于解决人类生产环境危机，其实质是以低碳为导向的一种共生型消费模式，使人类在环境系统中能够和谐共生、共同发展，实现代际公平与代内公平。

低碳生活简单地理解就是返璞归真地维持人与自然关系的活动。它意味着更健

康、更自然、更安全，同时也是一种低成本、低代价的生活方式。生活中的低碳行动包含衣、食、住、行等诸多方面。

（1）低碳穿衣。一件衣服从原材料的生产到制作、运输、使用以及废弃后的处理，都在排放二氧化碳并对环境造成一定的影响。棉、麻等天然织物不像化纤那样由石油等原料人工合成，因此消耗的能源和产生的污染物相对较少。低碳装是指按照低碳着装主张，尽可能选择在原料、面料、设计加工等方面采取了低碳排放手段的服装，或采取了低碳排放工艺及购买了相应碳排放补偿的服装企业的服装。购买衣服的时候，应选择面料环保、设计简约大方的服装。过多、过繁的设计会导致过多的二氧化碳排放，应提倡简约、时尚相结合的风格。颜色选择方面，随季节而变换，夏天以浅颜色为主，避免吸收太多的环境热量导致增加降温所需的电能，冬天以深色为主，多吸收太阳辐射能，降低取暖消耗。

（2）低碳饮食。在食材上尽量少吃加工类食品，包括腌制类食品、油炸类食物和碳酸饮料等。这些食品加工时耗能、耗电，加工过程中要添加许多食品添加剂，食用后会产生塑料垃圾，不仅营养价值低，甚至还含有许多对人体有害的添加物。提倡市民选择时令果蔬，拒绝高能耗、高二氧化碳排放量的反季节蔬菜。时令果蔬不仅营养价值高，而且于环保有益，是最典型的低碳食品。在烹饪方式上应少采用煎、炸、炒、烤，这些方式会产生许多油烟以及各种致癌物质，不仅会污染空气、破坏环境，而且会对人体健康造成极大的危害。特别是在家中，由于有害物质无法扩散，无形中提高了癌症等疾病发生的概率，是极不可取的烹饪方法，更不符合低碳要求。多采用煮、煲、烫和清蒸、凉拌、白灼等简单加工方式。一方面，可以减少污染物和废气的排放，对空气和环境有益；另一方面，也是保证人体健康的低碳烹饪方式。

（3）低碳家居。家居要能尽量节约能源，减少有害物质的排放。在设计上应以简约大方为主。简约的风格能最大限度地减少家庭装修中材料浪费的问题。通透的设计在保持通风和空气流通的同时，也能在很大程度上减少能源浪费。在色彩上应回归环保自然。随着化工产业的发展，家居的颜色越来越多。其实，色彩的运用也关系到节能，过多使用大红、绿色、紫色等深色系其实会浪费能源。特别是高温时节，由于深色的涂料比较吸热，大面积使用在家庭墙面中，白天会吸收大量的热能，晚上使用空调会增加居室的能量消耗。在建材上应选择绿色产品。装修过程中多在一些不注重牢度的"地带"使用类似轻钢龙骨、石膏板等轻质隔墙材料，尽量少用黏土实心砖、射灯、铝合金门窗等。此外，搬新居时，能继续使用的家具尽量不换。多使用竹制、藤制的家具，这些材料可再生性强，也能减少对森林资源的消耗。

（4）低碳出行。在出行中，主动采用能减少二氧化碳排放量的交通方式。一方面，政府与旅行机构应推出相关环保低碳政策与低碳出行线路，使低碳出行得到广泛传播。另一方面，个人出行时多采用公共交通工具；自驾外出时，尽可能采取拼车的方式；在出行目的地，多采取步行和骑自行车的游玩方式；在旅途中，自带必备生活物品，选择最简约的低碳出行方式，住宿上选择不提供一次性用品的酒店。国务院通过的《国务院关于加快发展旅游业的意见》，就是在减排的大背景下，国家为配合低碳经济发展而进行产业结构调整的一个信号，旅游业将成为最大的受益行业。和其他

行业相比，旅游业很早就有了"无烟工业"的美称，其属于服务行业，占用资源少，卖的产品又是环境和文化，这恰恰与节能减排的目标相吻合。越来越多的城市居民开始把低碳作为出行的关注点。

（5）低碳办公。节能，让电脑待机不如关闭电脑；听音乐、看影碟时使用耳机；定期清除机内积尘、擦拭屏幕，能降低电脑耗电，并延长电脑的使用寿命；关机之后，要将插头拔下，否则电脑会有约4.8瓦的能耗。节纸，多用电子邮件、MSN等即时通信工具，少用打印机和传真机，合理利用纸张，提倡无纸化办公，尽量减少无谓的浪费。办公用纸、笔记本、废旧书报、广告宣传纸、货物包装、纸箱纸盒、纸餐盒等，第一次回收后可造再生纸，第二次回收后可制成卫生纸。回收1吨废纸能生产新纸800千克，可少砍约17棵10年生的树木，节省3立方米的垃圾填埋场空间，节约一半以上的造纸能源，减少35%的水污染。

（6）低碳文化。围绕着低碳这一核心，珠江三角洲都市群间已经形成了一种文化力量并在区域生产和生活之间蔓延。低碳文化的内涵包括低碳思想、低碳价值观、低碳信念和行为规范等精神财富，也包括以低碳技术为特点的科技、宣传低碳意识的教育、表达低碳思想的艺术以及认同实践低碳理念的习俗、语言、生活方式等非意识形态的部分。一方面，低碳的经济发展模式、生活方式和消费方式的建立，不仅能改善人们的生活，还会激发人们的道德感，融合人与自然的关系，形成新的伦理准则；另一方面，低碳生活方式不仅是为了节能减排，而且是进一步建构人与自然和谐关系的自然选择。从这一层意义上，我们为实现低碳生活所做出的种种努力，就不仅仅是按部就班要完成的一项项工作。对于企业来说，企业所进行的节能减排也不单纯是为了生存而采取的手段；对市民来说，生活中所采取的约束高碳消费方式以减少生活中的碳排放的行为，也不仅仅是用能和消费习惯的改变。所有这些努力的背后无疑增添了一份促进人与自然和谐相处、关怀人类命运的伦理美德，这为我们的低碳生活增添了一层伦理意义。

一种文化必定会对人产生一定的作用和效果，它具有渗透力、感染力和影响力。在低碳文化的背景下，人类所有的行为都会发生不同程度的转变，包括以下三个方面。

（1）生产方式的转变。这里采取生产方式的广义概念，统指人类的社会性行为，会对社会、对他人会产生直接的作用力。低碳文化对生产方式的转变体现为：由原来烦琐的行为转变为简便的行为，由浪费的行为转变为节俭的行为，由高成本的行为转变为低成本的行为。低碳生活有许多载体，而其中，政府作为一个重要载体，其行为的示范作用往往大于其行为影响本身，因此社会行为的改变首先需要政府执政行为的转变。

（2）生产关系的转变。低碳文化导致生产关系的转变突出表现在企业与企业之间、企业与个体之间关系的转变，由原来的领导与被领导、管理与被管理的关系转变为服务与被服务的关系。低碳税收、低碳金融信贷、低碳保险、低碳补偿等公共性政策，使绿色低碳企业首先得到实惠。

（3）生存方式的转变。基于低碳文化大背景的作用力和政府政策倾向的吸引力，使企业和个人的生存方式发生重大转变。企业抛弃了原来惯用的"以钱砸广告、拓市场"的经营方式，进而转变到创新升级的状态中。个体的生存方式同样发生重大转变，随着水、电、气能源等生活必需品的不断涨价，个人也将向使用低碳产品、选择低碳生活方式转变。

总之，发展低碳文化，能够提高珠三角的民众素质，向全国乃至全世界展现珠三角新型都市群的形象和城市精神；发展低碳文化，能够团结和凝聚力量实践渔区资源节约和环境保护；发展低碳文化，能够优化投资环境、吸引人才、促进对外交流、扩大对外影响；发展低碳文化，还能够培育新的经济增长点、推动新兴产业发展、拉动经济增长。

"道之大也，而无形。"文化的内涵正如道，寓于万事万物之中，作用于上下左右之室，妙于言行手足之举，咏于分分秒秒之间。低碳文化，在低碳经济发展模式的竞争之下，其感染力和作用力将逐渐展现，作为人口数量之最的我国，应将中华传统文明承载于低碳文化之中，使其更加辉煌灿烂。

当下，关于低碳生活存在五种解读方式（彭琰，2010）。

（1）低碳生活是对环保义务的积极履行。环境是人类生存的基础，环境的变化关系到每个人的生活，保护环境、节能减排是每个公民义不容辞的责任。在环境问题日益严峻的当下，低碳生活可以让我们的身体更健康、开销更少，使生活环境更优美。

（2）低碳生活是时尚乐观的生活态度。节约是中华民族的传统美德。古语有云："一粥一饭当思来之不易，半丝半缕恒念物力维艰。"其中就包涵了朴素的低碳思想。物当其用，物尽其用，是健康科学的生活态度。

（3）低碳生活代表着更先进的生活方式。例如，办公时使用即时通信工具而不是传真机、复印机进行信息交流，通过收发电子邮件而不是邮寄纸质信件，能够节约纸张，电子信息方便快捷也是传统纸质通信方式不可比拟的。一方面是对自然和健康的美好追求，另一方面也代表着更先进的生活方式。

（4）低碳生活需要转变消费模式。低碳经济的其中一个重要决定因素是消费者行为。没有人的消费，就没有碳的排放。美国的生活质量、收入水平与欧洲国家差不多，但美国的人均碳排放比欧洲高出一倍。为什么有这么大的差距？因为美国是高消费、高排放的浪费型生活模式：建筑节能标准不高；几乎没有公共交通，大量使用私人汽车；夏天房间里温度调到18摄氏度，冬天调到25摄氏度；喝水是把冰倒满之后加一点水。而欧洲的公共交通很发达，建筑节能标准也非常高。生活方式不改变，碳排放就降不下来，因此消费者行为非常关键。举个例子，在中国，年人均二氧化碳排放量2.7吨，一个城市白领即便只有40平方米的居住面积，开1.6升车上下班，一年乘飞机12次，碳排放量也会达2611吨。因此，从微观上改变个人生活方式和消费习惯对降低碳排放量、促进低碳经济发展非常重要。这主要可以从两个方面入手：一是戒除以高耗能源为代价的便利消费嗜好；二是戒除以大量消耗能源、高排放温室气体为代价的面子消费、享乐消费、过度消费、奢侈消费等高消费的嗜好（孙智萍、牟志云，2010）。

（5）低碳生活没有降低生活质量。低碳生活常常要求人们做到尽量少使用电器、减少快速消费、多采取公共交通出行等,似乎远离了现代生活的舒适和便利,导致有人对其抱着质疑的态度:"大热天、大冷天,不开空调,不用电器,有好日子不过,岂不是跟自己过不去?"其实低碳生活并不会降低生活质量。低碳的真正含义是要给人们的身体健康提供最大的保护和舒适感,对环境影响更小或有助于改善环境。低碳并不意味着要刻意节俭,刻意放弃一些生活享受,只要人们能从生活的点点滴滴做到多节约、不浪费,同样能过上舒适的低碳生活。

现在已经有越来越多的人投入到低碳生活中,成为时尚的低碳一族。例如,把家中的灯泡都换成节能灯;平时尽量多在户外运动,减少电器的使用率;外出时多选择步行或坐公交车,尽量少用私家车;去超市自带环保袋;洗脸、洗菜后的水用来冲厕所;等等。这是现代生活中的节俭主义,更是实践低碳生活的时尚阐释。节俭并不是守旧或生活水平低下,新节俭主义是眼界开阔、思想进步和作为地球村成员主动承担责任、积极履行义务的体现。在世界各国,节约已经成为一种风潮。不少国家已将可持续发展理念融入生活的每一个细节。

四、倡导低碳生活

许多发达国家在实践低碳生活方面走在了世界前列。

(1)美国。近年来公共住宅在美国越来越受欢迎,这种生活方式可以节省能源,减少碳排放。据美国媒体报道,公共住宅(cohousing)是指美国那些共用健身房、办公区、车间、洗衣房和咖啡厅的私人住宅或公寓。伦敦大学学院的乔·威廉姆斯博士指出,近期公共住宅已经在美国占有一小部分市场,这是由于该种发展模式是以居民为主导的。而且,公共住宅生活可以节省约60%的能源消耗。在居住区附近设置办公区、车间和健身房能够减少出行带来的排放。公共住宅中的居民直接参与社区的管理,这能进一步提高能效和可再生能源的使用比例。

新型低风险、低投入的开发模式已经在美国出现,这也被称作合作模式或翻新模式。这一模式下,开发者和未来的居民一起投资修建公共住宅。居民通过拆掉围墙、建立共用设施以及共同实施管理职责等在现有的社区内形成自己的公共住宅区。乔·威廉姆斯说:"随着对碳排放和节能问题的关注,能提供低碳生活模式的住宅很有市场优越性。"如果美国这种开发模式能被采用,珠三角都市群的公共住宅会有潜在的市场。这能成为我们降低碳足迹以及满足社会需求的方法之一。

(2)澳大利亚。班达农镇在2010年颁布法令,禁止饮用瓶装水,该法令对进入此镇的所有人有效。班达农镇所在的新南威尔士州州长认为,饮用自来水,不仅环保,而且节约。该法令在政府部门先行实践,全州政府部门不再购买瓶装水,所有公务员不再饮用瓶装水,同时在办公区域设置自来水过滤饮水机,鼓励人们饮用清洁的自来水。相关研究指出,制造瓶装水有两大耗能环节:一是生产塑料瓶,二是运输瓶装水。全世界每年生产塑料瓶消耗的石油量达到5000万桶。仅在美国,每年制造装水的塑料瓶就要消耗150万桶石油;在澳大利亚,这一数据是14万桶。再者,一瓶水几分钟

就喝完,而装水的塑料瓶则需要掩埋1000年才能完成生物降解。以焚烧方式处理废弃的塑料瓶,会产生大量的有害物质,如氯气和含重金属的残留物,对人类和环境的危害更甚。

(3)法国。法国的人均温室气体排放量比欧洲的平均水平低21%。这与法国政府注重在环保、航天和纳米等尖端技术领域投入,将各方面科技政策向环保倾斜有很大关系。法国政府公布了一系列新的环保法律草案,涉及建筑业、交通、农业和能源等多个方面:①对作为能源消耗大户的建筑业,提出了对旧房进行大规模改造,争取到2020年将能耗降低至少38%的标准;②对于交通,计划在2020年前新建2000千米的高速铁路,连接各主要省会城市,到时将交通工具的二氧化碳排放量减少20%;③对于农业,提出到2013年将生态农业在农业中所占的比重从目前的2%提高到6%,到2020年争取达到20%;④对于有关产品安全,要求30种可能存在不安全因素的农药产品在年内退出市场。法国还向公众提出了诸多具体的低碳生活方式。例如,开车时减速行驶,既可以降低耗油量,还可以降低二氧化碳的排放量,或者尽量以步代车或骑自行车来降低环境的压力(薛红燕等,2010)。

(4)丹麦。2009年人均生产总值达6万多美元,世界排名第六,但高居的人均生产总值却不以高能耗为代价。对于清洁能源的开发利用以及碳减排方面的效果,丹麦已经走在了世界前列。丹麦500多万人口拥有的自行车量为420多万辆,在哥本哈根,三分之一以上的市民骑车上下班,就连首相也经常骑车参加外事活动。甚至,哥本哈根市内所有交通红绿灯变化的频率是按照自行车的平均速度而设置的。

(5)瑞典。在杂货店和餐馆菜单中,从全麦面食到汉堡快餐都会贴上二氧化碳排放量的新标签。其实,早在2005年,瑞典国家的环保部门就研究了个人消费和排放之间的关系,报告表明全国25%的二氧化碳排放量来源于饮食。政府认识到,鼓励居民多吃禽类和蔬菜,教育农场主减少二氧化碳排放对有效减少二氧化碳排放量有着巨大影响。另外,瑞典政府定下目标,将在2020年前停止使用以化石燃料为支撑的发电模式,并在2030年前停止使用汽油作为汽车的燃料。

在低碳发展中,城市尤其需要低碳。城市人口密集、一次性能源资源稀缺、环境容量有限。推广低碳生活方式和低碳消费模式,构建政府引导、市场主导、社会参与的低碳城市发展格局,建设低碳文明都市,是城市转型以获取进一步发展的必然路径。

珠三角是中国发展最好的都市群。面向未来,实现低碳生活可以从以下方面切入。

(1)政策支持和制度保障。低碳生活不仅要靠普通民众的自觉行动,也需要政府营造一个助推的制度环境,在政策上应该给予扶持,同时要进一步完善低碳经济发展的相关法律制度和规范。可以从两个方面入手:一是提倡低碳消费;二是抑制高碳消费。另外,相关部门可以提供一些实现低碳生活的信息服务,对民众的生活行为进行教育和引导。例如,制定实施涉及各个行业的绿色标准、印发低碳生活手册等,逐步引导市民改变生活方式和消费习惯。近年来,从中央到地方,政府通过减免税费、提供财政补贴等措施引导消费者节能减排,实现低碳生活,取得了一定的成效。然而,营造低碳生活制度体系，政府还有许多可作为的空间。例如，可以在衣食住行用等各个消费领域，综合利用税收、价格、经济补偿等政策工具，引导和推广低碳消费方式，抑制消费主体的高碳消费方式。

台北市政府举办的2009年低碳博览会给我们做了一个好榜样。台北市政府面对全球暖化的现象，以地方政府的角色积极推动各项低碳策略，将"20年减碳20%"订为量化指标，承诺将台北市"打造成为全国第一座低碳城市"。举办该次博览会，使市民了解政府所勾勒的低碳城市意象，提升市民对地球暖化的认知，增进低碳知识与概念的传播，安排寓教于乐的活动，引导市民落实低碳生活。

（2）倡导和宣传低碳生活意识。提倡低碳生活，只有当更多民众改变目前的高碳生活方式，自觉跟随低碳经济的发展步伐，才能更快地打造珠三角低碳都市群、优质生活圈。低碳生活，首先提倡的是环保意识与责任意识。因此，应大力倡导与培育公民的环境道德意识，使人们将低碳生活方式转化为自觉的行动，充分发挥每个城市家庭与公民在践行低碳文明生活方面的作用，通过行之有效的方式对低碳生产、低碳消费模式予以宣传和倡导，形成和强化这种消费模式的浓厚舆论氛围，并将其形成全民意识，用规范指导全民的行动。

由中国环境意识项目组织实施的《中国公众环境素质评估指标体系研究报告》建立起适合我国环境保护现状的公众环境素质评估指标体系，为持续开展公众环境素质调查和长期跟踪公众环境素质状况，也为进一步改善环境宣传教育工作提供了科学基础，有利于政府进一步改善环境宣传教育工作。

媒体要充分利用舆论力量来宣传低碳生活和低碳消费。例如，向消费者提供详细、通俗易懂的房屋能耗信息；促进节能家电、节能车、节能灯等产品生产商和销售商与消费群体的信息沟通；加大将节能产品标准向全社会的宣传力度；要在媒体上宣传生活中节约能源的小窍门；等等。

低碳教育要从孩子抓起。孩子是未来的主人，也是未来的父母。孩子相比成年人更容易接受教育，形成良好的低碳意识，改变生活习惯。教育机构应通过课堂和校园文化向学生宣传低碳生活理念，引导他们爱护环境、爱护地球，强化学校低碳生活教育课程及教材；通过举行丰富多彩的减碳宣传活动，使低碳教育化繁为简，在培养一代人树立环保价值观的同时，也带给他们更健康、快乐的童年。"让一个孩子影响一个家庭，让一个个家庭影响整个社会"，这是在孩子中间举行减碳宣传活动的最终目标。

（3）政府行为示范。政府应成为低碳生活的身体力行者，并起到示范和引领的重要作用。政府及相关部门应扮演好示范的角色，不仅要对民众加大低碳生活的宣传力度，倡导低碳消费，而且要在政府执政行为或者办公中实现低碳化，引导和推广低碳消费方式。

近几年，珠三角都市群乃至整个广东省在推行低碳生活方面已实施了许多相关政策和行动，为珠三角都市群未来实现低碳生活打开了良好的开端并打下了牢固的基础。国家低碳省试点工作已在广东省启动开展，力争到2015年让低碳生活方式和消费模式理念成为全社会的广泛共识。广州将完善政策体系，抓紧编制《广州市绿色经济

发展规划纲要》和《广州市低碳城市规划纲要》，初步拟订了"低碳广州5年三步走"的计划，预计低碳排放的生活方式会在2013年初步建立，到2015年低碳生活观念深入人心。

此外，一些城市推广低碳生活的工作和行动也取得了一定成效，并走在全省甚至全国的前列。深圳作为较早开始打造的"国家低碳生态示范市"，已初具雏形。深圳的绿色城市建设起步于特区建立之初，拓展于世纪之交，近5年实现了跨越式跃升。在深圳，低碳生活的理念已相当普及。2010年5月深圳供电局启动了绿色社区联盟系列活动，与各区共11个小区结成了绿色联盟，并分别与这些社区的物业管理公司签订了绿色社区联盟协议，建立起供电企业、物业管理企业与社区居民联动机制，搭建了沟通服务的新平台，从而发动全社会关注和参与低碳生活创建。这一活动得到了广大居民用户的喜爱和支持。江门新会区为响应国家节能降耗的号召，进一步宣传和强化全社会的节电意识，推动全民节约用电，制订了新会区居民节约用电奖励方案。恩平也在致力于打造广东生态示范区，试点工作已取得积极成效。这些城市或地区的推行低碳生活的积极举措值得珠三角城市间互相借鉴和学习。

低碳代表着健康、自然、安全。低碳生活与减少人类生态足迹一脉相承，通过减少个人碳足迹，可以有效地减少整个区域的人类生态足迹。低碳生活给人类减负，也是给地球减负。实践低碳生活，实现节能减排，不仅能优化我们现在的生活品质，更是为我们未来的生活打造属于自己的诺亚方舟。低碳生活方式的推行是一个庞大的系统工程，建立有利于低碳生活和低碳经济发展的制度体系，对居民低碳生活方式进行教育和引导工作，转变居民生活观念需要政府、企业、社会媒体和公共教育机构、消费者的多方努力。一人行动或许微不足道，但人人行动，则可积溪成流。珠江三角洲都市群应该发挥政府、媒体、公民、教育机构关系良好这一优势，整合各方力量，推行低碳生活方式，更好地发展低碳经济和低碳文化。

第十二章
资源节约与环境保护的载体建设

第十二章　资源节约与环境保护的载体建设

资源节约型与环境友好型社会建设是一项复杂的系统工程，需要榜样的力量和示范。环境保护模范城市、生态建设示范区、循环经济试点、可持续发展实验区、低碳城市试点等载体建设，对珠三角都市群的科学发展具有十分重要的引导和指导作用。

创建国家环境保护模范城市是城市环境保护工作的重要手段。考核指标包括社会经济、环境质量、环境建设、环境管理四个方面。"蓝天、碧水、绿地、宁静、洁净"是其重要标志。珠三角城市在创建国家环境保护模范城市中，紧密围绕改善环境质量这一中心，着力提高领导决策层对环境保护的重视，逐渐形成"大环保"理念，建立严格的监督管理机制，全面提升城市环境保护工作。面向未来，珠三角都市群仍需继续加大投入，建立长效机制，持续改善环境质量，力促国家环境保护模范城市成为环境保护的引领者和排头兵，始终居于国内环境保护的领先地位。

生态城市是人与自然和谐的新栖境，是当代城市发展的主流模式。建设生态示范区是推进生态文明建设的有效载体。珠三角城市在生态城市建设的探索中，形成了珠海市生态优先模式、中山市环境与经济协调发展模式和深圳市克服资源环境瓶颈制约发展模式等，但距离到2020年建成生态都市群的目标仍有很大的差距，广州、佛山、东莞、惠州、肇庆尚未启动生态市建设工作。今后10年，珠三角要加快生态城市建设步伐，尽快启动广州、肇庆、东莞等市的创建生态市过程，深圳、珠海、江门、惠州等市要在创建过程中增加特色指标。

循环经济试点是探索循环经济发展模式、推动建立资源循环利用机制的重要载体。广州、深圳、佛山、东莞、江门均是广东省第一批循环经济试点，并分别制订了循环经济试点实施方案。对比《纲要》提出的要求，珠江三角洲都市群开展循环经济试点工作，无论在范围还是水平上都还有许多提升空间，要进一步加强资源综合利用，全面推行清洁生产，积极探索有利于资源节约和循环经济发展的地方性价格、财政政策，建成一批符合循环经济发展要求的工业园区，形成资源高效利用、循环利用的产业链。

可持续发展实验区肩负着充分发挥科学技术是第一生产力的使命，缓解人口、资源和环境对经济发展的制约，探索区域可持续发展经验并提供示范。今后珠三角要加大可持续发展实验区建设的力度，充分发挥科技的引导和促进作用，将可持续发展理念纳入各市政府的决策管理体系，普遍树立正确的资源环境观，推动发展模式的转型升级，让可持续发展实验区成为经济社会发展新理念和新模式的创新区，新技术、新成果推广转化的先行区，新经济和新兴产业发展的孵化区。

低碳省和低碳城市试点是中国应对气候变化行动的重要组成部分。珠三角要紧紧抓住广东省和深圳市被列为国家低碳试点省（市）的机遇，以"壮大低碳产业，严格低碳管理，推进低碳生活方式"为基本发展思路，贯彻 "调结构、降能耗、优能源、促循环、增碳汇"的低碳产业发展路线图，以低碳文明的方式满足经济社会发展的需要，在低碳经济、低碳建筑、低碳环境、低碳生活等主要领域做出显著的贡献。

珠江三角洲是中国目前最具影响力的三大都市群之一，在中国的经济奇迹中扮演着极为重要的角色。珠江三角洲是中国区域经济中最具生机和活力的重要增长极之一，是相对比较成熟的都市群，也是未来中国最有望发展成为国际性超大都市群的地区之一。新的历史时期，《珠江三角洲地区改革发展规划纲要（2008—2020年）》的颁布实施，赋予了珠江三角洲地区探索科学发展模式试验区的新使命，继续肩负着为中国城市、都市群乃至世界其他国家类似的发展提供经验和范例的重任。

改革开放30年来，珠江三角洲地区依靠传统的发展模式，经济得到了持续、快速的发展，但同时也导致出现土地开发强度过高、能源资源保障能力较弱、环境污染问题比较突出的资源环境病，一度被视为先污染后治理的案例（王树功，2002）。特别是进入21世纪，珠江三角洲地区的区域污染态势正发生深刻转型，环境污染问题日益严重，资源环境约束逐渐凸显，区域协调、有序、持续发展面临重大挑战，与经济结构、发展模式、区域协调、社会发展的矛盾关系错综复杂，成为区域进一步加快发展的重大制约[①]。如何与时俱进、转变思路，加快推进区域资源节约与环境保护工作，提升区域可持续发展竞争能力，成为珠江三角洲地区迫切需要解决的问题。

面临资源环境问题的制约，进入21世纪后，珠江三角洲都市群以积极的态度，探索经济与环境双赢的绿色发展道路，转变发展方式、大力推进治污减排，加大生态建设。珠江三角洲所辖的广州、深圳、珠海、佛山、江门、中山、东莞、惠州、肇庆9个城市，不断探索解决资源环境问题的解决途径，积极开展环保模范城市、生态城市、循环经济城市、绿色城市、低碳城市、节约集约用地示范城市等资源环保型载体建设，为资源环境一体化建设提供平台。表12-1和表12-2分别展示了目前资源节约与环境保护主要载体建设的着力点和预期目标，以及当前珠江三角洲都市群9市在低碳试点城市、循环经济试点城市、节约集约用地试点示范城市、国家环境保护模范城市、国家级生态市、生态文明试点城市、可持续发展实验区建设/可持续发展先进示范区建设等方面的总体情况。

表12-1　当前资源节约与环境保护主要载体建设的着力点和预期目标

城市	载体建设的着力点	载体建设的预期目标
低碳试点城市	①低碳产业； ②低碳交通； ③低碳消费	推动经济社会发展向高能效、低能耗、低排放模式转型
循环经济试点城市	①减量化； ②再利用； ③资源化	资源综合利用
节约集约用地试点示范城市	①优化土地利用结构和布局； ②"三旧"改造	提高土地利用节约集约水平

---

① 印发《珠江三角洲环境保护一体化规划（2009—2020年）》的通知（粤府办〔2010〕42号）。

续表

城市	载体建设的着力点	载体建设的预期目标
国家环境保护模范城市	①水环境综合整治； ②大气污染治理； ③固体废弃物处理； ④噪声污染防治	进一步巩固国家环境保护模范城市创建成果，全面提升环境质量，保障环境安全
国家级生态市	①生态产业体系建设； ②资源保障体系建设； ③生态环境体系建设； ④生态人居体系建设； ⑤能力保障体系建设； ⑥生态文化体系建设	促进区域社会、经济与生态环境的协调发展，推动整个区域走生产发展、生活富裕、生态良好的文明发展道路
生态文明试点城市	①修编生态市建设规划； ②充实生态文明建设的内容； ③探索生态文明建设模式	实现"经济发达、生活富裕、环境优美、社会和谐、行为文明"的基本要求，为全国生态文明建设发挥典型示范作用
可持续发展试验区建设／可持续发展先进示范区建设	①新理念和新模式的创新区； ②新技术、新成果推广转化的先行区； ③新经济和新兴产业发展的孵化区	实施国家可持续发展、科教兴国、人才强国战略的载体，是践行科学发展观的基地

表12-2 珠江三角洲都市群资源节约与环境保护载体建设情况

城市	广州	深圳	珠海	佛山	江门	中山	东莞	惠州	肇庆
低碳试点城市	●	●							
循环经济试点城市	○	○		○	○		○		
节约集约用地试点示范城市	●	●							
国家环境保护模范城市	●	●	●	●	●	●	●	●	●
国家级生态市						●			
生态文明试点城市		●	●			●			
可持续发展试验区									

注：●国家级；○省级。

在各市积极开展资源环境保护载体建设的同时，广东省和国家从整个珠江三角洲层面出台了3项重要的纲领性规划，分别是2005年广东省人民政府发布的"印发《珠江三角洲环境保护规划纲要（2004—2020年）》的通知"（粤府〔2005〕16号），国务院通过的《珠江三角洲地区改革发展规划纲要（2008—2020年）》，广东省人民政府出台的"印发《珠江三角洲环境保护一体化规划（2009—2020年）》的通知"（粤府办〔2010〕42号）文件。它们是珠江三角洲都市群建设资源节约型与环境保护型社会的纲领性政策和文件。

2003年3月，中共省委、省政府决定与国家环保总局共同编制《珠江三角洲环境保护规划纲要（2004—2020年）》。2004年9月，广东省第十届人大常委会第十三次会议审议批准了该规划纲要，成为我国首部省人大决议通过的区域环境保护规划。2005年广东省人民政府下发了"印发《珠江三角洲环境保护规划纲要（2004—2020年）》的通知"（粤府〔2005〕16号）①。《珠江三角洲环境保护规划纲要（2004—2020年）》的主要贡献在于：针对珠江三角洲都市群面临的资源环境问题，提出了红线调控、绿线提升、蓝线建设三大战略任务分区控制要求，以及建成全面、协调的可持续发展示范区的目标。在载体建设方面明确提出到2010年，所有城市达到国家环境保护模范城市要求，建成国家环境保护模范都市群。到2020年，所有城市达到生态市要求，建成生态都市群。

《珠江三角洲地区改革发展规划纲要（2008—2020年）》将珠江三角洲都市群发展提升到国家层面，赋予珠三角发展更大的自主权，支持率先探索经济发展方式转变、城乡区域协调发展、和谐社会建设的新途径、新举措，率先建立资源节约型和环境友好型社会，走出一条生产发展、生活富裕、生态良好的文明发展道路，探索科学发展模式试验区，为全国科学发展提供示范。它明确提出，到2020年，珠江三角洲都市群成为全球最具核心竞争力的大都市圈之一，单位生产总值能耗和环境质量达到或接近世界先进水平。

广东省人民政府关于"印发《珠江三角洲环境保护一体化规划（2009—2020年）》的通知"（粤府办〔2010〕42号）是我国首个区域环境保护一体化规划，目的是通过加快推进区域环境保护一体化，以环境再造提升区域可持续发展能力。同时，明确提出资源节约与环境保护载体建设的具体要求，即到2020年率先建立资源节约型和环境友好型社会，建成生态文明示范区。

资源节约与环境保护是一项动态的系统工程，不可能一蹴而就，需要持续推进。诸如环保模范城市、生态城市、循环经济城市、绿色城市、低碳城市、节约集约用地示范城市等资源环保型载体建设，则为持续解决资源节约与环境保护提供了很好的平台。20世纪90年代以来，中国政府部门推出了多种重要载体，对珠三角都市群建设资源节约型与环境保护型社会具有十分重要的引导和指导作用。本章主要结合环境保护模范城市、生态建设示范区、循环经济试点、可持续发展实验区、低碳城市试点、生

---

① 广东省人民政府，印发《珠江三角洲环境保护规划纲要（2004—2020年）》的通知，粤府〔2005〕16号，2005年2月18日，http://zwgk.gd.gov.cn/。

态文明建设试点城市等载体，阐述珠江三角洲都市群在这些载体建设中的有益做法，为载体建设的未来行动提供借鉴。

在生态宜居城市建设方面，国际上已积累了许多可以借鉴的经验。目前，生态城市的建设和实践在国外仍保持强劲势头。很多国家都对生态城市建设提出了基本要求和具体标准，如美国、澳大利亚、印度、巴西、丹麦、瑞典、日本等。国外较著名的地区有印度的班加罗尔，巴西的库里蒂巴和桑托斯，澳大利亚的怀阿拉，丹麦的哥本哈根，美国的伯克利、波特兰都市区等。它们主要依据城市的特点有所侧重地建设，如库里蒂巴公交导向的生态城市开发实践，伯克利紧凑、活力、节能与自然并存的生态城市建设等，具有生态原理指导下的自适应性和实用性。国外的生态城市规划，试图通过社会活动、公众参与等手段，推动生态建设与恢复，其规划针对城市具体问题，目标明确，规划实施的方法和手段都比较有效。其突出特点如下。

（1）以可持续发展为核心思想。可持续发展的道路是世界各国的共识，是生态城市和理想人居环境规划建设的指导思想。美国的克利夫兰制订了详细的可持续计划，将可持续发展思想细化到具体的城市建设实践中，使该市的生态城市建设更具有现实性。澳大利亚的怀阿拉以可持续发展为指导思想，制定了具体的生态城市工程，在工程中运用各种适用的可持续技术，如增加绿地面积、推广可更新能源和资源、可持续水的利用等。巴西的库里蒂巴在垃圾循环回收、能源保护项目以及公交导向的交通创新上都取得了成就。德国的埃尔兰根在城市规划中加强风景规划和环境规划，重视对森林、河谷等生态区的保护，采用一体化的交通政策以及节约资源、能源等。

（2）制定明确的目标、原则和发展措施。生态城市的建设是一个长期的、循序渐进的过程，各国城市根据自己的具体发展状况制定了相应的建设目标和指导原则。新西兰的Waitakere建设目标包括建立可持续的、动态的、公平的社会、经济与环境，并根据目标制定了具体措施。澳大利亚的怀阿拉在其发展战略中提出了7条生态城市建设的战略要点，致力于解决其能源和资源问题。丹麦哥本哈根的"生态城市1997—1999"制定了明确的目标。美国的克利夫兰制定了明确的生态城市议程，包括空气质量、气候变化、能源、绿色建筑、绿色空间、基础设施、政府领导、邻里社区、公共健康、精明增长、区域观、交通选择、水质量及滨水区建设等一系列具体目标和指导原则。日本的千叶新城从规划开始，就以建立生态型城市为主要目标。

（3）重视与区域的协调。生态城市的"城市"概念是指包括郊区在内的城市区域，因此城市规划和开发必须与大范围的区域规划乃至国土规划相协调。美国克利夫兰市的生态城市议程强调区域观思想，强调政府必须在复杂的区域环境中进行协调工作。德国的埃尔兰根也非常重视区域的协调，具体体现在该市的风景规划、环境规划以及交通规划上。澳大利亚的阿德莱德则在区域系统分析的基础上合理利用区域资源、能源和资金，以寻求降低能源和材料废物，主张材料和组件的生产应最大限度地取自当地。

（4）以科技为后盾。生态城市的建设必须以科技为后盾。世界各国都非常重视生态适应技术的研制与推广，美国、德国、加拿大都重视生态适应技术的研究，重视发展生态农业，落实该领域专业人才的培养。澳大利亚的怀阿拉建立了能源替代研究中心，美国的克利夫兰建立了专门的生态可持续研究机构。

根据宜居城市评价的国际权威机构的评选结果，温哥华（加拿大）、新加坡城（新加坡）、维也纳（奥地利）、墨尔本（澳大利亚）、苏黎世（瑞士）、日内瓦（瑞士）、法兰克福（德国）等城市凭借宜人的自然环境、繁荣的经济环境、高效的交通网络、完善的公共设施网络等多次被评为宜居城市。其中，温哥华地区自1996年来开始实施"宜居区域战略计划"，取得了较大成功，并在世界范围内产生了深远影响；新加坡以其"城市建在花园中"的绿化建设、"居者有其屋"的安居计划，连续10年被评为最适宜亚洲人居住的城市；墨尔本则凭借其现代的城市繁荣和田园般的城市风光，数度蝉联欧洲大学学院评选的世界最佳居住城市。

榜样的力量是无穷的，示范区是资源节约与环境保护的重要载体。20世纪90年代以来，中国政府部门推出了多种重要载体，对珠三角都市群建设资源节约型与环境保护型社会具有十分重要的引导和指导作用。

一、环境保护模范城市

国家环境保护模范城市是原国家环境保护局根据《国家环境保护"九五"计划和2010年远景目标》于1997年提出的。国家环境保护模范城市是环境、经济与社会协调发展的典型代表，"蓝天、碧水、绿地、宁静、洁净"已成为国家环保模范城市的重要标志。创建国家环境保护模范城市是具有中国特色的城市环境保护工作手段，目的是通过培育一批国家环保模范城市（区），充分发挥他们的示范作用，有力推进城市环境保护工作。

根据有关资料可知，2008年国家环境保护模范城市的水环境功能区（城区）水质达标率比全国城市的平均水平高4.96%；空气质量优良率比全国城市平均水平高30.99%；建成区绿化覆盖率比全国城市的平均水平高3.58%；工业固体废物处置利用率和医疗废物集中处置率分别比全国城市的平均水平高3.14%和20.58%；生活污水集中处理率和生活垃圾无害化处理率则分别高28.92%和25.77%；2008年，全国环境保护模范城市公众对城市环境保护满意率的平均值为78%，高出全国城市平均值16.83%，凸显了环保模范城市在环境保护方面的先进性。

国家环境保护模范城市称号不是终身制，而是需要通过系统工程不断复查和提高要求的，其目的是持续推动城市环境的改善。对已命名的国家环境保护模范城市的管理制度是3年一复查，对出现严重问题的城市进行约谈或给予黄牌警告，促进城市整改解决问题。中国创建国家环保模范城市的工作将适当控制数量，保证创建质量，强化监督管理，严格退出机制。一旦发生重、特大环境污染事故或生态破坏事件，或出现由环境保护部通报的重大违反环保法律法规的案件，或者上年度主要污染物总量减排指标未完成，将立即被取消国家环保模范城市称号，其申报资格也将被暂停两年。为进一步规范和严格环境保护模范城市的创建工作，细化和提高各考核指标，指导环境保护模范城市成为积极推进建设资源节约型、环境友好型社会和生态文明建设的模范。

建设国家环境保护模范都市群是落实《珠江三角洲环境保护规划纲要（2004—2020年）》的重要组成部分。珠江三角洲都市群创建国家环境保护模范城市的力度是空前的。继1997年深圳市、珠海市，1998年中山市获国家环保部通过后，惠州市（2002年）、江门市（2004年）、肇庆市（2006年）、广州市（2007年）、佛山市（2010年）分别得到通过。2010年10月25—27日，环境保护部创模考核验收组对广东省东莞市创建国家环保模范城市工作进行了考核验收，验收组一致同意通过东莞市创建国家环保模范城市的考核验收。东莞市通过创模验收也标志着《珠江三角洲环境保护规划纲要（2004—2020年）》提出的到2010年珠三角建成国家环境保护模范都市群的目标顺利完成。

珠江三角洲城市在创建国家环境保护模范城市中，主要从五个方面来推动。①紧密围绕改善环境质量这一中心，全力确保饮用水安全，加强城市水环境综合整治，积极改善城乡区域环境空气质量；②建立高效的创模工作机制和严格的监督管理机制，建立多元化的环保投融资机制；③将主要污染物减排作为环境保护的中心工作；④建立起持续改进环境质量的长效机制，通过创模解决一些长期难以解决的问题，并坚持因地制宜，探索富有地方特色的创模道路；⑤着力提高环保地位、环保能力、环保水平、环保意识和环保形象。

珠江三角洲都市群通过创建国家环境保护模范城市，大大提高了领导决策层对环境保护的重视。城市环境保护工作全面提升，城市环境质量明显改善，"蓝天、碧水、绿地、宁静、洁净"是环保模范城市的重要标志，每一项指标又有着定量的标准，还需要提高公众的认可及满意度等。因此，创模过程中，各市领导都十分重视，在创建期内不断提升对环境保护重要性的认识。

创建过程中，还逐渐形成了大环保理念。环境保护是一项系统工程，涉及方方面面。大环保理念的确立，创新了环保工作机制，环保工作的力度得到加大；转变了经济增长方式，产业结构调整优化的力度加大；改革了环保投融资体制，拓宽了资金渠道，环保投入的力度得到加大；改进了环保执法方式，环保执法工作的力度得到加大。大环保理念的确定，促进了环保工作从遏制环境污染向持续改善环境质量转变，从被动治污向主动防治转变，从单一治污向综合治理开发转变，环境与经济协调发展，能源资源节约和保护生态环境的产业结构、增长方式正在形成。

表12-3展示了珠江三角洲都市群国家环境保护模范城市的特色。从表12-3可以看出，珠江三角洲城市在创建国家环境保护模范城市及加强国家环境保护模范城市建设过程中，大都坚持因地制宜，探索富有地方特色的创模道路，形成了各自的特色。共性方面表现在紧密围绕改善环境质量这一中心、建立高效的创模工作机制和严格的监督管理机制、逐渐形成大环保理念等。特色方面，广州通过治水使水环境显著改善。2010年，周生贤在《求是》杂志发表署名文章"以治污减排促进发展方式转变——广东省佛山市南海区的实践与启示"，向全国推荐珠三角佛山市南海区的经验和做法；东莞市则瞄准环境历史欠账，加大投入进行综合整治等。

表12-3 珠江三角洲都市群国家环境保护模范城市创模特色对比

获得称号年份	珠三角都市群	创模及建设特色
2010年10月25—27日通过考核验收	东莞市	①经过8年的艰苦努力，东莞终于取得了城市环境保护的重要成果，成为按照国家环境保护模范城市现行的考核指标体系，珠三角地区第一个通过环境保护部考核验收的新创建城市。 ②吸引大量的社会资金投入环保基础设施建设，形成了良好的多渠道环保投入机制和模式，环保产业市场化程度高。 ③利用市直管镇这个特殊行政架构的强大统筹能力，以大规模工程建设为着眼点，实行城乡同步治污，建设力度和规模在全国少见。 ④东莞产业结构调整力度大，配套政策助推产业升级。开展重污染行业整治，产业水平全面提升。深入开展机动车污染、挥发性有机物污染防治，走在全省、全国前列
2010年	佛山市	①以创模为抓手，以转变经济发展方式、实现可持续发展为主题，着力推进环境保护和生态建设，走出了一条经济社会发展与环境保护协调共进的新路子。 ②以创模为平台，形成大环保格局，导入"五区同创""城乡同创""全民同创"的新模式。 ③以创模为平台，调整优化产业结构，特别是对电力、陶瓷和印染等重污染行业采取不同的措施促进调整。通过创模关闭淘汰掉所有陶瓷落后产能，陶瓷产业得到升级换代，培育发展起陶都总部经济。 ④创新投融资体制，全面推进环境基础设施市场化；构建数字环保，实现高效环境管理。 ⑤以创模为动力，提升市民幸福指数
2007年	广州市	①在积极探索特大型城市创模之路的过程中，形成了独有的广州创模特色，在许多方面发挥了良好的示范和带头作用。 ②大力实施工业战略转移和老城区"退二进三"计划，全面优化城市发展布局和产业结构，创造环境容量和发展空间。 ③始终把改善水环境质量放在重要的位置，大力开展饮用水源保护、河涌综合整治、打击违法排污行为等专项整治活动。 ④进一步巩固国家环境保护模范城市创建成果
2006年	肇庆市	①严守绿色门槛，生态屏障保护良好。在经济社会发展中坚持生态保护优先，先规划后发展，开发与保护并重，坚决实行严格控制区、控制保护区、引导开发建设区三级控制管理。严格执行环保第一审批权，严把建设项目审批关，严格控制珠三角污染产业向山区和水源头地区转移，不以牺牲环境利益换取一时的经济发展。 ②通过在广大农村开展生态文明村建设，把创模工作从城市的核心区、建成区向周边的县区和农村延伸，创模惠及全市百万农民

续表

获得称号年份	珠三角都市群	创模及建设特色
2004年	江门市	①围绕建设"绿色新侨乡"的目标,明确立足山、水、城、林融为一体的环境特色,实施"青山、碧水、蓝天、绿地"工程,营造滨江山水园林生态城市的新优势。 ②在创模中摸索出一套适应江门社会经济可持续发展的流域水环境管理机制——"潭江模式"。实现了从自我保护到联合保护、从定性检查到定量考核、从干流保护到全流域保护的转变,成为全省率先实施流域跨界水质达标管理的地区
2002年	惠州市	①坚持"政府主导、行业主管、部门协作、军民共创"的方针,狠抓"创模"工作的落实。 ②持续巩固提高
1998年	中山市	①成立中山市迎接国家环保模范城市复查领导小组办公室。 ②定期印发中山市迎接国家环保模范城市复查工作简报
1997年	深圳市	深圳市针对创建及复查中存在的问题,制定了一系列巩固模范城成果的具体措施,深入持续改进城市环境质量,力争使各项指标符合模范城的动态要求
1997年	珠海市	成立珠海市迎接国家环保模范城复查领导小组办公室,定期印发工作简报

(资料来源:中华人民共和国环境保护部网站,http://wfs.mep.gov.cn/mfcs/index.htm;广东省环境保护厅网站,http://www.gdep.gov.cn/hbgh/)

作为环境保护工作的重要载体,国家环境保护模范城市有力地提升了珠三角都市群的环境质量改善,有力地促进了两型社会建设。国家环境保护模范城市的考核指标包括社会经济、环境质量、环境建设、环境管理四个方面。其主要标志是:社会文明昌盛,经济快速发展,生态良性循环,资源合理利用,环境质量良好,城市优美洁净,生活舒适便捷,居民健康长寿。这些与两型社会建设目标是一致的。

实践证明,创建国家环境保护模范城市是具有中国特色的城市环境保护工作手段,是"坚持以人为本,执政为民,全面落实科学发展观,构建社会主义和谐社会"的重要载体,是推进区域可持续发展的一种有效组织形式,已成为各级地方政府贯彻落实科学发展观、构建和谐社会的重要载体,成为生态文明建设和转变经济发展方式的重要抓手,成为建设资源节约型、环境友好型社会和探索中国环保新道路的重要平台,也成为各级环保部门积极参与环境与发展综合决策、提升环保部门地位、推动城市环保工作的一个重要手段,越来越受到各级党委政府、社会各界和国际社会的广泛关注。

面向未来,珠三角都市群仍需继续加大投入,建立长效机制,持续改善环境质量。环境保护模范城市不是一成不变的称号,它需要定期复检。国家环境保护模范城市应该成为珠江三角洲都市群环境保护的重要载体,成为环境保护的引领者和排头兵,始终居于国内环境保护的领先地位。

二、生态建设示范区

生态城市是人与自然和谐的新栖境,是当代城市发展方向的一个主流模式。随着城市化的高速发展以及环境累积效应,许多城市都面临着生态危机。在城市生态环境重要性日益凸现的形势下,一种现代的甚至超越现代的回归思潮在涌动,这是生态城市的由来。

1971年,联合国教科文组织发起的"人与生物圈"计划研究首先提出生态城市(eco-city)概念。1987年,苏联城市生态学家亚尼科斯基(Yanitsky)认为,生态城市是一种理想城市模式,其中技术与自然充分融合,人的创造力和生产力得到最大限度的保护,物质、能量、信息高速利用,生态良性循环。

20世纪90年代后,生态城市作为人类理想的聚居形式和人类为之奋斗的目标,已成为我国当代城市发展的热点。基于实施可持续发展战略的需要和适应全国环境保护形势,在学习和借鉴国外经验的基础上,原国家环境保护局于1995年在全国开展生态示范区建设试点工作。全国生态示范区建设从试点启动到目前大体经历了3个阶段:①前期筹备阶段。1994年,国家环保局组织制定了"全国生态示范区建设规划",1995年,发布了《全国生态示范区建设规划纲要(1996—2050年)》。②组织试点。从1996年到1999年,全国先后分4批开展了154个国家级生态示范区建设试点。部分省(区)开展了省级生态示范区建设试点工作。③首批验收。1998年,国家环保总局决定提前组织生态示范区验收工作。1999年,完成了对第一批33个试点单位的考核验收。

生态示范区是一项跨世纪工程。根据国家计划委员会"全国生态建设规划"的总体要求,在2000年前试点的基础上,2001—2010年为生态示范区建设的推广阶段,拟将生态示范区建设推广到全国三分之一左右的县市,2011—2050年为全面普及阶段。

2010年国家环保部下发了《关于进一步深化生态建设示范区工作的意见》(简称《意见》)(环发〔2010〕16号)。《意见》对国家环境保护部(原环境保护总局)实施生态示范区、生态市(县)、生态省以来的经验做法加以梳理,重新界定了生态建设示范区是生态省(市、县)、生态工业园区、生态乡镇(即原环境优美乡镇)、生态村的统称,强调了生态建设示范区是推进生态文明建设的有效载体,是最终建立生态文明建设示范区的过渡阶段。

(一)生态示范市(区)

珠江三角洲都市群经过改革开放的洗礼,越来越认识到资源环境与经济同等重要。经广东省人大批准的《珠江三角洲环境保护规划纲要(2004—2020年)》明确提出,到2020年9个城市进一步创建生态市,将珠三角建成生态都市群。

进入21世纪以来，珠三角都市群各市创建生态示范市（区）进展有序，并取得较好成效。2000年，珠海市成功通过专家论证、评审，成为第一批国家级生态示范区。2004年，中山市成为第三批国家级生态示范区。2006年和2008年深圳市龙岗区和盐田区分别成为国家级生态示范区。2009年底，中山市通过国家生态市考核验收，是广东省首个、全国首个通过国家考核验收的地级生态市。截至2010年12月，广东省珠江三角洲都市群获得国家级生态示范区和生态市（区）的情况见表12-4。

表12-4　珠江三角洲都市群国家级生态示范区、生态市（区）情况（截至2010年12月）

国家级生态示范区	国家生态市（区、县）	国家生态建设示范区	正在创建的城市
第一批：珠海市 第三批：中山市 第四批：深圳市龙岗区	深圳市盐田区（2008年）	中山市 深圳市福田区 （通过考核验收，公示结束，等待命名）	深圳市 珠海市 江门市

在规划、创建生态示范市（区）的过程中，珠三角都市群对生态城市建设模式进行了积极的探索。

珠海市生态优先模式。提到珠海，人们深深为其生态环境折服。它是我国第一个荣获联合国"国际改善人居环境最佳范例奖"的城市，在全国率先提出"建设生态珠海"的发展战略。当前，珠三角都市群面临资源紧缺、环境污染的困境，珠海在人均优势突出的前提下仍然有比较大的发展空间，并且环境优势成为珠海经济发展、绿色发展的后发优势。

历届珠海市委、市政府始终坚持生态优先的发展道路，避免陷入人口膨胀、环境污染、土地资源枯竭的发展困境。1992年，珠海率先提出了环境保护"八个不准"的规定。2004年12月16日，由中国环境科学研究院组织起草的《珠海生态市建设规划》方案通过专家评审。2009年启动《珠海生态市建设规划》修编工作，以期以高质量通过国家生态建设示范区考核。

珠海的历次城市规划和环境规划都十分注重生态资源的保护，坚持高标准、严要求和适度超前的原则，维护好美丽的生态环境。在珠三角其他城市生产总值飞速发展时，珠海始终坚持走经济发展与环境保护双赢之路，形成了具有珠海特色的可持续发展模式，走出了一条和珠三角地区其他城市不一样的发展道路。超前的远见，使珠海在改革开放30年后依然留住了蓝天白云、青山绿水以及山海相拥、陆岛相望的城市风貌，也为科学发展观提供了现实的诠释。

2010年8月，中共珠海市委第六届第八次全体会议提出，珠海要坚定不移地走建设生态文明的发展道路，到2020年建立特区40周年之际，基本建成珠江口西岸核心城市，实现在珠三角地区人均首位、生态一流、文化繁荣、法治优良、社会公平的发展目标，成为广东发展新的增长极、科学发展的排头兵。到2040年建立特区60周年之际，把珠海建设成为有国际影响力的生态城市、旅游城市、创新城市和港口城市，成为宜居宜业宜游的幸福之城，成为活力、实力、魅力兼备的理想之城，以生态文明新特区的面貌引领特区发展潮流。

中山市环境与经济协调发展模式。中山市生态市建设成功地诠释了"既要金山银山，也要生态环境"的理念，在实现经济快速发展的同时，多年来中山环境保护工作走在广东省的前列。中山市从2004年开始，率先在广东开展创建全国生态市工作，2009年通过验收，成为广东省第一个通过国家环境保护部验收的生态市。创建的5年间，投入近100亿元进行12项重点工程建设，涉及内河涌整治、污水处理厂及管网建设、垃圾综合处理基地建设、环境在线监控建设、生态建设（环境优美乡镇、绿化、生态保护、红树林恢复）、农业面源治理等。现在全市20个生活污水处理厂及配套管网，污水处理率达到85%以上；建设三大垃圾处理基地，对全市镇区垃圾实施无害化、减量化和资源化处理。建成医疗垃圾集中焚烧处理场，全市危险废物100%转移到省统一定点基地处理、直排式厕所治理率达100%（中山市环境保护局，2010）。2008年度节能减排工作全省第一，珠江综合整治考核全省第一，环保责任考核连续5年排名全省前列，18个镇建设全国环境优美乡镇分别通过国家命名或国家委托省考核验收。中山市生态市建设过程中的显著特点是全力构建生态市建设长效保障机制，以生态环保工程为重点真抓实干，环境质量和生态系统功能得到明显提升。

深圳市克服资源环境瓶颈制约发展模式。一路高速成长的深圳市，深深体会到经济持续高速发展带来的资源环境瓶颈制约。2007年，深圳市政府以一号文的形式下发了《中共深圳市委深圳市人民政府关于加强环境保护建设生态市的决定》（深发〔2007〕1号），从生态经济体系、生态环境体系、生态文化体系、环境执法体系、建设保障体系着手，全面突出环境保护的战略地位，明确到2020年，全面建成充满活力的可持续发展生态市。深圳市的主要做法包括：在认识到环境总约束、资源紧约束的条件下，明确提出绿色发展战略，号召树立"像爱护眼睛一样保护生态环境"的理念，并以政府一号文的形式下发关于生态市建设的决定；创新性地提出《深圳市基本生态控制线管理规定》及《深圳市基本生态控制线范围图》，将974.5平方千米的土地划入基本生态控制线，并落实到实处；坚持可持续发展、科学引导城市空间布局，从城市规划层面践行建设资源节约型和环境友好型城市。

《珠江三角洲环境保护规划纲要（2004—2020年）》提出的目标是到2020年珠江三角洲都市群创建生态都市群。目前只有中山市通过国家环保部组织的国家生态市考核验收，仍有许多路要走。广州、佛山、东莞、惠州、肇庆5市尚未启动生态市建设工作。

国家生态市的考核验收程序包括申报和自检、省级环保部门考核、国家环保部组织技术核查、国家环保部组织考核验收、审议、公示、命名和复查8个阶段。国家环保部每3年对已命名的国家生态县、国家生态市进行一次复查。针对复查情况对有关市、县提出下一步的工作意见。生态市要求市域80%的县（含县级市）达到国家生态县建设指标并获命名，中心城市通过国家环保模范城市考核并获命名等，这些是申报国家生态市的基本条件之一。

今后10年，珠三角其他城市要加快生态市建设步伐。重点任务包括：①规划先行。尽快启动广州、肇庆、东莞三市创建生态市过程。②突出特色。已经编制规划的深圳、珠海、江门、惠州4市，在生态市建设过程中要抓住本市特色进行创建。在满足国家生态市考核指标的基础上，增加特色指标。③重视国家生态区建设。珠三角都市群各市在创建国家生态市的同时，要重视和组织国家生态区的建设。目前，《珠海市香洲区生态区建设规划》已通过广东省环境保护厅组织的评审，其他市也应选择有条件的区进行国家生态区创建活动。

（二）生态乡镇、生态村

生态乡镇、生态村是生态市（区）建设的"细胞"载体。创建生态乡镇、生态村是落实科学发展观，实施可持续发展战略，提升乡镇生态文明水平，推进农村环境保护工作的重要抓手，是创造最佳人居环境的重要载体，是改善群众生活水平和生活质量的有效途径，对保护和改善农村生态环境，实现农村经济、社会、环境协调发展具有重要的意义。

珠三角各市在创建国家级生态乡镇的过程中，取得了一定的成绩。至今，荣获全国环境优美乡镇的有：深圳市的龙岗区葵涌镇（2003年）、龙岗区龙岗镇（2003年）、龙岗区横岗镇（2003年）、龙岗区大鹏镇（2004年）、龙岗区杭梓镇（2004年）、龙岗区坪山镇（2004年）、宝安区石岩镇（2004年）、宝安区龙华镇（2004年）；珠海市的唐家湾镇（2006年）、南屏镇（2007年）、三灶镇（2008年）；东莞市的塘厦镇、企石镇、大岭山镇（均为2008年）；佛山市的丹灶镇（2008年）、里水镇（2008年）；中山市的小榄镇（2006年）、沙溪镇（2006年）、坦洲镇（2007年）、板芙镇（2007年）、三乡镇（2007年）、黄圃镇（2008年）、南头镇（2008年）；江门市的鹤山市共和镇（2007年）、双水镇（2008年）。荣获国家生态建设示范区之"全国环境优美乡镇"的有：东莞市的石碣镇（2010年）；佛山市的均安镇（2010年）；中山市的南朗镇、东凤镇、横栏镇、大涌镇、民众镇、三角镇、神湾镇、港口镇、阜沙镇（均为2010年）。荣获国家级生态村的有：广州市的小洲村（2008年）；佛山市的罗南村（2008年）。东莞市寮步镇、东莞市石龙镇、广州市增城区新塘镇西南村、中山市三乡镇南龙村已列入"国家级生态乡镇、村"名单。

广东省环保厅（现为生态环境厅）对珠三角都市群创建生态示范乡镇、示范村给予了有力的支持，出台了相关指标体系、考核办法、验收标准等。在珠三角都市群内，先后验收、命名了一批省级生态乡镇和生态村。据不完全统计，省级生态示范镇的分布情况为：广州市4个，深圳市8个，珠海市4个，东莞市3个，佛山市5个，中山市12个，江门2个，肇庆3个。省级生态村的分布情况为：广州市40个，深圳市14个，珠海市10个，东莞市3个，佛山市39个，中山市5个，惠州市10个，江门11个，肇庆28个。

与此同时，珠三角都市群积极推进绿色社区、绿色学校、广东省绿色示范园等载体建设。将绿色学校的评比作为环境教育的重要载体，被珠三角都市群各市认可。深圳市的华侨城小学、深圳市外国语学校、翠园中学、南油小学、荔香中学、学府小学、竹园小学、梅园小学已经从国家级的绿色学校跃升为国际生态学校，体现了环境教育的不断提升。

珠三角都市群的各市已具备城乡环境统筹的能力。今后，生态乡镇、生态村等"细胞"工作的重点应该放在抓质量建设、抓特色建设上，进一步改善农村生产和生活环境，着力解决危害农民群众身体健康和影响农村可持续发展的突出环境问题，促进形成资源节约与环境友好的农村产业结构、生产方式和生活方式。

三、循环经济试点城市

循环经济思想萌芽于20世纪60年代，源于美国经济学家波尔丁提出的"宇宙飞船理论"。

循环经济是以资源的高效利用和循环利用为目标，以"减量化、再利用、资源化"为原则，以物质闭路循环和能量梯次使用为特征，按照自然生态系统物质循环和能量流动方式运行的经济模式。它是对"大量生产、大量消费、大量废弃"的传统经济模式的根本变革。传统经济是"资源—产品—废弃物"的单向直线过程，创造的财富越多，消耗的资源和产生的废弃物就越多，对环境资源的负面影响也就越大。循环经济则以尽可能小的资源消耗和环境成本，获得尽可能大的经济效益和社会效益，从而使经济系统与自然生态系统的物质循环过程相互和谐，促进资源的永续利用。

循环经济要求在资源开采环节，要大力提高资源综合开发和回收利用率。在资源消耗环节，要大力提高资源利用效率。在废弃物产生环节，要大力开展资源综合利用。在再生资源产生环节，要大力回收和循环利用各种废旧资源。在社会消费环节，要大力提倡绿色消费。

作为一种新的经济发展模式，循环经济是新的系统观、新的经济观、新的价值观、新的生产观、新的消费观。它要求走出传统工业经济"拼命生产、拼命消费"的误区，提倡对物质的适度消费、层次消费，在消费的同时考虑到废弃物的资源化，建立循环生产和消费的观念。同时，循环经济观要求通过税收和行政等手段，限制以不可再生资源为原料的一次性产品的生产与消费，如宾馆的一次性用品、餐馆的一次性餐具和豪华包装等。

在我国，循环经济已经形成法规。2008年8月，第十一届全国人民代表大会第四次常务会议通过了《中华人民共和国循环经济促进法》（简称《循环经济促进法》），并于2009年1月1日起施行。《循环经济促进法》的目的是促进循环经济发展，提高资源利用效率，保护和改善环境，实现可持续发展。作为国家经济社会发展的一项重大战略，发展循环经济应当遵循统筹规划、合理布局，因地制宜、注重实效，政府推动、市场引导，企业实施、公众参与的方针。

此前，国家发布了《国务院关于加快发展循环经济的若干意见》（国发〔2005〕22号）。2005年10月，国家发展和改革委员会、国家环保总局等6个部门联合开展第一批循环经济试点。第一批试点涉及10个省份的资源型和资源匮乏型城市，包括钢铁、有色、化工等7个重点行业的42家企业，再生资源回收利用等4个重点领域的17家单位，13个不同类型的产业园区。从此，循环经济试点成为我国各地探索循环经济发展模式、推动建立资源循环利用机制的重要载体。

广东省大力支持珠江三角洲都市群开展循环经济试点工作，为各市开展循环经济试点提供了操作框架和指导。广东省经济和信息会委员会（简称"经信委"）根据《国务院关于加快发展循环经济的若干意见》（国发〔2005〕22号）和省政府《关于建设节约型社会发展循环经济的若干意见》（粤府〔2005〕83号）的精神，按照《广东省发展循环经济试点实施方案》（粤经贸电力资源〔2006〕198号）的部署，会同省直相关部门于2006年在重点行业、重点领域、产业园区和市（县）组织开展循环经济试点工作，公布了我省第一批循环经济试点单位84家。2009年8月起，省经信委组织开展我省第一批循环经济试点单位评估考核工作，以试点单位自评、专家现场核查和综合评定的方式，完成了对84家试点单位的考核。

珠江三角洲都市群高度重视循环经济试点工作。广州市、深圳市、佛山市、东莞市、江门市均是广东省第一批循环经济试点单位，并分别制订了循环经济试点实施方案。在循环经济试点建设中，珠江三角洲都市群的探索实践树立了不少典型，取得了良好效益。

深圳市在全国率先出台了《深圳经济特区循环经济促进条例》，同时还出台了《循环经济示范项目认定办法》等一系列促进循环经济发展的规范性文件；初步搭建起循环经济示范项目公共展示平台、技术交流平台和信息数据交换平台。作为广东省第一批循环经济试点城市，深圳市成功入选国家第二批循环经济试点城市，有4家企业成功入选国家循环经济试点单位。

广州市正按照"减量化、再利用、资源化"原则，不断完善循环经济发展促进体系，争创国家循环经济试点城市。大力实施循环经济推进计划，开展广州开发区国家级循环经济试点，推进南沙等区域创建生态工业园。广州开发区作为全国循环经济示范试点园区和国家生态工业园，编制了循环经济试点规划，不断完善相关的支持政策体系，提高项目的环保准入门槛，加强环保执法，加大对循环经济项目的支持，努力建设成为全国土地节约集约利用示范区。

佛山市积极发展循环经济。作为广东省建设节约型社会、发展循环经济的试点城市之一，佛山市于2005年出台了《建设节约型社会试点城市实施方案》，对发展循环经济、建设资源节约型和环境友好型社会进行了战略部署。从企业、园区、社会3个层面，通过实施产业结构调整、生态工业园区建设、企业清洁生产等措施，初步建立起生态环保型的循环经济模式。佛山市已提前完成"十一五"单位生产总值能耗下降目标；清洁生产企业达50家，全市建成3个符合循环经济发展要求的生态工业园。

江门市循环经济建设也涌现出一批典型。广东银洲湖纸业基地是首批广东省循环经济试点和国家第二批循环经济试点园区。自开展循环经济试点以来，它形成了"集中供热、集中供电、集中供冷、集中供水、集中治污、集中固废利用、集中物流"的园区循环经济产业链，引起国内外广泛关注。该基地循环经济发展的最大特点是将发电和造纸两大高耗能产业结合在一起，实现了资源的跨行业整合，利用产业集群效益，推广先进的技术、设备，全面推行清洁生产，最大限度地提高能源利用率和减少污染物排放，大大提升了基地内发电企业和造纸企业在各自行业内的竞争力，将清洁生产、节能减排的范畴扩展到整个纸业基地，实现了综合性、社会性的节能减排，最终纸业基地重点产品的单位能耗为0.5～0.6吨标准煤/吨纸，是国内先进水平（0.9～1.2吨标准煤/吨纸）的50%，生产成本也大幅下降（李玉忠，2009）。江门市新会双水拆船钢铁有限公司是国家循环经济试点企业。在开展循环经济工作中，该企业把着力点放在两头：一头是实行绿色拆船，使得拆船物资"资源化"，促进了自然资源利用"减量化"；另一头是直接或间接利用拆船废钢作资源，在企业内生产集装箱配件、型材产品，在企业外合作生产船舶部件、钢坯等产品，扩大了废钢"再利用"范围，延伸了产业链。

东莞市循环经济发展注重实效，从东莞市自身的产业特征出发，主要做法可概括为：领导高度重视，成立领导小组；逐步出台并完善各项政策措施；重视科技，设立循环经济专项资金；大力推进清洁生产；积极开展循环经济试点工作；积极推进节能节电及资源综合利用；重视循环经济与清洁生产核心技术的培育（王树功，2007）。

根据2010年对广东省第一批循环经济试点单位的评估考核结果[①]可知，在试点市方面，深圳市被评为优秀；广州市、佛山市、江门市、东莞市被评为合格。在试点园区方面，肇庆市的亚洲金属资源再生工业基地被评为合格；广州经济技术开发区被评为优秀；江门市广东银洲湖纸业基地被评为优秀；佛山市广东西樵纺织产业示范基地被评为优秀；佛山市国家生态工业示范园区被评为合格；东莞石龙信息产业园被评为合格。在试点企业方面，广州市16家企业被评定为优秀，1家被评定为合格；珠海市2家被评定为优秀；佛山市1家被评定为优秀；东莞市1家被评定为优秀，1家被评定为合格；江门市1家被评定为优秀，1家被评定为合格；肇庆市6家被评定为优秀。但在试点过程中，仍反映出存在一些问题，突出反映在一些地市或企业对试点的重要性认识不足。在对广东省第一批循环经济试点单位的评估考核中，有一批单位申请退出和被评为不合格。见表12-5。

表12-5 广东省第一批循环经济试点单位中申请退出和被评为不合格的单位

	1. 试点企业	
广州市	广州大学城能源发展有限公司	不合格
	广州丰田汽车有限公司	不合格
	广州造纸集团有限公司	不合格
	广州热力有限公司	不合格
	广州珠江轮胎有限公司	不合格
	广州市康明硅橡胶科技有限公司	不合格

---

① 关于广东省第一批循环经济试点单位考核评价情况的通报，粤经信节能〔2010〕617号，2010-07-07，http://www.gdei.gov.cn/zwgk/tzgg/201007/t20100707_101588.html。

续表

广州市	广州广信江湾新城大酒店	不合格
	广州天河奥特农化新技术有限公司	不合格
	广州世贸中心大厦	不合格
	广州明珠C厂发电有限公司	申请退出
	广州保税区广保电力发展有限公司	申请退出
	广州红鹰能源科技有限公司	申请退出
深圳市	深圳振业城	不合格
东莞市	广东志诚冠军集团有限公司	不合格
	东莞市方达环宇环保科技有限公司	不合格
肇庆市	肇庆市鼎湖区莲花镇经济发展总公司	申请退出
2. 试点园区		
东莞市	东莞石龙（始兴）产业转移工业园	不合格
中山市	中山火炬高新技术产业园区阳西工业园	申请退出

对比《珠江三角洲地区改革发展规划纲要（2008—2020年）》和《广东省循环经济发展规划（2010—2020年）》的要求，珠江三角洲都市群开展循环经济试点工作，无论在范围上还是水平上都还有许多提升空间。《珠江三角洲地区改革发展规划纲要（2008—2020年）》明确要求，珠江三角洲都市群要大力发展循环经济，加强资源综合利用，全面推行清洁生产，形成低投入、低消耗、低排放和高效率的经济发展方式；制定清洁生产推行规划，指导和督促企业推行清洁生产。制定循环经济推进规划，积极探索有利于资源节约和循环经济发展的地方性价格、财政政策，建成一批符合循环经济发展要求的工业园区，形成资源高效利用、循环利用的产业链。《广东省循环经济发展规划（2010—2020年）》提出，珠三角地区作为国际知名的制造业加工基地，是广东省发展循环经济的重点区域。以破解资源环境约束难题为中心，重点发展工业循环经济和城市循环经济，工业循环经济要突出各市工业特色，城市循环经济要强化各市之间的协调联动，强化循环经济与现代产业体系和工业服务业之间的融合发展。创建一批国际先进水平的循环经济试验区或试点单位，成为广东省发展循环经济的示范区。

在未来的工作中，珠江三角洲都市群需要更好地发挥清洁生产在循环经济试点中

的重要作用。广东省开展清洁生产比较早,各项措施也较为完善。2001年10月省经贸委、科技厅、环保局联合发布了《广东省清洁生产联合行动实施意见》,确立了由省经贸委牵头、省科技厅和省环保局配合、省市联动的清洁生产管理组织架构,在全国率先全面启动了清洁生产工作。2003年颁布了《广东省清洁生产企业验收管理办法(暂行)》,是全国最早出台同类文件的省份之一。2007年9月省政府颁布了《关于加快推进清洁生产工作的意见》。2009年1月,省经贸委、科技厅和环保局又联合发布了《广东省清洁生产审核及验收办法》,以推动和规范清洁生产审核工作。2010年下发了《关于印发〈广东省清洁生产推行规划〉的通知》(粤经信节能〔2010〕652号)。

珠江三角洲地区作为产业集中的区域,其清洁生产取得了长足的发展。珠三角各市纷纷成立清洁生产促进中心,构建集清洁生产教育培训、技术推广、信息交流于一体的平台,接受政府部门的委托承担清洁生产验收组织、技术复审、日常管理等方面的工作,为企业提供清洁生产审核咨询服务。2008年4月,粤港双方共同启动了一项为期五年的粤港"清洁生产伙伴计划",由香港特区政府出资9306万元港元支持珠三角地区的港资企业推行清洁生产。到2009年底,完成了针对珠三角9个市的认知推广活动,实现了对226个企业实地评估、47个示范项目和107个核证改善项目的资助,效果显著。以佛山市为例,全市共有73家企业获得"广东省清洁生产企业"的称号,已有32个项目获得香港方面的财政资助,有3家企业获得"粤港清洁生产伙伴"标志认证。《广东省清洁生产推行规划(2010—2020年)》提出了建立珠江三角洲地区清洁生产试验区,以及建立更为严格的企业清洁生产验收评价管理制度。

清洁生产在企业层次实践循环经济模式具有基础性的作用。珠三角各市拥有众多的纺织印染、造纸、电镀等行业企业,迫切需要实施统一布局、统一定点入园,并设置入园门槛,将清洁生产审核作为企业准入的前置条件,在环境影响评价中强化清洁生产评价。清洁生产不仅需要管理,更需要技术支撑。珠三角各市需要进一步加大投入,不断创新发展,在清洁生产技术方面取得新的突破。

四、可持续发展实验区

我国可持续发展实验区的主管部门是政府科技主管部门。1992年8月,原国家科委、国家体改委会同原国家计委等有关部门决定,在1986年开始的社会发展综合示范试点工作的基础上,逐步建立一批社会发展综合实验区,依靠改革开放,充分发挥科学技术是第一生产力的作用,缓解人口、资源和环境对经济发展的制约,为我国城镇经济社会综合协调发展探索经验并提供示范,力图形成一种新的发展模式和新的文明观。1995年,中共十四届五中全会首次将可持续发展确定为我国国民经济和社会发展的重大战略,提出中国要走可持续发展之路。1997年底,经国务院会议同意,社会发展综合实验区更名为可持续发展实验区。

可持续发展实验区建设对广东的健康发展、长远发展具有十分重大的意义。它们承担着为全省经济社会的可持续发展提供科学示范,进而推动全省实现可持续发展的使命。从1992年广东建立第一个实验区开始，省内可持续发展实验区建设已有18年的发展历程。目前广东省共有28个省级可持续发展实验区，其中国家可持续发展实验区5个。

截至2010年，广州市的天河区，东莞市的清溪镇，佛山市的禅城区、容桂镇、大塘镇、张槎街道，江门市的新会区双水镇获得国家级可持续发展实验区称号。珠海市的湾仔镇，中山市的三角镇，惠州市的金口镇，江门市的苍城镇，肇庆市的鼎湖区、高要市获得省级可持续发展试验区称号。珠江三角洲地区拥有12个可持续发展实验区，占广东省可持续发展实验区的42.8%。

珠江三角洲都市群内可持续发展的典型比较见表12-6。

表12-6 珠江三角洲都市群内可持续发展的典型比较

实验区名称	成立时间	级别	类型	思路、特色及亮点
广州天河区国家可持续发展实验区	1999年12月	国家	城区型	①可持续发展文化培养成效显著。 ②绿色发展理念深入人心。 ③城中村改造形成特有模式
江门市新会区可持续发展实验区	2009年4月	国家	城区型	①大力发展循环经济，经过探索实践已形成两条完整的循环经济产业链（一条是船舶产业循环经济产业链；另一条是银洲湖纸业基地循环经济产业链）。 ②和谐发展。传统文化与现代文明和谐统一，人与自然、人与人、人与社会和谐
佛山市顺德区容桂镇	1992年	国家	建制镇型	
东莞市清溪镇	1995年12月	国家	建制镇型	
佛山市禅城区可持续发展实验区	2008年3月	省级	城区型	传奇古镇，创意禅城 ①推动传统产业的优化提升，扶持新兴产业做大做强，推动创意产业加快集聚发展。 ②建设现代产业体系科技示范区。 ③广东省"三旧"改造先行先试点区。 ④完善"以区为主，区镇（街）共管"的基础教育管理体制
肇庆市鼎湖区可持续发展实验区	2007年10月	省级	城区型	北回归线上的经济绿洲 ①坚定不移实施工业立区战略。 ②大力促进城乡建设。 ③推进新农村建设。 ④保护资源环境，促进可持续发展

续表

实验区名称	成立时间	级别	类型	思路、特色及亮点
佛山市禅城区张槎街道可持续发展实验区	2006年4月	省级	建制镇型	针织名镇,生态张槎 ①总体思路:以"产业升级"为中心,以"做大做强做优张槎针织产业和建设现代城市与发达产业和谐兼容的新社区"为目标,继续强化"结构调整、科技强镇和与国际市场接轨三大手段",依托"产业规划、延伸产业链条、开创品牌、科技创新"四大平台。 ②亮点:大力调整能源结构;从源头上控制大气污染;开展流域综合整治,改善区域水环境质量;变末端控制污染为全程监控;建设生态工业园;以清洁生产为重点,实施循环经济发展工程
江门市新会区双水镇可持续发展实验区	2006年8月	省级	建制镇型	①总目标:以经济发展为主线,以循环经济为核心,建设环境友好型、资源节约型社会。 ②特色:一个决策支持系统、一个生态环境基础、一个协调发展依托、一个发展观念转变以及一个公平的社会环境。 ③亮点:以拆船为特色的循环经济;城镇生态系统建设;可持续发展机制建设
江门市开平苍城镇可持续发展实验区	2005年9月	省级	建制镇型	①实施循环经济促进工程。 ②实施城镇建设联动工程。 ③重视农业水产,加快中心镇建设
肇庆高要市可持续发展实验区	2004年9月	省级	建制镇型	
佛山三水大塘镇可持续发展实验区	2004年4月	省级	建制镇型	①打造绿色环保工业园。 ②建设现代生态农业园区
中山市三角镇可持续发展实验区	2003年9月	省级	建制镇型	苦练内功谋发展,"三角"演绎绘蓝图 ①积极推行高新技术和先进适用技术改造,提升传统产业。 ②工业反哺农业,新"三农"发展。 ③扎实推进民生民心工程建设
惠州市小金口镇可持续发展实验区	2003年9月	省级	建制镇型	①绿色生态文明村建设成绩显著。 ②重视区域水环境建设
珠海湾仔镇可持续发展实验区	1992年	省级	建制镇型	

广东省建设可持续发展实验区的主要做法如下。

（1）与时俱进。可持续发展是对传统发展思想和观念意识的深刻挑战，是对传统发展道路和发展模式进行破旧立新的过程，因而可以说建设可持续发展实验区，并没有现成的经验和模式可以借鉴，需要不断地进行创新实践和探索。实验区是一个涉及人口、经济、社会、环境等多种因素的平台。实验区利用这一抓手，使实验工作与大的时代背景相融合，使实验区增强时代感。广东省实验区已成为落实科学发展观、发展循环经济、建设节约型社会、构建和谐社会、建设创新型广东、全面实现小康社会的战略部署的基地、试点和先行区。

（2）加强特色建设和示范推广。在实验区选点中，政府管理部门尽可能选择在某一方面有鲜明的发展特色的地方建立实验区，如工业、农业、旅游、资源利用、社会发展、环境治理与保护、城镇建设等。不一定现在就做得很好，但要有发展潜力、发展特色。通过突出特色、分类指导，推动形成全省各具特色的实验区建设模式。根据地方实际，充分借助发挥专家的作用，帮助地方提炼、挖掘和深化，逐渐形成特色，引导实验区往特色上发展。为了更好地发挥示范作用，重点建设对同类型地区有较强的示范和辐射带动作用的实验区。

（3）注重发挥科技的导向作用。在创新型实验区建设中，充分发挥科技的引导和促进作用，充分发挥科学技术是第一生产力的作用，依靠科技引导、构筑科技支撑平台。在实验区经济建设和社会发展中，积极支持和引导适用技术向实验区转移，通过技术的示范、集成、整合，支撑实验区建设。

（4）培育可持续发展能力。能力建设涉及多个方面，是一项社会系统工程，包括经济、社会、人口、资源、环境、城市建设等多个领域。实验区每年针对某些领域进行能力建设的实践，增强可持续发展的竞争力。

（5）建立专家全程参与的有效机制。在实验区规划编制阶段，省科技管理部门根据申报实验区的具体情况，对研究力量较弱、人才较缺乏的实验区，推荐有关专家参与实验区规划的编制研究，对申报实验区的地方进行规划编制的指导与咨询，帮助实验区把好规划编制关。在实验区示范项目建设，以及从申报、建设到验收的过程中，推荐有责任心、热爱可持续发展事业、有能力的专家全过程参与。

现今，实验区这颗绿色的种子已开始结出绿色的果实。

（1）可持续发展思想逐步融入地方政府的决策管理体系中。通过推进可持续发展实验区建设，各实验区普遍树立了较强的可持续发展意识和理念，可持续发展思想已逐步融入地方政府的决策管理体系中，成为地方政府衡量和检验科学发展的一把标尺。在政府决策、各项计划和规划的制定、招商引资及居民生活的相关领域，基本能够按照可持续发展的思想要求，指导实验区进行经济建设，发展社会事业，加强资源与生态保护，引导实验区不断走上生产发展、生活富裕、生态良好的文明发展道路。

（2）实验区建设有力地推动了发展模式转型的转型。可持续发展实验区是在可持续发展思想指导下的实践探索活动，是对传统思维模式、生产方式、生活与消费模式的根本性挑战，实验区建设有力地推动了经济增长方式由粗放型向集约型转变，不断提高经济增长的质量和效益，实现经济又好又快地发展；有力地推动了城市（城镇）

发展和建设模式由重数量和规模向重结构功能优化的方向转变，实现城市（城镇）集约、紧凑式的发展；有力地推动了生活与消费模式的转变，努力倡导节俭的生活与消费模式，引导公众逐渐形成健康文明的生活与消费模式。省科技管理部门有意识地整合科技资源，努力向实验区倾斜，为实验区推介适用技术成果，为实验区寻求专家学者的支持和参与，为实验区建立产学研的良好创新机制牵线搭桥。科学技术对于实验区，在努力改变传统工业的高消耗、单目标、单循环的生产模式，推行清洁生产，实现工业可持续发展；在积极寻求和建立农业资源开发利用与生态环境保护的良性循环机制，建立生态农业；在推进资源节约与保护，提高资源综合利用率，加大生态与环境治理等相关行业和领域都发挥了不可替代的作用，使可持续发展的实践活动得以在全省更大的范围内展开。

（3）实验区普遍树立了正确的资源环境观，社会事业获得了更加健康蓬勃的发展。许多实验区坚持资源节约与综合利用，把节约放在首位，在节约中发展，在保护中开发，努力使实验区的经济建设和城市开发的各项活动遵循自然规律，不超出自然资源的承载能力，大多数实验区在节约土地资源，有效保护水资源、山林资源、森林资源等方面进行了大胆的探索和实践，逐渐建立了一套符合当地实际、切实有效的资源保护与开发机制。实验区不断加大环境保护与治理的力度，以环境优化经济增长，以环境优化城市建设，努力走出一条资源消耗小、环境污染低、经济效益和社会效益"双赢"或"多赢"的发展道路，力争为建设资源节约型和环境友好型社会做出表率。通过开展可持续发展的实验示范，多数实验区的资源环境意识都得到了提高，在资源综合利用和环境保护方面都采取了切实可行的行动和措施，从而使资源环境支撑可持续发展实验区建设的能力不断增强。实验区坚持经济发展和社会进步相统一的科学发展观，在促进经济快速发展的同时，大力发展教育、科技、文化、体育、社会福利和社会公益事业，努力实现经济与社会协调发展，使经济发展的成效更好地体现在社会进步领域，让实验区的建设成果在更大范围内惠及最广大人民群众。实验区不仅关注经济指标的上升，更关注与人密切相关的人文指标的增长，以提高人的素质、促进人的全面发展为核心，推动社会文明和进步。实验区坚持以人为本的发展理念，在保护人、提高人、服务人等方面坚持不懈地进行探索和实践，努力为最广大人民群众提供良好的公共产品和服务，促进社会事业的健康发展。实验区在开展多种形式的劳动就业，维护社会安定，以及社会保障方面开展了大量卓有成效的工作。实验区在寻求社会事业发展的过程中，注重强调政府主导作用的发挥，充分有效地发挥政府在宏观调控、体制创新及运行保障上的影响和权威性，保证一些重大的社会发展政策更好地贯彻落实和实施。

2009年，国家正式启动可持续发展先进示范区建设工作，标志着实验区工作进入了一个新的发展阶段，迈上了一个新的台阶。时任部长万钢在国家可持续发展先进示范区授牌仪式上的讲话中指出："可持续发展实验区要成为经济社会发展新理念和新模式的创新区；新技术、新成果推广转化的先行区；新经济和新兴产业发展的孵化区。"

五、低碳城市建设试点示范

目前比较一致的认识是,低碳城市(low-carbon city)是指城市以低碳经济为发展模式及方向,市民以低碳生活为理念和行为特征,社会(政府公务管理层)以低碳社会为建设标本和蓝图的城市。

2010年8月18日,国家发展改革委正式启动国家低碳省和低碳城市试点工作。低碳省和低碳城市试点是中国应对气候变化行动的重要组成部分。中共中央、国务院提出把应对气候变化作为我国经济社会发展的一项重大战略,确定了我国到2020年控制温室气体排放的行动目标。这些目标已纳入国民经济和社会发展中长期规划。国家发展改革委在《关于开展低碳省区和低碳城市试点工作的通知》(简称《通知》)中指出,试点省和试点城市要将应对气候变化工作全面纳入本地区"十二五"规划,研究制定试点省和试点城市低碳发展规划,明确提出本地区控制温室气体排放的行动目标、重点任务和具体措施,建立温室气体排放数据统计和管理体系,积极倡导绿色低碳生活方式和消费模式,降低碳排放强度。此外,《通知》要求试点地区发挥应对气候变化与节能环保、新能源发展、生态建设等方面的协同效应,积极探索有利于节能减排和低碳产业发展的体制机制,实行控制温室气体排放目标责任制,探索有效的政府引导和经济激励政策,研究运用市场机制推动控制温室气体排放目标的落实。同时,密切跟踪低碳领域技术进步的最新进展,积极推动技术引进消化吸收再创新或与国外的联合研发。

广东省和深圳市被国家发展改革委列为首批低碳试点省(市)。

深圳市作为国家发展改革委开展低碳城市的试点、住房和城乡建设部低碳生态城市试点市,低碳城市建设走在全国前列。深圳是中华人民共和国住房和城乡建设部批准的第一个低碳生态示范市,重点探索在城市发展转型和南方气候条件下的渐进常态化低碳生态城市规划建设模式,将深圳逐步建设成为全国乃至全世界发展低碳生态城市的典范。深圳市政府常务会议审议并原则性通过的《深圳市与国家住建部建设国家低碳生态示范市实施方案》[①]中确定的总体目标是:结合自然条件和城市发展特征,将深圳建成社会经济繁荣且有活力,生活生产环境舒适宜人,资源能源利用效率显著提高,二氧化碳排放保持较低水平,低碳生态文明理念深入人心,城市复合生态体系健康和谐,在国内具有重要示范作用,在国际上具有先进水平的低碳生态城市。中华人民共和国住房和城乡建设部与深圳市政府联合签署的共建"国家低碳生态示范市合作框架协议"中明确提出"以光明新区等地区为试点,建设绿色交通、绿色市政、绿色建筑、低冲击开发模式、可再生能源等各类示范项目",确定光明新区作为"国家低碳生态试验区",主要体现在低碳产业、低碳产业园区、低碳建筑、低碳交易等方面。低碳建筑示范是深圳低碳城市建设的重中之重。

---

① 谭建伟:《"绿色深圳"低碳生态示范市进入系统建设时代》,2010年10月9日,广东新闻网,http://www.gd.chinanews.com.cn。

深圳拟在门户区南片区的23条道路建设中全部引入低冲击开发模式，这是光明新区建设"国家低碳生态试验区""先行先试"的一项重要探索。在产业方面，以建设"低碳深圳"为载体，控制高耗能产业，大力发展新能源、互联网、生物等战略性新兴产业，带动深圳产业布局向高端发展；建设低碳产业园区样本，从园区的建设到产业的引进，以及到企业的生产，制定详细的低碳标准。由总部设在深圳的平安集团、比亚迪集团、招商银行股份有限公司3家企业率先启动实质的低碳项目，国内首个低碳经济产品展示交易中心已经确定选址深圳宝安。深圳联合产权交易所等单位在深圳联合签署了发起成立亚洲排放权交易所的合作备忘录，这将是亚洲首个排放权交易所。中国首个以低碳为主题的总部基地——深圳国际低碳总部基地成为深圳市低碳试点示范项目。该项目集写字楼、高级公寓、精品酒店为一体，将汇聚国际知名低碳组织、碳基金、新能源企业、低碳专业服务机构以及低碳产业和技术交易中心，其目标是打造具有低碳理念、低碳目标和低碳产业的企业集聚地。深圳国际低碳总部基地将搭建一个低碳公共服务机构和平台，它将为入驻企业提供碳测算、碳盘查、碳认证、碳中和、碳交易等全过程、全方位、一站式的低碳咨询服务。

与此同时，珠三角都市群的广州、珠海、江门、佛山等城市也提出了建设低碳城市的诉求。

（1）广州。市政府常务会议讨论并原则性通过了《广州市发展低碳经济指导意见（2011—2015年）》。广州市正加大低碳经济投入，着力培育以低碳为特征的新经济增长点，建设以低碳排放为特征的工业、建筑和交通体系，大力发展现代服务业，推动经济社会发展向高能效、低能耗、低排放模式转型。积极实施低碳产业促进、能源高效利用、低碳技术开发应用、碳汇产业发展、资源综合利用效率提升、绿色建筑推广、低碳交通出行、低碳园区示范、碳市场培育、低碳型消费模式创建等十大低碳经济发展工程。目标是建成全国低碳城市试点。

（2）珠海。作为中美低碳城市长期合作项目选择的示范地之一，珠海市已确定通过先行试点，推动设立低碳经济试验区的思路，并初步选择在横琴岛设立"低碳经济试验区"，以发展热、电、冷联产联供项目为切入点，实行低碳的全新管理模式和经济发展模式，探索低碳经济下的政府政绩考核机制，推动产业升级、产业集聚和自主创新能力，吸引各种与低碳经济有关的高端研发、高端制造、高端服务业，促进低碳能源技术、交通运输技术、建筑技术、材料技术等的研发和产业化。在试验区取得经验和成功后，再逐步推广到珠海全市范围。同时，还积极探索低碳城镇、低碳建筑、低碳交通运输、低碳综合生活方式的示范。

（3）江门。已初步制定了低碳城市战略发展规划，主要战略任务包括：调整优化产业结构，使得生产低碳化；提高能源利用效率，使得能源低碳化；建立高效交通系统；开发绿色环保建筑；转变居民消费理念，使得消费低碳化；创新发展低碳技术。江门将发展低碳经济、倡导低碳生活、建设低碳城市作为重点方向。在发展低碳经济方面，围绕建设现代产业体系突出抓好先进制造业和现代服务业两个着力点，培育打造新能源、新光源、新材料和循环经济等新增长点；在倡导低碳生活方面，主要结合创建全国文明城市，尽快使市民的生活方式低碳化，引导市民改变不良习惯，形成环

保出行以及节电、节水、节物等节约习惯。

可见，在珠三角地区，建设低碳都市群是一个必然的趋势。2010年7月，广东省人民政府下发了"印发《环境保护部与广东省人民政府共同推进和落实〈珠江三角洲地区改革发展规划纲要（2008—2020年）〉合作协议》及广东省落实协议任务分工的通知"（粤府函〔2010〕164号），明确要在珠江三角洲都市群先行开展环境税费改革试点、制定珠江三角洲地区污染物排放标准、率先建立国家低碳经济试点区等方面加强合作。这必将更有力地推动珠江三角洲都市群率先建设资源节约型、环境友好型社会和低碳都市群。

建设面向未来的低碳都市群，珠三角首先要有明确的低碳城市的规划路线图，把低碳的目标贯彻到城市规划中，包括基础设施的建设、城市的交通布局，以及产业发展规划，进一步优化城市管理，加强珠三角低碳城市联盟建设，推动深港澳携手共建国家低碳城市示范区。

六、生态文明试点城市

生态文明建设试点是国家生态梯次建设的高级阶段。中共十七大报告指出，建设生态文明是科学发展观的必然要求。生态文明被认为是中国发展理念的升华，是全面建设小康社会的新要求，是中国未来发展的必然选择。

国家环境保护部是生态文明建设试点的业务主管部门。2008年环境保护部批准北京市密云县，江苏省张家港市，浙江省安吉县，广东省深圳市、珠海市、韶关市等六个市县开展生态文明试点工作。它们代表不同类型地区，担负着探索生态文明建设道路、为其他地区推进生态文明建设提供经验和借鉴的责任。

国家环境保护部在《关于开展第二批全国生态文明建设试点工作的通知》中指出，生态文明建设试点是落实党的十七大、十七届三中全会精神，深入学习实践科学发展观，大力推进生态文明建设，加快建设资源节约型、环境友好型社会的要求。该通知要求试点地区要以科学发展观为指导，进一步解放思想、开拓创新，加快转变经济发展方式和消费模式，促进人与自然和谐，着力改善城乡生态环境质量，以生态文明的理念和要求不断提升经济社会的可持续发展水平，坚定不移地走生产发展、生活富裕、生态良好的文明发展道路。时任国家环境保护部的周生贤部长在国合会2010年年会上发表的特别演讲[1]中指出，生态文明建设是理念、行动、过程和效果的有机统一体。牢固树立生态文明理念、绿色低碳发展和环保优先理念是前提；采取一切有利于推进生态文明建设的政策举措，抓紧行动起来是关键；长期持久建设，坚持不懈地加以推进是基础；注重建设效果的最优化和可持续是目的；

---

[1] 周文颖：《周生贤在国合会2010年年会上发表特别演讲指出积极探索中国环保新道路努力提高生态文明水平》，2010-11-12，中国环境报，http://www.mep.gov.cn/zhxx/hjyw/201011/t20101112_197422.htm。

积极探索中国环保新道路是主要途径。推进生态文明建设,当前和今后一段时期的重中之重是积极探索出一条代价小、效益好、排放低、可持续的中国环境保护新道路。

珠江三角洲都市群中,珠海市、深圳市是首批生态文明建设试点城市。

在珠三角都市群建设生态文明城市试点单位中,珠海市走在前列。珠海市在2008年5月被批准为中国首批生态文明建设试点城市后,同年6月就发布了《中共珠海市委、珠海市人民政府关于建设生态文明新特区,争当科学发展示范市的决定》,将生态优先作为珠海市今后发展的基本原则之一,明确提出在未来10年"推进生态城市建设,夯实将建设生态文明、实现科学发展的环境基础",并将建设宜居城市作为实践科学发展的重要手段。后来出台的《珠江三角洲地区改革发展规划纲要(2008—2020年)》特别明确"珠海市建成现代化区域中心城市和生态文明的新特区,争创科学发展示范市"。2010年9月,珠海市七届162次市政府常务会议,审议并原则性通过《珠海市创建生态文明城市行动纲领》,明确提出到2020年,实现人均首位、生态一流、文化繁荣、法治优良、社会公平的发展目标,将珠海市建成全国生态文明示范市的目标。生态文明城市建设已成为珠海市积极探索生态文明发展道路、推动城市跨越式发展的重要指导性文件和工作抓手。《珠海市创建生态文明城市行动纲领》出台的意义在于统一认识,并通过各部门间责任明确、统一协作、真抓实干加以认真推动。其不足在于珠海市仍未出台生态文明建设规划、指标体系等基础性工作。

中山市是第二批全国生态文明建设试点城市。它乘着通过国家生态市验收的东风,及时启动了中山市国家级生态文明示范市建设工作,及时明确领导小组,并以《关于成立中山市国家级生态文明示范市建设规划编制领导小组的通知》(中府办函〔2010〕41号)的形式确定下来。《中山市生态文明建设规划大纲》已于2010年6月通过专家论证。它明确提出生态文明建设各阶段目标,2012年建成国家生态文明建设先进城市,2015年建成国家生态文明建设示范城市,2020年成为首批国家级生态文明城市。

佛山市提出要认真贯彻落实以建设国家生态文明示范区为目标,组织编制《佛山市生态文明建设规划》,提出《佛山市建设国家生态文明示范区工作意见》。目前,全市正在开展可行性论证,合理设置生态文明建设目标评估体系,认真分析存在的问题,推动佛山市在实现生产发展、生活富裕后,以建设生态文明为动力,走资源节约型、环境友好型发展道路,实现人与自然和谐,经济、社会、自然环境可持续发展。

2010年7月,广东省人民政府在《珠三角环境保护一体化规划(2009—2020年)》中确定到2020年珠三角建成生态文明示范区的目标。珠三角都市群各市必将积极创建生态文明城市,切实以生态文明城市建设为载体,推动城市跨越式发展。在新型工业化和快速城镇化的进程中,在产业转型升级的过程中,努力探索出一条代价小、效益好、排放低、可持续的环境保护新道路。

七、载体建设的未来行动

国家越来越重视环渤海地区、长三角地区、珠三角地区3个特大都市群的建设。《珠江三角洲地区改革发展规划纲要（2008—2020年）》要求珠三角与香港、澳门共同打造亚太地区最具活力和国际竞争力的都市群。未来10年，是珠三角地区发展的重要关键时期，资源节约与环境保护的压力依然很大。重任在肩，珠三角都市群未来较长时期仍需要发挥资源节约型、环境友好型社会建设载体的示范和引领作用。

前面所述的载体之间，是互相呼应的，也有重叠的部分。"国家级生态建设示范区"的指标要求比"国家环境保护模范城市"更高、更全面。获得"国家环境保护模范城市""国家卫生城市""全国园林城市"等称号是参评"国家级生态建设示范区"的必备条件。"国家级生态建设示范区"又是建设"国家生态文明城市"的过渡阶段。图12-1是在梳理已有载体建设的基础上，结合未来珠三角的发展趋势，提出的未来10年珠三角都市群资源节约与环境保护载体建设的框架。

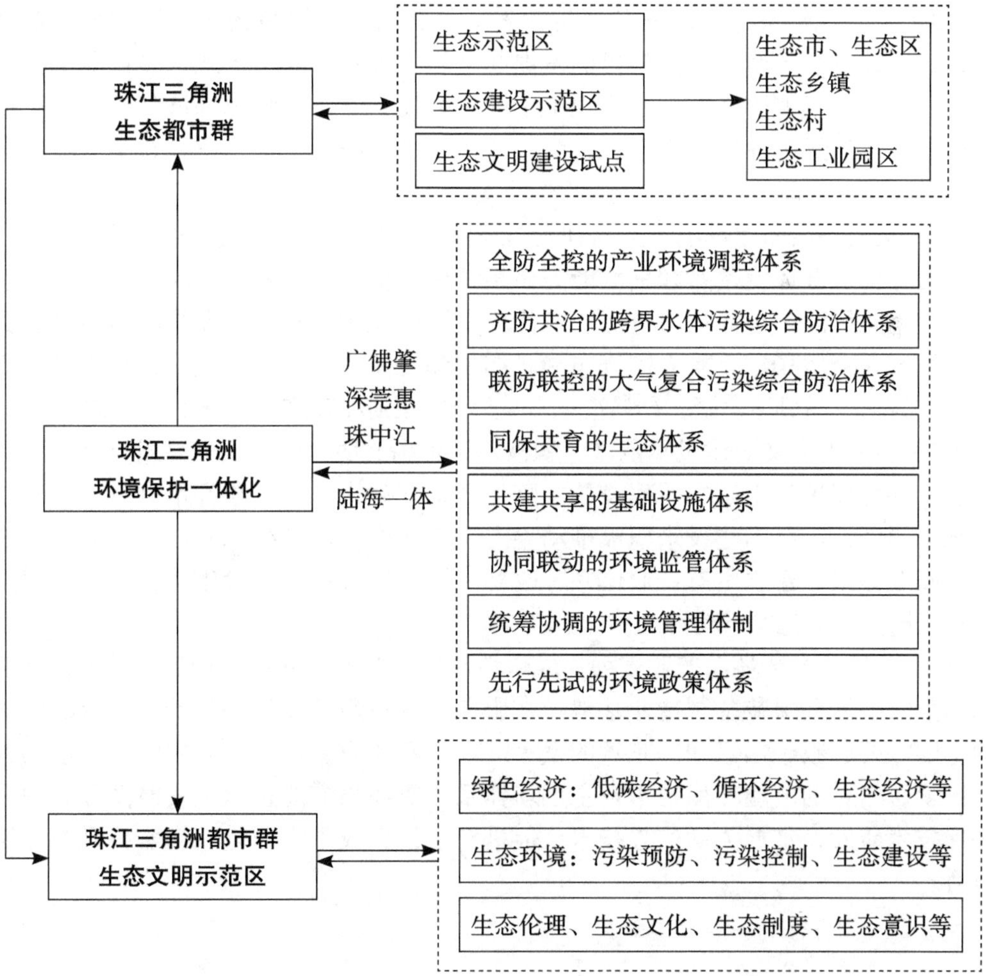

图 12-1　珠江三角洲都市群资源节约与环境保护载体建设的未来行动框架

（1）珠三角都市群各市要树立"大环保"理念，努力形成环保工作的合力。环境保护表面上看是生态问题，但实际上也是经济问题和政治问题。要坚持把环境保护摆在经济社会发展的优先位置，融入经济社会发展和管理的方方面面，树立全民参与环境保护的共识，吸引大量社会资金参与环境保护。要建立并不断完善"市委、市政府统一领导，主要领导负总责，分管领导具体抓，环保部门全程跟进，市区联动、职能部门齐抓共管，人大、政协监督视察，社会公众广泛参与"的工作机制，实现环保、工商、税务、安监、消防等部门的有机衔接与合作。

（2）要大力推进珠三角环境保护一体化，探索具有珠江三角洲都市群特色的环境保护新道路。要坚持环境与发展综合决策，以环境承载力为基础，通过区域规划环境影响评价、区域限批、提高环境准入门槛、大力发展清洁生产等手段调整发展节奏，优化发展布局，从源头降低污染。要按照区域经济一体化要求，针对需要珠三角各市协同解决的区域性环境问题，以建立跨界水污染和区域大气复合污染联防联治机制为重点，坚持区域统筹、流域统筹、陆海统筹、城乡统筹、环境与发展统筹，形成区域环境管理新模式。

（3）将绿色经济作为珠三角可持续发展的着力点。绿色经济是以传统产业经济为基础、以经济与环境的和谐为目的发展起来的一种新的经济形式，是产业经济为适应人类环保与健康需要而产生并表现出来的一种发展状态。绿色经济将低污染、低排放、低能耗作为经济发展的重点。目前，绿色经济的内涵更为广泛，包括低碳经济、循环经济等诸多方面。

（4）从战略层面促进国土空间开发与环境保护相协调。区域战略环评的意义在于通过全面分析资源环境禀赋和承载能力，系统评估重点产业发展可能带来的中长期环境影响和生态风险，进而提出重点产业优化发展调控建议和环境保护战略对策。珠三角都市群要在今后10年，重点围绕布局、结构和规模三大核心问题，提出坚持"优化升级、控制总量、引导集聚、严格准入"4项调控原则和实施差别化的优化调控政策。

（5）瞄准生态文明建设示范区，积极建设生态文明。生态文明建设贵在实践、重在行动。环境保护是生态文明建设的主阵地和根本举措。珠三角都市群各市要不断完善生态文明六大体系的建设来积极推动生态文明建设，促进绿色发展。要大力实施构建生态安全体系、建立生态产业体系、改善环境质量行动、建设生态人居、共建生态和谐和弘扬生态文化等行动计划。

（6）要抓住节能环保产业被列为战略性新兴产业的机遇，将珠江三角洲都市群建设为国家级节能环保装备制造业基地，在服务于珠三角环境保护与治理需求的同时，面向全国。要着眼于国家和广东省的重大需求，不断完善以企业为主体、以市场为导向、产学研结合的节能环保技术自主创新体系。要加强节能技术、资源循环利用技术和环保技术研发，掌握关键核心技术，促进自主创新成果产业化，切实提升产业核心竞争力。

第十三章

与资源节约和环境保护有关的宏观政策

第十三章　与资源节约和环境保护有关的宏观政策

资源节约和环境保护需要全社会参与、全过程推进，因而需要在制度设计、政策传导机制、执行监督等层面展开，要尽可能涵盖法律手段、行政手段、经济手段、道德手段等。现有的与资源节约和环境保护有关的政策主要基于强制性的行政干预手段，但是内蕴一致的综合政策体系尚没有形成。

包括国土主体功能区划、环境功能区划在内的区域功能规划，是宏观政策的重要组成部分，对引导经济布局、人口分布与资源环境承载能力相适应，集约节约开发国土资源、保护环境具有基础性制约作用。国土主体功能区划在"十一五"规划中被明确提出，但总体工作才刚开始，有待进一步落实。

经济政策主要是综合运用市场经济手段，通过产业政策、税收（排污费）政策、财政政策、金融政策、产业布局政策、规模经济政策，以及价格政策、排污权交易等经济手段，对有利于资源节约和环境保护的活动予以扶持，反之进行限制或禁止。"经济发展与环境保护双赢"才是最有生命力的策略。

生态服务功能价值补偿已是社会各界关注的热点，国家《"十一五"规划纲要》和《"十二五"规划纲要》都明确将建立健全生态补偿机制列为重要任务。但我国现行的生态补偿机制存在明显缺陷，突出表现在法规、制度不到位。珠江三角洲是需要实施生态补偿的典型区域。其水源地、生态资源、生态屏障多位于区外，且各市之间互相制约、牵制。珠三角要把着力点放在生态补偿的制度化、法律化上，从维护整个生态系统的生态服务功能的角度出发，建立生态补偿机制，要明确补偿的责任主体、被补偿的对象、补偿的资金渠道、补偿的方式等问题，以利于各市建立和实施生态补偿机制。

绿色税收是与资源节约和环境保护有关的主体税种，在发达国家已有成功的实践。我国现行税收政策在促进环境保护方面存在明显缺陷，大部分税种的税目、税基、税率的设置并未从环境保护与可持续发展的角度考虑，对环境保护的调节力度不够，对环保行为的税收政策激励作用不足。目前，珠江三角洲具备绿色税收的条件。面向未来，珠江三角洲都市群应该充分利用国家赋予的"科学发展，先行先试"的权利，遵循循序渐进原则和税收中性原则，积极探索、实施绿色税收体系。

作为引领中国现代化和科学发展的先锋，珠三角采取多方参与协调合作的环境善治模式具有必然性。传统的环境治理是对环境和自然资源行使的权威，具体包括法律、公共机构（如政府机构等）和使权力具体化的决策过程。而环境善治意味着政府、市场和公民社会这三大主体为了促进环境公共利益最大化而进行合作管理，它们相互信任、相互合作，依法对环境进行有效的治理。环境善治倡导的手段主要包括有权威和有效率的政府、政府与企业的伙伴关系、政府问责制、下放权力、发挥社会机构的作用、公众参与环境管理、环境信息公开化等。

与资源节约和环境保护有关的政策属于公共政策的范畴，是当前和长远背景下政治系统权威性决定的输出。宏观政策主要包括统领全局的、具有宏观调控作用和指导作用的政策，如计划、税收、财政、产业、金融、信贷政策等。资源节约和环境保护需要全社会参与、全过程推进，因而需要在制度设计、政策传导机制、执行监督等不同层面展开，要尽可能涵盖法律手段、行政手段、经济手段、道德手段等。

在我国，宏观政策对资源节约和环境保护的作用是通过法规、政府文件、领导讲话体现的。就环境保护而言，我国相关的宏观政策经历了一个从无到有、从探索到不断成熟的发展过程。

1983年召开的第二次全国环境保护会议是环保工作重要的里程碑。此前，环保工作处于起步时期，虽然颁布有《工业"三废"排放试行标准》（1973年）、《中华人民共和国防止沿海水域污染暂行规定》（1974年）、《放射防护规定》（1974年）、《环境规划要点和主要措施》（1974年）、《国务院环境保护机构及有关部门的环境保护职责范围和工作要点》（1974年）、《关于环境保护的十年规划意见》（1975年）、《关于治理工业"三废"开展综合利用的若干规定（草案）》（1976年）等，但多带有"暂行"或"试行"字样，反映了其探索属性。

1983年12月召开的第二次全国环境保护会议提出了"经济建设、城乡建设、环境建设要同步规划、同步实施、同步发展，实现经济效益、社会效益、环境效益的统一"的战略方针，并明确宣布"环境保护是我国的一项基本国策"。1989年召开的第三次全国环境保护会议，把第二次会议制定的战略方针具体化，形成了"预防为主、防治结合""谁污染谁治理（1999年调整为谁污染谁付费）"和"强化环境管理"三大政策体系和八项环境管理制度，把不同的管理目标、不同的控制局面和不同的操作方式组成了一个比较完整的体系，基本上把主要的环境问题置于这个管理体系的覆盖之下，这为解决环境问题提供了政策保障。

1996年7月召开的第四次全国环境保护会议是环保工作另一个重要的里程碑，标志着我国的环境保护工作已经进入逐渐成熟的时期。自1992年世界环境与发展大会以后，我国的环境保护面临着发展的新机遇和新挑战，环境保护工作的范畴已不仅局限于环境污染的防治，而是要扩展到经济发展、社会进步等更广泛的范围。1996年，国务院发布了具有历史意义的《关于环境保护若干问题的决定》，编制出台了《污染物排放总量控制计划》和《跨世纪绿色工程规划》，进而在1999年，国家环保局提出了"环境污染治理和生态保护并重"的方针，先后出台了《全国生态示范区建设规划纲要》《全国生态环境建设纲要》《全国生态环境保护纲要》等。我国的环境保护事业方兴未艾，正在稳步向前发展。

2005年国务院发布的《关于落实科学发展观加强环境保护的决定》（简称《决定》）是我国新时期环境保护工作的纲领性文件。它强调经济社会必须与环境保护相协调，要求把环境保护摆在更加重要的战略位置。《决定》的发布展示了党中央、国务院改善环境质量、实现科学发展的坚定决心。在2006年4月召开的第六次全国环境保护大会上，中央指出做好新形势下的环保工作的关键是要加快实现"三个转变"，核心是调整经济与环境的关系，促使经济发展和环境保护的拐点提前到来。

近年，国家和广东省的立法工作步伐也不断加快，陆续新制定颁布了不少法律、法规、规章，并对部分法律、法规、规章进行了修订，同时制定了一系列经济激励政策。

广东省在这一时期也不断完善、更新法律、法规、规章,如《广东省环境保护条例》《广东省珠江三角洲水质保护条例》《广东省饮用水源保护条例》《广东省大气污染防治办法》等。同时制定了一系列经济发展政策,如"双转移""腾笼换鸟""产业升级",不断规范、提升工业园区的发展,加快循环经济建设。与此对应,还出台了一系列环境保护政策,如《关于加强我省山区及东西两翼与珠江三角洲联手推进产业转移中环境保护工作的若干意见(试行)》《关于当前全省环境保护工作促进经济发展的意见》《关于加强开发区环保工作的通知》等,在有力地保证了经济发展的同时,也重视保护环境。

2002年,中共广东省委、广东省人民政府下发的《关于加强珠江综合整治工作的决定》(简称《决定》)是对珠江三角洲环境保护具有重要影响的文件。珠江是广东数千万居民生活、生产的重要水源,是经济发展、社会进步和实现可持续发展战略的重要物质基础,但是,随着经济的发展、城市化进程的加快和人口的增长,珠江水污染问题十分突出,水资源供需矛盾日益尖锐。《决定》适时出台,从珠江流域整体出发,制订方案,明确目标,统一部署,部门配合,上下游协调,区域内互动,联防联治,实行综合防治,流域区域协调管理,加大整治力度,努力改善水质,确保饮用水安全。

珠江综合整治按照"一年初见成效,三年不黑不臭,八年江水变清"的目标,充分考虑了社会经济和污染处理技术的可行性,按照优先保护饮用水源和解决重点污染问题的原则,根据轻重缓急,把工业污染防治、生活污水处理、禽畜养殖业污染控制、重点区域以及内河涌综合整治、生态建设与保护作为水污染控制的主要任务。为了确保各项工程任务的顺利完成,省政府建立珠江综合整治工作联席会议制度;广东省省长与珠江流域各市市长签订珠江整治责任书,广东省人民政府每年对各市完成综合整治任务的情况进行考核;各级政府切实对辖区内的环境质量负责,真正做到责任到位、措施到位、投入到位。

8年来,《决定》中确定的目标已基本实现。近几年,广州市领导、群众每年都开展"横渡珠江"的活动。2010年11月,广州亚运会期间,环境质量得到了群众的好评。

相关研究和实践都展示,环境是一种公共物品,具有很强的外部性特征。环境保护是市场机制自身难以进行的,需要政府制定法规强制社会和企业对环境进行保护,利用经济手段诱导经济主体对污染进行治理。

宏观政策在环境保护中起着主导作用。许多发达国家十分重视发挥宏观政策的支撑作用,并取得了很好的效果。例如,日本,为了促进循环型社会发展,建立了3个层次的法律法规体系:1部基本法,即《循环型社会形成推进基本法》;2部综合性法律,即《废弃物管理与公共清洁法》和《资源有效利用促进法》;6部专项法,包括《容器包装再生利用法》《家电再生利用法》《建筑材料再生利用法》《食品再生利用法》《汽车再生利用法》和《绿色采购法》。整个法律体系覆盖面广,法律对生产、消费、回收、再利用、安全处理等各个环节都有明确规定;操作性强,在法律制定中采取先易后难的办法,即先针对涉及相关利益较少的废物的再生利用进行立法;

各方责任明确，法律对政府、地方自治体、企业、公众的责任和义务进行了明确规定。在促进循环型社会建设中，日本充分发挥国家、地方政府、企业、非政府组织和国民等相关主体应有的作用，坚持合理公平的费用和利益分担原则，有效地运用了相应的政策和法律手段，界定了各自的责任和义务，使官、产、民形成了良好的合作伙伴关系。尤其制定了一系列相关的法规，充分运用了市场机制。日本还采取了一系列的经济政策。其中一个主要政策是生态工业园区补偿金制度。该补偿金制度由环境省和经产省执行。涉及其他部门的项目，则由主管部门支持。在专项再生法律执行中，日本制定了详细的经济制度，以保证废弃物能够收上来、处理好、循环好。

宏观政策的制定应该反映人类对环境战略认识的最新水平。当前，实施主动引导发展的环境战略已逐渐成为共识。该战略包括：基于环境禀赋引导区域（城市）发展布局，基于环境条件与社会进步持续引导区域（城市）产业结构，以社会和谐为目标引导居民生活方式，响应区域（城市）发展目标，切实提升环境承载率等核心思想。完整的引导发展战略体系包括发展空间布局、经济增长方式、居民生活方式、引导对外合作（资源合作共享）等层次。

宏观政策应该正面应对当前存在的问题。当前，珠三角地区的可持续发展面临的主要问题是，建设用地蔓延和人口增加，导致资源环境压力增大，生态赤字及碳赤字快速增加；投资导向和创新不足的产业结构低层次，加剧了资源环境不经济；政绩化的发展导向和公共服务提供不足，导致社会发展滞后及信任危机。资源环境瓶颈压力存在的主要原因有：对资源环境的认知能力不足，普遍存在工业化开发冲动和政府竞争行为，对资源环境要素的政府和市场调控不当，特别是生态品的弱市场化。一些地方甚至存在通过拍卖土地换取财政收益的现象。因此，严格实施绿色空间保护战略和增长边界严控战略是十分必要的。

一、区域功能规划

区域功能规划是宏观政策的重要组成部分，国土资源开发与环境保护具有基础性制约作用。

（一）国土主体功能区划

国家"十一五"规划明确提出了编制我国国土主体功能区的区域规划，并将我国国土空间划分为优化开发、重点开发、限制开发和禁止开发四类主体功能区域，以此加强对我国重点生态保护区的保护力度，统筹区域经济发展。

优化开发区域是指国土开发密度已经较高，资源环境承载能力开始减弱的区域。此类区域要改变依靠大量占用土地、大量消耗资源和大量排放污染实现经济较快增长的模式，把提高增长质量和效益放在首位，提升参与全球分工与竞争的层次，继续成为带动全国经济和社会发展的龙头和我国参与经济全球化的主体区域。

重点开发区域是指资源环境承载能力较强，经济和人口集聚条件较好的区域。此类区域要充实基础设施,改善投资创业环境,促进产业集群发展,壮大经济规模,加快工业化和城镇化,承载优化开发区的产业转移,承载限制开发区和禁止开发区的人口转移,逐步成为支撑全国经济发展和人口集聚的重要载体。

限制开发区域是指资源环境承载能力较弱,大规模集聚经济和人口条件不够好并关系到全国或较大范围生态安全的区域。此类区域要坚持保护优先、适度开发、点状发展、因地制宜发展资源环境可承载的特色产业,加强生态修复和环境保护,引导超载人口逐步有序转移,逐步成为全国性或区域性的重要生态功能区,如湿地、江河源头、水资源保护区等。

禁止开发区域是指依法设立的自然保护区域。此类区域要根据法律法规和相关规划实行强制性保护,控制人为因素对自然保护区的干扰,严禁不符合主体功能定位的开发活动。

广东从2007年开始编制《广东省主体功能区规划(2010—2020年)》。2007年1月,广东省人民政府办公厅发布了《转发国务院办公厅关于开展全国主体功能区划规划编制工作的通知》(粤府办〔2007〕4号)(简称《通知》),并成立了省主体功能区划规划编制工作领导小组。该领导小组负责协调解决广东省主体功能区划规划编制过程中的重大问题,由省发展改革委员会主要负责同志任组长,省发展改革委员会、财政厅、国土资源厅、建设厅有关负责同志任副组长,省科技厅、水利厅、农业厅、环保局、林业局、海洋渔业局、省地震局、气象局有关负责同志为成员。领导小组办公室设在省发展改革委员会,具体负责组织规划编制工作。《通知》还明确提出要开展广东省主体功能区划规划基础研究。

2010年1月,广东省发展改革委员会在广州市召开相邻省区主体功能区规划衔接会议。福建、江西、湖南、海南和广西5省区发展改革委员会规划处的负责人参加了会议。会议围绕与广东周边地区的区划对接与协调、通道建设与发展、区域协作与整合、流域生态保护等问题,进行了深入讨论,达成了许多共识。

广东省在制定《广东省主体功能区规划(2010—2020年)》的同时,研究制定了相应的区域发展政策,引导经济布局、人口分布与资源环境承载能力相适应,组织推动各市县按照省级主体功能区规划,对本地主体功能进行定位,修改完善相关的经济社会发展和城乡规划,开展主体功能区规划实施试点。

向中央报批的《广东省主体功能区规划(2010—2020年)》,明确了优化开发、重点开发、生态发展和禁止开发四类主体功能区域,各地正在积极配合"十二五"规划编制工作,加快主体功能区规划编制工作的进度。

(二)环境功能区划

环境功能区划是依据社会经济发展需要和不同地区在环境结构、环境状态和使用功能上的差异,对区域进行合理划分。它研究各环境单元的承载力(环境容量)及环境质量的现状和发展变化趋势,揭露人类自身活动与人类生活之间的关系。环境功能区划的目的,一是为了合理布局,二是为了确定具体的环境目标,三是为了便于目标的管理和执行。环境功能区划由政府通过环境保护规划、功能区划方案等方式发布。

环境功能区划的依据主要包括：①保证功能与规划相匹配；②依据自然条件划分功能区；③依据环境的开发利用潜力划分功能区；④依据社会的现状、特点和未来发展趋势划分功能区；⑤依据行政辖区划分功能区；⑥依据环境保护的重点和特点划分功能区。

在珠三角环境功能区划方面，《珠江三角洲环境保护规划纲要（2004—2020年）》具有特别重要的意义。它是在珠江三角洲区域社会经济发展迅速，人口和产业高度聚集，出现大都市群雏形，但环境日益恶化的背景下制定和出台的。该规划提出珠江三角洲在现代化过程中要完成"红线调控、绿线提升、蓝线建设"三大战略任务，要把珠江三角洲建成全面、协调的可持续发展示范区。到2010年，珠江三角洲水系主干、支流水质维持良好水平，酸雨频率明显下降，所有城市达到国家环境保护模范城市要求，建成国家环境保护模范都市群。到2020年，所有城市达到生态市要求，建成生态都市群。

《珠江三角洲环境保护规划纲要（2004—2020年）》（简称《纲要》）提出了珠江三角洲生态功能区划。根据区域生态环境敏感性、生态服务功能重要性、区域社会经济发展方向的差异性等，将珠江三角洲划分为环型山地森林生态安全屏障区、三角洲平原农业都市经济区、南部沿海生态防护区3个一级生态功能区，西部生态防护和生物多样性保护区等7个二级生态功能区，大沙河水库水源涵养区等75个陆域三级功能区和5个沿海三级功能区。《纲要》还提出了结合区域取水排水河系分离、容量利用以及发展需求，调整和优化珠江三角洲地表水环境功能区划。

近年来，珠三角一体化发展进程明显加速。广东区域发展规划适时提出了加快珠三角一体化发展的方针，出台了《关于加快推进珠江三角洲区域经济一体化的指导意见》（粤府办〔2009〕38号），提出以广佛同城化为引领，以推进基础设施一体化为突破口，推动产业转型、环境再造，建设广佛肇、深莞惠、珠中江三大经济圈；推进珠三角城际轨道、公路、水电油气管网等一体化建设，加快年票互通、公共交通一卡通、高速公路电子联网收费和电信同城化；发挥广州、深圳的中心城市功能，与港澳协调城市规划，构建世界级都市群；完善区域统一的就业、社保、卫生服务等体系，率先推进城乡基本公共服务均等化。

与珠三角一体化发展相适应，广东省编制、出台了《珠江三角洲环境保护一体化规划（2009—2020年》（粤府办〔2010〕42号）。该规划提出随着经济社会的发展，珠三角的环境污染特征正在发生重要转变，区域性、复合型、压缩型环境问题日益凸显。珠三角部分城市江段和河涌污染严重，给排水格局缺乏统筹，区域内跨界水体污染问题突出。大气污染物排放量巨大，在城市间输送、转化、耦合，导致出现细粒子浓度高、臭氧浓度高、酸雨频率高、灰霾严重等现象。县、镇、村的生活垃圾普遍没有得到无害化处理，区域土壤重金属污染问题日益突出。城市化和工业化发展侵占大量生态用地，城乡绿色空间破碎化严重，生态系统结构单一，区域生态安全体系亟待维护。地区之间、城乡之间产业准入标准、环保执法力度、污染治理水平存在差异，环境基础设施建设因缺乏统筹规划而难以发挥最大效益。城市之间环境管理协调不足、缺乏联动，体制机制和政策措施难以适应区域环境保护的新特点和新要求。这些

问题单靠各个城市、各个部门自身的力量难以有效解决，已成为制约珠三角经济一体化发展的重要因素。该规划突出环境保护的共识、共治与共赢，与城乡规划一体化、产业布局一体化、基础设施建设一体化和公共服务一体化等规划相互衔接，共同推进珠三角协调、有序、可持续发展。该规划指出，珠三角环境保护一体化是区域经济社会一体化的重要领域和关键环节，是破解区域环境难题、提高区域整体竞争力的有效途径，是改善区域环境质量、建设宜居城乡的根本出路，是应对气候变化、建设资源节约型和环境友好型社会的必然要求，对珠三角实践科学发展、改善民生、构建和谐社会具有十分重要的意义。

《珠江三角洲环境保护一体化规划（2009—2020年》也提出了相关功能区划要求。各市根据实际情况对主要区域的大气环境、声环境进行了功能区划分。

（三）城市（群）建设规划

广东省人民政府分别于2005年、2010年公布实施了《珠江三角洲城镇群协调发展规划（2004—2020年）》《珠江三角洲城乡规划一体化规划（2009—2020年）》。它们与《珠江三角洲地区改革发展规划纲要（2008—2020年）》的主导精神和主要思想是一致的。它们针对都市（群）建设过程中出现的土地利用模式粗放，非农建设快速无序蔓延，区域协调机制薄弱，区域性设施建设与城镇功能、布局相脱节，城市之间、各类专项规划之间缺乏衔接机制和统一的标准体系，城乡基本公共服务差距进一步加大等问题，规范珠江三角洲都市（群）建设。

《珠江三角洲城乡规划一体化规划（2009—2020年）》（简称《规划》）的主要内容如下。

（1）双中心引领一体化。珠三角城市的布局为"一脊三带五轴"的发展轴带体系。所谓"脊梁"，是指环珠江口湾区，"三带"是指三条东西向分布的功能拓展带，"五轴"是指五条南北向贯联的"城镇—产业"聚合轴。广州和深圳"双中心"的格局，通过强化广州和深圳的管理、服务和创新等功能，发挥广州国家中心城市和深圳国际化城市的带动作用。到2020年规划期末，将广州、深圳建设成为世界城市，共同引领珠三角区域一体化，建设亚太地区最具活力和竞争力的世界级城镇群。广州的角色是，强化广州国家中心城市、综合性门户城市和区域文化教育中心的地位，建成面向世界、服务全国的国际大都市。广州推动珠三角区域一体化的任务是：形成总部决策中心在广州，企业和运作基地在珠三角的产业格局；向珠三角、全省乃至更大的区域输出更多的文化、科技、教育等优质服务。深圳则要打造创新型综合经济特区，建设国际化城市。在带动珠三角其他城市的功能上，利用深圳的技术创新和制度创新优势，将技术创新服务向珠三角其他城市延伸，以形成具有较强创新能力和国际化水平的区域产业集群。同时深港合作也在《规划》中有重点体现。珠三角的其他城市，则需在三大都市区内部找到自己的角色定位。例如，在广佛肇都市区内，形成多中心梯度分布的空间发展格局，佛山在广佛同城化中发展；深莞惠都市区则形成以深圳为核心，以东莞、惠州为次中心，以重要发展廊道为依托的多中心点轴发展格局；而珠中江都市区内，由于各城市发展水平差异不大，因此将形成多中心均衡分布的空间格局。

（2）推广以公共交通为导向的开发（transit oriented development，TOD）模式，即以公共交通为导向，使公共交通的使用最大化的居民或商业区规划设计方式。《规划》明确提出，将轨道交通建设与土地利用开发紧密结合，即在严格执行土地招拍挂的土地政策下，加强轨道交通项目与沿线土地开发项目在规划、设计等阶段的统筹和结合，促进区域一体化和城乡融合发展。为配合TOD模式，广东将在推动集体建设用地的流转和农村土地管理两方面着手。在集体建设用地使用权流转方面，在保证集体建设用地与国有土地享有平等权益的基础上，通过推动"城中村"改造和新城、新社区的建设，把农民住宅建设集中起来，提高土地利用效益。在完善农村土地管理制度方面，加快农村集体土地所有权、宅基地使用权、集体建设用地使用权等确权登记颁证工作。选择一些试点城镇或者社区，进行重点研究用地功能、开发容量控制、土地获取方式以及轨道与公交运营协调机制，探索TOD模式实现的路径。《规划》要求，对涉及区域战略资源和不可再生资源利用的规划进行跨行政边界协调。

二、经济政策

经济政策主要是综合运用市场经济手段，通过产业政策、税收（排污费）政策、财政政策、金融政策、产业布局政策、规模经济政策，以及价格政策、排污权交易等经济手段，对有利于环境保护的活动予以扶持，对不利于环境保护的活动进行限制或禁止。

当前我国的环保政策主要有2个特点：①环境保护的国家意愿明显上升；②在意愿之下出台的经济政策都与环境保护有关。

环境保护的国家意愿明显上升，主要体现在如下方面：①"十一五"以后的规划都提出环境保护方面的约束性指标，包括能耗降低主要污染物二氧化硫和化学需氧量减排。②国务院《关于落实科学发展观加强环境保护的决定》提出经济社会的发展必须与环境保护相协调。"十一五"规划提出的主体功能区分类是国家定下来的最高的经济发展原则。③第六次全国环境保护大会提出实现环境保护的历史性转变，要由过去的先后关系、轻重关系转变为并重关系、同步关系。而且，过去主要由行政办法来管理环境，以后要用综合的手段来解决问题。

在经济社会发展与环境保护相协调的原则下，国家陆续发布一系列产业政策，如《产业结构调整指导目录》《关于清理规范焦碳行业的若干意见》《关于制止铜冶炼行业盲目投资若干意见》《关于加快推进产能过剩行业结构调整的通知》《关于加快水泥工业结构调整的若干意见》《关于加快电力工业结构调整促进健康有序发展有关工作的通知》等文件，这些产业政策都提到了在环境保护方面的要求，如建设项目选址的要求，落后产能、落后产品淘汰、关闭的要求等，直接达到了节能降耗、环境保护的目的。国务院还出台了《关于加快发展循环经济的若干意见》。

消费领域也出台了环境保护政策，例如，国家对一次性筷子调高了税率，目的是要抑制一次性筷子的消费，保护森林，还对石油的税率也进行了调整，目的是节约能源。制定环境保护的区域投资政策，即国家鼓励投资相关的领域、区域，相关污染防治，生态保护要求等。在项目方面，国家、地方财政支持能源和矿产资源的勘察和生态环境保护、循环经济、二氧化硫治理等。积极对生态环境投资，过去被人们认为没有经济效益，只能由政府投资环境保护和生态建设，现在可以让投资者取得经济利益。

珠江三角洲所在的广东省同样针对自身情况，推出了一系列政策，如《广东省产业结构调整指导目录》，广东省电力、水泥、汽车、新能源等一系列产业发展规划等。

"双转移"是广东省近年来推出的特色政策。它包括"产业转移"和"劳动力转移"两大战略，是广东省为了促进区域平衡发展、提升珠三角产业结构而实施的一项重大政策，具体指珠三角劳动密集型产业向东西两翼、粤北山区转移；而东西两翼、粤北山区的劳动力，一方面向当地第二、三产业转移，另一方面其中一些素质较高的劳动力，向发达的珠三角地区转移。

省政府下发了《广东省人民政府关于我省山区及东西两翼与珠江三角洲联手推进产业转移的意见（试行）》（粤府〔2005〕22号），以推进"双转移"工作。省环保部门下发了《关于加强我省山区及东西两翼与珠江三角洲联手推进产业转移中环境保护工作的若干意见（试行）》等文件，以保护山区、东西两翼的生态环境。至今，广东省已建成34个省级产业转移园，产业转移园建设开局良好，环境基础设施建设稳步推进。

近几年，省里还制定了一系列产业发展规划，包括广东省钢铁产业调整和振兴规划、广东省航空产业发展规划、广东省汽车产业调整和振兴规划、广东省现代产业体系建设总体规划、广东省装备制造业调整和振兴规划、广东省稀土产业发展总体规划、广东省循环经济发展规划等。此外，还制定了粤东、粤西、山区发展指导意见。这些宏观经济政策都考虑了环境的承受力，有的还专门制定了环境保护规划，或开展了规划的环境影响评价。

这些宏观政策、规划体现了宏观政策在环境保护工作中的支撑作用。

（一）生态服务功能价值补偿

生态补偿机制是以保护生态环境，促进人与自然和谐发展为目的，根据生态系统服务价值、生态保护成本、发展机会成本，运用政府和市场手段，调节生态保护利益相关者之间的利益关系的公共制度。

生态服务功能价值补偿的提出，主要是基于在经济建设和环境保护过程中出现的以下三方面问题。①直接参与生态建设并产生正外部效益或者生态建设而导致当地经济和个人利益受损。由于各种自然保护区生态建设、防沙治沙工程建设等具有明显的外部性，而生态建设者又很难从中获得效益，所以应给予补偿；退耕还林还草工程建设，农民和地方政府的利益将受到一定的损失，也应成为补偿的对象。②生态环境本身受到破坏，应进行责任补偿，如由于自然资源的开发会对生态环境造成破坏，对生态占用要采取"占一补一"的方式给予补偿。③对具有重大生态环境价值的区域和对象需要进行补偿，如三江源地区、重要的自然保护区等。当前中国政府主导实施的重大生态建设工程，包括退耕还林（草）、天然林保护、退牧还草、"三北"防护林建设和京津风沙源治理等。

正确处理经济发展与环境保护的关系是实现可持续发展的重大问题，但长久以来这个问题在我国并没有得到很好的解决。最重要的原因是环境保护中各相关方的经济利益关系没有协调好。建立和完善生态补偿机制是破解这一难题不可或缺的有效途径。通过经济上的补偿，可以使生态环境的建设者和受益者的成本分担与收益分享趋于合理，解决环境成本外部化问题。

《国务院关于落实科学发展观加强环境保护的决定》《"十一五"规划纲要》和《"十二五"规划纲要》都明确将建立健全生态补偿机制列为重要任务。建立生态补偿机制的重点是要解决谁是生态补偿的责任主体、由谁来补偿、如何进行补偿和应补偿多少4个方面的核心问题。政府在生态资源与环境公共品供给和相应制度安排上担当重要角色。财税政策是重要的组成部分，对于有效调节生态保护者、受益者和破坏者之间的利益关系，保护生态服务功能具有重要作用。

目前，我国现行生态补偿机制存在的不足，突出体现在以下方面。

1．法规、制度不到位

目前，生态补偿已成为社会各界关注的热点。专家针对该问题进行了大量的研究。地方政府也在不断呼吁，要求开展生态补偿，并在实践中探索出一些有益的模式。但部门、地区间不协调，缺乏专门的法律、制度做保障。

虽然目前已有一些涉及生态补偿内容的相关政策，但严格意义上没有一项政策是以生态补偿为目的而设计的。所谓相关政策主要是针对某一种生态要素或为实现某一种生态目标而设计的政策，这些政策虽然涉及保护和恢复生态环境等相关内容，但政策的主体是为其他目标服务的，这样在政策的具体执行过程中往往就出现了生态保护与修复的内容被忽视的现象，生态补偿的目的自然难以实现。

2．财税政策不健全

无偿、低价使用自然资源的传统观念，造成对生态环境保护和建设的投入少是普遍现象。在补偿资金方面则明显存在一些突出问题。首先是生态补偿融资渠道狭窄、资金来源单一。目前，我国的生态补偿机制主要是政府主导的对生态环境保护及建设者的财政转移补偿机制，补偿资金来源主要是排污收费、征收的生态补偿费以及财政专项拨款。资金积累和筹措不足是实施生态补偿政策面临的瓶颈。其次是资金管理不到位。有关生态补偿资金的运作程序不规范，监督约束机制缺位，而且中央、地方政府、主管部门及经营者之间的法律关系及法律责任不明确、财权与事权划分不清。

（1）缺乏积极有效的财政政策：财政投入不足。从发达国家进行生态补偿的经验来看，环保投入占生产总值的比重一般在2%～3%，才能对环境起到较好的保护作用。世界银行业曾建议中国要加大对污染控制的投资，最好占生产总值的2%以上。2005年我国对环境保护的财政投资不到生产总值的1%。财政投入的不足必然会影响生态补偿机制的构建和有效运行，财政调节手段比较单一。我国在生态补偿的过程中所投入的

资金主要来自财政拨款和银行贷款,财政调节手段比较单一,缺乏相应的优惠激励政策。从财政支出来看,目前除了预算内的财政资金对环保等相关领域与项目进行少量支持外,缺乏利用其他灵活的政策手段来引导和激励市场经济主体发展生态经济。在税收环节主要采用的是减税或免税的办法,缺乏利用加速折旧、税前还贷、再投资退税、财政贴息、延期纳税等其他财税优惠措施。此外,在生态补偿转移支付的范围、力度、协调和监管等方面均存在诸多缺陷,影响实际运行效果,尤其在政策偏好上,更多地选择了惩罚型措施,惩罚型生态补偿与激励型生态补偿虽然都以外部性理论为理论基础,但两者存在重大差异。前者实际上是把环境的使用权授给了受害者,后者则把环境的使用权授给了环境服务的提供者。这种不同的权力配置,在不同条件下的调节力度和效果是不同的。当生态环境基本面良好时,惩罚型生态补偿会更有效;而当生态环境基本面较差时,特别是在环境遭到重大破坏,需要对其进行修复时,实施激励型生态补偿的意义更为重大。

(2)缺乏完善的生态税收体系。到目前为止,我国还没有出台真正意义上的生态税,虽然已有一些与环境保护、节约资源相关的税种,但其保护环境、节约资源的效果甚微,没能起到应有的作用。

涉及生态保护的税种太少。目前的税种中,只有资源税和所得税涉及环保问题,其他主体税种如增值税、营业税中对综合利用"三废"项目缺乏相应的优惠政策。此外,消费税本来应该是配合国家产业结构优化政策,对限制发展的行业和资源消费等起调节作用的税种,但我国的消费税主要调节的是人们对奢侈消费品的消费,对给环境造成极大污染的塑料制品、电池、一次性消费品等未征收消费税,而且对许多重要的战略资源和不可再生资源的消费也未做针对性的规定,不能起到有效的调节作用。例如,对资源的消费税仅涉及柴油和汽油,且征税额度很低,几乎没有调节作用,这与我国资源短缺的情况极不相符。

现有税种对生态保护的调节力度不够。就资源税来说,主要强调调节级差收入,更多体现级差地租,即由于自然禀赋差异和经营权垄断带来的额外收益,而缺乏对绝对地租的科学配置,即所有权垄断应取得的收益,而且税率偏低,税档之间的差距偏小,对节约起不到明显的调节作用。同时,征税范围狭小,许多重要的自然资源,如森林、草原、水资源等,未列入征税范围,使得税收功能弱化,不利于对自然资源和生态环境的全面保护。此外,由于资源税收入大部分归地方,在执行过程中由于是对开发利用煤、石油、天然气、盐等自然资源所获得的收益征税,往往客观上起到了鼓励地方对资源进行开发的作用,加剧了生态环境的恶化,偏离了税收目标。在消费税方面,现行征税办法主要以惩罚型手段增加消费成本来调节消费结构,较少使用激励型手段来刺激节能环保产品的消费,综合调节力度不够。

税收优惠政策存在缺陷。一些税收优惠政策客观上产生了不利于环境保护的后果,抵消了其他税种的环保功能。例如,对生产金、银产品的销售收入免征增值税的规定,在一定程度上刺激了对金、银矿源的无度开采,加剧了资源浪费和对生态环境的破坏;对农膜、农药特别是剧毒农药免征增值税的规定,客观上对土壤和水资源的保护产生了不良影响。同时,那些有利于环境保护的无污染的产品和清洁生产,没有

享受到优惠的税收政策,例如,以天然气、乙醇、氢电池、太阳能等新型(或可再生)能源为主的许多产品,都没有相应的税收优惠政策。

(3)生态补偿收费不规范。我国目前在生态补偿方面征收的费用主要有排污费和生态补偿费。就排污收费制度而言,由于技术上的一些原因,尚有部分污染源未纳入排污费征收范围内,而且排污收费与污染治理成本有差距,总体来看排污费征收标准偏低。就生态补偿费而言,也存在一些问题:①缺乏严格的法律依据;②征收标准和范围不统一;③征收方式不合理,基本上采取"搭车收费"的方式;④管理不严格,资金收取和利用都存在很大的漏洞。

3. 区域之间的保护权属关系未理顺

我国政府对环保和生态补偿缺乏整体的协调性。我国各级政府的管理权限是以行政区域为划分的,即某一级政府的环境保护主管部门对一定区域内的某一特定方面的环境保护生态补偿进行管理,造成的结果是补偿行为的分割。一方面体现在各个不同行政区域内对同一资源与环境保护的割裂,另一方面则体现在各主管部门间环境保护侧重点的彼此对立。然而,现实活动中,各种自然资源是相互影响与渗透的,例如,水资源与土壤资源具有密切的联系,水资源的保护离不开对土地资源的保护。此外,即便是同一资源也无法以地域来分割开,例如,珠江流域上下游间就有着密不可分的联系,以地域为界限确定某一资源的保护权属很明显会出现矛盾。

4. 利益相关方缺乏积极参与的动机

生态补偿政策的根本目的是调节生态保护背后相关利益者的经济利益关系,涉及众多利益相关者。现行的一些政策更多地体现了政府的意志,却未能充分反映众多生态保护相关利益方的利益,因而利益相关者缺乏积极参与的动机。再者,各地区自然条件和人文资源不同,在补偿对象的认定上没有因地制宜地充分考虑地区之间的差异,在制定补偿标准方面主要体现中央政府的意愿,尚未能充分考虑农民、牧民、企业团体和各级地方政府的意愿诉求。

5. 监督控制机制不健全

在我国现行的行政体制下,监督机制存在着一系列问题,如上级的控制范围过宽、控制成本过高、缺乏公共信息渠道等,再加上组织内部的多种规则是建立在不完善的科层规则与科层仪式上的,因此控制部门不是通过严格的考核监督程序,而往往通过各种仪式性活动,如周期性的大检查、抽查与视察评比各种汇报材料等,来监督地方政府的行为。这些仪式性活动不可能对地方政府的执行行为进行全过程监督,是否真正有效,人们很少考虑。群众则主要是根据自身感受到的政策实施的公平与否来决定是否采取相应行动。地方政府在服从主义的意识支配下可能采取多种形式来迎接这些活动以使上级满意。在地方本位主义的意识支配下,还可能采取各种手段将地方的秘密隐藏在幕后。

珠江三角洲是需要实施生态补偿的典型区域。其水源地、生态资源、生态屏障多位于所在区域之外,且各市之间互相制约、牵制,要想整体保持珠江三角洲生态环境,实施流域、区域生态补偿机制是一项紧迫任务。《珠江三角洲地区改革发展规划纲要(2008—2020年)》《珠江三角洲环境保护一体化规划(2009—2020年)》均提出,珠江三角洲地区应探索建立流域、区域统筹的生态补偿机制。未来,珠三角应重点着力于以下方面。

1. 生态补偿应当制度化、法律化

现有政策与新颁专项政策相结合。就现有的生态补偿相关政策而言,在政策设计中存在着内容不全、目标不明确、手段单一和部门利益化的问题。从长远发展来看,需要从维护整个生态系统的生态服务功能的角度出发,整合现有的生态补偿相关政策,制定生态补偿的专项政策,建立生态补偿机制。在整合现有政策和制定新的专项生态补偿政策时,要对流域生态补偿问题、矿产资源开发的生态补偿问题、特殊生态功能区的生态补偿问题等给予特别关注,要明确补偿的责任主体、被补偿的对象、补偿的资金渠道、补偿的方式等问题,以利于各市建立和实施生态补偿机制。

2. 完善生态补偿机制的相关财政政策

(1)建立生态补偿机制的财政投入政策。生态环境由于具有非排他性、非竞争性和不可分割性的特点,作为公共产品,是公共财政支出的重点,各市财政都应设立生态环境建设专项资金和生态补偿转移支付专项资金,并列入财政预算予以保证。将环境财政纳入目前正在建立的公共财政体系框架中,强化政府的环境财政职能,加大对生态补偿的支持力度。加大对区域性、流域性污染的防治,以及污染防治新技术、新工艺开发和应用的投入;重点向欠发达地区、重要生态功能区、水源保护地区和自然保护区倾斜。同时,各市政府应充分运用财政贴息、投资补助、物价补贴等多种调节手段,对节能减排清洁环保的产品和项目予以大力支持,例如,德国对于兴建环保设施给予财政补贴,其补贴数额相当于投资费用的1%,对于建造节能设施所耗费用,按其费用的25%给予补贴,对于引导环保产业发展具有一定作用。同时,要进一步培育环境要素市场,逐步完善环境基础设施的市场准入标准和体系,引导社会资本的广泛参与和积极投入。此外,要积极利用国债资金、开发性贷款,以及国际组织和外国政府的贷款或赠款,形成多元化的融资体制。为扩大资金来源,对于一些特殊项目可适当发行生态环境补偿基金彩票。针对目前专项资金使用中存在的不规范问题,应建立财政资金的绩效机制,改变过去"重拨款、轻管理、轻评估"的现象,做到追踪问效,确保资金的规范使用。

(2)协助完善省财政转移支付制度。在政府财政转移支付项目中,要增加生态补偿项目,用于国家级自然保护区、国家级生态功能区的建设补偿,对因保护生态环境而造成的财政减收,应作为计算财政转移支付资金分配的一个重要因素。对限制开发区和禁止开发区实行政策倾斜,增加对生态保护地区环境治理和保护的专项财政拨款、财政贴息和税收优惠等政策支持。同时,要合理确定转移支付规模,既要有足够的数量保证,又要量入为出,切实履行公共支出的社会责任,同时兼顾公平与效率。

(3)建立横向财政转移支付制度。在坚持"谁开发谁保护,谁补偿谁受益"基本原则的基础上,建立地方政府间的横向财政转移支付制度,实行开发地区对保护地区、受益地区对生态保护地区以及流域上下游之间的财政转移支付,通过生态环境要素在区域间的有效互换,实现对生态环境供给者的长效激励,避免生态环境公共消费的"搭便车"现象,充分体现生态环境要素的经济价值和社会价值。在制定横向生态补偿标准时,要综合考虑区域内人口规模、资源状况、生态效益外溢程度等因素,制定有差别的区域补偿标准。此外,除资金补偿形式外,横向生态补偿还可以配套采取发展空间补偿、绿色技术补偿、教育援助补偿等其他有效形式。由于横向转移支付极易出现应补未补、补偿过度和补偿不足等不公平和效率低下现象,在建立横向财政转移支付制度的初期,考虑其复杂性,将横向转移纵向化可能是过渡性的有效方法。即在省确定横向补偿标准后,将优化开发区和重点开发区向限制开发区和禁止开发区的转移支付统一上缴给省财政,由省财政通过纵向转移支付方式将补偿资金拨付给限制开发区和禁止开发区政府,并严格规定专款专用。

3. 完善生态补偿机制的相关税收政策

(1) 调整和完善现行税制中的相关税种。现有税种中,资源税的调节尤为重要。①扩大征收范围。一方面在现行资源税的基础上,将海洋、森林、湿地、滩涂、淡水和地热等须加以保护性开发利用的自然资源列入纳税范围;另一方面,可对现行矿业权使用费、林业补偿费、水资源费、渔业资源费等资源性收费进行费改税,设置不同税目,统一征收管理,规范运作,强化其法律地位和约束力。②完善计税依据。将现行按应税资源产品销售或使用数量计税改为按实际开采或生产数量计税,制约乱采滥采和采富弃贫的浪费行为。③调整税率。对应税资源产品实行定额税率和比例税率相结合的复合计税办法,即先在开采或生产环节实行定额税率从量计征,之后在销售环节,根据销售价格再实行比例税率从价计征。对坚持循环经济原则,回采率高,二次资源利用充分,工业"三废"零排放或低排放的企业应采用低税率;相反,对非再生性、非替代性、特别稀缺的战略资源实行累进税率,以尽可能限制粗放式掠夺性开发,提高资源利用效率,逐步过渡到普遍征收的一般性资源税,为深化资源性产品价格改革奠定基础。④发挥消费税在环境方面"寓禁于征"的调节作用。充分认识消费税调节消费结构的职能,将一些近年来兴起的奢侈品、对环境危害较大的原生性消费品,如汽车、移动电话、一次性餐具、一次性塑料包装物、镍镉类电池、含磷洗衣粉等列入征税范围,并对危害较大的产品课以重税,同时对使用新型或可再生能源的低能耗交通工具实行低税或免税,对于资源消耗量小、循环利用资源、使用二次资源的产品和对环境零污染的绿色产品、清洁产品不征收消费税。⑤健全绿色关税制度。绿色关税包括进口税和出口税。一方面,借鉴西方发达国家做法,制定一系列限制进口环境标准,对污染环境、影响生态的进口产品征收进口附加税,建立科学规范的绿色壁垒。另一方面,对国内目前不能生产的污染治理设备、环境监测仪器以及环境无害化技术等进口产品可减征进口关税;对清洁汽车、清洁能源以及获得环境标志的产品,可减征进口关税。进一步完善出口退税和加工贸易政策,取消或降低高能耗、高污染、初级资源型产品的出口退税率。

(2) 征收生态税。要坚持在不改变现有税收规模的基础上进行。征收生态税的目的就是要改变目前的税收结构,提高生态税在税收总量中的比重,同时应坚持税收中性原则,对相关税费进行认真梳理、科学调整,避免部门交叉、重叠征收。要确保社会总税负不增加,对微观经济主体的经济行为有中性影响,对宏观经济长远发展有积极影响。执行过程中要强化生态税资金配置和行为激励的基本功能,资金配置是指通过税收手段,为生态补偿活动筹集长期稳定的资金来源。行为激励是指通过税收政策工具,将生态环境的外部成本内部化,引导微观经济主体在行为选择时充分考虑生态环境因素,尽量避免或自觉校正其破坏环境的行为。此外,在征收生态税初期,税目划分不宜过细,税率结构不宜太复杂。可考虑设置具有典型区域、典型行业差异的税收体制,体现"分区指导、分业落实、逐步推进"的指导思想,在条件尚不成熟、不便征收生态税时,可以考虑先推出"生态附加税",将工业"三废"和噪声排放严重的行业作为纳税重点,以类似城建税或教育费附加的形式,依附在3种主要税种(增值税、营业税、企业所得税)上进行征收。

(3)完善税收优惠措施。税收优惠是国家对生产者和消费者选择科学发展模式和理性消费模式的一种正面税收鼓励或间接财政援助。首先,完善企业所得税优惠措施。企业所得税是一种直接税,具有不易转嫁的特点,在所得税上实行优惠措施,能更有效地减轻纳税人负担,从而调动企业保护生态环境的积极性。具体来说:①对于企业为促进节能减排、清洁环保而在新产品、新技术、新工艺方面的研发投入,在计算企业所得税时,在税前全额扣除的情况下,其各项费用的增长幅度超过的部分,可以适当扩大实际发生额在应纳税所得额中扣除的比例。②对于单位和个人为生产节能产品服务的技术转让、技术培训、技术咨询和技术承包所取得的技术性服务收入,可予以一定的企业所得税优惠。③对于企业为减少污染而购入的环保节能设备实行加速折旧,在其原有折旧率的基础上再增加15%~20%的特别折旧率,或者在一定额度内实行投资抵免企业当年新增所得税优惠政策;对于企业购买的防治污染的专利技术等无形资产允许一次摊销。④企业在环保及环境美化方面的捐赠,可享受与普通捐赠相同的税收优惠待遇。其次,完善增值税优惠政策。因为增值税的内在机制是排斥免税的,利用增值税促进企业注重生态环境保护,其政策示范意义大于实际经济意义。具体可从以下三方面进行完善:①为了促进企业在环保方面的技术进步、技术创新和设备更新,可在环境保税和节能减排等固定资产的购置上采取消费型增值税,以降低企业经营成本。②完善增值税抵扣链条。对于专业的资源循环利用企业和生态修复企业,对其外购或无偿取得的废渣等原材料在核实购入量、使用量等数据的基础上,纳入增值税抵扣链条准予抵扣;同时通过提高再生资源、二次资源进项税的抵扣标准,合理拉开企业利用再生资源、二次资源与原生资源之间的税负差距,实现生态经济和循环经济的税收优势。③取消对农膜、农药特别是剧毒农药免征增值税的规定,同时适当降低有机农产品的销项税率,引导有机农业的健康发展,促进农作区的生态保护。

(4)完善生态补偿收费制度。进一步完善排污收费制度,按照污染者付费原则,将环境要素成本量化纳入企业生产成本,逐步扩大排污收费的范围,制定严格的收费标准,加大收缴力度,加强对主要污染物排放企业实施在线监测,对超标排放的征收超标排污费。进一步完善排污费的核定、征收、使用等各环节的规章制度,建立环保、税收、财政三方联动的合作机制。排污费由环保部门根据排污的种类、数量、方式核定应缴排污费的类别和标准;由税收部门负责征收;由财政部门统管,专户专管、专款专用,提高资金使用效率。

4. 建立统一的管理机构

尽快建立环境资源价值核算体系，完成生态环境资源实物及价值形态的核算，逐步建立健全珠三角自然资源账户管理制度。同时建立区域环境督察制度，加强对跨地区、流域经济区以及产业间环境问题的管理，协调"发达地区"和"欠发达地区"、"上游区域"和"下游区域"之间的补偿。

5. 建立政府与公众之间的互动机制

随着珠三角政治民主化、经济市场化的发展以及公民意识的日益觉醒，政府简单依靠强制权力和政治动员来推行公共政策已无法奏效，要顺利达成预期的政策目标，除了要着力改善传播的工具与手段、不断完善传播的策略与技巧外，还必须建立政府与公众之间的互动机制。我国公众参与生态保护尚处于起步阶段，公众参与虽然在生态保护领域已经发挥一定作用，但参与程度仍很低，作用还很有限。从当前来看，应当把引导和扩大公众参与、逐步建立符合国情的社会调控制度和机制作为珠三角生态保护事业发展的重要方向，进一步开展各种形式的生态保护宣传和教育活动，增强全社会的生态保护意识，形成健康文明、对环境友好的社会文化氛围。

6. 建立健全政绩考核评价机制

努力提高政策执行主体的思想素质和政策水平。①要通过建立地区政府领导干部政绩考核机制来具体落实和推动生态补偿相关政策的实施，例如，将万元生产总值能耗、水耗、排污强度以及交界断面水质达标率和群众满意度等指标纳入领导干部政绩考核的指标体系。②目前项目评估实行的是上级对下级的考核，仅实行这种自上而下的政绩考核，瞬时达标、重工程轻管理等行为难以从根本上消除，因此，还需要实行自下而上的政绩考核机制，即执行主体同时接受群众考核，使其想群众所想，而不仅仅是想上级官员所想。只有这样，才能将时点式的离散性的考核转换为时期式的连续性的考核，真正发挥考核评价机制在实施生态补偿和促进环境保护中的作用。

（二）排污权交易

排污权交易的主要内涵是在满足环境质量要求的条件下，建立合法的污染物排放权利，即排污权，并允许这种权利像商品那样被买入和卖出，以此对污染物排放的总量进行控制。排污权交易可分为两种：一是内部交易，二是外部交易。内部交易是同一个企业内的不同排污设备或污染源之间的排污权或排污许可量的再分配，外部交易是不同的企业或组织之间的排污权或排污许可量的再分配。在排污权交易市场上像商品一样买卖的排污权是企业节余的排污权，而不是环境保护行政主管部门分配给企业的排污权。排污权交易制度的核心价值是"效率优先、兼顾公平"。

开展排污权交易的基本条件如下。

（1）以总量控制为基础。总量控制是指根据国家环境质量标准和区域环境容量计算出或推算出一定区域内特定污染物的允许排放量，并将其分配到整个地区行业以及污染源，要求按照下达的总量控制标准排放污染物。从环境科学的角度来看，污染物总量控制的作用在于明确了环境容量资源的有限性，并确立了环境质量与污染物排放量的相关关系。只有确定了区域总量控制目标以及总的排放水平，才能制定配额，这是实施排污权交易的基础。

(2)以排污许可为前提。排污许可是排污权交易的前提,它以许可证的方式对富余环境容量资源的使用权进行初次分配,使排污者获得排污资格。这一制度把国家控制污染的法律、法规、标准、政策、措施具体化,环保部门通过对排污许可证的管理,掌握所辖区域的排污情况,有利于对排污行为加以限制,加强对排污者的监督和管理。

(3)以排污收费为杠杆。排污收费的本质是国家法律规定排污者为其排污行为必须承担的经济责任。以缴纳排污费的形式来补偿对环境的损害,它可以为政府及环保部门引导排污权交易、实现环境保护的目的提供有效的杠杆。

(4)以环境检测和制裁为保障。准确的数据是交易的基础,排污权交易要以环保部门准确的连续检测数据与完善的总量跟踪系统相协调,包括对出售者减排情况的检测和对购买者排放情况的检测。环境行政制裁是指排污者包括出售者和购买者所排放的废弃物超过环保部门的容许排出总量而应受到的制裁。只有对违反规定的排污者进行行政制裁,才能够促使其改进技术减少排污、真正实现总量控制。

珠三角都市群实行排污权交易制度的必要性如下。

(1)有利于污染治理成本最小化。排污权交易的基本原理是通过环境容量资源的优化配置,实现低成本控制污染物排放。只要在污染源间存在边际治理成本的差异,排污权交易就可能使交易双方都受益。一方面,治理成本低于交易价格的企业可以多削减、少排放,将剩余的排污权用于出售以取得额外的经济利益。另一方面,治理成本高于交易价格的企业可以通过购买排污权的方式,少削减、多排放。在不违反环保要求的情况下实现污染治理成本的最小化。通过市场交易,排污权从治理成本低的污染者流向治理成本高的污染者,实现了环境容量资源的最佳配置。

(2)有利于政府的宏观调控,提高环境管理效率。随着政府职能从微观管理转向宏观调控,继续沿用传统的环境管理模式可能会出现政府决策滞后或偏离客观实际的情况,实施排污权交易,政府和环保部门可以就出现的问题作出及时的反应,通过排污权的核定、发放、拍卖和市场调节,实现对污染物排放总量的控制,使各功能区域的环境状况达到相应标准。此外,政府还可以采用一定的税收优惠、财政援助、低息贷款等措施帮助企业治理污染,体现国家对环保事业的宏观调控。

(3)较好地协调了经济发展与环保的矛盾。在传统的治污方式下,新污染源的出现会导致该地区污染物排放总量的增加,使环境质量恶化。此时,管理部门将面临发展经济与环境保护的两难选择,而排污权交易在解决此类问题时则显示出很大的灵活性。因为排污权可以出售,旧污染源更有动力提高自身的治污能力,并把富余的排污权出售给新污染源,满足经济增长的需要。

(4)弥补了传统排污收费制度的不足。我国目前的排污收费制度是1979年《环境保护法(试行)》中首次提出的,1989年公布的《环境保护法》进一步确立了这一制度。值得肯定的是它在污染源的综合治理、环保资金的筹集等方面起了巨大作用,但是在经济迅猛发展而环境质量状况日益恶化的今天,它却暴露出收费标准不合理、征收范围和项目过窄、排污费的管理措施不健全等诸多问题。在这种情况下,排污权交易制度应运而生，塑造了企业自身控制污染的主体地位，削减了国家和社会在污染控制方面的付出，最终实现了在环保领域由"浓度控制"向"总量控制"的过渡。

它将为珠三角都市群的经济社会发展提供重要的支撑。①排污权交易制度通过排污总量控制，使环境不会随经济增长而恶化，同时随着经济的发展和人民生活水平的提高，政府或环保组织也可以收购排污权，并阻止排污者使用这部分排污权，以满足不断提高的环境质量目标；②排污权交易制度使环境纳污能力商品化，促使污染者积极减少排污量，采用先进的清洁生产技术，降低能源原材料的消耗量，增加资源的回收利用，保障生产效率高、污染水平低的合理经济格局的形成；③排污权交易制度能够使污染者成为环保资金投入的主体，缓解国家环保投资的不足，使污染治理资金的使用效率达到最高，最终保障社会的环境效益与经济效益同步提高。

目前我国已经积累了一定的排污权交易经验。1991年，可销售的排污权概念引入国内之后，我国在一些经济发达地区和内陆大城市工业城市进行试点工作。2002年5月，江苏南通成功地进行了我国首例二氧化硫排放权交易。2002年7月，国家环保总局在山东、山西、江苏、河南、上海、天津、广西柳州等地开展"7省市二氧化硫排放总量控制及排污交易政策"项目示范工作。同时，在示范地区实践的基础上，解决了一些实施排污权交易所需要的技术支持和管理规范问题，为我国逐步建立排污权交易制度奠定了基础。

"十二五"期间，国家拟对各地的主要污染物进行更合理的分配，届时将是珠三角在区域或流域内对化学需氧量、氨氮、二氧化硫、氮氧化物实施排污权交易的良好时机。据悉，广东省正在制定相关政策，接下来几年内将逐步推广实施排污权交易。

（三）绿色税收

税收不仅是国家财政收入的主要来源，也是宏观经济管理的重要手段，可以通过税收在一定程度上控制环境污染。

我国现行的税收政策，在促进环境保护方面存在的缺陷主要表现在以下方面。

（1）缺乏与环境保护有关的主体税种，弱化了税收在节能环保方面的作用。目前我国涉及环境保护的税种只有增值税、资源税、城建税、车船使用税和固定资产投资方向调节税等，缺少针对污染、破坏环境的行为或产品征收的专门性税种，即没有环境保护税，导致破坏环境的成本过低，限制了税收对资源节约和环境污染的调控力度。

（2）环保税收标准过低。在我国现行税制中，没有设置专门针对环境保护的税种，难以形成专门用于环保的税收收入来源。即使一些涉及环境保护的税种，其收入总额占国家税收总收入的比重也不超过10%，不足以对推动环境保护产生巨大影响；同时，以费代税、税费界限不明确，不能有效地提高缴费单位的"纳税"意识，且征收阻力大。为了保护环境，国家只能转移其他财政收入，导致财政负担过重。现行的征收排污费制度是在20世纪70年代末、80年代初制定的，是一种超标排污收费制度，只对超过规定标准的排放污染者收费。这一制度在控制污染物的产生与排放、促进排污单位加强经营管理、节约和综合利用资源、治理污染和改善环境等方面发挥了一定作用，但它仍是计划经济条件下以资源分配、无偿使用为主要特点的产品经济在环境保护中的具体体现，排污者只要不超标排污，就可无偿使用环境纳污能力资源，在很大程度上造成了资源浪费和环境污染。这种制度存在三方面的不足：①计划经济下形成的制度难以适应新形势的需要。在市场经济下，市场对资源配置起基础性作用，传统的计划经济形成的观念已经被突破，要求摒弃"环境资源无价值"的传统观念，而遵循有价、有偿使用的原则。否则，企业仍会逃避防止、减少和治理污染的责任，既造成环境资源的浪费，又使治理投入多、排污少的经营者与治理投入少、排污多的经营者处于不平等的竞争状态，造成"鞭打快牛"的低效率。②起不到保护环境、治理污染的作用。随着经济的迅速发展，环境污染的压力越来越大，仅排污单位排放的超标部分的污染物就侵占了大部分的区域环境容量。在这种情况下，如果仍然对超标排污者收费显然已经无法保证和改善环境质量，远远不能满足环境与经济协调发展的要求。这就要求建立对所有排污者进行收费、对超标排污者加倍收费并予以处罚的制度。③难以体现环境保护发展的要求。目前，环保领域正经历着由"浓度控制"向"总量控制"的过渡，即"浓度控制"与有条件的"总量控制"并存。也就是对污染源实行"浓度控制"，对其排放的污染实行超标加重收费，并限期治理，逐步实行"总量控制"政策。

（3）环保税收力度不够。排污收费制度立法层次低，征管不到位。目前，我国大部分税种的税目、税基、税率的设置并未从环境保护与可持续发展的角度考虑，导致保护环境的规定不明确，对保护环境的调节力度不够。最典型的是资源税：①收取范围狭小，许多国有自然资源基本处于任意、无偿使用的状态；收取的费用远远低于资源本身的价值，无法通过供求关系反映其稀缺性，这使得自然资源利用效率低下、浪费严重，导致生态环境破坏与退化，进而加剧环境污染。②现实中苦乐不均现象十分严重，由于管理上的缺陷，能收到资源补偿费的多是开发自然资源的国有大中型企业（如矿山、冶金企业），而浪费最严重的是小型企业（如乡镇企业、村办企业和私人企业）和开发新型资源的企业（如利用号码资源的电信部门等）。这种苦乐不均的现象违背了保护自然资源的初衷，而且造成了市场竞争的不平等，与市场经济的要求背道而驰。

（4）环保行为的税收政策激励作用不足。环保产业作为连接社会、经济、自然和谐发展的重要纽带，应该得到国家更多税收政策的支持。而目前，我国对于环保技术企业的科研活动缺乏所得税方面的优惠，对使用环保设备的企业也缺乏政策上的鼓励。税收政策在促进环保方面缺少针对性、灵活性，没有为纳税人自觉保护环境给予适当的政策鼓励，使企业生产、使用环保设备的积极性大减。消费税设计滞后于节能减排的发展需要，消费税在设立之初的主要政策目标是控制和调控奢侈消费行为，强调的是增加财政收入的职能，对发展节能减排的作用并不明显。

目前，珠江三角洲具备绿色税收的条件。首先是绿色税收有可靠的相关理论基础支撑，国外亦有成功的经验可供借鉴。自从英国经济学家庇古提出环境外部性理论以来，西方环境经济学家、环境管理学家对绿色税收理论的研究已有80多年，形成了一些经典理论和实践成果。随着全球环境日益恶化，世界各国为了保护生态环境、实现经济的可持续发展，除了采取法制政策手段外，也纷纷引入了绿色税收手段。绿色税收已逐渐得到国际组织、各个国家和公众的认同。

经过30多年的发展，珠江三角洲原有的粗放型发展模式已经难以延续，必须通过产业转移、调整、升级，为新的发展模式提供空间和平台，绿色税收可以起到促进上述转型的作用，对污染严重的行业课以重税，扶持高新技术、无污染的行业。

实际上，绿色税收已经具有较好的公众意识基础。随着珠三角地区财富的累积、公众生活质量提高，其环保素质和参与环境保护的程度也普遍有了提高。这使得构建绿色税收具有深厚的社会基础。

面向未来，珠江三角洲都市群应该充分利用国家赋予的"科学发展，先行先试"的权利，积极探索、实施绿色税收体系。

（1）改革环境税制，构建绿色税收体系。分为主体税种和辅助税种2类，以征收水污染税、空气污染税为主。协调环保部门和税务部门之间的关系，平衡中央与地方之间的分配。

（2）扩大现行资源税的征收范围。将对具有重大生态价值的水、空气、森林、地热等资源的开发利用纳入资源税征收范围，避免和防止人为活动对生态环境的破坏，解决我国目前日益严重的水资源缺乏问题。待条件成熟后，可以逐步提高税率，同时对不可再生资源以及稀缺资源加大课税力度，从税收中提取一定比例作为环境保护专项支出。

（3）征收环境污染税。目前我国治理环境污染的资金主要是通过征收排污费的方式筹集，环保建设资金严重不足。在珠三角，经济社会已发展到一定程度，积极稳妥地推进环境保护方面的费税改革，用"排污税"取代排污费，并加大税收征管力度，是一项极其必要的措施，不仅能够促使企业改善生产技术和排污技术，减少排放物中有害物质的含量，而且有利于企业降低自身的排污成本和对环境的破坏程度。

环境税是为了保护环境与资源而对一切开发、利用环境资源的单位和个人，按照其开发、利用自然资源的程度或污染、破坏环境资源的程度征收的税种。它主要有开发、利用自然资源行为税和有污染的产品税2种。前者包括开发利用森林资源税、开发利用水资源税；后者包括含铅汽油税、含氯氟碳化合物产品税。纳税人分别是开发、利用自然资源者或生产、使用有污染的产品者；课征对象分别为开发、利用自然资源的行为和有污染的产品；计征依据分别为开发、利用、破坏自然资源的程度以及有污染的产品对环境的污染、危害程度。开发、利用或破坏自然资源程度大的行为和对环境的污染、危害程度严重的产品的税率高、税负重；反之，则税率低、税负轻。对有利于环境资源的行为、产品，按照减轻损害的程度减免税收。环境税是一种专项税收，主要用于环境保护，可由税务部门征收、由环保部门协助。

（4）充分运用税收优惠政策。为鼓励珠三角企业研制、生产并使用环保生产设备，从根本上控制污染源，逐步建立适应自主创新科技发展道路的税收支持体系，政府可对环保设备的研制、生产、使用企业采取如降低税率、降低税前扣除标准、投资抵免、加速折旧等多形式的优惠措施。对以可再生资源或替代品为原材料的产品，可给予减税、免税或先征税后返还的优惠政策，以体现对可再生资源及替代品开发、研制、使用的鼓励。取消对农用塑料薄膜、化肥和农药等的减免优惠。运用激励性税收优惠措施，为环境保护营造良好氛围。

（5）以高额关税限制不利于污染控制产品的进口。改革开放以来，随着珠三角与世界各国贸易往来的日益频繁，进口产品中不乏有毒、有害的化学物品，甚至废物。这些产品的加工、使用给珠三角的生态环境带来了极其不利的影响，因此，有必要通过提高进口关税，限制其进口数量。

（6）增加环保领域科技研究与产品开发的税收支出。税收的本质特点是"取之于民、用之于民"，尤其在珠三角目前面临较为严重的环境污染问题的情形下，增加对环境保护的投资，更能突出税收的这一特点。政府应充分利用税收支出这一杠杆，不仅要直接给予企业用于研制、开发控制污染新技术的预算拨款，对企业防治污染的科研活动也应给予高度重视，还应支持环保部门进行科研活动，探索防治污染的新途径，真正实现"税收政策，利国利民"。

在探索、实践绿色税收体系中，要遵循可操作性原则、专款专用原则、相协调原则、循序渐进原则和税收中性原则。税收中性原则十分重要，它是不增加市民负担、获得社会广泛支持的重要方面。

（四）绿色信贷

实施绿色信贷主要是指银行在信贷政策的制定和实施过程中充分考虑环保和节能因素，通过信贷杠杆来促进环境保护和资源节约。其包含两层含义：一方面是要严格限制向高耗能、高污染、环保不达标企业提供融资；另一方面是要大力支持绿色环保、清洁能源和循环经济等行业、企业的发展。

绿色信贷已逐渐成为社会主流共识的一部分，实施绿色信贷也相应成为银行长期坚持的信贷策略。这既是经济决定金融的必然要求，也是有效规避风险、提高资产质量和效益的自觉选择。

（1）经济决定金融的要求。金融业的发展受制于经济发展的速度和质量，良好的经济环境是实现金融发展目标的前提和条件。作为金融领域核心部分的商业银行，将根据国民经济和社会发展的总体规划和要求，顺应经济周期和宏观调控的特点及其变化趋势，制定包括信贷业务在内的发展战略和具体政策，以保持和经济发展的协调、统一。

（2）适应产业政策变化的要求。银行实质上属于服务部门，其效益主要来自其他行业效益的再分配。信贷是全社会资金供求和调节的工具，离开了实体经济的发展，就会成为无源之水、无本之木。因此，信贷政策对产业政策有较大的依附性和追随性，信贷政策要因势利导，保持与产业政策的一致。近几年，国务院有关部门出台了一系列有关保护环境和节约资源的政策，提出要建立健全有利于环境保护的价格、税收、信贷、贸易、土地和政府采购等政策体系，同时明确要求金融部门加强信贷政策与产业政策的协调配合，制定促进节能减排的政策措施，对不符合产业政策和环境违法的企业及项目进行信贷控制，严格限制对高耗能、高污染及生产能力过剩行业中落后产能和工艺的信贷投入，遏制高耗能、高污染产业的盲目扩张。

（3）调整信贷结构的要求。对于银行来讲，贷款利息是收入的主要来源，合理分配信贷资源，保持良好的信贷资产结构和质量至关重要。正确把握宏观经济金融走势，将宏观调控政策、产业发展政策、区域发展规划和信贷管理政策有机结合起来，有效控制"两高一剩"行业贷款，支持节能减排和环境保护企业与项目，主动清退潜在风险客户，进一步优化信贷资源配置，使信贷资产始终保持良好的安全性和收益性，这对于银行而言十分重要。

（4）履行社会责任的要求。促进产业结构优化升级，促进完成节能减排目标，促进建设资源节约型、环境友好型社会，促进建设生态文明，既是贯彻国家对节能环保工作要求、践行社会责任和维护社会形象的需要，也是规避政策风险、优化信贷结构的需要。同时，履行社会责任可以提升银行的竞争力和社会形象，构建自己的品牌优势和信誉优势，使其具有更好的社会公信力与美誉度，最终有利于提高银行的经济利益。

珠三角地区在实施绿色信贷方面已经进行了积极、有意义的探索、实践。未来的着力点如下。

（1）建立政府、部门、银行协调机制，在制定政策时充分考虑信贷的促进或限制作用。银行应加强与环境保护部门的沟通、联系，建立环保信息日常沟通机制，及时了解环保标准和政策要求，了解企业环保违法信息。将企业环境违法、环保审批、环保认证、清洁生产审计、环保先进奖励等信息纳入企业和个人信用信息基础数据库。在办理信贷业务和实施贷后管理时，要及时查询人民银行企业征信系统中的企业环保信息，防范因企业和建设项目环保要求发生变化而带来的信贷风险。

（2）明确信贷准入政策。围绕国家宏观调控政策，跟踪分析相关产业的变化趋势和风险状况，按照区别对待、有保有压的原则，实行差异化信贷政策。对"两高一剩"行业的企业，主要选择那些居本行业前列的大型优质客户予以支持；积极支持国家、省《产业结构调整指导目录》中的鼓励类项目；大力支持节能环保绿色工业、绿色农业和第三产业的发展；审慎支持高污染行业中节能、环保措施到位的客户；有选择地介入高污染行业客户的环保技改项目（如电厂脱硫等）。

（3）实行环保"一票否决"制。在新建项目贷款评估、审查、审批过程中，明确将项目是否通过环境影响评价，是否符合区域整体规划和污染排放指标要求作为审查重点。新建、在建项目的环评报告未经有权环保部门审批同意，不予受理。对违反国家产业政策、环保政策，可能对环境造成重大不利影响的项目一律予以否决。对于企业的流动资金贷款申请，要严格核查企业的环保信息，对有环境违法行为的企业，不予审批发放流动资金贷款。

（4）严格企业授信条件。将企业环保信息作为授信审查的基本内容，重点审查环保审批程序的依法合规性，对越级审批、违规审批等不符合相关审批要求的要及时中止授信程序。对有环保违法信息且尚未完成整改的企业，严格信用等级评定，不得增加授信。在办理小企业特别是化工、印染、造纸、酿造等行业的小企业信贷业务时，必须进行生产技术流程的严格审查和现场勘查，认真核查企业环保监测报告，不得擅自放宽市场准入标准和贷款条件。

（5）建立退出机制。要在对"两高一剩"和其他密切相关行业贷款进行认真清理的基础上，明确客户退出标准，加快落后产能和落后工艺信贷的退出步伐。对列入"区域限批""流域限批"地区的企业和项目，除国家权威部门确定的符合环保要求的污染防治和循环经济类外，在解限前暂停一切形式的信贷支持。对列入"挂牌督办"名单并要求限期治理的企业，密切关注其整改进展情况，如整改后仍然不能达到环保要求，应停止新增授信并尽快收回原有贷款。对能耗、污染虽然达标但环保运行不稳定或节能减排目标责任不明确、管理措施不到位的企业，不增加新的授信，并根据企业具体情况及时调整贷款期限，压缩贷款规模。对列入关停名单的企业，及时采取资产保全措施，尽快清退。

三、环境资源法律法规

改革开放以来，我国从自身的发展和其他国家的经验中，逐步认识到经济发展与环境保护的重要关系，积极推进经济、社会与环境保护协调发展，建立了与基本国情和经济发展水平相适应，经济承受能力允许的环境保护战略、政策和制度体系。例如，把环境保护确定为一项基本国策；把环保纳入国民经济和社会发展规划；制定和实施了一系列环境保护法律、法规和标准；实施能源开发与节约并重的方针；结合技术改造防治工业污染；预防为主、防治结合，谁污染谁治理，谁开发谁保护，强化环境管理的三大环境政策；"三同时"制度；排污收费；环境影响评价；环境保护目标责任制度；等等。这一整套深化环境管理的政策制度在我国环境保护与治理过程中发挥了很大作用。

截至2008年，我国出台了资源节约和环境保护相关的行政法规50余项，地方性法规、部门规章和政府规章660余项，国家标准800多项。国家制定的法律包括《中华人民共和国环境保护法》《中华人民共和国环境影响评价法》《中华人民共和国大气污染防治法》《中华人民共和国水污染防治法》《环境噪声污染防治法》《中华人民共和国固体废物污染环境防治法》和《中华人民共和国放射性污染防治法》等9部环境保护方面的法律，以及《中华人民共和国可再生能源法》《中华人民共和国节约能源法》《中华人民共和国土地管理法》《水法》《森林法》《草原法》《中华人民共和国矿产资源法》《煤炭法》《电力法》和《中华人民共和国清洁生产促进法》等17部法律。

2003年9月1日开始实施的《中华人民共和国环境影响评价法》是我国环境保护方面的重要法律，标志着我国的环境影响评价制度进入了更高的层次。它规定，国务院有关部门、设区的市级以上地方人民政府及其有关部门，组织编制的土地利用的有关规划，区域、流域、海域的建设、开发利用规划，以及工业、农业、畜牧业、林业、能源、水利、交通、城市建设、旅游、自然资源开发的有关专项规划，在规划的编制过程中要开展环境影响评价。

签署国际条约也是我国资源节约和环境保护领域法律法规建设的重要方面。我国先后参与缔结了《联合国气候变化框架条约》《京都议定书》《生物多样性公约》《联合国防治荒漠化公约》等30多项国际环境与资源保护条约，并积极履行所承担的条约义务。

珠三角所在的广东省也充分发挥自身的立法权优势，制定了一系列地方性法规及标准。与珠三角有关的包括《珠江三角洲水质保护条例》《珠江三角洲大气环境污染防治办法》《广东省饮用水源水质保护条例》《广东省大气污染物排放限值》《广东省水污染物排放限值》《广东省锅炉大气污染物排放限值》，以及多项地方污染物排放标准。这些法规在环境保护工作中发挥着重要的角色，是珠江三角洲环境保护工作的重要基石和支撑。

实施上述由国家、省颁布的相关法律、法规、标准，是珠江三角洲都市群环境保护工作的基础和准则。但随着经济发展、社会进步，还需要不断地进行修订、完善。

四、多方参与协调合作的环境善治模式

传统的环境治理是对环境和自然资源行使的权威，具体包括法律、公共机构（如政府机构等）和使权力具体化的决策过程。善治则是使公共利益最大化的社会管理过程，其本质特征在于它是政府与社会、政府与公民、政府与市场对公共事务的互动合作管理，是国家与公民社会的一种宽容为本、合而不同、和而共生的互促互进关系，是两者的最佳状态。善治的深刻意蕴在于国家的权力向社会的回归，善治的过程就是一个还政于民的过程，就是一个实现政府、市场与公民社会的良好互动与合作的过程。环境善治倡导的手段主要有：有权威和有效率的政府、政府与企业的伙伴关系、政府问责制、下放权力、发挥社会机构的作用、公众参与环境管理、环境信息公开化等。

借鉴发达国家和地区的成功经验，珠三角采取环境善治模式具有必然性。

（1）以环境善治作为目标是环境治理改革的必然要求。传统政府环境管理是以政府为唯一的治理主体，无论是环境治理的宏观政策制定还是微观的监督管理，都由政府直接控制，社会力量能够发挥的空间相当有限，导致环境治理效率低下且资金不足，环境无法得到改善，这就要求对环境管理进行改革。而环境善治的四大衡量标准为环境管理改革指明了正确方向。①倡导建立有限政府、透明政府和责任政府，明确政府在环境管理中的作用，是"掌舵"而不是"划桨"。明确了政府的责任是要为公众提供公共物品和服务。要求政府的治理处于透明的状态，让公众看得到政府在做什么、怎么做，让公众参与其中并进行监督。②要求政府在进行环境治理的过程中，对公民所提出的要求积极、有效地回应，并且一切要以公民的利益为重，而不是政府官员自身的利益。③要求政府精简机构，提高办事效率，以最低的成本获得最大的效益。④要求政府制定法律法规来管理环境，并且要依法来管理环境，不能超出法律法规的范围来治理环境。⑤强调市场和公民社会尤其是非营利组织在环境治理过程中的作用，有利于我国政府决策网络的完善，并形成外部力量以监督和制约政府的力量，

实现政府行为的规范化和为公众服务效益的最大化。

（2）以环境善治作为目标是构建和谐社会的必然要求。和谐社会是一个以人为本、全面协调与可持续发展的社会，要求妥善地处理好不同利益集团之间的关系，让他们相互协调合作以达到各种社会利益的均衡发展，使社会形成一种人与自然之间、人与人之间、人与国家之间的和谐。目前，我国要建设的社会主义和谐社会，是以民主法治、公平正义、诚信友爱、充满活力、安定有序、人与自然和谐相处为特征和标志的社会。这些特征和环境善治的四大标准是一致的，民主法治、公平正义、诚信友爱、充满活力、安定有序、人与自然和谐相处的实现过程需要公民的参与，需要政府与民众之间良性互动关系的建立与维护，需要政府整合社会的整体资源，调动一切积极因素。一方面，环境善治意味着政府、市场和公民社会这三大主体要相互信任、相互合作，依法对环境进行有效的治理，促成政府与社会之间的良性互动。政府、市场以及公民社会保持这种良好合作和互动的关系正是和谐社会的应有之义。另一方面，环境善治和和谐社会都是理想的状态。其中环境善治是一种理想的环境治理状态，政府、市场及公民社会为了促进环境公共利益最大化而进行合作管理；和谐社会是一种理想的社会状态，它既包括人与自然的和谐，更包括各种社会关系的和谐，如人与人之间的和谐、家庭和谐、政府与人民关系的和谐、国际关系的和谐等。因此，和谐社会必然要求建设一个实行环境善治的社会，也就是说，只有营造以环境善治作为目标的社会才有可能迈向和谐社会的大门。

（3）以环境善治为目标是公民社会不断发展的必然趋势。公民社会，亦称为民间社会或市民社会，是国家或政府之外的所有民间关系的总和，包括非政府组织（non-government organization，NGO）、公民的志愿性社团、协会、社区组织、利益团体和公民自发组织起来的运动等，它们又被称为介于政府与企业之间的"第三部门"。据民政部的最新统计，截至2007年6月底，全国各类民间组织有35.7万个，其中社会团体19.4万个，民办非企业单位16.2万个，基金会1193个。关于环境保护的民间组织的数量也迅速发展起来，根据中华环保联合会（All-China Environment Federation，ACEF）2006年的统计显示，到2005年底，中国共有2768个环境社会团体。这些环境社会团体对我国的环境治理发挥着越来越重要的作用，如有民间环保组织通过举办讲座、发放宣传册等方式对环境保护进行宣传，提高公众的环境保护意识，由于它们的"草根"特性，这些组织能够迅速地了解基层群众的疾苦，迅速地解决当地发生的环境危机，开展相关的科学研究，为公众及环境决策的制定提供咨询和信息服务，并参与到国际环境的交流与合作中，与国际社会共同来治理环境等。

此外，随着公众环境保护意识的不断提高，公众潜在的力量将逐渐地爆发出来，环境善治将会是环境治理的最终目标。由于生态环境的状况往往与公众自身的利益息息相关，所以他们希望相关部门能把环境信息公开，让相关部门在"阳光"下进行环境治理，他们希望参与环境决策的制定，他们极易形成代表大众利益的社会舆论，从而直接或间接地对环境决策产生影响，对环境决策的执行过程进行监督。因此，公众参与环境治理的意愿将随着环境意识提高而不断增强。

公民社会在环境治理中是一支不可忽视的主体。随着我国公众环保意识的不断提高，民间环保组织将保持快速发展的态势，中国公民社会也将不断地发展并走向成熟，这个主体将发展成能够与政府、市场相互制衡的主体，达到环境善治的状态。

面向未来，珠三角实现环境善治的路径应该包括以下五个方面。

（1）健全环境治理的决策体系。科学的环境决策体系，能够极大地提高环境治理绩效，实现环境公正。为此，首先需要对重大环境决策实行环境保护听证、评估制度；对重大的综合性规划、专项规划，要建立完善的环境影响评价制度，力求减少决策失误。在制定发展规划时，环境公正与环境善治的有关内容应进行专门论证，并且阐明环境公正善治的目标、任务、要求及措施等。发展规划中有碍环境公正的内容，经专家充分论证后，应由环保行政主管部门报请同级人民政府批准，予以否决。其次，需要建立有利于环境保护和环境公正的政府绩效考核体系。考核指标的不同是价值取向的不同，更是利益关系的调整。新的绩效考核体系应以新的发展观与政绩观来调整单纯关注经济增长与过度消费的观念，为社会的协调发展、为弱势群体的公共利益、为构建和谐社会提供重要支撑。

（2）完善环境治理的过程体系，切实体现环境民主。保障社会发展进程中的环境公正，环境政策不能只将环境公正作为核心价值取向，还应把这一价值标准渗透到具体政策制定程序与方法中。首先，在确定环境政策议题时，应弄清各个不同利益主体的利益要求，然后加以系统地分析，使之进入决策者的视野。系统议程（公众议程）与政府议程（正式议程）的协调，是保证政策公正的重要方法。系统议程是由公众参加的，较着重对社会利益的分配，即在社会范围内的分配利益；政府议程是由社会团体参加的，较着重对群体利益的分配，即在群体之间的分配利益。政府维护社会公正，最根本的是合理划分与公众之间的权益界限。从一定的角度来讲，这种划分权益界限的能力也是政府维护社会公平的能力。这两类议程相结合，可以使政府与公众相互表达利益要求，共同参与讨论，协商解决，从而达成共识，实现权益的最大化。公民的参与极为重要。公众参与环境保护符合环境问题的特点。在环境事务中，环境利益与经济利益的冲突、企业与公众的冲突、不同社会群体之间的冲突，表现得非常明显，环境决策者要平衡这些利害、调节冲突。虽然这样难免会伤及某些人或某些群体的利益，造成不满甚至反对。但是，公众参与因其过程公开、公平、公正，透明度会更高，使政府的环境决策更容易获得认同和支持，也有利于说服反对者减少冲突，充分体现出社会的公平和环境的公正。为此，首先要建立健全环境信息公开、决策民主和公益诉讼制度，扩大公众对涉及自身利益的环保决策和执行过程的参与。其次，需要进一步加强环境保护知识和政策法规的宣传力度，改变公民环保意识薄弱、对环境治理参与度低的现状。最后，要积极促进各类环境NGO组织的发展，采取积极培育、正确引导、合理规范、依法管理的基本策略，充分发挥它们在环境公正善治当中的积极作用。

（3）建立环境治理的补偿体系，严格落实环境责任。不能只强调污染者的治理活动，还应该强调污染者要对污染损失作出补偿，不能只强调污染者的个别治理，应当推动个别治理与集中处理以及区域综合治理相结合。应当改革排污收费制度，正确运用市场手段控制环境污染。应推动费改税和排污权交易,使更多新技术和新工艺得到推广和应用。应大力实施生态补偿机制,建立生态补偿机制是为了用计划、立法、市场等手段来解决下游地区对上游地区、开发地区对保护地区、受益地区对受损地区的利益补偿。财政转移支付制度应该把区域生态补偿作为重点,还可以考虑在生态脆弱地区实施特殊税收政策。

(4)理顺环境治理的组织体系,实现环境治理结构科学。建立和加强地区间的环境治理协调机制。随着珠三角区域性、流域性环境问题日益突出,单独城市的环保部门很难解决问题。应进一步健全地区环境治理结构,在协调地区环境建设时充分考虑地区差异,对各市的环境污染压力与治理进行评估,达到地区所承受环境污染压力与环境治理投入相匹配和协调。

(5)加强环境治理的法律监督体系,保证环境公正善治的持续发展。在法律框架内建立和完善环境治理监督体系,是实现我国环境公正善治、可持续发展的根本途径。首先,要在立法环节上注重环境治理公正,人大在制定、修订相关法律时,要着重体现环境治理公正;政府部门在制定、修改相关法规条例时,应增加有关环境治理公正的条款;当时机成熟时,可以考虑为保证环境公正善治制定专门的法律条文或政府条例。其次,要营造有利于环境公正善治的执法环境。要大力开展教育培训,提高环境执法人员的法律素质,使之树立公正执法观念;要进一步改善环境执法体制,坚持从环境问题或纠纷的客观事实出发,严格依据环境法律法规办事;要规范执法程序,维护环境政务公开,扩大公民参与;要建立环境公正执法奖励机制,对严格执法、公正执法的环境部门或人员给予奖励,对违法行政甚至贪赃枉法的环境部门或人员,要追究责任并进行相应惩罚。

第十四章
珠江三角洲模式及其发展动力机制重构

第十四章 珠江三角洲模式及其发展动力机制重构

当一片片桑基鱼塘被厂房覆盖时,蓦然回首,人们发现珠江三角洲这块最先承载富裕梦想的热土,原本可以掬水而啜的一条条小溪流变黑、变臭了。一个假定的统计更让珠江三角洲人惊醒:如果按照以前的增长方式在2000年的基础上实现人均生产总值再翻两番,仅消耗土地量就至少相当于深圳、珠海、东莞三市面积的总和,这显然是难以为继的。珠江三角洲都市群建设资源节约型和环境友好型社会直接指向破解资源短缺瓶颈,实现增长方式由粗放向集约转变。

站在21世纪第二个10年的门槛上,广东省国民经济和社会发展第十二个五年规划及时把"加快转型升级、建设幸福广东"列为全省工作的核心任务。"幸福广东"也是广大群众的愿景。对珠三角而言,"幸福感"首先来自市民的认同感,继而接受,继而留守。拧开水龙头便能喝上干净的水,推开窗户便能呼吸上新鲜的空气,吃从地里长出的庄稼是安全的,躺在床上休息是宁静的。在现时代,幸福广东与科学发展和可持续发展在本质上具有一致性,它要求发展绿色经济、促进绿色增长,提高居民的生活质量。幸福广东承载的可持续发展理念,包含资源环境一体化思想,包含对"满足需要,资源有限,环境有价,未来更好"的追求。

展望2020年后的珠三角,一个世界级都市圈正在崛起。但敢为人先、务实进取的珠三角人,秉承岭南文化的基因,不满足于此,她正在编制一个更美丽的梦想,珠江三角洲世界级都市圈应该是一个具有国际水平的优质生活圈,珠江河口成为生态河口,人们的生活品质得到更全面的提升。同时,作为全国重要的经济中心,要促进泛珠三角区域合作,带动泛珠三角区域的发展,保障区域资源、区域生态环境的安全。

低碳时代已是不可逆转,它要求珠三角站在国际前沿,对全球温室气体减排做出显著贡献,承担自己应有的使命。低碳发展是以低碳为核心的技术体系、经济体系、价值体系和文化体系,珠三角能否充分发挥二氧化碳排放的资产价值,充分利用市场机制达成二氧化碳减排目标,并享受低碳市场带来的利益,是考验珠三角都市群成熟度及其国际地位和国际竞争力的重要指标。

一、先行者的探索

人们常说,广东人特有的岭南文化总体上是先行观念、务实观念、市场观念的综合体。改革开放以来,珠江三角洲地区的区域经济发展模式更是先行观念、务实观念、市场观念下的特区模式,具有强烈的国际视野特征。广东开放的第一步,就是建设国际产业链条,遇到问题就到国际上寻找经验。

(一)遭遇资源环境瓶颈

在改革开放初期,"三来一补"和"三资"企业在经济特区乃至珠江三角洲地区蓬勃发展，成为珠江三角洲地区工业经济起飞和改革开放的助推器。珠江三角洲地区充分利用较为宽松的宏观环境，抓住港澳台和西方发达国家产业结构转移的机遇，顺应以各种现代家电为特征的吃穿用消费性需求热潮，主要采用"前店后厂"的发展方式大力发展轻工业产品，加强与港澳台的合作，外引内联，开拓了海内外市场。珠江河口地区的经济进入快速增长轨道，经济实力大大增强。其产业结构以小五金、轻工、纺织、食品、饮料、电子、电器、机械和建筑材料等为主。

1992年春天，邓小平视察深圳、珠海等地，并发表重要谈话，使珠江三角洲地区的经济发展进入了又一个新的阶段。这一阶段有两大特点：①世界著名的跨国公司纷纷进入珠江三角洲地区进行投资和开发。它们的进入，促进技术更新，推动产品上档次和产业升级，为珠江河口地区的发展注入了新鲜血液。②民营企业的发展。工业因此实现了从以劳动密集型、轻纺加工型为特征进入了以资金技术密集型产业为主的工业化中后期阶段。

从1980年到2004年，珠江三角洲地区的生产总值翻了4.5番，人均生产总值翻了3.9番。全省生产总值达到16039.46亿元，占全国总量的九分之一。财税总收入占全国的七分之一，外贸进出口总额占全国的三分之一。珠江三角洲地区的经济在全国稳居首位。

直到20世纪90年代，由高增长带来的高能耗、高污染，被认为是经济发展应该付出的代价和成本。珠江三角洲的发展模式被认为是"先污染后治理"的负面典型。当一片片桑基鱼塘被厂房覆盖时，蓦然回首，人们发现珠江三角洲这块最先承载富裕梦想的热土，原本可以掬水而啜的一条条小溪流变黑变臭了。

环境污染越来越成为民众的公敌。位于东莞市长安镇的福安纺织印染公司，在地下偷埋暗管，日偷排印染废水达2万多吨。当地群众不但举报了该公司的偷排事件，而且在举报信中还画图指明了暗管的具体位置，执法人员从而一举查获了该公司设置了两年的两条暗管，并依法发出总额1155万元的排污费追缴单。

在一些环境案件中，群众还挺身而出，成为政府部门现场查处的领路人。深圳红光阳真空公司利用精心设计的活动变换管道，深夜偷排污水，举报人陪同执法人员一起埋伏、一起翻过围墙，在偷排企业来不及变换管道的情况下赶到了现场。

珠江三角洲地区的省环保局设立了环境保护监督员制度，珠江三角洲各市均设有污染事件有奖举报制度，而且处理率在96％以上。还与电台联办"民声热线"，大大小小的环境问题正在成为社会关注、投诉的热点，群众提供线索、协助破案的热情高涨。

为解决偷放偷排、敷衍检查等弊端，珠江三角洲地区对全省重点污染源开展在线实时检测，公布了95家省控重点污染源的排污情况。2004年，重点污染源排放达标率由去年同期的68％上升到72.7％。越来越多的火电机组安装了烟气脱硫设施，大力发展核电、风电、液化天然气，使煤、石油在能源供给中的比重逐步下降。

2006年，因违规排放镉废水酿成特大污染事件的韶关市冶炼厂，政府责令其对全厂的污染处理系统进行升级改造。

（二）发展转型

借鉴国际先进国家和地区的环境治理和发展的成功经验，珠江三角洲都市群积极谋求发展转型。

1995年以前是觉醒、起步阶段，主要执行国家的有关法律法规，环境队伍十分薄弱，经常处于被动状态；1995以后是快速发展阶段。

进入"九五"以后，珠江三角洲地区启动了一批重大环境治理工程，并逐步形成了具有珠江三角洲地区特色的地方性环保法规体系框架。

1997年6月，广东省人民政府在全省范围内启动实施《珠江三角洲地区碧水工程计划》。主要任务是完成急需治理的江河、湖泊、水库水环境的整治工程，推动影响重大的区域性水环境综合整治，逐步改善和提高水污染突出区域（河段、水系）的水环境质量；加快地级以上市城区生活污水处理厂建设，推动部分县（市）、城镇生活污水处理工程的建设；治理重点工业污染源，提高工业废水处理率和达标率；依靠科技进步，认真实施科教兴国战略，有效地遏制环境污染和生态恶化。

1998年11月27日，省人大常委会通过颁布了《珠江三角洲地区省珠江三角洲水质保护条例》和《珠江三角洲地区省机动车排气污染防治条例》。

2000年2月，继《珠江三角洲地区省碧水工程计划》之后，珠江三角洲地区的省政府颁布实施《珠江三角洲地区省蓝天工程计划》，要求全省范围内严禁新建单机容量小于12.5万千瓦的燃煤、燃油机组，在珠江三角洲地区和酸雨控制区城区、近郊区不再规划布置新的燃煤、燃油电厂；对新、扩、改建燃煤含硫量大于1%或燃油超过规定的二氧化硫排放量的电厂，必须建设脱硫设施；现有使用燃料含硫量大于1%或超过二氧化硫排放总量的燃煤、燃油电厂，要逐步配套脱硫设施或采用清洁燃烧技术。

"十五"以后，省人大先后颁布和修订了《珠江三角洲地区省韩江流域保护条例》《珠江三角洲地区省城市垃圾管理条例》《珠江三角洲地区省东江水质水质保护条例》《珠江三角洲地区省环境保护条例》《珠江三角洲地区省固体废物污染防治条例》《珠江三角洲地区省跨行政区域河流交接断面水质保护管理条例》等地方性法规，使珠江三角洲地区省环境立法工作在全国处于领先地位。

珠海市先后获得"全国园林城市""全国环境综合治理优秀城市""全国环境保护模范城市"等称号，1998年获得联合国人居中心颁发的"国际改善居住环境最佳范例奖"。中山市近年来获得"全国园林城市""全国造林绿化十佳城市"等称号，1997年获得联合国颁发的"人居奖"。在2000年国际"花园城市"的评比中，深圳市成为我国第一座获得国际"花园城市"称号的城市。

2003年春启动的编制《珠江三角洲环境保护规划》的环境调研活动具有里程碑式的意义。这是珠江三角洲地区历史上规格最高、规模最大、历时最长的编制环境调研活动。由时任广东省省长黄华华和时任国家环保总局局长解振华任组长，经过中国环境规划院等单位众多著名环保专家1年多的实地调研、反复论证，形成了规划总报告及其纲要文本，并于2004年9月24日经珠江三角洲地区省第十届人大常委会第十三次会议审议批准。它是我国第一个区域性环保规划立法。它的实施标志着珠江三角洲地区环境保护进入依法治理的新阶段。其目标是加强省内区域流域间的联防联治，建立跨行政区污染事故应急协调处理机制，协调解决了一大批跨地区重大环境问题。

作为国内第一个通过立法实施的区域性环保规划，这本一寸厚的绿皮书，饱含了高屋建瓴的远见和科学决策的睿智。如果说在经济发展中有"环保拐点"，那么人们在这部规划中首先看到的是高层决策者决策思维的拐点，这是在可持续发展这一盘棋中的急所之处，落下了关键一子。在一个长期粗放发展的经济环境中，许多人一直有一个重经济增长轻环境保护的思维定势，这种"一好遮百丑"的施政观念要改变，并把可持续发展的理念贯彻到各级政府当中，就需要科学的指引和衡量的指标。而这部规划在某种意义上就提供了系统的量化指标。更具有前瞻性的是，当围绕这些指标做出必要的决策之后，全省向可持续发展目标靠拢的发展格局，就一定形成。可以预见，当"红绿蓝"三大战略在各地方政府的区域发展过程启动之后，经济社会与环境协调的新的发展模式，就会在南粤大地上横空出世。

珠江综合整治工程是进入新世纪后，以珠江三角洲都市群为核心的南粤大地又一环境保护活动的大手笔。2002年，中共珠江三角洲地区省委常委会会议提出启动珠江综合整治工程。同年10月，省政府批复珠江三角洲地区省环保局编制《珠江三角洲地区省珠江水环境综合整治方案》（简称《方案》），并召开全省珠江整治会议进行部署。《方案》提出，到2010年共投资445.87亿元进行珠江水环境整治工程的建设，其中包含161项污水处理项目和31项重点整治项目。《方案》还对全省175家水污染严重工业企业提出限期达标的要求。

珠江综合整治工程要求，珠江要一年一小变。西江、北江、东江干流和主要支流的水体质量满足相应的环境功能目标要求，部分污染严重河段的水质有所改善。岐江河达到适用于一般工业用水、非直接接触的娱乐用水（Ⅳ类）；珠江广州河段、南山河、佛山水道、江门河、龙岗河、坪山河、深圳河达到适用于农业用水、一般景观用水要求（Ⅴ类）；惠州西湖、肇庆星湖达到适用于非直接接触的娱乐用水要求（Ⅳ类）；万人以上城镇开始规划建设一座以上城市生活污水处理厂；珠江三角洲网河区各城镇规划整治一条以上污染较重的河涌。

珠江要三年一中变。到2005年底，珠江城市河段消除黑臭。重要江河湖库、饮用水源和近岸海域的水质得到有效保护，饮用水源水质满足功能要求；国控、省控江段以及跨市河流交界断面水质达标率达75%，部分流经城镇严重污染的河段水环境质量有明显改善，基本消除流经城市河段黑臭；工业废水排放达标率达85%以上；城市生活污水处理率达40%以上，珠江三角洲城市达50%以上；环保投入占生产总值的比例达2.5%以上。

珠江要八年一大变。到广州亚运会召开的2010年，珠三角污水处理逾七成。主要地表水和近岸海域水体环境质量达到功能目标要求，西江、北江、东江及珠江三角洲水系主干、支流水质维持良好水平；流经城市河段成为市民和游客观赏景观、景点的场所；集中饮用水源满足功能要求；国控、省控江段以及跨市河流交界断面水质达标率达80%；工业废水排放达标率达90%以上；城市生活污水处理率达60%以上，珠江三角洲和经济特区城市达70%以上；环保投入占生产总值的比例达3%以上；将珠江流域水源涵养林和水土保持林建设成具有稳定生态功能的森林生态系统。

珠江综合整治工程严禁在饮用水源保护区内进行各项开发活动和排污行为，严格控制在饮用水源水库搞旅游开发活动。珠江三角洲地区的珠江流域内实施污染物排放总量控制和排污许可证制度。规划要求的污染物总量控制指标，将其分解到各县、各河段和主要企业，最终落实到排污单位。各企业和各地区必须做到"增产不增污"，乃至"增产减污"。工业污染防治要依靠科技进步，治理重点工业污染源。抓好建材、化工、造纸、冶炼、制糖、食品发酵、电镀、纺织印染、制革等污染严重行业的治理，要求各地市对全省175家水污染严重企业进行限期达标，并进行重点控制。加快建设城市生活污水处理厂和配套的污水管网建设，在珠江沿岸主要城市近期和远期建设污水处理厂项目161项，总投资约为255.1041亿元，设计处理能力共1250万吨/日。

建设节约型社会、发展循环经济同样是以珠江三角洲都市群为核心的广东发展转型的重大举措。如果说，环境污染是市民可以切身感受到的，一个假定的统计更让珠江三角洲人惊醒：如果按照以前的增长方式在2000年的基础上实现人均生产总值再翻两番，仅消耗土地量就至少相当于深圳、珠海、东莞三市面积的总和，这显然是难以为继的。

2005年9月12日，按照中共广东省委九届六次全会的部署，从广东的实际出发，广东省人民政府发布了《关于建设节约型社会发展循环经济的若干意见》（粤府〔2005〕83号）。该意见提出，要加快转变经济增长方式，以建设节约型社会为目标，以提高资源利用效率为核心，以节能、节水、节材、节地、资源综合利用和发展循环经济为重点，加快结构调整，加强法治建设，完善政策措施，强化节约意识，建立起政府大力推进、市场有效调节、企业自觉行动、公众积极参与的促进节约型社会建设的运行机制，逐步形成节约型的增长方式和消费模式，以资源的高效利用和循环利用，促进全省经济社会的全面协调可持续发展。建设节约型广东的具体目标包括全省资源生产率的提高、污染物排放量得到有效控制和削减。

2006年3月22日，省建设节约型社会、发展循环经济领导小组办公室印发《广东省发展循环经济试点实施方案》。该方案确定同时在企业、园区和城市3个层面开展循环经济试点工作，创建一批符合"减量化、再利用、资源化"原则，具有龙头带动、示范推广作用的清洁生产企业、生态产业园区和资源节约型城市。为确保循环经济试点目标的如期实现，在节能、节水、资源综合利用、污染防治、清洁生产等领域，确定5大类24项重点支持的项目。截至2006年12月底，第一批选定的企业、园区和6个城市（广州、深圳、佛山、东莞、江门、汕头）开展循环经济试点全面启动实施。

（三）绿色广东

建设绿色广东是广东省制定第十一个五年规划时期提出的一个重要发展理念，它凝聚了广东人在探索建设资源节约型和环境友好型社会的理论思考和实践经验。绿色广东已事实成为"十一五"期间珠江三角洲都市群建设资源节约型和环境友好型社会的核心理念和发展模式。它直接指向以珠江三角洲都市群为核心的广东经济如何打破资源短缺瓶颈，实现经济增长方式由粗放向集约转变。

2006年2月27日，中共广东省十届人大四次会议正式审议批准了《广东省国民经济和社会发展第十一个五年规划纲要》（简称《规划纲要》）。该《规划纲要》明确提出了广东发展的约束性指标：到2010年，单位生产总值能源消耗比2005年降低13%以上。万元生产总值能耗约为0.763吨标准煤，"十一五"期间年均下降2.8%。主要污染物排放量减少10%。化学需氧量和二氧化硫排放量在2005年的基础上均削减15%，即到2010年底分别控制在89.9万吨和110万吨以内。万元工业增加值用水量降低20%。耕地保有量保持在325.7万公顷。

绿色广东建设给广东带来喜悦的成果。相当长时期以来，广东被认为是"先污染后治理"的负面典型。但一组数据正在改变着人们对广东经济增长的印象：国家环保总局近期对17个省（区、市）有关数据的综合分析表明，2007年上半年全国的主要污染物排放不降反升，化学需氧量、二氧化硫排放量分别比去年同期增长4.2%、5.8%，而经济大省广东则分别下降了1.1%、2.9%。在上半年广东经济高速增长14.4%的同时，这2个环保硬指标首次出现了下降之势，说明广东的水质和大气质量开始好转，环境污染恶化的趋势得到初步遏制，呈现出经济发展又快又好、环境质量逐步改善的良好态势，"环保拐点"依稀可见。

（四）幸福广东

1. 从亚运广州到幸福广州

2010年，广州成功举办了亚洲运动会。在海心沙举行的2010年广州亚运会开幕式，因其独特创意和震撼场面给人留下了深刻印象。这个珠江小岛也一夜成名。半个月的风云际会，广州向亚洲、向世界奉献了一场宣泄体育激情、彰显亚洲和谐、展示发展成果、弘扬文明风尚、抒发人文情怀、传扬岭南文化的亚运盛会。

一次盛会改变一座城市。亚运会使广州发生了喜人的变化，除城市格局拉大、城市中轴线变得更清新以外，广州的天更蓝、水更清、房更靓、城更美……，城市品质极大提升。亚运会期间，广大市民看到了久违的星星。以前市民抱怨很多的河涌，也得到了较好的整治。城市管理变得有条不紊，变得越来越规范。

亚运会使广州市民的荣誉感、自豪感有所提升。在改革开放初期，广州人是相当自豪的，但是在往后十几年，由于多方面的原因，广州人的自豪感开始减弱，广州成为一个大工地，天空变得灰蒙蒙，全城显得很凌乱，在广州生活的人好像不再认可广州。但是亚运会期间，广州市民的荣誉感回来了，自豪感得到了重振。这是许多市民的感受。

为了迎接亚运会，广州城区21条河涌相继整治，"六脉皆通海，青山半入城"的山水格局正在重新恢复，许多老广州的"水城记忆"被重新唤起。

已经100岁的广州市民李湛世代居住在东濠涌边，这里几年前还臭味扑鼻，如今已成了生态广场，清水粼粼，垂柳依依。李湛的儿子李浦强说，"我们一家四代同堂住在这里，对东濠涌的变化感受很深。2010年东濠涌整治后，不仅水质变好了，家门口还像个花园，我的孙子也可以在这里玩了。"东濠涌整治后，以前晚上不喜欢出门的李浦强养成了晚饭后散步的习惯。

畅游珠江也是许多老广州人中断了近30年的一个梦想。曾几何时，又黑又臭的珠江水让老百姓在江边望而却步。这些年广州投入巨资治理珠江污染，水质逐年好转。从2006年开始，广州市每年都会举办"游珠江"活动，省、市领导带领群众横渡珠江。

全程参与广州亚运会环境保障的专家组证实，广州亚运会环境保障取得了圆满成功，广州环境空气质量达到2004年申亚成功以来的最佳水平。2010年前11个月空气质量的优良率为97.7%，比2004年提升了13%，超过亚运会环境保障设定96%的目标；尤其是2010年11月12日亚运会开幕以来，空气质量一直处于优良水平，18个国控点和亚运场馆测点以及全市空气质量每日均达到或优于国家二级标准，未出现过灰霾现象，平均能见度从12千米提升到13.6千米；大型活动水域水质达到Ⅳ类标准，全部亚运涉水赛场水质均达到或优于Ⅲ类标准，符合亚运水环境保障目标要求；所有场馆周围的环境辐射均属正常水平。

无独有偶，刚刚成功举办亚运会的广州，被评为"2010中国大陆最具幸福感城市"。"2010中国大陆最具幸福感城市"推选活动由新华社的《瞭望东方周刊》和中国市长协会的《中国城市发展报告》工作委员会联合主办。该活动按照国际公认的城市幸福指数评判标准。入选的城市都有2个共同的特征：一是宜居；二是城市管理者处处都能为市民着想，生活在那里的人普遍有归属感、认同感和荣誉感。

广州能够入选，和亚运会前大力改善城市面貌的努力密不可分。借助"亚运会"和"2010年蝶变"两大平台，广州从古老的千年商都到崭新的国家中心城市，近年来的变化令人惊叹。

2010年初，中共广东省委十届六次全会提出珠三角绿道建设的目标。截至同年9月30日，珠三角9市绿道已雏形初现。省会广州更是引领风潮，仅用7个月就打造出总长1060千米的6条绿道。这6条"彩缎"环山绕水，穿街过巷，纵横成网，成为市民亲近自然、享受自然的绿色空间。

广州注意依托深厚的历史文化和"山、水、城、田、海"的自然格局，沿城市的生态廊道部署绿道网，用绿道串联广州最好的山水、田园、历史人文景观，并向社区和村庄延伸，形成了"绿道成网、景观相连、景随步移、人景交融"的格局。如果市民每天骑车8小时，每小时12千米，那么广州的绿道至少12天才能游完。"原以为广州只有高楼大厦，想不到这里也有鸟语花香、绿树成荫的绿道"，近日从美国回广州探亲的马先生感慨道。事实上，广州的绿道网，更引领了一种绿色的生活方式，骑车接驳地铁上下班成为新时尚，散步、慢行、跑步等健身方式重新回到了都市人的生活中……

站在这座千年古城新时代的时间节点上，市民们油然为生活在这里而感到自豪和骄傲。一项调查显示，94.2%的市民愿意长期在广州工作和生活。而外地人、外国人也纷纷投来尊重、期许的目光，广州的吸引力赫然提高。一句话，2010年，"美丽广州"让人一见倾心。

经历了阵痛，人们的眼光放得更长远了。这种对广州的认同，源自对城市靓丽面貌和丰富内涵的自豪，源自对生活健康舒适的满意，亦源自对政府民生之心的体会。

2. 幸福广东与可持续发展

2011年，中国第十二个五年规划正式开启。中共十七届五中全会通过的"十二五"规划指出，"十二五"时期，是中国全面建设小康社会的关键时期，是深化改革开放、加快转变经济发展方式的攻坚时期。2011年，也是广东实施《珠江三角洲地区改革发展规划纲要（2008—2020年）》的关键一年。

人们在期盼，广东会以怎样的姿态进入21世纪的第二个10年。

几乎在广州入选"2010中国大陆最具幸福感城市"的同时，时任中共中央政治局委员、广东省委书记汪洋在中共广东省委制定"十二五"规划建议珠三角地区征求意见座谈会上提出，要真正抓住"十二五"期间广东工作的关键和核心，加快转型升级、建设幸福广东，"转型升级是手段，幸福广东是目标"，"建设幸福广东，要坚持以人为本，维护社会公平，建设宜居城乡，保护生态环境，改善社会治安，畅通诉求表达渠道，满足文化需求。要通过转型升级增强广东可持续发展能力，不断创造社会财富，让人民群众共享发展成果，增强幸福感"。

无疑，"幸福广东"也是广大市民的愿景，与政府的执政理念不谋而合。在2011年1月召开的中共广东省政协第十届第四次会议上，"幸福广东"成为委员们的最热门话题，大会处于一片"幸福"讨论中。

幸福，作为一种持续时间较长的对生活的满足和感到生活有巨大乐趣并自然而然地希望其持续久远的愉快心情，我们如何评价和实现？

西方发达国家几十年的发展展示，随着经济的发展，人民的物质财富等都在增加，唯独幸福除外。可见，如果我们一味地搞经济发展，结果只能走上西方资本主义国家发展的老路，最终人民得到的幸福反而会越来越少，这是一条得不偿失的发展道路。

心理学家的研究表明，总体上来说国民经济总产值与幸福感呈正相关，人均收入越多，人们越幸福。但是，当人均总产值超过8000美元的时候，幸福感与经济的相关性就不存在了。

世界许多国家的实践表明，经济发展快了，人们的幸福感并没有随着生产总值的增长而快速上升，反而有人觉得幸福感随着财富的增加而下降了。人们要创造幸福，比创造财富更困难。

在现时代，幸福广东与科学发展和可持续发展具有本质的一致性。它要求广东的发展不能只关注生产效率和物质财富创造数量的增长，还必须关注生产的后果及其给人们带来的真实福利。它是对"唯增长主义"发展观的扬弃，承载着可持续发展和环境理念。

在改革开放相当长的时期里，由于处于快速工业化和城市化的发展阶段，市场需求虽然呈现多元化趋势但仍以资源和能源消耗密集度高、污染排放强度大的重化工产业为基础。我们在生产更多人造财富的同时却不断毁坏自然财富。当我们因享受越来越多的人造产品而感到幸福时，也在因环境污染失去本该拥有的浪漫世外桃源而痛苦。污染排放会使环境质量下降，从而影响人类的健康，降低社会福利。

可持续发展理念是一种具有划时代意义的发展理念和发展模式，是在世界性的人

第十四章 珠江三角洲模式及其发展动力机制重构

口膨胀、资源危机、环境恶化等严重影响人类社会发展的问题出现后，人们经过反复思考和探索，在20世纪80年代提出的。可持续发展的概念从理论上结束了长期以来把发展经济同保护环境与资源相互对立起来的错误观点，并明确指出它们应当是相互联系和互为因果的。世界环境和发展委员会提出的报告《我们共同的未来》（1987年）中将可持续发展概念表述为"既满足当代人的需求，又不损害后代人满足其需求能力的发展"。这个定义从哲学角度阐述了可持续发展的概念，但显得很抽象，不易被理解，并且在操作上也有一定的难度。对如何在当代和后代人的需求间作出抉择，则没有衡量的标准。

在一致的基本内涵之外，不同学者、不同地方对可持续发展概念的理解存在一定偏好，并直接影响发达国家与发展中国家、学者与地方领导对可持续发展的态度和合作关系。正因为如此，在广东、在中国，在相当长一段时间里，作为哲学理念被接受的可持续发展与可进入操作层次的可持续发展模式之间存在很大距离。

在我国有一个实际情况，可持续发展是从国家政府战略层面开始的，并且在可持续发展理念的推广过程中，遇到了中国刚从贫穷中思醒过来的高速发展时期。因此，尽管在中央政府的主导下，各地纷纷提出可持续发展战略，包括在"九五"以后，中央多次强调要转变经济增长方式，但见效甚微。究其原因，主要在于许多地方干部对可持续发展理念的消极认同。直到现在，仍有不少地区不顾自身条件盲目追求生产总值高增长的政绩。为此，需要一部分学者刻意把抽象的国际可持续发展理念用更加感性的语言表达出来，以能跟地方政府官员进行沟通，促使他们加强对可持续发展事业的支持。

为适应中国国情，在"硬可持续发展"和"软可持续发展"中取得平衡，以能现实地与地方领导平等探讨可持续发展问题，促进可持续发展从概念走向行动、从理论走向实践，笔者自20世纪90年代开始，在广东各地进行广泛的经济社会发展和可持续发展调研，把可持续发展概念进行本土化改造，表达为十六字："满足需要，资源有限，环境有价，未来更好"（周永章，2004），进而根据"十六字"进一步展开为一个植根本土可持续发展概念的可持续发展指标体系（needs satisfied, resoureces limited, environment valued, future better, NREF）。首先按"满足需要""资源有限""环境有价""未来更好"4个指标分别制定，然后把这4个指标再统一为一个综合指标。

（1）满足需要。人类历史的一条基本主线是：战胜饥饿，满足需要。从这种意义上说，贫穷绝不是可持续发展。基本生活、生活质量、健康状况、社会公平、基础设施是反映人类需要满足程度的基本维度。满足需要是致力于地球上各地区公平的一种表达方式。

（2）资源有限。自然资源是人类生产资料和生活资料的基本来源，是人类赖以生存和可持续发展的重要物质基础。人类一开始并没有真正意义上的资源有限的意识，直到近、现代，石油危机等一系列事件以后，才从真正意义上认识到资源的有限性。随着人类社会的不断发展，资源短缺成为制约人类社会可持续发展的重要障碍。人均耕地不足、电力供应不足、石油危机等，都是资源有限的具体体现。资源禀赋、资源消耗、资源综合利用是在可持续发展框架下区域资源有限的重要维度。此外，社会资源、各种利益资源也都是有限的。因此，需要从各个层面来优化配置资源，和谐配置资源。

（3）环境有价。这是一个经济学外部性问题。环境有价是人类认识的创新。人们对水、土、气、生态的环境质量和环境容量的重视是环境有价的最重要体现。

（4）未来更好。这是代际公平的另一种表达方式。可持续发展，不仅要让我们今天过上高品质的生活，同时，要让我们未来（包括下一代）过上同样或更高品质的生活。这涉及可持续发展能力建设问题，包括体制、基础设施的布局、规划、建设等。

幸福广东包含了对"满足需要，资源有限，环境有价，未来更好"的追求。

此外，幸福广东与中央精神是高度一致的。深入学习实践科学发展观、建设生态文明是中共十七大的执政理念；转变经济发展方式，发展循环经济，建设资源节约型、环境友好型社会，是中央的要求。广东作为我国改革开放的先行地区，肩负着"科学发展，先行先试"的重任，需要走出一条生产发展、生活富裕、生态良好、群众生活幸福的文明发展道路，增强可持续发展能力，为全国的科学发展提供示范。

广东现有经济规模大，有利于产业结构的调整；自然地理条件优越，有利于生态环境恢复与改善；居民素质有了很大的提高，对绿色经济和绿色增长有向往，切身感受到"有绿色没有生产总值是苦干，但有生产总值没有绿色是蛮干"；具有较强的国际化视野，容易接受国际新的发展理念。绿色经济、促进绿色增长不仅是政府的执政理念，更是居民对提高生活质量的需求。这些都为建设幸福广东奠定了坚实的基础。

回顾近几年，也许会发现广东是一个从来都不缺"最具幸福感城市"的地方。早在2007年，在由新华社《瞭望东方周刊》主办的首届"中国最具幸福感城市"推选活动中，广东的深圳、珠海、广州、佛山、中山、东莞6个城市均入围候选名单，广东成为入围候选城市最多的省份。当年，珠海、中山最终上榜"十大最具幸福感城市"。2008年，佛山当选"幸福城市"。2010年，广州首次入选"最具幸福感城市"，也是京沪穗三大一线城市中唯一的入选者。

但广东的城市轮番入选"最具幸福感城市"，并不代表广东已经成为"幸福圣地"。我们还有很大空间为幸福"加油"，为自己"变得更幸福"而积极进取。对城市而言，"幸福感"首先来自市民的认同感，继而接受，继而留守。拧开水龙头便能喝上干净的水，推开窗户便能呼吸上新鲜的空气，吃从地里长出的庄稼是安全的，躺在床上休息是宁静的，已成为越来越多市民追求的幸福。

二、建设优质生活圈

谷歌地球（Google Earth）描绘了一幅清晰、美丽的画卷，从人造卫星向地球近距离拍摄夜景，亚洲地区灯光最亮的区域有2个：一个是日本，特别是日本的东京湾；另外一个是珠三角。这说明，在人流、物流的密度上，这2个区域已有很多相近之处。

国家发展改革委发布的《珠江三角洲地区改革发展规划纲要（2008—2020年）》更是为珠三角都市群的发展树立了一个新目标，到2020年，率先基本实现现代化，基

本建立完善的社会主义市场经济体制，形成以现代服务业和先进制造业为主的产业结构，形成具有世界先进水平的科技创新能力，形成全体人民和谐相处的局面，形成粤港澳三地分工合作、优势互补、全球最具核心竞争力的大都市圈之一。人均地区生产总值达到135000元，服务业增加值比重达到60%；平均期望寿命达到80岁，实现全社会更高水平的社会保障；城镇化水平达到85%左右，单位生产总值能耗和环境质量达到或接近世界先进水平。

可以畅想，2020年后珠三角都市圈的生活场景，在很大程度上将与目前的东京都市圈、阪神都市圈有许多相似之处。一个世界级都市圈正在珠江口崛起。

敢为人先、务实进取的珠三角人，传承岭南文化的基因，但并不满足于此，正在编织一个更美丽的梦想，生活品质应该得到更全面的提升，珠江三角洲世界级都市圈应该是一个大珠江三角洲优质生活圈！

时任香港特首曾荫权2008—2009年的施政报告首度提出"绿色大珠三角地区优质生活圈"，主要强调"以环保、可持续发展为基础"，通过区域合作"为珠三角地区闯出一条低污染、低耗能的发展道路"。涉及的合作领域包括"减排、优化发电燃料组合、开发及推广再生能源、减少汽车排放、加强自然保育及绿化，以及科研和宣传教育等"。曾荫权的倡议与富裕了的珠江三角洲城市人的梦想不谋而合，因而得到了广东省的热烈响应。

2008年7月14日至7月18日，广东省环保局组织了一次不平常的调研活动。由环境保护部环境规划院、环境保护部环境与经济政策研究中心与广东省环保局的8位专家奔赴粤港澳三地开展"深化粤港澳环境合作打造绿色大珠三角地区优质生活圈"调研。调研组先后与香港特别行政区环保局和环保署、特区政府中央政策组、环境咨询委员会、渔农自然护理署、机电工程署、渠务署以及香港大学和香港中文大学等学术界的代表，澳门特别行政区环境委员会、交通事务局、土地公务运输局（现为交通运输局）等单位的代表，以及广东省环保局有关处室代表、专家进行了广泛和深入的交流，认真听取了各方面的意见，系统了解了粤港澳三地合作的历史、现状、经验和存在的问题，以及三地环保部门对联手打造"绿色大珠三角优质生活圈"的设想、要求、期望和合作建议，深入了解了香港和澳门在环境保护方面的努力和经验。行程前后，专家组先后与广东省环保局、发展改革委、林业局、建设厅等部门，广州、深圳、珠海、中山等地市，以及有关专家进行了专题座谈、研讨。

2008年底，"共建优质生活圈"被写入由国务院批准的《珠三角改革发展纲要》，并且增加了教育、医疗、食品、社会保障、文化、应急管理、知识产权保护、专业人才培训等内容。

2009年2月3日，粤港澳高层工作会晤达成"共同编制共建优质生活圈专项规划"，内容包括环境保护，建设综合交通体系，提供教育、医疗、社会福利等公共服务，保障食品安全，实施通关便利化等。

当然，目前建设大珠江三角洲优质生活圈，还面临许多迫切需要解决的问题，突出体现在以下方面。

（1）在生态环境建设上，如何突破现有的环境治理模式，将珠三角都市圈塑造成达到国际水平的优质环境生活圈。例如，在粤港合作方面，亟待突破现有的粤港环保合作模式，改变以往限于粤港两地的个别项目合作，转而进入一个全方位、前瞻性的区域性环境合作模式，包括扩展粤港环境合作至循环经济产业、发展清洁能源、优化能源组合，联合推动清洁生产及绿化工作等至公众教育及宣传合作范畴，使双方的合作内容由整治几个污染问题扩展到全方位的城市发展和生活形态的建立。

（2）在教育、医疗、文化、社会保障、应急管理、知识产权保护及出入境便利等方面，如何提升珠三角及港澳地区的生活环境。目前珠三角都市圈在空间构成、经济构成等方面已在一定程度上实现一体化，产业分工和基础设施已具有世界级都市圈的特征。即将建成的港珠澳大桥，使珠三角西岸可以纳入香港3小时车程之内，海陆空交通网络发展更显顺畅，三地人流、物流来往将更加频繁，但教育、医疗、文化、社会保障、应急管理、知识产权保护及出入境便利等方面仍存在许多制约，需要管理体制、机制的创新。

（3）在价值取向上，如何让每个人全面发展。过去30年的发展，人们主要聚焦于珠江三角洲在经济上取得的辉煌成就。未来的珠江三角洲地区，除了关注物质财富的积累和增长，更应该关注人自身的发展变化。人除了物质的需要外，还有精神、政治、社会、参与国家管理的需要。因此，在下一步的改革中，珠江三角洲要进行的不仅仅是物质财富的创造，还要推进政治、文化、社会的改革。

面对问题和困难，珠三角人一如既往地采取了积极的进取行动。目前正在实施的共建"优质生活圈"的行动计划包括以下几个方面。

（1）阳光海岸计划：优化生态环境，深化文化特色，打造世界级的"阳光海岸"。大珠三角地区提供了多元的自然景观和多元的文化景观，人口主要集中在珠江口两岸地区。与长三角、京津冀地区相比，大珠三角地区的亚热带海洋性气候使之拥有温暖的冬季，在发展滨海休闲旅游上更具优势。借鉴新加坡开发东南部"阳光海岸"的经验，珠江口及其两翼应当协调生产、生活和生态功能，通过海岸带多样化开发和快捷的交通体系打造"多样化阳光海岸"。珠江口地区应当尽快建立国家海滨公园，发展成为集生态保护、文化遗产保护、生态旅游、高端产业、科研教育等功能于一体的"生态休闲湾区"，成为大珠三角地区居民周末生态观光、文化体验的地区，也是大珠三角地区吸引外来游客的形象标志地区。珠江口两翼在自然景观保护的前提下重点开发休闲度假功能，培育休闲海岸。

（2）轨道公交计划：构筑以区域轨道公交为主的强竞争力的公共交通体系。东京都市圈、伦敦都市圈等城镇密集地区的发展经验表明，大力发展公交化的轨道交通是解决区域客运交通的重要途径，也是加强城镇群宜居性的有效交通工具。轨道交通的最高行车速度可达200~250千米/小时，使大珠三角内城市的联系更便捷，为远距离商务、旅游、通勤、购物等提供支持，从而实现"香港上班，肇庆居住"等跨界生活新模式。同时，轨道交通对区域大气的污染和能源消耗相较小汽车小许多，当地铁日客运量达到37万人次时，比同样容量的小汽车交通每日可减少一氧化碳排放量约9.55吨、碳氢化合物排放量约0.971吨、氮氧化合物排放量约0.47吨。因此，轨道交通是发展强竞争力公共交通的最佳选择，应成为未来大珠三角城镇群客运出行的主要交通模式。

第十四章 珠江三角洲模式及其发展动力机制重构

《珠江三角洲城际快速轨道交通线网规划》提出，至2020年建设形成以广州为中心，广州—深圳、珠海为主轴，放射与环状相结合的珠三角城际快速轨道交通线网架构，实现珠三角地区地级以上城市连通轨道交通。建议在此基础上，将港、澳地区纳入整体考虑，加强港澳地区与珠三角轨道公交的对接，从而使城际轨道线路覆盖区域内主要城镇，并结合香港、广州、深圳、佛山等城市轨道交通的建设，使轨道公交网络覆盖到整个大珠三角地区，真正实现大珠三角城镇群"1小时交通圈"。

（3）生态优先计划：制定产业发展战略应贯彻"生态优先"原则。鉴于珠三角地区工业污染的教训和剩余环境容量有限的状况，今后珠三角各市在制定产业发展战略、确定产业类型和空间布局时，首先应衡量其对宜居性的影响，做好规划环评工作。珠三角地区的产业重型化要以发展资本和技术密集的装备制造业为主，技术密集型产业要从组装向设计和研发发展，钢铁、石化等资源消耗量大、环境影响大的产业建议向西翼的湛江地区拓展。

（4）绿荫计划：在严格维护和限制开发中保持区域生态绿地系统的动态平衡。加大管治力度，并实行长久性严格保护和限制开发，为大珠三角构筑以城市内部山体、零散绿地为园，河川绿地、城市缓冲绿地为楔，城市外围风景林地为环的城乡联动、多层次绿荫萦绕的绿地生态系统，使大珠三角城镇群融入自然、绿色环绕。同时，兼顾人们的休闲需要，提高区域绿地资源的利用效率，构筑城市公园、郊野公园、风景区多层次的有机休闲空间。在保护中有限利用，并利用所得促进保护，实现大珠三角城镇群发展与生态建设保护的动态平衡，建构区域绿地生态安全格局。

（5）生活合作计划：以轨道交通引导跨界生活空间建设。依托轨道交通向珠三角外围地区延伸，选择合适的轨道站点建设跨界生活合作区，可以便捷地融入珠三角1小时生活圈，提高跨界生活的便捷性和宜居性。跨界生活区建设要采用"复合地产"模式，即由政府提供基础设施建设、绿化建设，保证方便、快捷的交通可达性和优美的环境，由开发商进行综合开发，从而打破传统的单一型开发模式，整合房地产、商业、旅游业、休闲产业、文教科技等进行一体化开发。同时，在跨界生活区内进行机制创新，试行粤港澳三地社会福利、社会保障和医疗、教育设施和政策的对接，包括逐步完善社会福利的异地转移、子女的异地转学机制，在跨界生活合作区内深化转诊机制和领取社会保障金的试点，消除港澳人士在珠三角地区长期居住的后顾之忧。

（6）居住融合计划：完善住房供应体系，采取"大混居、小聚居"模式，促进社会融合。合理的住房供应体系=房地产市场体系+政府提供的保障性公共住房体系。面对大珠三角地区多元化的住房选择需求，需要各级政府调整现有住房供应体系，加强保障性住房供给，并将农民工纳入廉租房等保障性住房范围，真正实现各得其所。在农民工集聚的产业园区，建议政府引导建设员工村，并参照城市居住区的设施配套模式提供配套服务。在各级城镇，借鉴中国香港地区、新加坡福利住房的有关做法，建议在城市范围内均衡布置保障性公共住房，通过城市公共交通进行引导，形成众多的公交社区，保证居民通勤方便可达。公交社区的开发建设建议采用"大混居、小聚居"模式，即在社区中实现限价房、拆迁安置房、商品房等的混合布置，在其中又能体现一定的分区和距离，在社区层面统一规划建设公共服务设施，使保障性住区和中高档住区居民共享服务设施，实现各类居民公平享有生活设施，促进社会和谐。

（7）畅通计划：以通关一路通和交通一卡通为生活一体化铺路。为提高通关效率，进一步推动大珠三角区域内的往来交流，近期，建议在现有的港澳居民专用通道、上下学时段学童专用通道的基础上，设置大珠三角居民快速通道，以通关一路通提高通关效率；远期，建议进一步简化三地居民的通关手续，发放多次入境卡，最终实现大珠三角地区居民持身份证通过居民快速通道实现自由往来。区域快速轨道系统建设周期较长，整合大珠三角各市的交通卡，实现大珠三角地区公共交通一卡通，是大珠三角区域公交的突破口。粤、港、澳三地的相关部门正在开展有关一卡通资金、运作、管理等问题的协调，做好大珠三角内部各类交通卡系统的对接，最终实现区域轨道公交、高速公路收费和区域高速铁路、公路等城际交通以及各城市内部公交系统的一卡通，方便居民出行，使居民能够凭一卡走遍大珠三角。

三、整合泛珠江流域的资源环境

深化泛珠三角区域合作是《珠江三角洲地区改革发展规划纲要（2008—2020年）》赋予珠三角的重要任务。《珠江三角洲地区改革发展规划纲要（2008—2020年）》明确提出，泛珠江三角洲区域合作是全国区域协调发展总体战略的组成部分，珠三角地区作为全国重要的经济中心，要建设成为带动环珠江三角洲和泛珠江三角洲区域发展的龙头。泛珠江三角洲区域合作要不断完善合作机制和合作规划，创新合作模式。促进资金、技术、人才、信息、资源等要素的便捷流动，推进产业区域合作。继续实施以"西电东送"为重点的能源合作。推进生态环境建设、加强保护水源和污染防治的合作。加快形成公平开放、规范统一的大市场，促进东中西部地区的优势互补、良性互动、协调发展。

深化泛珠三角区域合作同样是珠三角发展的要求。作为全国重要的经济中心，珠三角需求足够大的腹地，需要市场，需要资源保障，需要保障区域生态环境安全。建立泛珠江三角洲合作区域的初衷是珠三角与泛珠三角其他地区的相互需要，目的是实现区域资源共享，优势互补和整合，实现区域协调发展和可持续发展。

（一）泛珠三角区域合作的条件和基础：自然资源禀赋分析

自然条件是泛珠三角建立的自然基础。它的陆地国土面积达200万平方千米，占全国陆地面积的20.78%。历史上，泛珠三角开发大体上自北向南、自西向东，交汇于珠江三角洲，刚好与近现代相反。但江河和海岸在每个阶段都是泛珠三角区域网络的基本骨架，是城镇兴起和发展的依托，两岸河谷和三角洲平原也是最基本的农业区，由此构成的经济地带明显地沿江河和海岸分布并对外辐射。依靠江河或临近江河分布的交通网络，对区域交流和空间整合发挥着关键性作用。

泛珠三角地区呈东西向延伸，与珠江水系走向基本一致，自然资源的分布也具有类似的空间格局。

（1）以珠江三角洲为基点，往源头方向存在显著的梯度推进空间格局。首先表现在地形地貌上，由西向东地势逐步降低。作为泛珠三角区域主体的珠江流域，自西至东由云贵高原、广西盆地、珠江三角洲平原3个宏观地貌单元组成。3个地貌单元间均有山地、丘陵作为过渡或分隔，其中广西盆地是流域主体。西江自西向东贯通3个主要地貌单元，按地貌组合特点，珠江流域分为云贵高原区、黔桂高原斜坡区、桂粤中低山丘陵和盆地区、珠江三角洲平原区4个地貌区，构成西北高东南低的地势。西江与北江、东江交汇于珠江三角洲，形成以西江流域为主体的复合的珠江流域，并构成泛珠江三角洲扇状地理格局。

（2）资源分布呈现明显的带状特点。组成泛珠三角资源分布基本骨架的几条资源集中带包括：①西江流域及其延长线资源分布带，主要沿珠江三角洲—南宁—贵阳、昆明、成都干线分布；②北江流域及其延长线资源分布带，主要沿京广铁路干线分布，在泛珠三角地区，包括广州—韶关—衡阳—株洲—长沙等；③东江流域及其延长线资源分布带，主要沿京九铁路干线分布，在泛珠三角地区，包括珠江三角洲—河源—梅州—赣江—南昌等地；④东部沿海资源分布带，主要沿福州—厦门—泉州—汕头—珠江口分布；⑤西部沿海资源分布带，主要沿珠江口—湛江—海口—北海—钦州—防城港分布。

（3）水力资源普遍较为丰富，且开发基础好，但总体上表现为西部比东部更有明显优势。雨量充沛，河流众多且径流量大，使各省区普遍拥有良好的水力资源。广西以西的广大地区，山高谷深，落差大，水力资源极其丰富，均具有向境外输出电力的能力。特别是贵州，全省煤炭资源量约2401亿吨，有"江南煤海"之称，与水电一起形成水电与火电互济特色，优势十分明显。

（4）农业土地面积在国土面积中的比例大致由西向东递增。但人均耕地面积，三角洲平原地区明显不足。

（二）泛珠三角的水环境

"泛珠三角区域"之概念源于珠江水系的水域空间，是由珠江流域这一自然水系空间拓展而成的一个社会经济合作区域。同时，水这一环境介质客观上也是泛珠三角区域范围内跨行政边界相互影响最为强烈的环境介质。水环境保护自然成为泛珠三角区域环境合作的主体内容。

珠江水系的水环境状况整体良好。2004年珠江水系33个国家的水质监测断面中，Ⅰ～Ⅲ类、Ⅳ～Ⅴ类和劣Ⅴ类水质的断面比例分别为78.8%、15.1%和6.1%，主要污染指标是石油类、五日生化需氧量和氨氮。与2003年相比，Ⅰ～Ⅲ类水质的断面比例减少3%，Ⅳ～Ⅴ类水质的断面比例增加3%，劣Ⅴ类水质的断面比例维持不变（依据2004年环境统计年报数据计算），水质状况略有退化。

但珠江水系的每年纳污量是相当巨大的。2004年，珠江流域范围内的废水排放总量为59.5亿吨，比上年增加10.1%。其中工业废水排放量为21.7亿吨，占废水排放总量的36.4%，比上年增加11.8%；城镇生活污水排放量为37.8亿吨，占废水排放总量的53.6%，比上年增加9.1%。废水中化学需氧量排放量为155.7万吨，比上年增加12.8%。

其中工业废水中化学需氧量排放量为74.6万吨，占化学需氧量排放总量的47.9%，比上年增加37.3%；城镇生活废水中化学需氧量排放量为81.1万吨，占化学需氧量排放总量的52.1%，比上年减少3.1%。废水中氨氮排放量为12.8万吨，比上年增加23.7%。其中工业氨氮排放量为5.1万吨，占氨氮排放量的40.0%，比上年增加71.8%；生活氨氮排放量为7.7万吨，占氨氮排放量的60.0%，比上年增加4.3%（国家环境保护总局，2006）。

泛珠三角区域水环境保护面临的主要挑战如下。

（1）区域之间的社会水循环与自然水循环交互作用强烈。自然水循环单元主要由自然分水岭边界所界定，而社会水循环单元主要由行政边界所界定。水资源与水环境如果按自然水循环单元——流域进行管理，有许多便利之处。这也是目前世界水资源与水环境管理的普遍模式。然而，水环境流域管理模式的效率常常被行政边界所界定的社会水循环单元的权益追求所削减。社会水循环状况是一个地区水环境状况的主导因素。目前，泛珠三角经济区各省区域的经济发展水平很不平衡，地处珠江流域下游的粤港澳，社会经济规模非常庞大，粤港澳的社会水循环的健康对珠江自然水循环健康状况的依存度越来越大。与此同时，珠江中上游地区的社会经济发展压力大，其社会水循环过程对珠江自然水循环的健康状况的负面胁迫越来越大。珠江中上游地区的社会水循环通过珠江自然水循环过程将产生越来越大的空间层面的外部性问题，该外部性问题对粤港澳社会水循环的健康状况的负面胁迫也越来越大。

（2）水污染负荷份额大，且增长快。以2004年的数据为例，泛珠三角的工业废水排放量、城镇生活污水排放量、工业废水中化学需氧量排放量、城镇生活污水中化学需氧量排放量、工业废水中氨氮排放量以及生活废水中氨氮排放量在全国所占的份额分别为34.42%、37.20%、37.85%、37.91%、32.94%、33.26%。在经济与人口增长的驱动下，泛珠三角的工业废水排放总量、城镇生活污水排放量和城镇生活污水中化学需氧量排放量等水污染负荷指标都呈现增长态势，且泛珠三角的增长速率明显高于全国平均水平。从流域层面考察，2003—2004年期间全国七大江河流域的工业废水排放总量、城镇生活污水排放量和城镇生活污水中化学需氧量排放量等水污染负荷指标大部分都呈现增长趋势，其中珠江流域工业废水和工业废水中化学需氧量排放量增幅较高。

（3）供水水质安全较为脆弱。泛珠三角经济区的部分地域水环境污染较严重，供水水质安全较为脆弱，保障供水水质安全的水环境保护与治理工作面临较严峻的形势，这种情况以珠江下游的广东最为突出。2004年，广东全省主要江河的109个省控断面中有54.1%的断面水质优良，47.7%的断面水质达到功能区水质标准。与2003年相比，水质良好的断面数下降了4.7%。以监测断面计，劣Ⅴ类水质占19.5%；粤西诸河劣Ⅴ类水质占6.2%；粤东诸河劣Ⅴ类水质占37.5%。虽然近年来广东省有关部门在水环境保护和治理方面做了大量工作，但水质型缺水问题在部分城市仍较为严重。全省21个地级以上城市的63个饮用水源地水质总达标率仅为67.8%。广州、韶关和深圳3市达标率均低于80%（广东省环境保护局，2006）。咸潮是危害泛珠三角经济最发达地区供水水质安全的重要因素之一。由于珠江流域持续干旱、中上游地区社会用水量不断增

加以及珠江河口地区大量挖沙等原因，地处河口地区的珠江三角洲的咸潮上溯现象越来越严重，对澳门、珠海、中山、广州等地的供水形成了较大的影响。2004年和2005年秋末珠江流域旱情严重，珠江三角洲地区在2005年和2006年春季遭遇近20年来最严重的咸潮危害，对珠江三角洲地区的供水安全构成了很大的威胁。

（4）水管理体制存在缺陷。随着世界水资源开发利用程度的提高以及许多地区由水资源丰富时代迈入水资源稀缺时代，水资源经历了从无竞争性的公共物品到具有竞争性的共有资源的演变过程。传统水资源管理体制逐渐暴露出市场失灵与政府失灵的问题。长期以来，泛珠三角大部分区域被认为是水资源丰富的南方地区，然而目前该地区的水环境纳污能力也经历着从无竞争性的公共物品到具有竞争性的共有资源的演变过程，泛珠三角地区的传统水管理体制越来越不适应新的水资源与水环境的演变情势的要求。泛珠三角水环境管理的经济激励、部门协作、区域合作、政府干预等诸多体制与机制都存在不少缺陷与问题，"先污染后治理"的观念在体制层面还存在比较强势的激励环境。

（三）泛珠三角的区域生态环境

泛珠三角区域的生态环境格局明显受到自然地理因素，包括地质地貌、水文、土壤、气候等的影响。城镇体系布局的影响也十分显著。各省区的环境状况公报显示，泛珠三角区域大部分地区的森林覆盖率较高，各省区都设有国家级自然保护区，但区域分布不均匀。

泛珠三角区域的生态环境资源较为丰富，但受到自然干扰和人为干扰的现象普遍存在。受自然干扰和人为干扰的后果是出现自然生态体系破碎化现象，生物环境质量下降。一些关键性的生态过渡带及节点没有得到有效保护，缺乏区域控制性生态防护系统。部分生态用地被挤占。乱捕滥猎、乱挖滥采现象屡禁不止，流域森林生态系统涵养水源的功能下降。在现代人为干扰中，环境污染和旅游结果最为普遍和严重。

泛珠三角区域内的9省（区）除海南省外，大多数处于我国酸雨污染的主要分布区，其中有79个城市属于国家划定的酸雨控制区，酸雨污染较为严重。泛珠三角区域pH值小于5.6的酸雨分布面积占全国酸雨面积的四分之三左右。农业开发对生态环境的影响，主要源于耕地耕作强度加大，化肥施用量增加，造成土壤结构破坏，土壤保肥能力下降，又必须增加化肥施用量，恶性循环势必会加大附近水域污染。整个流域共有7528.09万亩耕地，每年共施用化肥9749642.5吨，以化肥在土壤中淋溶损失10%计算，约974964.25吨化肥被淋溶损失，以其中20%的化肥流入珠江水体计算，每年有约194992.85吨化肥流入珠江水体。

工业污染对区域生态环境影响严重且具有普遍性，矿产资源开发尤其典型。泛珠三角区域矿产资源十分丰富，但由于粗放式开发，矿产开发对生态环境影响很大。受上游矿山采矿的影响，下游地区水体浑浊，受到镉和铅重金属的污染。此外，发达地区高污染企业纷纷到西部地区的四川、贵州、广西等落户，造成当地环境污染，并给全流域带来环境压力。随着污染产业一轮轮、一级级地辗转迁徙，可能导致整个流域被污染。

生态公益林的保护、管理与开发应该使保护的成本最小化并达到保护的目的,但常常面临很多问题。不同利益、不同部门、不同项目的博弈在生态公益林保护与管理问题上普遍存在。一些自然保护区,存在政府、当地居民、环保人士等不同利益群体,主管部门和居民都在权衡各自的利益得失,均持观望的态度,或存在利益交织纠葛。

(四)创新机制,整合流域资源环境

流域主干流不仅是自然轴线,也是经济空间轴线,具有经济凝聚和辐射功能。珠江西、北、东江,由于珠三角网河历来在不同程度上成为这样的轴线。历史上以江河、海岸为依托,以流域为腹地,形成的城镇体系,具有集聚和辐射作用,成为自然资源经济轴线的基本节点和支柱。

在市场经济中,整合区域资源是相对容易的,关键要遵守市场规律,实现平等互利。在泛珠三角框架下,各省区的自然资源将突破行政区域的限制,按市场规律,流动到资本、技术、人才、商品最需要的地方去。自然资源的流通将与其他经济、社会要素互动,在泛珠三角区域内形成与自然资源带状分布相适应的综合产业带,如西江流域及其延长线资源流通产业带,即珠江三角洲—南宁—贵阳、昆明、成都产业带;北江流域及其延长线资源流通产业带,即京广铁路沿线,广州—韶关—衡阳—株洲—长沙产业带;东江流域及其延长线资源流通产业带,即京九铁路沿线,珠江三角洲—河源—梅州—赣江—南昌产业带;东部沿海资源产业带,即福州—厦门—泉州—汕头—珠江口沿海产业带;西部沿海资源产业带,即珠江口—湛江—海口—北海—钦州—防城港沿海产业带等。

以"西电东送"为核心内容的能源合作是泛珠江三角洲区域内合作的一道亮丽风景,成为资源优化配置的典范。广西以西的广大地区,水力资源极其丰富,特别是贵州,水电与火电互济,具有向省外输出强大电力的能力。加上珠江三角洲地区强大的能源需求,使"西电东送"具有强大的生命力。

相对而言,整合区域环境要难得多。环境问题具有明显的区域特征和累积性特点,在经济上具有显著的外部性和非排他性。对泛珠三角区域而言,如果上游水被污染,下游同样会遭殃,当一地的生态环境受到破坏,周边省区也受影响。非排他性还表明它是一类准公共产品。生态建设与环境保护是当今社会的热点话题。

就目前的认识,解决泛珠三角区域的环境问题,一方面需要实施主动引导发展的环境战略,另一方面需要确保环境价值的体现,启动生态服务功能价值的认定与补偿机制。

实施主动引导发展的环境战略包括几个重要方面:①基于环境禀赋引导区域(城市)发展布局;②基于环境条件与社会进步持续引导区域(城市)产业结构;③以社会和谐为目标引导居民生活方式;④响应区域(城市)发展目标,切实提升环境承载率等核心思想。

完整的引导发展战略体系包括做好4个层次的工作:发展空间布局,经济增长方式,居民生活方式,引导对外合作(资源合作共享)。

关于生态服务功能价值的认定与补偿机制,国内外都开展过许多深入的研究,也

是美国等发达国家经常用于解决流域生态环境保护的方法。可以说，生态、义务、价格，是实现区域生态安全的有效途径。

国土对人类的基本功能包括经济、社会和生态功能。几经反复，建立起以森林植被为主体、林草结合的国土生态安全体系，终于成为当今精英阶层和高级领导层的基本共识，并已反映在国家《"十一五"规划纲要》（简称《纲要》）中。《纲要》明确指出："编制全国主体功能区划规划，明确主体功能区的范围、功能定位、发展方向和区域政策。"

主体功能区划是统筹兼顾国土经济、社会的综合功能区划，与生态功能区、生态保护直接相关。根据全国主体功能区划规划初步框架，中国国土空间将被划分为优化开发、重点开发、限制开发和禁止开发4类主体功能区。优化开发区主要包括沿海和内地的大城市区、都市群（带）、交通干线和枢纽、国家重大建设工程等高密度开发区，人口、产业、经济密集，基础设施相对完善。重点开发区主要包括中心城市区、重点工程区、农业综合开发区、粮食主产区、矿业开发区等，已开发密度次于优化开发区域，但有扩大开发潜力。限制开发区，主要包括生态脆弱和自然灾害频发区，大多是贫困地区，有的是非宜居地区。禁止开发区，主要包括自然保护区、重点风景名胜区等。优化开发区和重点开发主题功能区，经济实力比较强，在中国目前的政体架构中往往处于强势地位。限制开发区和禁止开发主体功能区，对国土保育的生态功能要求较高，多兼有饮用水源保护、旅游、休闲等社会功能。

主体功能区划的重要实质之一是在国土开发和生态保护中博弈。因此，主体功能区从规划到真正落实到位，实现国土承担的经济、社会和生态功能目标，需要一系列政策和利益协调机制来保障。特别是，如何保护生态功能区的居民经济利益，是各级政府必须面对的重大课题。

通过制定政策，创建生态市场机制是实现主体功能区划目标的极具探索价值的出路。

生态市场机制包括生态义务和生态义务交易等基本概念。它假设：每个地区均需承担一定分量的生态义务（通过政府管治落实到生态保护面积占国土面积的比例或人均生态保护面积）；因各种原因，承担生态义务不足的地区（往往是过度开发地区），可以向承担生态义务饱和的地区购买，以弥补自己义务的不足；将生态义务折合成生态税。生态义务或生态税的买卖按市场机制进行；在限制开发和禁止开发主体功能区，没有在市场达成交易的多余生态义务量，不计入生态税。

生态市场机制建立在由政府主导的主体功能区划基础上。政府主导的主体功能区划覆盖了全部国土，并分级管治。第一级是以中国各大流域为单位。第二、三级分别以省、市为单位。中国目前的生态管理理念带有很强的计划经济色彩，政府行政调控占据主导地位。生态市场机制是政府提高生态管制效率和效果的重要工具。

（五）建设生态河口

河口处于流域的下游和海岸的交汇处，不仅有着丰富多样的生物资源，而且有着宝贵的后备土地资源——滩涂。河口三角洲地区往往成为人类经济活动力度最大的地带，在各国的国民经济中都具有举足轻重的地位。

珠江河口和珠江三角洲是我国重要的河口和河口三角洲。凭借濒临香港、澳门的优越地理区位以及中国改革开放的先行试验田的机遇，30多年来，珠江河口区的工业化与城市化得到快速发展，形成了举世瞩目的"珠江三角洲模式"，并成为中国最具潜力的三大都市群之一。但是，珠三角河口区的快速发展，打乱了自然、社会的和谐有序发展，改变了河口区都市群与自然的图底关系，破坏了河口区的生态平衡。尤其是河口区经济的发展在其内部产生的生态失衡现象，削弱了区域生态系统对河口区的支持能力。此外，水循环不仅是在自然界的循环，还包括水在社会中的循环。珠江河口要想达到社会水的良性循环，还需要上游的共同协作。

在新的历史时期，人们对珠江河口区经济与人口、资源、环境的协调发展，提出了更新、更高的要求。把珠江河口区建设成生态河口的构想也应运而生。

1. 生态河口必须正视的问题

（1）土地资源紧缺，天然滩涂湿地破坏严重。改革开放以来，珠三角建设用地与农业用地矛盾不断升级，土地紧缺已经成为十分突出的问题。农业用地、生态用地和城镇建设用地之间的矛盾日趋尖锐。

河口滩涂开发不合理，天然滩涂湿地破坏严重。根据资料，珠江口的围垦滩涂工程在20世纪80年代中期前一直控制得较好。然而，在土地利用逐渐实行市场经济原则，而围垦获得土地几乎无成本的状况下，围垦滩涂出现了无序和无度状态，围垦滩涂失控了。1988年至1997年间，珠江口围垦滩涂350平方千米，年均达35平方千米，为滩涂成长速度的3.5倍，是前38年（1949—1987年）年均值6平方千米的5.8倍。而且为了降低成本，出现大规模连片围垦，围垦滩涂的高程越来越低。过度围垦滩涂对生态环境造成了不良的影响，造成了优质滩涂、红树林等生态系统的破坏，影响到河口湿地的生物多样性。

（2）环境污染效应不断累积，水质性缺水问题尖锐。珠三角持续超常规发展引发的累积环境污染效应已经十分突出，同时，因为该地区具有的河网水域特性以及中尺度的大气环流，使河口区各市的环境质量互相影响越来越大，区域性的复合污染特征显现。例如，深圳和惠州、东莞、广州和佛山、东莞、中山和珠海、佛山和肇庆等，均存在突出的双边或多边跨市区污染问题。

珠江河口区的河网得天独厚，水资源较为丰富，但供水和排水交错分布，水质性缺水问题已十分尖锐。部分城镇供水紧张，城市饮用水源水质达标率低。

（3）生态环境压力大，人口压力重。珠三角地区在初级工业化时期，对生态环境建设的重视不足，区域绿地面积不断减少，灰色面积不断增加。城镇规模不断扩大，区域内原有自然景观改变巨大。特别是一些关键性的生态过渡带、廊道和节点没有得到应有维护。建成区的生态林萎缩，生态脆弱。城镇绿化质量差，发展不平衡。根据研究可知，珠江三角洲植被光合作用的固定净碳总量为18.22×10^6吨/年，而人口呼吸、土壤呼吸以及燃料燃烧释放出的净碳总量为36.01×10^6吨/年，两者相差一倍，生态环境压力巨大。

人口数量带来严重的压力，劳动力素质有待提高。珠江河口地区的总人口增长迅速,外来人口数量带来的压力尤为突出。广东全省的流动人口总量70%以上集中在珠江河口地区,使该地区成为全国流动人口最密集的地区,外来劳动力为河口区经济发展做出巨大贡献的同时,也为河口区基础设施、社会治安等带来压力。

2. 建设成生态河口设想

建设生态河口是河口地区可持续发展的新模式。生态河口源自河口本身的健康性、丰富性、美丽性、和谐性、完整性。建设珠江生态河口,就是应用可持续发展思想、系统论和协调论、生态伦理等理念,开展面向生态功能的土地利用,正确处理好滩涂湿地保护与开发利用、近期利益与长远利益的关系,保护水土环境和生态多样性,重视产业、经济结构生态化,增强化解自然灾害的能力,建设适应人类生存和发展的绿色社区。生态河口的内涵十分丰富,包含生态产业、生态安全、生态景观、生态文化等。

生态河口的提出,一方面,可以为整个珠江三角洲地区的发展提供重要的可持续发展能力支撑;另一方面,对珠江三角洲地区乃至整个珠江流域的发展提出更高的要求。

建设生态河口,是以生态化建设为突破口的河口发展战略,主要包括:面向生态功能的土地开发策略;绿色通道建设;人居环境建设;清洁生产与循环经济;制定严格的排污制度,增强纳潮排污能力;优化河口水生生态环境,建立河口生态自然保护区等。

(1)面向生态功能的土地有序开发利用及保护策略。在未来的建设和发展过程中,树立面向生态功能的土地开发利用及保护策略至关重要。珠三角河口区未来应加强生态功能区划,明确各类用地的生态功能和控制策略,提高区域生态格局的整体性与过程的连续性。

面向生态功能的土地管理理念,包含以下内容:在现状生态调查的基础上,按照生态功能设置完整的生态功能区划;经营土地要以最小生态功能区为单元整体进行;对各生态功能区实施土地利用的生产和生态功能总体控制;政府的职能是通过中介机构,对土地的生产力和生态服务功能实行最严格的动态评估、监督和管理并确保城镇建设和产业发展的土地需求;对已占耕地和已建成的新区,实行同样的生产和生态功能就地平衡的政策。在珠江河口区,建议实施如下生态功能分区。

自然区域:对河口区,除了保护现有的自然保护区外,应强调保护珠江口河口湿地。该区域目前已有香港米埔国际重要湿地保护区、深圳福田红树林国家保护区、内伶仃洋国家自然保护区等。除湿地外,还有许多旅游景点分布在河口区域,因此应发展滨海、海岛休闲旅游和港、澳、粤大三角城市观光、购物旅游等。

农耕区域:在河口区范围内主要包括基本农田保护区、近岸海域养殖区、基塘等。

人类生活区域:主要指狭义的人类聚居区,为此应对河口区内的城市建设用地进行合理控制利用。

工业区域:主要包括珠三角范围内的各工业园、开发区,以及珠江河口的港口工业区。

在土地生态分区的基础上，应按照留出空间（即在河口区内留出农业用地、森林用地、矿藏资源用地、生态保护用地、水面、大片森林保护地）、组织空间（即良好地组织河口区内城镇体系所必需的城镇用地、交通用地、城市工业、仓库等）、创造空间（即充分有组织、有机地利用土地，地上地下用地的综合利用）分区。只有这样，才能在循环经济理念的指导下高效利用土地资源，并尽可能实现多功能利用和循环利用。

（2）生态绿网（green way）及廊道的规划与建设策略。环城绿带已被看作有效控制城市过度扩展，将城市与自然生态有机结合，体现生态文明，促进可持续发展的重要手段。环城绿带的建设对于河口区社会经济的发展和生态环境平衡有着重要的意义。环城绿带的建设不仅应在大中城市周边布局，还应在小城镇周边布局。

生态河口的塑造需要在环城绿带建设基础上构筑生态绿网和生态廊道。这是因为：沿河流、近岸海域、山脊线设置生态绿网与生态廊道可保护具有重要生态意义的自然系统；维护生物多样性和为野生生物提供迁移的途径；生态绿网与生态廊道为都市群或郊区人民提供了广阔的休闲娱乐机会，如步行、徒步旅行、骑自行车、游泳、划船等场地；生态绿网与生态廊道为人类提供了重要意义的历史文化继承权和文化价值，因为沿河流、海岸带多是有历史文化价值的资源或历史遗产的所在区域。

珠三角生态都市群重塑与调控的重点在珠三角的网河区域，具体策略包括：增加或创建珠三角网河区的缓冲区域；包括以涉及生物多样性的维护计划为生态目的珠三角流域改进；沿河流创建新的绿色空间或公园；将河流与大的自然区域（如山体等）连通；维持或改善水质。为真正使生态绿网及廊道付诸行动，必须以立法、规划政策、自然保护区政策作为执行的工具。尤其重要的是：对成功的经验、成果需要交流、共享、推广；支持关于公众参与／介入、自然保护多样性的相互理解、作为珠三角都市群社会经济发展的自然感知等多学科的研究计划。

（3）将湿地保护提高到湿地文化的高度。湿地生态系统是人类赖以生存与发展的支撑系统，是全球范围内转移的生存空间。随着人类对湿地生态系统功能和服务价值认识的不断增强，湿地生态系统已经成为国家生态安全体系的重要组成部分和经济社会可持续发展的重要基础。但由于人类活动的各种干扰，湿地的自然特性在不断丧失，生态价值在不断降低。为防止湿地的进一步破坏，人类开始建立湿地自然保护区，试图阻止人类经济发展对湿地及其生态功能的负面影响。但仅靠少量的湿地自然保护区，不足以遏制湿地的不断丧失。为此，对湿地的保护应该上升到湿地文化的高度，保护湿地，就是保护人类的文化。

以"桑基鱼塘"闻名于世的珠江三角洲，曾经拥有丰富的淡水、咸水和人工湿地。然而经济的高速发展，使天然红树林湿地资源丧失殆尽。基于湿地的动态保护本身就符合可持续发展的思想，天然湿地的保护可使人类强烈感受到"沧海桑田"的变迁以及"天人合一"等哲学思想。梁国昭认为，热带亚热带湿地环境是岭南文化孕育和发展的摇篮，岭南文化具有强烈的水性特色，是一种湿地文化。从弘扬岭南文化、建设文化大省的要求来看，也应当保护湿地。因此，应尽快制定广东湿地保护规划和条例，保护具有岭南特色的湿地文化。为此，建议提高认识，牢固树立科学发展观,坚持经济发展与生态保护相协调,正确处理好湿地保护与开发利用、近期利益与长远利益的关系,不能以破坏湿地资源、牺牲生态为代价换取短期经济利益;统一思想认识,积极贯彻落实《国务院办公厅关于加强湿地保护管理的通知》(国办发〔2004〕50号)的要求,从维护可持续发展的长远利益出发,加强湿地保护,合理利用土地、旅游及渔业资源,开发生态旅游、渔业养殖等产业;加大科技投入力度,加强湿地研究(如开展对"河口及近海工程对滩涂湿地的综合影响""滩涂资源开发与湿地保护协调发展"等);完善法治保障体系,建立健全相关法律法规;健全管理体系,建立统一的湿地资源管理机构;抓紧编制湿地保护规划,并纳入本地区经济和社会发展计划,认真实施。

(4)强化生态河口建设要以生态人居环境为基本内涵。生态河口的重塑要切实认识到自然生态的原则、可持续发展的原则。整体的研究要以生态为内涵,环境的设计要以生态为重要的主线之一,时序的设计要能看到绿色系统、绿色建筑在大地上的加强,以绿色系统为基点的城市设计将在几代人的身上实践。怎样使良性循环的生态环境得以持续,使恶性循环的生态环境得以改造和更新,是未来的研究任务。为此,应加强生态河口整体设计与自然环境的整合、与土地的整合、与社会经济的整合、与地区历史文化的整合,从而实现人类诗意地栖居在珠三角土地上。

(5)引导人口合理布局,限制人口向河口区过度集中。珠江河口地区人口现存的问题不仅在于人口数量庞大,而且在于区内人口分布过于集中在河口,有人预测,珠江三角洲未来的人口有可能突破1亿,将会对生态河口的可持续发展产生巨大影响。在将来的人口发展策略中,应根据区域可持续发展的需要适当调节,改变现有的人口分布内外圈差异显著的现象,形成生态河口人口控制区、中轴人口聚集区、外圈人口分流区。

要形成生态河口,保护河口滨海湿地、红树林以及其他生物,有必要将河口生态比较敏感的区域作为人口的控制区,在围垦、填海计划等方面有严格的规定与要求,建立环珠江口生态环境保护的综合评价与监管体系。这一区域也是将来海平面上升受影响最严重的沿海区域,因此,有必要逐步改变其人口密度大的现状,以适应将来环境的改变。

(6)循环经济理念指导下的经济增长方式的根本转变。环境负荷可以分解为与人类活动有关的3个因素,即人口、人均生产总值、单位生产总值的环境负荷。

珠三角河口区要实现经济持续增长且环境负荷不继续下降,必须注重清洁生产技术,发展循环经济,降低单位生产总值的环境负荷。单位生产总值的环境负荷的降低有赖于清洁生产的推广实施。

企业层面加强清洁生产技术的研究与推广:企业内部的物质循环不仅有利于节约资源,也有利于改善环境。被誉为"世界工厂"的珠三角有众多企业,因此及时加强清洁生产理念的宣传和清洁生产技术的研究与推广,对珠三角生态都市群的构建有重要的实际意义。为了把循环物流对资源效率、环境效率的影响研究清楚,必须综合地研究企业内部的物流。

社会层面重视社会水循环:珠三角地区的水资源相对丰富,但水质性缺水的局面已经凸现。水循环不仅涉及水在自然界的循环,还包括水在社会中的循环。要想达到社会水的良性循环,还需要在"上游"依靠循环经济与清洁生产理论做指导。社会水循环,要求各级生产者和消费者首先采取清洁生产技术,然后通过发展为工业生态链、农业生态链以及节制用水体制链,进一步实现水资源的再利用,并通过政府、企业、消费者在市场上有利于环境的互动行动,上升为城市(群)社会水循环。

四、把握产业转移、污染转移与可持续发展

污染随着产业转移是一个具有普遍性的世界级难题。污染随着产业转移主要发生在两个层面。

(1)国际污染产业转移。发达国家将污染较大的劳动密集型企业转移至发展中国家,以欠发达国家的资源环境牺牲为前提赚取利润。在当今世界,主要的转出国为英、美、德、日等发达国家,受害国为泰国、柬埔寨等东南亚地区、拉美地区、非洲地区,相应问题在中国也相当严峻。

资料分析显示,从1979年第一家外商进入中国以来,已有近100万家外企,带来投资7000亿美元,但与此同时,外国企业亦将难以在本国立足的重污染产业"出口"至中国,给中国带来环境灾害。最典型的是,从20世纪80年代开始,世界化工产业结构开始调整,西方发达国家重点发展高新技术化工,传统化工则转向发展中国家、东欧等地。能源密集型和劳动密集型的大宗化工产品及其加工制成品的生产,由西欧、北美向亚太、拉美、中东和东欧等地区转移。发展中的新兴工业国家,如韩国等,也开始致力于发展技术密集型化工产品,而将劳动密集型的加工产品逐步向中国内地、印度等国家和地区转移。中国已经成为目前国外化工企业转移传统生产能力的重要地区。同时,美国、日本等发达国家将化工、冶金、漂染等严重污染企业相继转移到我国的珠三角和长三角地区,这些地区一度为环境污染交了一大笔学费。

(2)区域间污染产业转移。一个国家内部发达地区向不发达地区进行污染产业转移,在我国主要表现为珠三角和长三角发达地区的污染企业不断向内陆中西部蔓延。这些企业迁入后在推动地方政绩的同时也深深破坏了当地脆弱的生态自然环境。但不少中西部地区为了带动当地生产总值的增长,无视环境面临的巨大危险。

区域间产业转移的驱动力主要来自两方面:一是市场驱动。发达地区的经营成本不断攀升,环境标准不断提高,促使一些企业往内地迁移。二是政府推动,其影响更加巨大和深远。

珠三角作为我国最早实行对外开放的地区,承接了国际产业转移,从而实现了经济快速发展。但与此同时,粤东西北地区普遍仍较为落后,与珠三角地区的经济差异不断扩大,同时,珠三角地区还面临土地资源匮乏、环境承载压力加大、发展空间受限和国际金融危机的冲击等难题。面对这种形势,广东省提出了珠三角产业转移发展战略,并出台了一系列扶持政策。

2002年9月,广东省发布了《中共广东省委、广东省人民政府关于加快山区发展

的决定》，首次提出"积极引导和促进珠江三角洲产业向山区转移"，"把珠江三角洲企业的技术、管理、营销、品牌、资金等优势与山区的资源优势、成本优势结合起来，推动山区工业发展"。这标志着广东初步形成了推进产业转移、协调珠江三角洲地区与山区发展的决策思路和政策走向。双转移包括产业转移和劳动力转移，是指珠三角地区的劳动密集型产业向东西两翼、粤北山区转移，东西两翼、粤北山区的劳动力向当地第二产业、第三产业和珠三角发达地区转移。

2005年3月，广东省人民政府制定出台了有关山区及东西两翼与珠江三角洲联手推进产业转移的政策，正式拉开了全省产业转移工业园建设的序幕。2008年又出台了《中共广东省委、广东省人民政府关于推进产业转移和劳动力转移的决定》（粤发〔2008〕4号），成立了省推进"双转移"工作领导小组，出台了涵盖产业转移区域布局、规划指导、合作共建、劳动力对口帮扶、双转移资金监管、激励考评等系列配套措施，建立了"双转移"工作机制和政策框架。

在政府的大力推动下，扶持共建产业转移工业园模式的成功经验在广东全省推广。至2010年底，全省已开发35个产业转移工业园，其中13个为省级示范园。

根据统计分析可知，仅在启动实施"双转移"的2008年，广东省有产业转移园入园项目973个，已动工建设项目611个，实现工业总产值302.66亿元。2009年入园项目达1910个，已动工建设项目1104个，总投资达4041亿元。

2010年，全省34个产业转移工业园内的企业全年实现产值1953.6亿元、税收108.85亿元，分别同比增长115.35%、104.99%。全省34个省产业转移工业园入园项目数（含意向）2423个，投资额5447亿元，分别同比增长14.2%、39.1%，其中已签订正式投资协议的项目2044个，协议投资额4684.8亿元，分别同比增长29.4%、28.4%；在建及建成项目1701个，投资额约2613.6亿元，同比增长29.9%、49.2%，其中建成项目1196个，投资额约1181.6亿元，分别同比增长34.8%、35.7%。

目前广东省产业转移工业园的类型主要有3种：混合型产业转移工业园、专业型产业转移工业园和单一型产业转移工业园。

混合型产业转移工业园是指对入园产业类型没有特别要求，只要符合园区环保要求的产业，基本上都可以入园发展的产业园区。广东省现有的大多数产业转移工业园都属于此类，例如，最早成立的东莞石龙（始兴）产业转移工业园，入园产业包括服装、纺织、食品饮料、机电、精细化工等。该类园区由于对入园企业的限制条件较少，能够在短时间内吸引较多的企业入园，园区发展得以快速见效。在广东省推出产业转移园的初期，各地政府都比较乐意采用这种类型。但是，由于入园产业类型庞杂，产业之间的关联性不强，入园企业档次也一般较低，因此难以在园区培育主导产业和龙头企业，园区的发展层次和可持续发展也受到较大影响。

专业型产业转移工业园是指以某一类型产业为主导发展的产业园区，其入园产业一般为同一类型的产业或者关联性较强的上下游产业，大多是在行业协会的介入引导下，集中迁入园区发展。东莞凤岗（惠东）产业转移工业园为此类代表——由深圳市机械协会统一组织深圳、东莞地区的电气机械企业及其相关企业大规模迁入该园区。由于入园企业的关联性很强，配套产业链比较完善，能够有效降低企业的生产营运成

本，因而得到企业的支持。另外，入园企业一般会同时建厂投产，园区规模和效益得到保障，因此两地政府也愿意大力推进该类园区的发展。这种模式将珠三角地区原来比较分散发展的企业，集中到珠三角外围地区发展，有利于该类型产业的改造升级和发展竞争力的提升，应在珠三角产业转移中大力提倡。但统一企业思想、集中迁移入园往往难度较大，行业协会的介入引导是该类型园区得以实现的重要保证。

单一型产业转移工业园是指以单个或者几个龙头企业为主导的产业园区。珠海（茂名）产业转移工业园就是这种类型——依托中石化集团生产能力为100万吨/年的乙烯厂，以石化产品加工为产业支撑，目前已初步形成了芳烃、碳四、碳五、环氧乙烷、塑料加工、精细化工六大系列，且大部分项目投资者的实力都比较强，有世界500强企业，有国内石化细分行业排前五位的龙头企业，在"大炼油、大乙烯"的带动下，茂名的特色石化产业链和产业集群已初步形成，打造出总规模超过2000亿元的具有世界级竞争力的石油化工基地。高明海天酱油城也是这种类型，海天集团将原来分散在佛山各地的生产基地统一迁入园区，以建设品牌化、规模化发展的酱油生产基地。

根据《广东省产业转移区域布局总体规划》提出的"双转移"目标，到2012年，珠三角地区劳动密集型产业比重明显下降，开始大力引进和发展国际先进制造业和现代服务业，人均地区生产总值达到80000元。全省建成30个左右的省级产业转移工业园，其中15个左右的省级示范性产业转移工业园，初步规划建设1~2个大型产业转移工业园，形成一批产业布局合理、产业特色鲜明、集聚效应明显的产业转移集群。省内产业协作分工和价值链体系重新整合，提升广东产业的竞争力水平。新增转移本省农村劳动力600万人，组织技能等级培训360万人，全社会非农就业比重达到80%。本省劳动力就业比重提高，农村劳动力在城镇就业以及向第二、三产业转移成效显著。到2020年，全省产业转移继续朝着深度化、高级化、全面化发展，园区发展与城市化进程相结合，科学合理的区域产业布局基本形成。珠三角成为世界先进制造业基地、创新基地、服务全省辐射全国的现代服务业中心、世界级都市圈。粤东西北及中部地区涌现出若干个相对独立的增长极，大型产业转移工业园作为宜工、宜商、宜居、宜创业、宜创新的城市新区，成为拉动广东省经济增长的重要力量，后发地区跃上跨越加速发展快车道，省内区域经济的发展差距进一步缩小。

由政府主导的发达地区向欠发达地区的产业梯度转移，是一股前所未有的产业升级浪潮，也是广东经济发展的新的增长点。因此，短期内这种产业转移的状况将会持续。

这种产业转移，一方面东部地区支持了粤东西北地区的产业发展，西部帮助东部完成了产业转型升级；另一方面可能会产生严重的污染转移后果，亟须高度重视，防患于未然。

污染转移可以发生在区域经济间、城乡之间、上下游之间，转移方式主要有城市工厂搬迁、污染治理地的产业转移、淘汰落后设备或直接转移城市难以处理的垃圾和废弃物。

污染转移虽然解决了污染输出地的环境问题，却使污染接收地的环境污染问题更严重，污染范围在原有基础上继续扩大。

有调查分析显示，一些工业刚起步、正在承接产业转移的地区，存在严重的污染转移隐患。①环保意识淡薄，急功近利，无视国土主题功能和生态环境功能规划，对项目引进把关不严，或不按规定报批环境影响评价报告，招商时不实行环保"一票否决"，不严格遵守环境准入制度。②环境基础设施建设严重滞后，工业结构性污染突出，在一定程度上重复了珠江三角洲发达地区以前的高投入、高能耗、高排放的粗放型增长模式，严重污染当地水土环境。③生态环境管理能力薄弱，地方执法监督不严，对地方的环境督察过于轻松，"以罚代法、以罚代管"现象严重。

同时，一些承接产业转移的地区亦有明显的粗放发展的苗头，土地消耗量大，对生态安全考虑不足，如不及时制止，将来可能会重复珠三角过去的老路，面临严重的资源环境瓶颈问题。

站在可持续发展立场审视，中国许多发达地区的可持续发展面临的主要问题是：①建设用地蔓延和人口增加，导致资源环境压力增大，生态赤字及碳赤字快速增加；投资导向和创新不足的产业结构低层次，加剧了资源环境不经济；②政绩化的发展导向和公共服务提供不足，导致社会发展滞后及信任危机。资源环境瓶颈压力存在的主要原因有：对资源环境的认知能力不足，普遍存在工业化开发冲动和政府竞争行为，对资源环境要素的政府和市场调控不当，特别是生态品的弱市场化。一些地方甚至存在通过拍卖土地换取财政的现象。

因此，在珠三角外围地区加强对空间可持续发展的管理是十分必要的。政府在空间可持续管理的职能包括：①维护生态系统安全。确定重要生态服务功能的生态保护区域界限，提出生态保护和环境建设要求。②调控土地开发强度。根据空间功能分区，确定差别化土地开发强度和建设用地投放。③制定环境准入门槛。合理分配环境容量，制定差别化环境排污限制。④引导人口迁移和流动。

在区域发展规划中，要严格实施绿色空间保护战略和增长边界严控战略，增强空间规划尤其是功能区规划的引导作用，提出建设用地和环境容量等总控目标以及人口发展调控指标，严格控制空间增长边界，提出建设和非建设适宜空间（不开发区），明确各空间单元的开发强度和土地供给政策，并以法定形式固化，强制实施和检查。

五、驾驭低碳经济

（一）世界级都市圈的使命和气魄

全球气候变化是人类发展面临的主要挑战之一，低碳经济是应对全球气候变化、保障能源安全的基本途径和战略选择。随着社会科学及各种社会力量的介入，全球气候变化已经超越了自然科学问题，演变成为发展问题和政治问题。目前总的全球政治共识是要将大气中的二氧化碳浓度控制在适当的水平。在全球层面，国际社会正在推动温室气体减排和向低碳经济转型的全球性行动，低碳时代已不可逆转。

应对气候变化是当前乃至今后相当长时期内实现全球可持续发展的最大任务。作为一个世界级难题，气候变化需要全世界每一个政府和每一个人的智慧、责任感与实际行动，需要各国以各种方式进行有效的合作，需要能源科学与技术的革新与革命，需要国际、国内管理理念和体制的改造与创新，需要每一个人的生活理念与生活方式的破旧立新，而且需要人类几百年乃至更长时间持续不断的努力。

在珠三角打造世界水准的世界级都市圈，与港澳共同打造亚太地区最具活力和国际竞争力的都市群，是《珠江三角洲地区改革发展规划纲要（2008—2020年）》的一个重大战略安排。广州被列为中国国家中心城市。这些目标要求珠三角站在国际前沿的高度，对全球温室气体减排做出显著贡献，承担应有的使命。

低碳经济，作为一种新的发展理念，是对化石燃料发展模式的终结，同时也是一次全新的发展机会。有人认为它是21世纪人类最大规模的经济、社会和环境革命，它将创造新的游戏规则，碳排放是新的价值衡量标准，从国家到企业将在新的标准下重新洗牌。低碳经济将定义新的龙头产业，其中蕴藏着巨大的商业机遇。低碳经济将创造一个新的金融市场，基于能源量和低碳企业的新的金融市场正呼之欲出。事实上，许多国家在把气候变化作为世界级优先议题的同时，更把它看作自己的发展机会，甚至有企业嗅到其中的巨大商机。低碳经济概念被提出以后，发达国家迅速跟进。

2008年已成为全球低碳经济发展进入重要分水岭的一年，低碳经济已开始对各国经济结构、投资和生产生活产生重要影响。油价持续升高，应对气候变化的呼声日益高涨，尤其是国际金融危机爆发，成为促进低碳经济发展的催化剂。联合国环境规划署的报告表明，与利用煤炭和石油发电的1100亿美元投资相比，2008年全球利用绿色能源（太阳能、风能、生物能源等）发电的投资首次超过传统能源，达到1400亿美元。创建于2005年1月的欧盟开始提出排放交易制度，到2008年，市值已超过1000亿美元。

笔者在协助江门市编制低碳发展战略规划时曾就江门市低碳发展的指导思想和目标进行专题研讨，提出江门低碳发展的指导思想：在实践科学发展观、可持续发展理论以及《珠江三角洲经济社会发展规划纲要》的指导下，遵循"政府主导，摸清家底，立足实情，确立目标，制定规划，有序发展"的规划理念，抓住低碳经济发展的机遇，依托江门市的实际和江门市建设广东省第一批循环经济建设试点城市的成果，以理念创新为先导，以低碳产品、低碳技术、建筑节能、工业节能和循环经济、资源回收、环保设备和节能材料为支撑，以制度创新为保障，以转变发展方式、确立"低能耗、低排放、低污染、追求绿色生产总值"的低碳产业发展模式为主要过程，以减少二氧化碳排放为目标，以"壮大低碳产业，严格低碳管理，推进低碳生活方式"为基本发展思路，贯彻"调结构、降能耗、优能源、促循环、增碳汇"的低碳产业发展路线，以低碳文明的方式满足江门市经济社会发展的需要，探索一条经济以低碳产业为主导、市民以低碳生活为行为特征、社会以低碳社会为建设蓝图，以"环境与经济"双赢为特色的低碳发展道路，建设低碳经济、低碳建筑、低碳环境、低碳生活等多位一体的低碳城市空间格局，使江门成为资源节约型、环境友好型的低碳城市。

江门市低碳发展的总体目标是：江门发展低碳城市的产业优势和特色得到较充分

体现，"低能耗、低排放、低污染、追求绿色生产总值"的低碳产业发展模式得到完全确立，"调结构、降能耗、优能源、促循环、增碳汇"的低碳产业发展路线图得到有效贯彻。全市在低碳产业、低碳建筑、低碳交通、低碳生活等重点领域取得重大成绩，对全球温室气体减排做出显著贡献，逐步形成以低碳为核心的技术体系、经济体系、价值体系和文化体系，江门成为资源节约型、环境友好型的低碳城市，并纳入国家低碳城市建设的示范城市和世界自然基金会低碳社区建设试点城市。

应该说，上述认识在一定程度上反映了珠三角都市群各市的呼声。

（二）保障制度与公共事务善治

发展低碳经济既是一项现实、紧迫的工作，又是一项长期、艰巨的战略任务。一旦确立发展低碳经济的目标后，寻找科学合理的保障制度尤为关键。

在建立低碳经济发展的保障制度方面：①发达国家十分注重法律法规和技术标准体系的建设。例如，英国颁布《气候变化法》，规定2020年比1990年减排26%，2050年减排80%，美国也进入立法过程。欧盟制定严格的技术准入标准，规定2020年新车二氧化碳排放标准为95克/千米（2005年为159克/千米）。②注重实施经济激励措施。例如，普遍对新能源给予补贴（30%~50%），北欧国家施行"碳税"政策，市场与政府签订自愿协议。③重视利用市场机制的作用。欧盟内部的碳总量控制与排放交易体系，涵盖了45%的排放量，涉及1.2万家企业。2008年，全球碳市场交易额度为1260亿美元。

越来越多的研究组织和专家学者投入与低碳经济有关的研究。因为地处改革开放前沿，较早地感受到资源环境的压力，广东各界较早地介入应对全球气候变化、发展低碳经济及相关的讨论和探索性行动。中国发展低碳经济与先前开展的能源节约和环境保护努力是一致的，是建设资源节约型、环境友好型社会，发展循环经济，转变经济增长方式等重大战略和政策的延伸和扩展。因此，原有的针对资源节约型、环境友好型社会，发展循环经济，转变经济增长方式制定的宏观政策，包含的法律法规同样有效。

在国家发展改革委的统一安排下，广东在国内率先编制《低碳经济发展试点方案》。由中山大学承担的广东省高校学科建设重大攻关项目"广东省发展低碳经济研究"，中国科学院广州能源研究所、中国社会科学院可持续发展研究中心、气候组织承担的全球战略规划基金项目（strategic planning fund，SPF）支持的"广东省发展低碳经济路线图及促进政策研究"，世界自然基金会香港分会（World Wide Fund for Nature Hong Kong，WWF HK）、荷兰ECOFYS公司以及香港生产力促进会（Hong Kong Productivity Council，HKPC）共同发起、支持的"珠江三角洲低碳生产项目研究"等，为制定广东发展低碳经济的保障制度提供了基础。

笔者以为，低碳发展是以低碳为核心的技术体系、经济体系、价值体系和文化体系，发展低碳经济是一个复杂系统的工程。它需要计划、税收、财政、产业、金融、信贷等宏观政策和法律法规体系的支持，但同样需要全社会参与、全过程推进、全方位考核，必须依靠多种手段，行政、法律、资金措施组合使用，命令控制政策和经济激励政策双管齐下，才有可能形成科学、合理、稳定的减排长效机制。为了增强实际效果，低碳经济的宏观政策需要在制度设计、政策传导机制、执行监督等不同层面展开，要尽可能涵盖法律手段（如环境法等）、行政手段（如政绩考核等）、经济手段（如排污权交易等）、道德手段（如倡导人与自然和谐的生活方式等）等。在我国，行政高压态势容易形成，但能否发挥市场机制在配置二氧化碳减排指标方面的基础性作用，是发展低碳经济的重要维度。

在社会主义市场经济体制下，最有生命力的二氧化碳减排策略应该是经济发展与环境保护的"双赢策略"，这对发挥企业在低碳经济中的主体作用尤为重要。资源与环境经济学研究为创新经济发展与二氧化碳减排的"双赢策略"提供了重要的理论基础。经济发展是影响二氧化碳排放的最基础、最重要的因素。需要高度关注二氧化碳减排与经济的关系，要从正确把握和处理两者关系的角度来寻求二氧化碳减排的切入点和着力点。循环经济思想是十分典型的经济发展与环境保护的"双赢策略"思想，因而在发展低碳经济，促进经济、环境和社会效益相统一，建设资源节约型和环境友好型社会中具有强大的生命力。

从现有广东省乃至全国在低碳发展及相关领域的研究来看，还存在许多有待完善的薄弱环节：①对广东发展低碳经济的潜力、技术路线图不明晰，缺乏明确的指标体系指引，对发展低碳经济的重点任务缺乏系统、合理的安排。②低碳经济的核心制度（利益安排）不够清晰。行政手段过于刚性、机械。行政、经济、法律等政策间缺乏充分协调与一致性。综合运用行政手段、市场力量、公众参与、第三方力量结合的宏观政策明显不适应社会需求。③环境资源经济政策体系性差。资源环境市场机制、碳资产、碳交易等科学问题的研究深度不足，影响市场在配置低碳资源方面的基础性作用的发挥，造成低碳经济激励约束低效，低碳经济利益关系缺乏协调。此外，宏观政策执行与监督工作不力，第三方力量与公众参与性差。这些都需要在今后工作中不断改进。

公共事务善治思想是创新低碳经济政策体系的重要选择。低碳经济本质上是环境经济。环境政策是一类公共政策，公共政策执行是公共政策运行过程中的重要环节，是政策执行者将政策理想转化成政策现实的过程。然而，公共政策制定的宏观逻辑与执行的微观机制之间的矛盾和冲突，往往会影响和制约公共政策的有效执行。由于环境问题的复杂性和环境的公共物品性质，以政府为主导来减少由市场机制引发的失败，即通过政府干预来解决环境领域的市场失灵问题，已成为世界许多国家解决环境问题的普遍主张。自然地，以政府为主导的强制性制度安排就成为环境制度的主要内容。但在实践中却发现，强制性制度安排的最大弊端是制度的刚性约束太强，容易产生政府失灵问题，如破坏现有的市场秩序等。

公共事务善治方式为政府实现其职能提供了新的选择，为政府进行制度创新包括开拓环境保护治理新途径和创新治理手段提供了现实基础。自20世纪中期以来，全球化和国际化的加速、信息技术和知识经济的兴起、后现代化思潮的不断扩散、公民社会的兴起以及现代民主化进程在全球的推进，使人类社会在政治、文化、经济、社会、技术等各个领域和层面都发生了一系列急剧且深刻的变化。从政治和公共管理的角度来看，这些变化不仅要求对人类社会与自然环境之间的关系进行重塑，而且对各国的公共事务管理提出新的挑战，要求公共管理如环境治理在管理理念、管理体制、管理效率、管理效能和管理手段等诸多方面必须与时俱进，变革更新。这些新思维为珠三角实现低碳发展提供了一定的背景参照。当前，受民主化进程、后现代思潮影响在全球兴起的注重多元主体互动、参与和合作的治理运动对传统的官僚直线管理、命令—服从式治理模式提出挑战，一个由多方参与协调合作的新型公共环境治理模式在全球和国家2个层面逐步展开。公共事务治理创新思路对构建和完善发展低碳经济的政策和保障制度具有重要的参考价值。

（三）市场机制与国际地位

1992年6月通过《联合国气候变化框架公约》（简称《公约》）被称为人类应对全球气候变化的第一个里程碑，是世界上第一个为全面控制二氧化碳等温室气体排放、应对全球气候变暖给人类经济和社会带来不利影响的国际公约，也是国际社会在应对全球气候变化问题上进行国际合作的一个基本框架。《公约》的最终目标是将大气中的温室气体浓度稳定在不对气候系统造成危害的水平。《公约》于1994年3月生效，奠定了应对气候变化国际合作的法律基础，是具有权威性、普遍性、全面性的国际框架。

但《公约》缺乏西方国家认为的可操作性。于是，又有了后来被誉为人类应对气候变化的第二个里程碑——《京都议定书》。《京都议定书》在实质性内容上有新的突破，主要增加了可操作性。《京都议定书》首先规定了发达国家在2008—2012年的具有法律约束力的温室气体减排指标（义务），同时建立了旨在减排温室气体的3个灵活合作机制——排放贸易（emissions trading）、联合履行（joint implementation）和清洁发展机制（clean development mechanism）。它允许工业化国家的投资者从其在发展中国家实施的并有利于发展中国家可持续发展的减排项目中获取"经证明的减少排放量"。《京都议定书》的可操作性主要体现在可以通过市场的方式，配置二氧化碳减排指标。

"低碳经济"概念首次出现于2003年，出现后迅速被各发达国家所热捧。其重要原因就是低碳经济具有潜在的市场价值，它使气候变化越来越看得见、摸得着。西方国家通过市场制度的设置，利用资本市场来优化资源配置。事实上，就在低碳经济概念提出不久，欧盟于2005年1月起开始碳排放交易制度。确认减排量（clean development mechanism，CERs）逐渐普及成为可接受的商品形态，撬动了和环境有关的资本通过CERs在各种公共、私人部门和个体之间流动。三大机制证明了碳市场的价值的真实性和以市场的方式达成政策目标的可能性。

目前，拥有最大话语权的发达国家，大多数是低碳和清洁能源技术大国。它们热衷于利用减排指标、气候变化税、碳市场、碳信用等来主导全球低碳经济革命和新能源市场。在美国，奥巴马提出"绿色能源新政"，宣布从2012年起将对美国的二氧化碳排放收费。欧盟内部的碳总量控制与排放交易体系，涵盖了45%的排放量，涉及1.2万家企业。2008年，全球碳市场交易额度为1260亿美元。德国低碳行动包括征收生态税，开展二氧化碳排放权交易，主要目的是通过市场竞争使二氧化碳排放权实现最佳配置。北欧国家施行"碳税"政策，市场与政府自愿签订协议，重视市场机制的作用。

正因为低碳经济的市场价值，夺取低碳技术的竞争优势和制高点成为大国参与气候变化领域博弈的重要动因和战略目标。各国竞相加大对研发低碳技术的投入和政策支持力度，如风能和太阳能光伏技术、先进核能、生物燃料、清洁煤和碳捕获与封存（carbon capture and storage，CCS）技术、超低能耗建筑、电动汽车和智能电网等。欧盟等发达国家和地区凭借自身在能效和新能源领域的技术优势，扩充新的经济增长点，保持和扩大了与发展中国家差距的战略意图。

面向未来，能否充分发挥二氧化碳排放的资产价值，充分利用市场机制达成二氧化碳减排目标，并享受低碳市场带来的利益，是考验珠三角都市群成熟度及其国际地位和国际竞争力的重要指标。

资本市场是发达国家新兴产业发展的核心。资本市场的优势在于它能让资本在市场机制中发挥最大效用。低碳经济作为新生事物，依靠低碳技术的开发，但这是有风险的。因而，开发和推广低碳技术是一种风险投资。资本通过资本市场的检验来选择风险投资，保证风险投资良性发展，向资本市场输送更多更好的公司。资本在资本市场上对公司进行投票，公司越好，得到的票就越多，体现为估值越高、融资能力就越强。

笔者认为，低碳经济将是中国资本市场未来的长期主题。作为国际级都市圈，珠三角尤其需要利用资本市场来优化二氧化碳排放资源的配置，实现对低碳经济产业的推动，而不是仅依靠政府主导的财政补贴。在适当时机，依托雄厚的产业实力和资本市场，在珠三角地区建立碳资产交易所平台无疑是非常值得努力和探索的方向。

笔者希望并相信，经历风雨、具有国际视野的珠三角都市群，开放、进取、务实的珠三角人，一定会通过低碳经济这次大考，赢得世人尊重，珠三角都市群的天空一定会更加美丽。

参 考 文 献

[1] 白钰，曾辉，马强，等．基于宏观贸易调整法的城市尺度生态足迹模型——以珠江三角洲城市群为例［J］．自然资源学报，2009，24（2）：241-250．

[2] 蔡凤田．公路交通运输领域节能减排对策［J］．交通节能与环保，2008（2）：36-44．

[3] 蔡云鹏．市场经济条件下城市土地集约利用研究［D］．天津：天津大学，2006．

[4] 曹雪琴．城市化与土地制约［J］．经济经纬，2001（2）：15-17．

[5] 陈成，杨玲．西方国家棕地重建策略及其对我国的启示［J］．国土资源情报，2008（6）：16-20．

[6] 陈来国，冉勇，麦碧娴，等．广州周边菜地中多环芳烃的污染现状［J］．环境化学，2004，23（3）：341-344．

[7] 陈庆秋．珠江三角洲城市节水减污研究［D］．广州：中山大学，2004．

[8] 崔功豪．都市区规划——地域空间规划的新趋势［J］．国外城市规划，2001（5）：1．

[9] 崔江涛．我国建筑节能政策绩效评价研究［D］．南京：南京航空航天大学，2008．

[10] 范绍佳，祝薇，王安宇，等．珠江三角洲地区边界层气象特征研究［J］．中山大学学报（自然科学版），2005，44（1）：99-102．

[11] 高国力．关于我国主体功能区划若干重大问题的思考［N］．中国经济时报，2007-03-26．

[12] 广东省统计局．广东统计年鉴（历年）［M］．广州：广东年鉴出版社，1985—2024．

[13] 郭丽，章家恩，刘兴春．珠江三角洲新农村建设面临的问题与对策探讨［J］．现代农业科技，2007（13）：197-198，200．

[14] 韩丽红．基于市场机制的建筑节能对策研究［D］．北京：中国地质大学（北京），2008．

[15] 何兴华．管治思潮及其对人居环境领域的影响［J］．城市规划，2001，25（9）：7-12，20．

[16] 胡新艳，牛宝俊，刘一明．广东省的生态足迹与可持续发展研究［J］．上海环境科学，2003，22（12）：926-930．

[17] 李敏．国外绿道研究现状与我国珠三角地区的实践［J］．中国城市林业，2010，8（3）：7-10．

[18] 李怒云，宋维明．气候变化与中国林业碳汇政策研究综述［J］．林业经济，

2006（5）：60-64，80.

[19] 李启明，欧晓星. 低碳建筑概念及其发展分析［J］. 建筑经济，2010，2：41-43.

[20] 李王鸣，刘吉平，张颖瑛. 交通能耗定量化研究尝试：城市微循环交通能耗模拟［J］. 城市发展研究，2010，17（6）：32-36，63.

[21] 刘雯. 城市热岛效应的成因和改善策略探究［J］. 科技创新导报，2010（4）：116-117.

[22] 刘相梅，彭平安，盛国英，等. 六六六在自然界中的环境行为及研究动向［J］. 农业环境与发展，2001，18（2）：38-40.

[23] 刘攸弘. 广州城市灰霾的出现及其警示［J］. 广州环境科学，2004（2）：12-14.

[24] 刘玉明，刘长滨. 既有建筑节能改造的经济激励政策分析［J］. 北京交通大学学报（社会科学版），2010，9（2）：52-57.

[25] 陆化普，殷亚峰，史其信. 新一代道路交通系统——ITS的研究现状与发展［J］. 中国公路学报，1997，10（2）：70-76.

[26] 吕学都，刘德顺. 清洁发展机制在中国［M］. 北京：清华大学出版社，2004.

[27] 骆永明. 污染土壤修复技术研究现状与趋势［J］. 化学进展，2009，21（2）：558-565.

[28] 马瑾，潘根兴，万洪富，等. 珠江三角洲典型区域土壤重金属污染探查研究［J］. 土壤通报，2004，35（5）：636-638.

[29] 牛文元. 持续发展导论．［M］. 北京：科学出版社，1994.

[30] 彭静，王浩，徐天宝. 珠江三角洲的经济发展与水文环境变迁［J］. 水利经济，2005，23（6）：5-7，42.

[31] 钱峻屏，黄菲，杜鹃，等. 广东省雾霾天气能见度的时空特征分析Ⅰ：季节变化［J］. 生态环境，2006，15（6）：1324-1330.

[32] 阮正福. 环境保护的宏观政策选择［J］. 企业经济，2006（2）：5-7.

[33] 石晓平，曲福田. 土地资源利用与城市化进程制度选择研究［J］. 南京农业大学学报（社会科学版），2001，1（4）：26-31.

[34] 舒元. 广东发展模式：广东经济发展30年［M］. 广州：广东人民出版社，2008.

[35] 谭吉华. 广州灰霾期间气溶胶物化特性及其对能见度影响的初步研究［D］. 广州：中国科学院（广州地球化学研究所），2007.

[36] 陶澍，王学军，胡建英，等. 中国环境地理学的回顾与展望［J］. 地理学报（英文版），2004，14（z1）：74-78.

[37] 涂逢祥. 坚持中国特色建筑节能发展道路［M］. 北京：中国建筑工业出版社，2010.

[38] 万洪富. 我国区域农业环境问题及其综合治理［M］. 北京：中国环境科学出

版社，2005．

［39］王敬民，云松，徐文龙，等．我国生活垃圾卫生填埋场环境污染全面治理的整体解决方案［J］．城市管理与科技，2009，11（4）：24-27．

［40］王树功．珠江河口区典型湿地景观演变及调控研究［D］．广州：中山大学，2005．

［41］吴兑，毕雪岩，邓雪娇，等．珠江三角洲气溶胶云造成的严重灰霾天气［J］．自然灾害学报，2006，15（6）：77-83．

［42］吴庆龙，谢平，杨柳燕，等．湖泊蓝藻水华生态灾害形成机理及防治的基础研究［J］．地球科学进展，2008，23（11）：1115-1123．

［43］夏立江，温小乐．生活垃圾堆填区周边土壤的性状变化及其污染状况［J］．土壤与环境，2001，10（1）：17-19．

［44］熊焰．低碳之路：重新定义世界和我们的生活［M］．北京：中国经济出版社，2010．

［45］薛惠锋，张强．中国环境资源立法的现状、问题与发展趋势［J］．环境资源法论丛，2009，8（1）：1-14．

［46］杨国华．可持续发展指标体系及广东可持续发展实验区建设研究［D］．广州：中山大学，2006．

［47］杨景辉．土壤污染与防治［M］．北京：科学出版社，1995．

［48］曾向荣，黄澄锋．垃圾焚烧处理澳门范例［J］．建设科技，2010（15）：62-63．

［49］张德扬．广东社会主义新农村建设百村调查［M］．北京：中国农业出版社，2007．

［50］张红，舒宁，陈宁．遥感用于广州市热岛效应动态分析研究［J］．国土资源导刊，2004，1（5）：30-31．

［51］张立凤，张铭，林宏源．珠江口地区海陆风系的研究［J］．大气科学，1999，23（5）：581-589．

［52］张明．基于指数分解的我国能源相关CO_2排放及交通能耗分析与预测［D］．大连：大连理工大学，2009．

［53］中华人民共和国建设部．珠江三角洲城镇群协调发展规划（2004—2020）［M］．北京：人民出版社，2004．

［54］周建明．国际性城市——深圳的差距比较［J］．特区经济，1998（7）：12-14．

［55］周晓芳，周永章，黄泰．人居环境及其生态线索研究［J］．城市问题，2007（12）：28-33．

［56］周晓鹏．珠江三角洲城镇化进程中土地利用问题［D］．广州：广东工业大学，2007．

［57］周永章，梁弈鸣，郭艳华，等．创新之路：广东科技发展30年［M］．广州：广东人民出版社，2008．

[58] 张正栋，周永章，邓国军，等. 珠江河口区可持续发展崭新模式——建设生态河口研究[J]. 人文地理，2005，20（4）：56-59，61.

[59] 周永章，王树功. 生态、义务、价格：实现国土生态安全体系的构想[J]. 环境，2007（3）：68.

[60] 周永章，郑洪汉. 开展21世纪区域可持续发展综合研究刍议[J]. 地球科学进展，1995（2）：202-204.

[61] 周永章，邓国军，王树功. 东莞松山湖科技产业园区可持续发展理念的实证分析——兼论珠江三角洲发展模式的突破以及松山湖可持续发展模式[J]. 中国人口·资源与环境，2004，14（5）：103-107.

[62] 周永章. 经济与环境，冤家变亲家[N]. 广州日报（理论版），2006（3）.

[63] 周永章. 区域合作、多赢共进[J]. 南方，2004，2.

[64] 周永章，杨国华，张林英，等. 生态文明与人类社会健康发展研究[J]. 广东科技，2008（1）：93-101.

[65] 朱留财. 应对气候变化：环境善治与和谐治理[J]. 环境保护，2007（11）：62-66.

[66] 祝功武. 珠江三角洲地区土地整理的思考[J]. 热带地理，2008，28（1）：32-36.

[67] 庄贵阳. 中国：以低碳经济应对气候变化挑战[J]. 环境经济，2007（1）：69-71.

[68] AMINI M M, RETZLAFF-ROBERTS D, BIENSTOCK C C. Designing a reverse logistics operation for short cycle time repair services[J]. International journal of production economics, 2005, 96（3）: 367-380.

[69] DE SOUSA C A. Turning brownfields into green space in the city of Toronto[J]. Landscape and urban planning, 2003, 62（4）: 181-198.

[70] EDER B, YU S. A performance evaluation of the 2004 release of Models-3 CMAQ[M]//BORREGO C, NORMAN A L. Air pollution modeling and its application XVII. Boston: Springer, 2007.

[71] GLEICK P H, HAASZ D, HENGES-JECK C, et al. Waste not want not: the potential for urban water conservation in California[R]. 2003.

[72] SENARATNE I, SHOOTE D. Elenental composition in source identification of brown haze in Auckland, New Zealand[J]. Atmospheric environment, 2004, 38（19）: 3049-3059.

[73] Jung C H, Matsuto T, Tanaka N, et al. Metal distribution in incineration residues of municipal solid waste（MSW）in Japan[J]. Waste manage, 2004, 24（4）: 381-391.

[74] MEYER M D. Demand management as an element of transportation policy: using carrots and sticks to influence travel behavior[J]. Transportation research part A:

policy and practice, 1999, 33 (718): 575-599.

[75] MONFREDA C, WACKERNGEL M, DEUMLING D. Establishing national natural capital accounts based on detailed ecological footprint and biological capacity assessments [J]. Land use policy, 2004, 21 (3): 231-246.

[76] PHILIP C, JAMES M, JOHN H. Regulating contaminated land in the UK [R]. London: PSA, 2005.

[77] SANCHEZ T W. Poverty, policy, and public transportation [J]. Transportation research part A: policy and practice, 2008, 42 (5): 833-841.

[78] SIOSHANSI F P. Global climate change: here to stay [J]. Utilities policy, 2005, 13 (3): 240-246.

[79] U S White House. Brownfield bill signing [R]. White house press release, 2002.

后　记

　　本书是"珠江三角洲都市群资源节约与环境保护研究"课题的研究成果，是2010年广东省委宣传部、广东省社科规划办重大社科项目"珠江三角洲地区改革发展规划纲要（2008—2020）研究"丛书的一部分。

　　在写作过程中，笔者力求把握人类文明进步的方向，剖析国际经验，揭示广东省情；立足《珠江三角洲地区改革发展规划纲要（2008—2020年）》，对纲要提出的重大战略问题、任务进行深化研究；立足长远，尽量使研究具有前瞻性；立足实际工作，尽可能有利于推动《珠江三角洲地区改革发展规划纲要（2008—2020年）》的落实，对各级领导决策有参考价值；立足整体，把珠三角的发展放在广东、全国的大背景下，体现"科学发展，先行先试"的精神实质。

　　本书认为，珠三角都市群是珠三角经济区发展的逻辑结果。进入21世纪，步入小康社会的珠江三角人，城市意识空前高涨。但面对资源环境约束凸显，生态市场薄弱，传统发展模式难以持续等问题，先行一步的珠三角都市群需要重构自己的发展动力机制，抉择自己的价值取向，进而实现发展战略转移和发展模式转型。

　　笔者通过不同场合、机会参与了广东省委统战部、广东省政协、九三学社广东省委员会、广东省发展改革委、广东省国土厅、广东省经信委、广东省科技厅、广东省环保厅（现为生态环境厅）、广东省教育厅组织的专题调研活动，以及中共广东省委政策研究室、广东省人民政府发展研究中心组织的广东省情讨论会，这些调研和讨论为本书的写作提供了非常有意义的背景材料和启发。

　　书中的数据，除特别说明外，主要引自历年《中国统计年鉴》《广东年鉴》《广东环境公报》和广东省人民政府发布的官方统计数据。

　　作为"珠江三角洲地区改革发展规划纲要（2008—2020）研究"丛书的一部分，本书得到了中共广东省委宣传部领导的大力支持。时任副部长蒋斌、理论处处长杜新山等对丛书的写作给予了具体指导。中山大学对这套丛书的编写高度重视，学校成立了专门研究课题组，由时任党委副书记梁庆寅教授牵头，社科处处长李仲飞、副处长袁旭阳、处长助理徐理军等具体组织实施。其间，梁庆寅副书记亲自作动员讲话，指导写作，课题组先后召开了多次讨论会。

　　本书笔者是中山大学地球环境与地球资源研究中心的周永章教授及其指导的博士、硕士研究团队。周永章负责制定全书写作框架和学术思想的全面统筹。初稿撰写的分工如下：周永章（第一、十四章）、陈飞香（第二章）、吴清华（第三章）、崔洁（第四章）、肖展欣（第五章）、余锦婷（第五章）、黄兰椿（第六章）、范瑞（第七、十三章）、陈庆秋（第八章）、卢强（第九章）、阚兴龙（第十章）、余锦婷（第十一章）、王树功（第十二章）。全部书稿最后由周永章审定。

　　本书的撰写还得到了广东省高校学科建设重大攻关项目"广东发展低碳经济研

究"（由周永章承担）、SSRC中国环境与健康项目"大宝山多金属矿山污染的科学真相与解决方案"、中山大学地球环境与地球资源研究中心、中山大学华南农村研究中心、中国可持续发展研究会、广州城市可持续发展研究会、广州博士科技创新研究会等的支持。

  本书的底稿是"珠江三角洲都市群资源节约与环境保护研究"的成果报告。为保持思想原貌，自当时定稿后几乎没有再修改。

  特向前面提到的单位和个人一并表示衷心感谢。

周永章

中山大学教授、博士生导师
2025年6月6日于广州康乐园